Gestão de Riscos e Desastres Hidrológicos

Gestão de Riscos e Desastres Hidrológicos

MARCELO GOMES MIGUEZ
LEANDRO TORRES DI GREGORIO
ALINE PIRES VERÓL

© 2018, Elsevier Editora Ltda.

Todos os direitos reservados e protegidos pela Lei 9.610 de 19/02/1998.

Nenhuma parte deste livro, sem autorização prévia por escrito da editora, poderá ser reproduzida ou transmitida sejam quais forem os meios empregados: eletrônicos, mecânicos, fotográficos, gravação ou quaisquer outros.

ISBN: 978-85-352-8731-8
ISBN (versão digital): 978-85-352-8799-8

Copidesque: Vania Coutinho Santiago
Revisão tipográfica: Hugo de Lima Corrêa
Editoração Eletrônica: Thomson Digital

Elsevier Editora Ltda.
Conhecimento sem Fronteiras

Rua da Assembleia, nº 100 – 6º andar – Sala 601
20011-904 – Centro – Rio de Janeiro – RJ

Rua Quintana, 753 – 8º andar
04569-011 – Brooklin – São Paulo – SP

Serviço de Atendimento ao Cliente
0800 026 53 40
atendimento1@elsevier.com

Consulte nosso catálogo completo, os últimos lançamentos e os serviços exclusivos no site www.elsevier.com.br

---

NOTA

Muito zelo e técnica foram empregados na edição desta obra. No entanto, podem ocorrer erros de digitação, impressão ou dúvida conceitual. Em qualquer das hipóteses, solicitamos a comunicação ao nosso serviço de Atendimento ao Cliente para que possamos esclarecer ou encaminhar a questão.

Para todos os efeitos legais, a Editora, os autores, os editores ou colaboradores relacionados a esta obra não assumem responsabilidade por qualquer dano/ou prejuízo causado a pessoas ou propriedades envolvendo responsabilidade pelo produto, negligência ou outros, ou advindos de qualquer uso ou aplicação de quaisquer métodos, produtos, instruções ou ideias contidos no conteúdo aqui publicado.

A Editora

CIP-BRASIL. CATALOGAÇÃO NA PUBLICAÇÃO
SINDICATO NACIONAL DOS EDITORES DE LIVROS, RJ

M578g

Miguez, Marcelo Gomes
    Gestão de riscos e desastres hidrológicos / Marcelo Gomes Miguez, Leandro Torres Di Gregório, Aline Pires Veról. - 1. ed. - Rio de Janeiro : Elsevier, 2018.
    : il. ; 27 cm.

    Inclui bibliografia e índice
    ISBN 978-85-352-8731-8

    1. Engenharia civil. I. Di Gregório, Leandro Torres. II. Veról, Aline Pires. III. Título.

17-44630
                            CDD: 624
                            CDU: 624

Dedicatória

Com o intuito de contribuir concretamente para a compreensão dos riscos hidrológicos e a gestão de riscos de inundação, e considerando o papel que a Academia precisa desempenhar como resposta à sociedade, este livro é dedicado às comunidades que sofrem com inundações e às cidades que lutam contra esta dura realidade.

Agradecimentos

Os autores agradecem as contribuições e a colaboração, direta ou indireta, das pessoas que ajudaram a materializar este livro: Amanda Andrade Quintanilha Barbosa, Carlos Alberto Pereira Soares, Ianic Bigate Lourenço, Juliana Martins Bahiense, Juliana Zonenzein, Lílian Marie Tenório Yamamoto, Luiz Paulo Canedo de Magalhães, Luiza Batista de França Ribeiro, Marcelo Júlio Bodart Corrêa, Marcelo Enrique Seluchi, Matheus Martins de Sousa, Miguel Joffer de Oliveira Pereira e Osvaldo Moura Rezende.

E agradecem também às seguintes instituições: Coppe (Universidade Federal do Rio de Janeiro), Escola Politécnica (Universidade Federal do Rio de Janeiro), Faculdade de Arquitetura e Urbanismo (Universidade Federal do Rio de Janeiro) e Programa de Pós-graduação em Engenharia Civil (Universidade Federal Fluminense).

Marcelo Gomes Miguez
Leandro Torres Di Gregorio
Aline Pires Veról

Os autores

Marcelo Gomes Miguez é professor da Universidade Federal do Rio de Janeiro (UFRJ), desde 1998. Engenheiro civil, formado pela própria UFRJ, em 1990, obteve, na mesma instituição, os títulos de mestre (1994) e doutor (2001) em Ciências em Engenharia Civil, na área de Recursos Hídricos. Sua tese de doutorado apresentou um modelo matemático para a simulação de cheias em áreas urbanas e recebeu um dos prêmios da Associação das Empresas de Engenharia do Rio de Janeiro (Aeerj), em 2002, relativo ao triênio 1999-2001. Teve também um projeto de recém-doutor premiado pela Fundação José Bonifácio, no Programa Antônio Luís Vianna, de 2001, quando propôs a incorporação do efeito de resíduos sólidos no escoamento de cheias urbanas e um tratamento hidráulico-hidrológico distribuído para bacia urbana. A partir de sua tese e pesquisas seguintes, desenvolveu e formalizou o modelo matemático chamado MODCEL, que teve registro de obra intelectual no Confea, com o número 1463. Esse modelo vem sendo utilizado em problemas de cheias urbanas, na UFRJ, tendo sido a principal ferramenta do projeto Modelagem Matemática de Cheias Urbanas, através de Células de Escoamento, como Ferramenta na Concepção de Projetos Integrados de Combate a Enchentes (2002-2004) desenvolvido junto à Finep, no Edital de Gerenciamento Urbano Integrado de Recursos Hídricos 03/2002 (CT-HIDRO-GURH). Esse estudo, coordenado por Miguez, focou no diagnóstico e avaliação integrada de problemas de cheias urbanas e possíveis soluções. Cenários de modelação matemática permitiram combinar concepções tradicionais e novas abordagens, com atuações distribuídas na bacia do Rio Joana (RJ). Foi chefe dos Departamentos de Construção Civil (2011-2013) e do Departamento de Engenharia de Transportes (2005-2007), da Escola Politécnica da UFRJ. Foi coordenador do curso de Engenharia Civil (2007-2010) e vice-coordenador do Programa de Pós-Graduação de Engenharia Ambiental (2010-2011), ambos da UFRJ. Miguez atua no contexto da pós-graduação da UFRJ também no Programa de Engenharia Civil, do Instituto Alberto Luiz Coimbra (COPPE), e no Programa de Engenharia Urbana, da Escola Politécnica. Em sua atuação acadêmica, desenvolve atividades de pesquisa, em projetos nacionais e cooperações internacionais, envolvendo, principalmente, o diagnóstico de cheias, hidrologia urbana, concepção de projetos integrados de sistemas de drenagem urbana sustentável, hidráulica fluvial, modelagem hidráulica computacional e simulação de ondas de ruptura de barragem, entre outros. É consultor e responsável técnico em projetos desenvolvidos pela Fundação Universitária Coppetec. É pesquisador do CNPq, editor associado do *Journal of Urban Planning and Development*, da American Society of Civil Engineering (ASCE) e assessor da *Revista Municipal Engineer*, da Institution of Civil Engineers (ICE). É líder dos grupos de pesquisa do CNPq "Manejo de Águas Pluviais Urbanas e Cidades Sustentáveis" e "Gestão de Riscos de Cheias e Resiliência Urbana". Em fevereiro de 2011, foi nomeado para compor a Comissão Brasileira para Programas Hidrológicos Internacionais (PHI) da Unesco, a Cobraphi, como representante em recursos hídricos da Região Sudeste do Brasil, para o triênio 2011-2014. Participa do Grupo de Águas Urbanas, da Unesco, para a América Latina e Caribe. Atuou em projeto internacional, em conjunto com o Centro Italiano de Requalificação Fluvial e a Universidade Politécnica de Madri, formando um grupo de pesquisa no âmbito do Programa FP7 Irses People 2009, da Comunidade Europeia, envolvendo parceiros do Chile e México.

O projeto SEmillas REd Latina Recuperación Ecosistemas Fluviales y Acuáticos – Serelarefa (Sementes de uma Rede Latino-Americana para a Recuperação de Ecossistemas Fluviais e Aquáticos) teve o objetivo de lançar as bases para uma rede latino-americana de recuperação fluvial. Miguez coordenou, pela UFRJ, um grupo de pesquisa inserido na chamada FINEP para Saneamento Ambiental e Habitação, no tema Manejo de Águas Pluviais. Esse projeto buscou avaliar e desenvolver técnicas compensatórias para a minimização dos efeitos das cheias urbanas e discutir a integração de ferramentas de Engenharia Civil com aspectos de Arquitetura e Urbanismo, na produção de um ambiente urbano equilibrado e sustentável de longo prazo. Como escritor, é coautor do livro Drenagem Urbana: do projeto tradicional à sustentabilidade, premiado no 58º Prêmio Jabuti (2016) com o 3ºlugar, na categoria "Engenharias, Tecnologias e Informática".

Leandro Torres Di Gregorio é professora adjunta da Faculdade de Arquitetura e Urbanismo da UFRJ, desde 2014. É professora colaboradora do Programa de Engenharia Civil-Coppe/UFRJ, desde 2016; e pesquisadora do Programa de Pós-Graduação em Arquitetura (Proarq-FAU/UFRJ), desde 2014 e do Programa de Engenharia Urbana (PEU), da Escola Politécnica/UFRJ, desde 2012. É vice-líder do grupo de pesquisa do CNPq "Manejo de Águas Pluviais Urbanas e Cidades Sustentáveis". Participa de outros grupos de pesquisa do CNPq: "Gestão de Riscos de Cheias e Resiliência Urbana" e AMBEE FAU UFRJ. Engenheira civil formada pela própria UFRJ, em 2006, recebeu, na mesma instituição, os títulos de mestre (2010) e doutora (2013) em Ciências em Engenharia Civil, na área de Recursos Hídricos, pela Coppe/UFRJ. Sua tese foi agraciada com o IV Prêmio Oscar Niemeyer 2014, promovido pelo CREA-RJ. Participou, no âmbito de seu doutorado, de intercâmbio científico em atividades de pesquisa na Universidad Politécnica de Madri (Espanha) e no Centro Italiano per la Riqualificazione Fluviale/Cirf (Itália). Partindo da questão das cheias urbanas como referência, a tese buscou integrar ferramentas de drenagem urbana sustentável e de requalificação fluvial urbana, de forma complementar, para nortear ações de controle de cheias em uma metodologia de suporte à decisão, considerando a articulação do ambiente natural e construído, com objetivo combinado de melhoria da qualidade ambiental e de revitalização e valorização do espaço urbano. Nessa construção, o trabalho articulou Engenharia Civil e Ambiental, Arquitetura, Urbanismo e Paisagismo como disciplinas de base. A proposta para a pesquisa da tese teve origem em um projeto de cooperação técnica e de pesquisa entre a UFRJ e a Comunidade Europeia, intitulado SEmillas REd Latina Recuperación Ecosistemas Fluviales y Acuáticos – Serelarefa (Sementes de uma Rede Latino-Americana para a Recuperação de Ecossistemas Fluviais e Aquáticos), financiado pelo programa europeu UE FP7-PEOPLE IRSES 2009. Coautora do livro *Drenagem Urbana: do projeto tradicional à sustentabilidade*, premiado no 58º Prêmio Jabuti (2016) com o 3º lugar, na categoria "Engenharias, Tecnologias e Informática". É revisora dos periódicos *Landscape and Urban Planning* (Elsevier), *Sustainability* (Basel), *Urban Water Journal* (IWA) e *International Journal of Sustainable Development and Planning* (WIT). Tem experiência na área de Engenharia Civil, com ênfase em Recursos Hídricos e Saneamento, atuando, principalmente, nos seguintes temas: saneamento ambiental, drenagem urbana sustentável e sistemas prediais hidráulicos e sanitários.

Aline Pires Veról é professor adjunto do Departamento de Construção Civil e pesquisador associado ao Programa de Engenharia Urbana da Escola Politécnica da Universidade Federal do Rio de Janeiro (UFRJ). Possui graduação em Engenharia Civil pela UFRJ (2003), especialização *lato sensu* em Gestão de Emergências e Desastres pela Faculdade Integrada da Grande Fortaleza (2012), mestrado (2009) e doutorado (2013) em Engenharia Civil pela Universidade Federal Fluminense, onde defendeu a tese "Proposta de Ferramentas para Gestão da Recuperação Habitacional Pós-Desastre no Brasil com Foco na População Atingida". Atuou como empresário de 2002 a 2011, tendo coordenado mais de 150 trabalhos de engenharia, destacando-se o projeto de inovação "Solução Habitacional Simples – (Re)construção em Regime de Mutirão após Situações de Emergência/Calamidades". Trabalhou como pesquisador/gerente de projetos do Centro Nacional de Monitoramento e Alertas de Desastres Naturais (Cemaden – MCTI) de

2011 a 2013, tendo participado do Projeto Pluviômetros Automáticos, Projeto Pluviômetros nas Comunidades e do Programa de Monitoramento Geológico-Geotécnico do Cemaden. Atuou como coordenador, por parte do MCTI, no Projeto Fortalecimento da Estratégia Nacional de Gestão Integrada de Riscos de Desastres Naturais, em parceria com a Agência Internacional de Cooperação do Japão (Jica), a Agência Brasileira de Cooperação (ABC), o Ministério da Integração Nacional, o Ministério das Cidades e o Ministério das Minas e Energia. É professor das disciplinas Urbanismo 1 (graduação), Gestão de Riscos e Desastres Hidrológicos (Coppe/UFRJ) e Gestão de Riscos e Desastres Geodinâmicos (PEU/Poli/UFRJ), dentre outras. Seus interesses de pesquisa são relacionados com os temas: gestão de riscos de desastres socionaturais, sistemas urbanos (incluindo *smart cities*) e gestão urbana.

Prefácio

Veni, vidi, vici

São nesses dias de crise que as boas soluções se tornam urgentes e valiosas. Entre as várias crises em que vivemos está a crise urbana, gerada por uma urbanização atabalhoada que nos impõe o enorme desafio de conseguir corrigi-la. Passar do acúmulo de lixo urbano para o convívio em "lixo humano", com proliferação da degradação e perda de dignidade de uma população sofrida, é uma curta distância que precisa ser bloqueada. Nos dias atuais, a solução para a humanidade inevitavelmente passa pela solução da cidade... e, para tanto, convém valer-se dos exemplos deixados na história das cidades através dos tempos.

No período chamado Mundo Clássico, as cidades do Império Romano utilizaram-se do aprimoramento das facilidades da cultura grega e forneceram aos citadinos uma infraestrutura sofisticada de esgoto, aqueduto, vias pavimentadas, serviço de incêndio, mercados e praças de reunião e lazer. Seus traçados simples, mas organizados, refletiam o estilo prático da cultura romana.

Com travessias de rios por pontes bem construídas, as vias retilíneas e bem pavimentadas eram acompanhadas de infraestrutura de redes de coleta de esgoto e de abastecimento de água, que eram continuamente ampliadas para recolher os excedentes de chuvas e aquedutos, bem como recolher as descargas de edifícios públicos e residências. As casas, geralmente térreas, e os edifícios coletivos de alguns andares, eram construídos ao longo das ruas, que junto com as termas e latrinas públicas formavam um conjunto urbano organizado. As praças eram o centro da vida da cidade, os locais de reunião, e, geralmente, eram rodeadas por edifícios públicos ou construções destinadas ao lazer: teatros, circos, anfiteatros e termas. A água potável da cidade era fornecida pelos aquedutos, que garantiam o abastecimento de água destinada aos prédios, fontes e banhos, pois os romanos se esforçavam para manter a própria higiene. A prática dos banhos era amplamente difundida, e tanto ricos como pobres frequentavam as termas. Nelas, havia piscinas de água fria, banheiras de água quente, salas com vapor e ambientes para prática de ginástica.

Com um poder central e unificador, as cidades romanas garantiram o crescimento do império por todo o Ocidente. Com o crescimento exagerado, essa hegemonia cobrou seu preço: no início de sua decadência no Ocidente, a capital do império mais importante e poderoso que o mundo já conheceu era quase idêntica às metrópoles atuais: suja, degradada, apinhada de pessoas.

A desordem urbana contrastava com construções majestosas e imponentes. A primeira megalópole da História, com gente de todas as raças e línguas, afundava num cenário de enorme contraste com a cultura organizada que a criou. A superpopulação fez desorganizar o modelo de cidade até então vitorioso. No ano 200, Roma alcançou 1 milhão de habitantes, numa densidade que é o dobro do *record* mundial do ano 2000.

Os núcleos urbanos do império ocidental se viram arruinados, e muitos levaram séculos para voltar à dimensão anterior. Em Roma, a população se reduziu a alguns milhares de habitantes, com moradias em meio às ruínas que eram adaptadas às novas necessidades.

Na verdade, a decadência do mundo clássico atingiu toda a organização político-institucional do Ocidente, e, apressada pelas invasões bárbaras, suas cidades decresceram de tal maneira que muitas desapareceram por completo... dando início ao período da chamada Idade Média.

Durante esse novo período, o poder central e unificador era exercido pela Igreja, o que impediu que a cultura do mundo antigo fosse apagada. Mas o poder administrativo e militar se quebrou em pedaços na organização social descentralizada do sistema feudal... um sistema essencialmente agrário com uma sociedade de três camadas que não se misturavam: os senhores, o clero e os campesinos. O senhor detinha a posse legal da terra e do poder militar-político-judiciário do território do feudo e ao servo cabia a posse útil da terra e a proteção do senhor feudal.

O sistema feudal funcionou por um bom período e a população ocidental começou a renascer e, depois, crescer em ritmo acelerado novamente... e a cidade medieval, de início uma aldeia estritamente campesina, tomou o conhecido aspecto da cidade fortificada da Idade Média/Burgo. Seu traçado era muito irregular, sujeito à topografia do local pouco expugnável escolhido. Colinas íngremes e leitos de rios eram bons obstáculos para o inimigo. As ruas importantes partiam em geral do centro e dirigiam-se radialmente para as portas da área fortificada. Outras ruas secundárias, frequentemente em círculo em volta do centro, ligavam as primeiras entre si.

Uma nova onda migratória para esses centros promoveu o surgimento de subúrbios que exigiram a construção de novos cinturões de muros cada vez mais amplos... e as cidades medievais foram tornando-se cada vez mais complexas.

Com a queda do Império Romano oriental/Constantinopla, houve uma nova grande mudança cultural e econômica da sociedade ocidental, pois o comércio e a atenção se deslocaram para as rotas marítimas no Atlântico.

O pensamento vigente para o traçado dos centros urbanos retorna à organização romana e eles ganham reformas com traçados regulares, simétricos e praças... lembrando o tabuleiro de xadrez em volta da praça, onde ficavam os edifícios mais importantes. O modelo em tabuleiro chega à América recém-descoberta. É nesse período barroco que cresce a importância dos grandes centros comerciais, e o mundo se vê concentrando novamente o poder político e comercial, que caracterizou a sociedade romana.

Repete-se, então o mesmo fenômeno de inchaço das cidades como ocorrido no período de Roma, agravado pela complexidade de acontecimentos da Revolução Industrial. Após 1850, enquanto a população mundial quadruplica, a população urbana se multiplica por 10. O berço da Revolução Industrial, Londres, passa de 800 mil habitantes em 1800 para 4.400 mil habitantes em 1900.

Mas também se repete um fenômeno similar ao ocorrido no período de Roma: Os centros urbanos se transformam em ruas com amontoados de lixo e esgotos a descoberto. A cidade industrial é sinônimo de congestionamento, de falta de saneamento básico: água, esgoto e lixo. A cidade que buscava o máximo lucro sucumbe e surge a necessidade de novo ordenamento urbano.

Essa foi a época do urbanismo sanitarista, que tem foco na melhoria da saúde das cidades, coordenando a iniciativa privada, com objetivos coletivos... época da despoluição do Tâmisa... época das leis de zoneamento, de uso e ocupação do solo, dos códigos de edificações.

Com a chegada da época atual, uma nova onda migratória se estabelece e o mundo decide que prefere viver "compactado" nas cidades. E dessa decisão veio um acelerado crescimento demográfico, criando um excedente difícil de ser absorvido pelos centros urbanos. A "nova cidade" se vê obrigada a ser dirigida como um complexo empreendimento que deve satisfazer às necessidades individuais e coletivas dos vários setores da população, articulando ciência, técnica, recursos humanos, financeiros, institucionais, políticos e naturais para sua produção, para seu funcionamento e sua manutenção. A nova cidade se vê obrigada a ter uma gestão urbana complexa, mas dinâmica, que atenda a sua população na produção e no lazer. Esse é o nosso novo desafio... O desafio de encontrar soluções citadinas duráveis; que quebrem os inúmeros ciclos descritos no histórico anterior; que garantam uma longa vida mais justa e equilibrada da humanidade nos centros urbanos.

Nessa arte multidisciplinar da gestão urbana há inúmeras zonas de superposição entre as ciências que assessoram a gestão urbana. Uma delas é muito afeita ao engenheiro civil: o controle de inundações urbanas. No entanto, aqui também vale o parágrafo inicial desse prefácio que defende a conveniência de se valer dos exemplos deixados na história das cidades através dos tempos.

As antigas técnicas de "empurrar" as inundações para jusante acabaram por se mostrar inadequadas e pouco duráveis. Como contraponto, procura-se uma gestão urbana com gestão do risco de inundações. Ou seja, a diminuição gradativa do risco de ocorrência de um evento perigoso à cidade e/ou a diminuição gradativa das possíveis perdas trazidas por esse evento.

A instigante proposta de modernizar a gestão urbana passa a endereçar ao gestor público a pergunta: Como fazer essa Gestão de Risco de Inundações? Como atrelar essa gestão de inundação à gestão urbana?

Ao leitor leigo e curioso, este livro será um exercício de cidadania, que o possibilitará melhor acompanhar os trabalhos do administrador de sua cidade. Ao leitor técnico, o livro será uma ferramenta muito útil para ajudar sua cidade a encontrar as melhores soluções urbanas.

De uma forma ou de outra, o leitor pode bem mais do que gerir cidades... pode ajudar a fazer sua cidade ingressar numa rota de novos conceitos... duráveis!

Apresentação

A discussão sobre a solução de problemas de inundações urbanas, tradicionalmente, costumava recair na busca por reduzir os alagamentos resultantes de eventos de chuva. Mais recentemente, porém, o conceito de gestão de risco vem substituindo a lógica simples da redução de alagamentos, acrescentando preocupações de cunho econômico e social na discussão.

No campo da engenharia, por sua vez, o risco se relaciona tanto com a probabilidade de ocorrência de um evento perigoso, quanto com a expectativa de perdas causadas por ele. Essa expectativa de perdas pode ainda ser subdividida, pois depende da exposição do sistema ao perigo, da vulnerabilidade dos elementos afetados do sistema e também de sua capacidade de reação e retorno ao estado de referência, estando essa parcela usualmente associada ao conceito de resiliência.

No caso de inundações, a chuva é o evento natural que dispara o processo, mas não é ela o perigo em si. O processo de transformação de chuva em vazão faz a chuva interagir com a bacia, sendo a inundação o resultado desta interação. Nesse contexto, em uma bacia ocupada por uma cidade, a inundação urbana, na verdade, deve ser classificada como um desastre socionatural, uma vez que a presença e atuação humana na bacia são elementos que agravam o próprio resultado da inundação e suas consequências. Historicamente, o convívio entre cidades e cheias não mostra, de forma geral, uma relação equilibrada. As perdas associadas a eventos de inundação são extremamente significativas e vêm crescendo com o próprio processo de urbanização - mais pessoas e bens estão expostos e mais escoamentos são gerados pelas superfícies urbanas.

O risco de inundação, porém, é passível de ser gerenciado e pode ser reduzido. Nesse contexto, desponta o tema principal deste livro, que traz a discussão da gestão dos riscos e desastres hidrológicos, associados a eventos de inundações, enxurradas e alagamentos. Em tal processo, se identificam diferentes etapas, fundamentais para a gestão, que procuram atuar em diferentes momentos e sobre diferentes componentes do risco. Ou seja, em termos de componentes do risco, pode-se atuar sobre o processo de transformação de chuva em vazão, minimizando as inundações; pode-se atuar para reduzir vulnerabilidades socioeconômicas da cidade que sofre os alagamentos; ou pode-se ainda atuar com medidas de adaptação para melhorar respostas futuras do sistema. Em todas as atuações, o objetivo é sempre reduzir o risco, isto é, reduzir a materialização dos danos inerentes ao possível desastre. Em relação aos diferentes momentos, as atuações que compõem o ciclo do desastre e que são objeto de gestão são: as atividades de prevenção (para evitar a situação de risco); as atividades de mitigação (para reduzir os riscos de forma prévia); as atividades de preparação e resposta (para minimizar perdas na iminência de ocorrência do desastre e prover socorro e assistência); e atividades de recuperação (para restaurar o funcionamento e aprimorar as características do sistema).

Sumário

Dedicatória .... **V**

Agradecimentos .... **VII**

Os Autores .... **IX**

Prefácio .... **XIII**

Apresentação .... **XVII**

Capítulo 1   Conceituação preliminar e foco da discussão **1**

1.1   Introdução..1
1.2   Contexto e motivação 3
1.3   Desastres..7
       Desastres "naturais" 7
       Desastres "naturais" no mundo...8
       Desastres "naturais" no Brasil...10
1.4   Gestão integral de risco 13
1.5   Riscos hidrológicos e cidades sustentáveis..17
1.6   Riscos hidrológicos e *smart cities* 19
1.7   Sobre o livro..20

PARTE I   Conceituação e mapeamento de risco e seus componentes **23**

Conceitos apresentados na parte I **23**

Capítulo 2   Conceituação de risco **25**

2.1   Introdução..25
2.2   O conceito de risco 26
       Classificação das consequências...29

Capítulo 3   Perigo no contexto de riscos e desastres hidrológicos **31**

3.1   Introdução..31
3.2   Cheia, enchente, inundação e alagamento..32

3.3	Chuva – deflagradora dos riscos hidrológicos	34
3.4	Susceptibilidade do meio físico à geração de inundações e alagamentos	42
3.5	Transformação de chuva em vazão	44
	Modelagem de processos físicos	46
	Hidrologia e modelagem hidrológica	48
3.6	Modelos matemáticos hidrodinâmicos	50
	Modelos unidimensionais	53
	Modelos bidimensionais	55
	Modelos de células – Quasi-2D	56
	Aspectos gerais da concepção do modelo Quasi-2D	57
	O Modelo MODCEL	59
3.7	Consolidação do conceito de perigo	61
3.8	Exemplo de mapeamento de perigo	62
	Bacia do Rio Dona Eugênia	62
	Município de Mesquita	63
	Modelagem hidrológica	65
	Modelagem hidrodinâmica	68
	Etapa de calibração	68

Capítulo 4   Exposição e vulnerabilidade ... **77**

4.1	Introdução	77
4.2	Exposição	77
4.3	Vulnerabilidade	78

Capítulo 5   Equacionamento e mapeamento do risco ... **85**

5.1	Introdução	85
5.2	Equacionamento do risco	85
5.3	Mapeamento de risco	86
5.4	Indicadores e índices	88
5.5	Metodologia multicritério para mapeamento de risco – exemplo: índice de risco de cheias (IRC)	92
	Subíndice Propriedades de Inundação (PI)	94
	Fator de Permanência (I_{FP}^{PI})	95
	Subíndice Consequências (C)	96
	Densidade de Domicílios (I_{DD}^{C})	96
	Renda (I_{R}^{C})	96
	Saneamento Inadequado (I_{SI}^{C})	98
5.6	Aplicação do IRC	98
5.7	Exemplos complementares de mapas de risco ou de seus componentes	102
	Atlas de vulnerabilidade às inundações – Agência Nacional de Águas (ANA)	102
	Mapa de Risco do Instituto Estadual do Ambiente (Inea) para a Região Serrana – RJ	104

Capítulo 6   Resiliência e sustentabilidade ... **109**

6.1	Introdução	109
6.2	Resiliência – definições mais comuns	110
6.3	Cidades resilientes a cheias	112
6.4	Soluções de projeto para cidades resilientes a cheias	113
6.5	Ferramentas para medir a resiliência	114

Escala de Resiliência (ER)..116
Índice de Resiliência (IRES)...123
6.7   Mapas de resiliência...127

Capítulo 7   Aplicabilidade dos mapas de perigo, vulnerabilidade e risco........ 133

7.1   Introdução...133
7.2   Aplicabilidade dos mapas de perigo 134
    Prevenção...136
    Mitigação..137
    Preparação 139
    Resposta 139
    Recuperação..139
7.3   Aplicabilidade dos mapas de vulnerabilidade 139
    Prevenção...145
    Mitigação..145
    Preparação 146
    Resposta 146
    Recuperação..146
7.4   Aplicabilidade dos mapas de risco..147

PARTE II   Gestão integral de riscos de desastres.......................... 155

Conceitos apresentados na Parte II...................................... 155

Capítulo 8   Gestão integral de riscos de desastres no Brasil 157

8.1   Introdução...157
    Panorama internacional...158
8.2   Macroprocessos da gestão de riscos de desastres 160
    Processos de apoio..162
8.3   Grandes desastres e suas consequências no contexto nacional 164
8.4   Arranjo institucional e distribuição de competências 168
    Pacto federativo..168
    Arranjos e competências 169
    O projeto GIDES 174
8.5   A gestão de riscos como ferramenta de desenvolvimento municipal.................175
    Arcabouço legal...175
    O Plano Municipal de Redução de Risco 179
    A Carta de Aptidão à Urbanização..180
    O Plano de Contingências de Proteção e Defesa Civil.......................................180
    O Plano de Recuperação 181
    FAQ...182

Capítulo 9   Prevenção 187

9.1   Introdução...187
9.2   Zoneamento de inundações 188
    Plano Diretor de Drenagem Urbana 189
9.3   Desenvolvimento de baixo impacto hidrológico...190

Pavimentos permeáveis 194
Telhado verde 196
Jardins de chuva...198
Vala de infiltração 199
Trincheiras de infiltração 200
Reservatórios de lote 201
Orientações para novos loteamentos 205
9.4 Requalificação fluvial 209
Conceitos básicos – requalificação fluvial 211
Requalificação fluvial urbana (RFU) 217
FAQ...221

Capítulo 10   Mitigação... 227

10.1 Introdução..227
10.2 Medidas de controle de cheia na escala da bacia...228
Canalização 229
Diques marginais e pôlderes 230
Obras de desvio (canais extravasores)..233
Reservatórios de detenção e retenção 234
10.3 Medidas para redução da vulnerabilidade do sistema socioeconômico...............237
Medidas de previsão de inundações e sistemas de alerta 238
Seguros...240
Construções à prova de inundações 241
Limpeza de logradouros e coleta de lixo 242
Educação ambiental...243
10.4 Medidas de adaptação urbana e aumento da resiliência na escala do lote/loteamento............244
FAQ...245

Capítulo 11   Preparação e resposta 249

11.1 Introdução..249
A linha do tempo na gestão de riscos de desastres 249
Classificação dos desastres quanto a intensidade e evolução..............................251
11.2 Panorama sobre as ações de preparação 252
Ações de preparação técnica e institucional 252
Desenvolvimento institucional..252
Desenvolvimento de recursos humanos 254
Desenvolvimento científico e tecnológico 255
Mudança cultural...255
Motivação e articulação empresarial 255
Informações e estudos epidemiológicos sobre desastres...................................256
Monitoramento, alerta e alarme 258
Ações de preparação operacional e de modernização do sistema 258
Planejamento operacional e de contingência 258
Proteção da população contra riscos de desastres focais....................................258
Mobilização de recursos 258
Aparelhamento e apoio logístico 259
11.3 Destaques em preparação 259
Monitoramento, alerta e alarme 259

Monitoramento	259
Alerta e alarme	261

Planejamento operacional e de contingência 270
Planejamento comunitário para enfrentamento aos desastres 274

11.4 Panorama sobre as ações de resposta 284

Ações de controle de sinistros e socorro às populações em risco 285

    Combate aos sinistros 285

    Socorro 287

Assistência às populações afetadas 287

    Logística 287

    Assistência e promoção social 289

    Promoção, proteção e recuperação da saúde 290

Reabilitação de cenários 292

    Vigilância das condições de segurança global da população 292

    Reabilitação dos serviços essenciais 292

    Reabilitação das áreas deterioradas e das habitações danificadas 293

11.5 Destaques em resposta 294

Sistema de comando de incidentes 294

Avaliação de danos, decretação de situação de emergência (SE) e estado
de calamidade pública (ECP) 295

FAQ 298

Capítulo 12   Recuperação 301

12.1 Introdução 301

Abrigo / Habitação 302

Aspectos psicossociais da recuperação 303

A relevância da provisão habitacional 304

12.2 Planejamento da Recuperação 304

Objetivos da recuperação 304

Escopo da recuperação 305

Planejamento pré-desastre 305

Planejamento pós-desastre 306

12.3 Recuperação Habitacional 308

Aspectos técnicos específicos 308

Modos de provisão habitacional 314

12.4 Macroprocesso de Recuperação 315

Preparação para recuperação 316

Recuperação de curto prazo 317

Recuperação estruturada 322

12.5 Evolução da Gestão de Risco - A recuperação e o início de um novo ciclo 328

FAQ 330

Índice 333

CAPÍTULO 1

Conceituação preliminar e foco da discussão

Conceitos apresentados neste capítulo

Neste capítulo serão abordados, de forma introdutória, os conceitos-chave relacionados com desastres hidrológicos, uma breve apresentação dos contextos mundial e nacional relativos a este tipo de ocorrência, assim como as etapas do processo de gestão integral de riscos de desastres. São também apresentadas reflexões sobre a relação entre riscos hidrológicos, cidades sustentáveis e *smart cities*, finalizando com uma visão geral do conteúdo do livro, as possíveis aplicações e sua potencial utilidade para diferentes públicos.

Nesse primeiro contato com o leitor, então, o Capítulo 1, de forma abrangente, cumpre a função de "introdução" do livro, oferecendo ao leitor o seu contexto e motivação e indicando o conteúdo que será tratado no desenvolvimento do texto.

1.1 INTRODUÇÃO

Desastres naturais, em geral, provocam situações dramáticas quando atingem sistemas socioeconômicos, ocasionando diferentes formas de danos, com perdas diversas e prejuízos significativos. O processo de intensificação da urbanização pós-Revolução Industrial, com destaque para a rápida urbanização dos países periféricos na segunda metade do século XX, vem agravando as consequências decorrentes de desastres naturais, porque mais pessoas, estruturas e bens acabam expostos aos efeitos desses desastres.

No contexto do livro que aqui se inicia, uma categoria particular de desastres será abordada, sendo tratada em princípio como natural: a dos desastres hidrológicos. Os desastres hidrológicos possuem entre suas causas a ação de processos naturais que implicam excesso de água no sistema afetado, normalmente associados a extremos de cheias e/ou problemas de drenagem urbana.

Por outro lado, os problemas decorrentes da escassez de chuvas, resultando em estiagens e secas prolongadas, estão usualmente associados a um longo período de tempo, com anos hidrológicos sucessivos de pouca precipitação, de agravamento lento, de grandes proporções espaciais (toda a bacia) e com resultados dramáticos. A escassez afeta as condições básicas de saneamento, com limitação da disponibilidade de água para o abastecimento humano e deterioração das condições de qualidade dos corpos hídricos, por insuficiência de água para diluição; afeta as atividades pecuárias e de agricultura e reduz (ou, eventualmente, paralisa) a produção industrial, por falta da água como insumo. Assim, as estiagens e secas, apesar de terem a (falta de) água como agente deflagrador, são classificadas, segundo o *Código Brasileiro de* Desastres – Cobrade (BRASIL, 2014), como desastres climatológicos, uma vez que suas causas se encontram relacionadas com um conjunto de comportamentos atmosféricos de longo prazo, representados por meio da dinâmica do clima. Os problemas decorrentes dos excessos do período de chuvas se materializam em grandes inundações, cuja duração é mais bem limitada no tempo (ocorrem a cada ano, por exemplo) e no espaço (abrangência espacial da planície de inundação), quando comparados aos problemas decorrentes das estiagens (cuja duração tende a ser de vários anos, para toda a bacia).

O foco deste livro recai na discussão específica da gestão integral dos riscos hidrológicos associados a extremos máximos, desde as fases preliminares, que buscam prevenir ou mitigar problemas, passando pela preparação, até as etapas de resposta e recuperação, após os eventos que dão margem a esta discussão.

Os riscos hidrológicos englobam as inundações, que podem ser graduais ou bruscas, e os alagamentos. Mais especificamente, as inundações são fenômenos naturais, resultantes do extravasamento de corpos d'água em períodos de cheia, que ocorrem regularmente como parte do ciclo hidrológico. Quando as inundações ocorrem em rios de declividade mais acentuada, podem configurar enxurradas, com grande poder de arraste, podendo transportar sedimentos em grande quantidade. Os alagamentos, por sua vez, usualmente, se relacionam com falhas dos sistemas de drenagem urbana.

Para fins de referência, de modo simplificado, os dois processos (inundações, graduais ou bruscas, e alagamentos) serão tratados conjuntamente, sob o nome "cheias", como "guarda-chuva" de uma discussão maior (associando cheias ao período hidrológico das chuvas, que é o gatilho que dispara tanto as inundações como os alagamentos). Embora com origens diferentes, as inundações e os alagamentos produzem riscos semelhantes, invadindo casas, danificando bens e infraestruturas, paralisando o tráfego, serviços públicos e atividades econômicas, permitindo a propagação de doenças de veiculação hídrica, entre outras consequências danosas.

A gestão do risco de cheias, por sua vez, está associada à presença de um sistema socioeconômico que pode sofrer danos com este tipo de evento. Pode-se dizer que não há risco associado a uma inundação que ocupa a várzea, em condições naturais, quando não há danos associados a esse processo. Assim, as inundações urbanas, que colocam a cidade como sistema socioeconômico exposto e vulnerável à inundação, serão o objeto de discussão e análise.

Adicionalmente, deve-se destacar que o próprio processo de urbanização modifica o ciclo hidrológico natural, criando condições para a geração de escoamentos. A remoção da vegetação para abrir espaço para a implantação da cidade, a regularização do solo, a impermeabilização consequente da construção de edificações diversas e vias de circulação, bem como a introdução de redes de drenagem que aceleram escoamentos, geram, como efeito, a disponibilização de maiores volumes para o escoamento superficial, que, por sua vez, também ocorre com maiores velocidades. Muitas vezes, as cidades alagam por falhas do seu sistema de drenagem, e estes alagamentos podem adquirir um vulto importante, cuja gestão dos riscos é também fundamental. Portanto, neste livro, a relação da cidade com a geração de escoamentos e os alagamentos decorrentes também serão incorporados à discussão, compondo um quadro integrado com as inundações propriamente ditas.

O problema das cheias urbanas, tradicionalmente, costumava ser tratado com foco nos alagamentos resultantes dos eventos de chuva (seja por falha da microdrenagem ou pelo extravasamento de rios e canais urbanos). Mais precisamente, os escoamentos gerados pela bacia urbana eram estimados e as soluções para encaminhar esses escoamentos através da cidade, de forma segura, até o corpo receptor, se relacionavam com redes de drenagem (compostas por dispositivos de captação, galerias e canais), que deveriam conduzir rapidamente este efluente, minimizando o contato deste com a população. Essa é uma lógica que prioriza a capacidade de condução das redes e que surgiu após a Cidade Industrial, que sofria com problemas graves de saneamento e de saúde pública. Assim, essa concepção de projeto se relaciona com um período que se costuma chamar de higienista.

A concepção higienista cumpriu um papel histórico de melhorar as condições de saneamento das primeiras cidades que começavam a se adensar e mostravam sérios problemas de infraestrutura. Porém, essa concepção traz um problema intrínseco: ao tratá-lo sob o ponto de vista do escoamento gerado, o foco recai nas consequências da urbanização, aceitando volumes cada vez maiores que precisam ser escoados, numa espiral de demandas, ao longo do tempo, que tem um viés insustentável – não se pode pensar em crescer indefinidamente as dimensões das redes para receber sempre mais escoamentos da cidade que se desenvolve.

Como resposta a essa concepção, medidas de controle do escoamento na fonte, nos locais em que os escoamentos são gerados, trabalhando com a possibilidade de adaptar a cidade para recompor o ciclo hidrológico e buscando valorizar a relação do ambiente natural com o ambiente construído, deram margem à concepção de sistemas de drenagem sustentáveis. Passam a compor o sistema de drenagem, além das redes tradicionais, medidas de infiltração e de retenção das águas superficiais, que podem ganhar formas articuladas com a paisagem urbana.

Ainda assim, em um primeiro momento, a concepção sustentável para o problema de drenagem focava na redução de lâminas de alagamento. Mais recentemente, porém, o conceito de gestão do risco de cheias vem crescendo e substituindo a lógica da redução simples de alagamentos.

Cabe então entender em que consiste o conceito do risco e por que essa mudança de concepção de projeto vem ocorrendo. Ao longo deste livro, essa discussão será desenvolvida em detalhes, mas pode-se dizer, preliminarmente, que o conceito de risco conjuga um dado evento perigoso (capaz de gerar danos) com suas consequências sobre um sistema socioeconômico. No caso da discussão aqui proposta, as chuvas disparam o evento perigoso, que são as inundações e alagamentos, que, por sua vez, ocorrem em um ambiente urbano, onde há elementos expostos e susceptíveis a danos.

Nesse contexto, então, já é possível começar a discernir como vem ocorrendo a migração do conceito de projeto de redução de cheias para o conceito de redução de riscos. A redução das lâminas d'água, associadas aos efeitos das cheias, implica redução do perigo e, certamente, contribui para a redução do risco. Mas, ao procurar reduzir o risco como objetivo-fim, a lógica dos projetos de drenagem já busca o melhor resultado em termos de redução de danos. Sob o ponto de vista da própria sustentabilidade, essa nova concepção está, portanto, alinhada com os três pilares da sustentabilidade: ambiental, social e econômico.

Adicionalmente, um conceito que vem ganhando espaço, tanto na gestão de risco como na concepção de projeto, é o da resiliência. A resiliência atua no sentido inverso da materialização das consequências de um evento perigoso sobre a cidade. Mais ainda, este conceito responde pela capacidade de um dado sistema continuar resistindo ao longo do tempo e reagir para se restabelecer, mesmo em condições adversas.

Quando se pensa, então, em gestão integral de riscos, se discute, também, as condições de estruturação de uma cidade realmente sustentável. Se este processo de gestão é capaz de reduzir os efeitos e as perdas que poderiam ser geradas sobre a cidade, como sistema socioeconômico e ambiental (uma vez que o ambiente construído deve-se compor de forma harmoniosa com o ambiente natural), mantendo sua capacidade de resistir e conservar suas propriedades ao longo do tempo, tem-se aí uma transcrição dos princípios da cidade sustentável, que deve basear seu processo de desenvolvimento em pilares sociais, econômicos e ambientais, garantindo que a geração atual e as futuras gerações possam continuar usufruindo de uma cidade funcional, equilibrada, equitativa e submetida a riscos controlados.

1.2 CONTEXTO E MOTIVAÇÃO

Pode-se dizer que três fatores fundamentais motivam esta publicação:

1. Em termos conceituais, a discussão sobre risco vem ganhando espaço e apresenta diferentes nuances, com interpretações diversas. Diferentes áreas do conhecimento tratam risco de forma distinta e, de fato, há ainda uma percepção intuitiva, que vem da vida cotidiana, e que aporta distorções nessa discussão.
2. Sob o ponto de vista pragmático, dentre os desastres naturais, as inundações são um dos maiores responsáveis por perdas e mortes ao redor do mundo, e é necessário compreender esse processo para poder fazer frente a esta tendência, que vem se agravando em período recente.
3. Tecnicamente, há o desafio que envolve discutir, organizar e oferecer ferramentas para contribuir para um processo integrado de gestão de riscos.

Como destacado no item 1 das motivações que permeiam esse livro, o conceito de risco possui significado que varia em função do contexto em que está inserido, seja ele social, econômico ou ambiental, ainda que mantendo um significado básico semelhante.

CAPÍTULO 1: Conceituação preliminar e foco da discussão

Na verdade, em termos cotidianos, desde crianças nos habituamos a ouvir recomendações que de alguma forma relembram expressões como: "Cuidado, essa situação é arriscada... "Que perigo!" "Você vai se machucar...". Essas referências tendem a construir uma ideia coletiva de relação entre risco e perigo, quase como se fossem sinônimos, o que não é tecnicamente o mais adequado.

É comum que os termos *risco* e *perigo* sejam confundidos na linguagem do dia a dia e, às vezes, até mesmo no meio técnico. Como primeira aproximação para a conceituação que se pretende, este capítulo traz algumas definições de risco para a discussão:

O Dicionário Mini Aurélio, 6ª edição, (FERREIRA, 2004), oferece a seguinte definição para risco: *Perigo ou possibilidade de perigo.* Note-se que, aqui, a relação de equivalência de risco e perigo aparece, como usualmente acontece na vida cotidiana, mas não devem ser utilizados como sinônimos na terminologia técnica. O risco, certamente, está relacionado com o perigo e não pode haver risco sem perigo. Para haver risco, entretanto, é necessário que um perigo (um evento ou situação perigosa) possa afetar alguém ou algum sistema socioeconômico, como uma cidade, por exemplo, com potencial de causar danos. É necessário, portanto, que o perigo seja capaz de afetar uma pessoa, um bem ou sistema exposto e possa gerar um efeito negativo.

A relação de risco com possibilidade de perigo remete a uma certa probabilidade de se materializar o risco, a partir de um dado perigo, o que se aproxima mais do conceito técnico, de maneira geral associado ao uso na engenharia.

De forma similar, com pequenos acréscimos, o Minidicionário Larousse de Língua Portuguesa, 1ª edição, (Dicionário Larousse da língua portuguesa míni, 2005), define risco da seguinte forma: *Possibilidade de perigo: risco de morte. Acontecimento eventual, incerto, cuja ocorrência não depende da vontade dos interessados.* (baixo latim *risicu, riscu*). Nesta segunda definição, a relação com certa eventualidade mais uma vez remete a uma probabilidade (baixa, pouco frequente) associada ao perigo que leva ao risco. Pode-se interpretar que, intrinsecamente, o risco associa-se também à possibilidade de desastres, em situações não previstas e não desejadas.

Já o Dicionário Michaelis (*on line*) (MICHAELIS, 2016) avança com a definição de forma mais extensa (e completa): *Possibilidade de perigo, incerto, mas previsível, que ameaça de dano a pessoa ou a coisa. Risco bancário: o que decorre do negócio entre banqueiros ou entre o banco e os correntistas. Risco profissional: perigo inerente ao exercício de certas profissões, o qual é compensado pela taxa adicional de periculosidade. A risco de, com risco de: em perigo de. A todo o risco: exposto a todos os perigos. Correr risco: estar exposto a.* (italiano *rischio*). Nesta terceira definição, o significado de risco se aproxima mais fielmente do conceito de risco em engenharia. Uma possibilidade incerta, mas previsível, remete a uma probabilidade. A relação do perigo com ameaça de dano a uma pessoa ou coisa completa a definição. Na sequência, várias nuances de risco são acrescentadas, na área comercial, de direito etc.

Avançando com esta busca de significados, partindo da referência do Michaelis de que risco vem de *rischio*, em italiano, e buscando uma definição na enciclopédia italiana *Treccani* (*on line*), (TRECCANI, 2016), *rischio* seria: *Possibilidade de sofrer danos, correlacionada com circunstâncias mais ou menos previsíveis.*

Fazendo agora uma comparação com o inglês, têm-se duas expressões para *risco* e *perigo*, que parecem mais claramente delineadas: *risk* e *hazard*, respectivamente.

O Dicionário de Oxford (*on-line*) (ENGLISH OXFORD Living Dictionaries, 2016), dá as seguintes definições para risco: *Situação envolvendo exposição a perigo; possibilidade de que alguma coisa desagradável e indesejada possa ocorrer; pessoa ou coisa considerada ameaça ou fonte de perigo; possibilidade de dano contra algo segurado; possibilidade de perda financeira.* O Dicionário de Cambridge (*on line*) (CAMBRIDGE DICTIONARY, 2016), por sua vez, diz que risco é: *Possibilidade de algo ruim ocorrer.*

Os mesmos dicionários definem perigo (*hazard*) da seguinte forma:

- *Oxford*: tem origem na palavra azar e significa perigo ou risco; chance, probabilidade; potencial fonte de dano.
- *Cambridge*: algo perigoso e capaz de causar dano.

O perigo, portanto, refere-se à situação que traz um potencial intrínseco para causar danos e ameaçar a existência ou integridade de pessoas, propriedades, infraestruturas, sistemas econômicos e meio ambiente. Dessa forma, no campo da engenharia, o risco se relaciona tanto com a probabilidade de ocorrência de um evento quanto com a expectativa de perdas causadas por ele.

Destaca-se que o perigo associado a um desastre natural será um processo da própria natureza, deflagrado por um agente natural, que, em geral, não pode ser controlado. No caso de inundações, a chuva é o agente natural que dispara o processo. Não se pode dizer, porém, que a chuva, por si, é um evento perigoso. Pelo contrário, ela é essencial e sua falta gera enormes problemas. A forma como a chuva é recebida pela bacia e transformada em vazão pode, porém, representar uma fonte de perigo. Uma bacia urbanizada pode ser capaz de produzir escoamentos superficiais várias vezes maior do que os escoamentos que seriam produzidos por uma bacia natural. Além disso, correndo sobre superfícies mais regulares e usando redes de drenagem artificiais, os escoamentos em bacias urbanas tendem a ser muito mais rápidos. O processo de transformação de chuva em vazão, neste caso, contudo, pode ser objeto de ação para redução de riscos. Portanto, as inundações e alagamentos trazem em si um resultado da interação da chuva com a bacia. Além disso, na forma usualmente considerada na análise de riscos, o sistema socioeconômico que sofre a inundação pode ser protegido, reduzindo sua exposição, sua propensão ao dano e melhorando a sua capacidade de resposta. O risco, portanto, nesse contexto, é passível de ser gerenciado, modificando tanto a probabilidade de ocorrência da ameaça, quanto as consequências deflagradas como prejuízos para a cidade.

As consequências e as expectativas de danos e prejuízos podem ainda ser subdivididas, pois dependem tanto da vulnerabilidade dos sistemas afetados, quanto de sua capacidade de reação e retorno ao estado de referência, estando essa segunda parcela usualmente associada ao conceito de resiliência.

O Banco Mundial, na publicação *Building Urban Resilience: Principles, Tools, and Practice* (JHA *et al.*, 2013), diz que o risco é a incerteza da perda, e a perda é uma combinação de perigo, de ativos e da vulnerabilidade desses ativos frente ao perigo. O risco pode ser reduzido por meio de abordagens com foco na localização, infraestrutura, aspectos operacionais, de financiamento de risco e de opções de transferência. Para reduzir o risco e aumentar a resiliência, uma combinação equilibrada destas abordagens deve ser implementada.

A relação entre cidades e cheias, porém, não vem se mostrando, em geral, equilibrada. A água, sempre fundamental e presente na história das cidades, hoje protagoniza um vetor de danos introduzidos nesse sistema socioeconômico. As perdas associadas à ocorrência de eventos de inundação estão entre as maiores do mundo, dentre os diversos desastres naturais. A publicação *Cities and Flooding. A Guide to Integrated Urban Flood Risk Management for the 21st Century*, também do Banco Mundial (JHA *et al.*, 2012), destaca que o número de grandes inundações vem aumentando significativamente ao longo das últimas décadas e, como consequência, o número de pessoas afetadas por inundações e os danos econômicos e financeiros também têm aumentado. Apenas em 2010, 178 milhões de pessoas foram afetadas pelas inundações (*ibid.*).

A Unesco, como parte de sua série de manejo estratégico das águas, no livro *Flood Risk Management* (SAYERS *et al.*, 2013), define risco e seus componentes conforme a representação gráfica mostrada na Figura 1.1. Essa figura mostra as múltiplas dimensões do risco, algumas com diferenças sutis. A adequada compreensão destas facetas pode permitir, efetivamente, vencer o fosso que separa a avaliação de riscos de uma tomada de decisões consubstanciada e informada sobre os riscos. Todas as dimensões que contribuem para a construção do risco podem ser contempladas com ações em um processo de planejamento, projeto e gestão para minimização do risco. Tradicionalmente, o foco usual recai na redução da probabilidade de inundação através de extensos sistemas de defesa estruturais, tais como sistemas de diques. Mais recentemente, reservatórios implantados em diversas escalas da paisagem urbana e medidas de infiltração têm sido também utilizados para compor sistemas de drenagem mais sustentáveis (mais próximos do comportamento do ciclo hidrológico natural). Porém, medidas preliminares de zoneamento de inundações podem evitar expor pessoas, economias e ecossistemas na fase de planejamento da ocupação do território.

Uma série de outras medidas não estruturais pode ainda reduzir a vulnerabilidade a inundações através, por exemplo, da utilização de locais de refúgio seguro temporário, da introdução de sistemas de alerta e evacuação dos locais mais propensos a danos (na situação de iminência de uma inundação), da criação de regimes de seguros e da adoção de códigos de obras específicos para construções mais resistentes em áreas sujeitas a alagamentos.

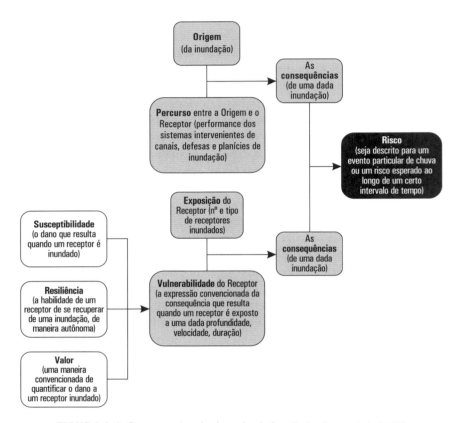

FIGURA 1.1: Componentes do risco de cheias. Fonte: *Sayers* et al. *(2013)*.

Destaca-se que a Figura 1.1 representa, também, a forma como o conceito de risco será tratado neste livro como ponto de partida para a gestão do risco de cheias.

Dessa forma, desponta o tema principal do livro, que traz a discussão da gestão dos riscos e desastres hidrológicos, associados a eventos de inundações e alagamentos. Nesse processo, se identificam diferentes etapas, fundamentais para a gestão, que procuram atuar em diferentes momentos do processo e sobre os diferentes componentes do risco.

Em resumo, consolidando a discussão até aqui, em termos de componentes do risco, pode-se: atuar sobre o processo de transformação de chuva em vazão, minimizando inundações; atuar para reduzir vulnerabilidades socioeconômicas da cidade que sofre os alagamentos; ou atuar com medidas de adaptação para melhorar respostas futuras do sistema. Em todas as atuações, o objetivo é sempre o de reduzir a materialização dos danos inerentes ao possível desastre associado ao risco em estudo, ou seja, reduzir os desastres.

Em relação aos diferentes momentos, as atuações que compõem o ciclo do desastre e que são objeto de gestão são: as atividades de prevenção (para evitar a situação de risco); as atividades de mitigação (para reduzir os riscos mapeados, que não puderam ser evitados); as atividades de preparação (para minimizar perdas na ocorrência do desastre, atuando tanto na estruturação do sistema de proteção e defesa civil como na preparação para a resposta); as atividades de resposta (para minimizar perdas adicionais, com atividades de socorro e assistência durante o desastre); e atividades de recuperação (para restaurar e melhorar as características do sistema, após o desastre).

1.3 DESASTRES

Desastres "naturais"

Entende-se por "desastre" as consequências de um evento adverso (fenômeno provocado pelo homem e/ou pela natureza) sobre um ambiente vulnerável, que excede a capacidade de resposta do sistema social atingido. Essas consequências são representadas por danos humanos, materiais e ambientais e seus consequentes prejuízos socioeconômicos, patrimoniais e ambientais. Assim, o desastre não é o evento adverso em si (inundação, furacão, terremoto, tsunami etc.), mas os efeitos nocivos provocados por esses eventos no sistema atingido. Estes efeitos, por sua vez, são diretamente proporcionais à vulnerabilidade e à exposição dos elementos em risco em seus diversos aspectos: físico, ambiental, econômico, político, organizacional, institucional, educativo e cultural (VARGAS, 2010).

Segundo o *Glossário de Defesa Civil* (BRASIL, 2009), desastres naturais "são aqueles provocados por fenômenos e desequilíbrios da natureza e produzidos por fatores de origem externa que atuam independentemente da ação humana". Como se pode observar, o termo "desastre natural" faz referência à causa do desastre, no caso, eventos provenientes da natureza, em contraposição a desastres antropogênicos, cuja causa reside em ações ou omissões humanas (considerados fatores internos ao sistema), ou ainda desastres mistos, quando as ações antrópicas contribuem para agravar desastres naturais. A *Classificação e Codificação Brasileira de Desastres* (Cobrade) posiciona os desastres hidrológicos como um grupo dentro da categoria de desastres naturais, composto dos seguintes subgrupos: inundações, enxurradas e alagamentos. Os resultados de um desastre natural, porém, se materializam sobre um sistema socioeconômico, em um ambiente construído. Muitas vezes esses sistemas socioeconômicos se localizam em áreas de perigo, desaconselháveis à ocupação. Outras vezes, o próprio sistema é agravador do desastre – no caso de inundações, como introduzido anteriormente, a própria cidade que sofre com suas consequências tem uma participação importante no agravamento dos eventos naturais, pelo acréscimo de geração de escoamentos.

Alguns processos naturais de fato possuem potencial de provocar um desastre natural típico (tais como tsunamis, terremotos, tornados...), mas quando se trata de desastres hidrológicos (provocados por inundações graduais, por exemplo), a dinâmica é outra. Nessas ocasiões, a chuva (um agente natural) incide sobre uma bacia total ou parcialmente urbanizada, que produz vazões de escoamento superiores às de uma bacia natural (caracterizadas pelo aumento de volumes e velocidades), em virtude da realização de ações antrópicas como a impermeabilização do solo, a remoção de cobertura vegetal, a canalização de rios, dentre outras.

Quando a bacia atingida não possui condições de drenar ou armazenar o volume precipitado em tempo hábil, o nível da água sobe e o sistema é alagado. Tendo em mente o cenário exposto, as inundações graduais não deveriam ser classificadas como desastres naturais (de forma exclusiva), mas sim como desastres mistos (socionaturais), uma vez que claramente há fatores internos e externos concorrentes para provocar/agravar os eventos adversos relacionados com este tipo de desastre.

Mesmo tendo em mente a relativização do desastre proporcionalmente à capacidade de resistência e resiliência do sistema afetado, não é raro que se procure classificar os desastres por sua intensidade, ou mesmo por indicativos mínimos de danos. Para um desastre ser inserido, por exemplo, no *The International Disaster Database* (EM-DAT) do *Centre for Research on the Epidemiology of Disasters* (Cred), que é um banco de dados de referência para desastres em nível internacional, pelo menos um dos seguintes critérios deve ser cumprido: dez ou mais pessoas mortas; cem ou mais pessoas afetadas; declaração de situação de emergência ou ajuda internacional (EM-DAT, 2015).

Com relação à evolução do processo capaz de provocar o desastre (que está intimamente relacionado com a própria dinâmica de evolução do desastre), a Defesa Civil Nacional apresenta a seguinte classificação: desastres súbitos ou de evolução aguda; desastres graduais ou de evolução crônica; desastres por somação de efeitos parciais. Trazendo para o contexto dos desastres hidrológicos, podem ser citados como desastres súbitos aqueles provocados por enxurradas (também denominadas inundações bruscas), como desastres de evolução crônica aqueles provocados por inundações sazonais graduais e como desastres por somação de efeitos parciais os alagamentos frequentes provocados por problemas na rede de drenagem urbana, os quais, apesar de menos danosos quando considerados de forma individualizada, podem representar danos e prejuízos significativos quando considerados ao longo de um intervalo de tempo (por exemplo, 1 ano).

Desastres "naturais" no mundo

O aumento do risco de inundações é claramente percebido pela observação dos registros de desastres naturais ocorridos no mundo, os quais resultaram em cerca de 3,3 milhões de vidas perdidas, entre os anos de 1970 e 2010, segundo o *Atlas da Vulnerabilidade a Inundações (EM-DAT, 2015)*, da Agência Nacional de Águas (ANA, 2014). Se considerados apenas os registros de inundações nas Américas Central e do Sul, a parcela desse tipo de desastre chega a 40% do total, alertando para a importância do tema. As Figuras 1.2 e 1.3 oferecem uma visão do número de desastres naturais no mundo e, em particular, o número de inundações, dentre esses desastres, ao longo do período de 1900-2015, conforme dados registrados no *The International Disaster Database*, de acordo com os critérios de registros explicitados anteriormente.

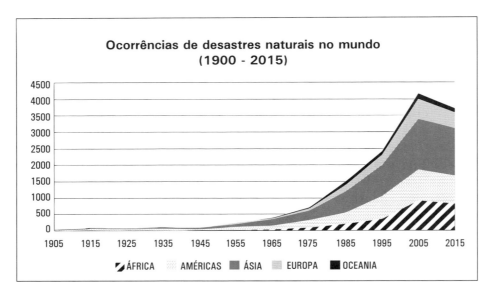

FIGURA 1.2: Gráfico empilhado (composto pela sobreposição de gráficos elementares) de ocorrências de desastres naturais no mundo, segundo a contribuição de cada continente, em intervalos de 10 anos, a contar de 1905. Fonte: *EM-DAT (2015)*.

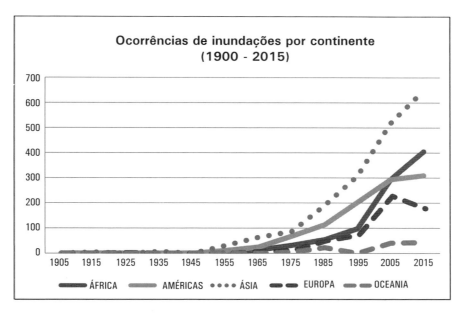

FIGURA 1.3: Evolução das ocorrências de inundações, por continente, em intervalos de 10 anos, a contar de 1905. Fonte: *EM-DAT (2015)*.

Percebe-se a acentuação de ocorrência de desastres nos últimos 50 anos, o que coincide com a tendência de urbanização do mundo, em especial com a aceleração do crescimento das cidades dos países periféricos, neste mesmo período.

A Figura 1.4 complementa as informações sobre o quadro geral de desastres por inundação, mostrando a evolução de perdas no mesmo período de 1900-2015.

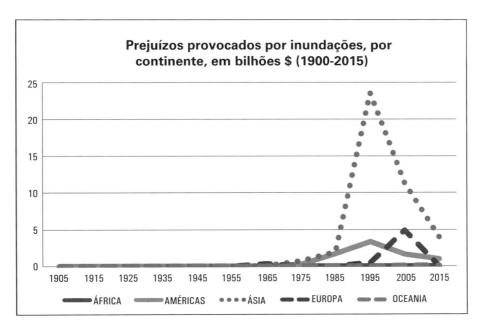

FIGURA 1.4: Evolução dos prejuízos provocados por inundações, por continente, em intervalos de 10 anos, a contar de 1905. Fonte: *EM-DAT (2015)*.

Desastres "naturais" no Brasil

Observando a ocorrência de desastres naturais no Brasil, se percebe a importância do espaço ocupado pelos desastres hidrológicos. As Tabelas 1.1, 1.2 e 1.3, processadas a partir do banco de dados *The International Disaster Database* (EM-DAT, 2015), mostram os 10 maiores desastres, de 1900 a 2015, segundo o número total de mortes, o número total de afetados e os prejuízos, respectivamente. Percebe-se que as secas e as inundações ocupam quase todas as posições disponíveis nestas 3 classificações.

As secas, devido à sua abrangência espacial, afetam um maior número de pessoas e causam inúmeros prejuízos, atingindo setores econômicos importantes, como os da agricultura, pecuária e produção industrial, que ultrapassam o limite do ambiente urbano, cujo foco teve destaque nas discussões até aqui desenvolvidas. As inundações também ocupam posição importante nessas escalas de afetados e prejuízos, mas este tipo de ocorrência mostra um número mais dramático ao se fazer a integral do número de mortes. Nestas estatísticas, as enxurradas estão agrupadas com as inundações graduais, não tendo um registro específico.

Tabela 1.1: Os 10 maiores desastres naturais no Brasil, segundo o número total de mortes, no período de 1900 a 2015

ANO	DESASTRE	OCORRÊNCIAS	TOTAL DE MORTES
1974	Epidemia	1	1.500
2011	Inundação	8	978
1967	Inundação	4	820
1988	Inundação	3	655
1966	Inundação	3	560
1967	Deslizamento	1	436
2010	Inundação	3	363
1966	Deslizamento	1	350
1969	Inundação	1	316
1979	Inundação	1	300

Fonte: *EM-DAT (2015)*.

Tabela 1.2: Os 10 maiores desastres naturais no Brasil, segundo o número total de afetados, no período de 1900 a 2015

ANO	DESASTRE	OCORRÊNCIAS	TOTAL DE AFETADOS
2014	Seca / estiagem	1	27.000.000
1983	Seca / estiagem	1	20.000.000
1970	Seca / estiagem	1	10.000.000
1998	Seca / estiagem	1	10.000.000
1979	Seca / estiagem	1	5.000.000
1966	Deslizamento	1	4.000.000
2012	Seca / estiagem	1	4.000.000
1983	Inundação	2	3.338.300
1988	Inundação	3	3.071.734
2009	Inundação	7	1.862.648

Fonte: *EM-DAT (2015)*.

Tabela 1.3: Os 10 maiores desastres naturais no Brasil segundo o total de danos, no período de 1900 a 2015

ANO	DESASTRE	OCORRÊNCIAS	TOTAL DE DANOS (milhões US$)
2014	Seca / estiagem	1	5.000
1978	Seca / estiagem	1	2.300
1984	Inundação	5	2.000
2004	Seca / estiagem	1	1.650
2012	Seca / estiagem	1	1.460
1988	Inundação	3	1.030
2008	Inundação	4	1.013
2011	Inundação	8	1.000
2010	Inundação	3	802
1985	Seca / estiagem	1	651

Fonte: *EM-DAT (2015)*.

Avaliando o histórico disponível, e particularizando para o caso das inundações e enxurradas, percebe-se que as perdas com estes fenômenos se acentuam no período após a Segunda Guerra Mundial, que é coincidente com o avanço da urbanização e industrialização do Brasil. Delimitando, então, o período entre 1946 e 2015, as Figuras 1.5 a 1.8 foram preparadas com foco em inundações, para mostrar as perdas provocadas por esse tipo processo.

Percebe-se que, no período representado pelas Figuras 1.5 a 1.8, somando 70 anos, têm-se, aproximadamente, quase 8 mil mortes, cerca de 20 milhões de pessoas afetadas e mais de US$9 bilhões de prejuízo acumulados, provocados por inundações.

FIGURA 1.5: Ocorrências de inundações no Brasil, em intervalos de 10 anos, a contar de 1946. Fonte: *EM-DAT (2015)*.

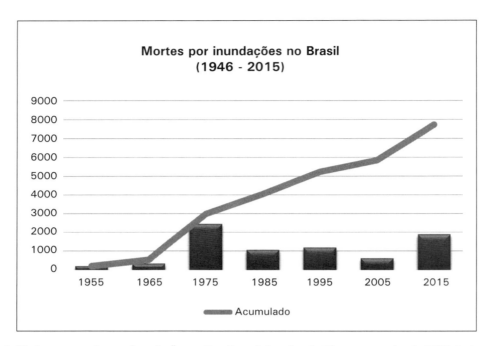

FIGURA 1.6: Mortes provocadas por inundações no Brasil, em intervalos de 10 anos, a contar de 1946. Fonte: *EM-DAT (2015)*.

FIGURA 1.7: . Pessoas afetadas por inundações no Brasil, em intervalos de 10 anos, a contar de 1946. Fonte: *EM-DAT (2015)*.

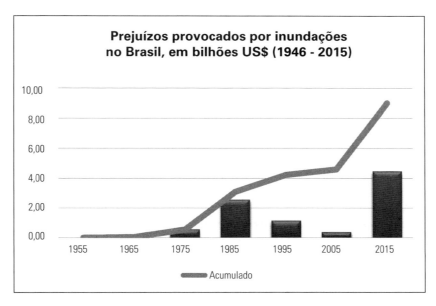

FIGURA 1.8: . Prejuízos provocados por inundações no Brasil, em intervalos de 10 anos, a contar de 1946. Fonte: *EM-DAT (2015)*.

1.4 GESTÃO INTEGRAL DE RISCO

Para fazer frente aos desastres, sociedades organizadas de todo o mundo possuem serviços públicos voltados para proteção e defesa de suas populações. No Brasil, esta função é desempenhada pelo Sistema Nacional de Proteção e Defesa Civil (Sinpdec), que possui a finalidade de garantir os direitos à vida, à saúde, à segurança, à propriedade e à incolumidade a todos os brasileiros e aos estrangeiros que residem no Brasil, em circunstâncias de desastres.

A abordagem da gestão integral de riscos é baseada numa visão sistêmica do ciclo de vida dos desastres e busca definir um fluxo de atividades e processos para redução e mitigação de desastres a partir dos macroprocessos de *Prevenção*, *Preparação*, *Resposta* e *Reconstrução* (ou, mais precisamente, *Recuperação*, conforme justificado adiante).

Neste primeiro momento será apresentada uma estrutura conceitual baseada predominantemente na doutrina de Defesa Civil brasileira, ressaltando-se que ao longo do livro os conceitos serão sempre discutidos, revisados e interpretados de forma a permitir uma visão abrangente e não limitada por predefinições.

a) **Prevenção**

A prevenção de desastres compreende a avaliação e a redução de riscos de desastres, que por sua vez podem ser desmembradas da seguinte forma (BRASIL, 1999, p. 18):

A avaliação de riscos de desastres desenvolve-se em três etapas: estudo das ameaças de desastres; estudo do grau de vulnerabilidade dos cenários dos desastres (sistemas receptores e corpos receptivos); síntese conclusiva, objetivando a avaliação e a hierarquização dos riscos de desastres e a definição de áreas de maior risco. O estudo das áreas de risco permite a elaboração de bancos de dados e de mapas temáticos sobre ameaças, vulnerabilidades e riscos de desastres.

As ações de redução de riscos de desastres podem ser desenvolvidas com o objetivo de: minimizar a magnitude e a prevalência das ameaças de acidentes ou eventos adversos; minimizar a vulnerabilidade dos cenários e das comunidades em risco aos efeitos desses eventos. Em ambos os casos, caracterizam-se dois grandes conjuntos de medidas preventivas: medidas não estruturais, dentre as quais se destaca o planejamento da ocupação e da utilização do espaço geográfico, em função da definição de áreas de risco, e o aperfeiçoamento da legislação sobre segurança contra desastres; medidas estruturais, também chamadas de medidas de 'pedra e cal', que têm por finalidade aumentar o nível de segurança intrínseca dos biótopos humanos, através de atividades construtivas.

Na visão deste livro, a fase de Prevenção vai se desdobrar, na verdade, em duas, distinguindo-se ações que têm função de prevenir, de fato, resultados danosos do desastre, mas que ocorrem em momentos diferentes, ainda que ambas se desenvolvam previamente ao desastre. A primeira dessas ações de gestão de risco é a prevenção propriamente dita, ou seja, aquele conjunto de atividades que procura avaliar quais são as áreas perigosas para evitar (prevenir) a ocupação e o uso dessas áreas, sendo uma ação de zoneamento e planejamento, de caráter não estrutural. A segunda ação associada a essa etapa preliminar da gestão de risco se refere à fase de Mitigação, quando uma determinada área da cidade (sistema socioeconômico) já se encontra exposta ao perigo e são propostas medidas estruturais de reorganização dos padrões de inundação, minimização de alagamentos e diminuição da susceptibilidade a dano dos elementos expostos.

b) Preparação

A Preparação para emergências e desastres tem por objetivo otimizar o funcionamento do Sinp-dec, especialmente das ações de resposta aos desastres e de reconstrução, constituindo-se de: desenvolvimento institucional; desenvolvimento de recursos humanos; desenvolvimento científico e tecnológico; mudança cultural; motivação e articulação empresarial; informações e estudos epidemiológicos sobre desastres; monitoramento, alerta e alarme; planejamento operacional e de contingência; planejamento de proteção de populações contra riscos de desastres focais; mobilização; aparelhamento e apoio logístico.

c) Resposta

A Resposta objetiva reagir à ocorrência dos desastres e começa a ser desencadeada a partir do alarme. Ou seja, quando se tem uma situação tal que configura a emissão do alarme (e, portanto, espera-se um desastre iminente), dispara-se o processo de resposta. Essa fase compreende as seguintes atividades gerais:

- Socorro às populações em risco, desenvolvido em três fases: pré-impacto: intervalo de tempo que ocorre entre o prenúncio e o desenvolvimento do desastre (ou seja, do alarme até o desastre propriamente dito); impacto: momento em que o evento adverso atua em sua plenitude; limitação de danos (também chamada fase de rescaldo): corresponde à situação imediata ao impacto, quando os efeitos do evento adverso iniciam o processo de atenuação.
- Assistência às populações afetadas, que depende de atividades: logísticas; assistenciais; de promoção da saúde.
- Reabilitação dos cenários dos desastres, compreendendo as atividades de: avaliação de danos; vistoria e elaboração de laudos técnicos; desmontagem de estruturas danificadas, desobstrução e remoção de escombros; sepultamento; limpeza, descontaminação, desinfecção e desinfestação do ambiente; reabilitação dos serviços essenciais; recuperação de unidades habitacionais de baixa renda.

Quando um grande desastre acontece, em geral, instala-se uma comoção proporcional à perda de vidas humanas e ao grau de desarticulação da ordem social, seguida de mobilização tempestiva para assistência por parte de governos, instituições e indivíduos. No período que se segue imediatamente ao desastre, observa-se um afluxo de doações, auxílios financeiros, esforço de trabalho e atenção da mídia na direção da região afetada. Este movimento, no entanto, perde força na medida em que o período emergencial transcorre, dando lugar ao período de recuperação.

d) Reconstrução (Recuperação)

Segundo a Defesa Civil Nacional (BRASIL, 1999), a Reconstrução tem por finalidade restabelecer em sua plenitude: os serviços públicos essenciais; a economia da área; o bem-estar da população; o moral social. Ressalta-se que a terminologia empregada pelos autores apresenta como Reconstrução um conjunto de atividades cujo escopo vai além das obras de reconstrução em si, avançando para o restabelecimento da economia, do bem-estar da população e do moral social. Esse é o verdadeiro espírito desta fase, que tem então na reconstrução um sentido figurado que excede o sentido literal. Para fins de diferenciação e alinhamento com a literatura internacional, este escopo mais amplo de atividades pós-desastre pode ser tratado sob a terminologia geral de Recuperação, reservando ao termo Reconstrução as questões específicas de obras estruturais no pós-desastre que visam o restabelecimento da parte física atingida e a mitigação de riscos futuros com medidas estruturais.

Na fase de Recuperação, a dinâmica costuma ser bastante distinta da fase assistencial. Nakagawa e Shaw (2004) observam que atividades de resgate e assistência são conduzidas de forma relativamente rápida nas comunidades. Na maior parte do mundo, entretanto, as coisas mudam durante o período de recuperação, quando interesses individuais em bens particulares estão em questão. Portanto, nas linhas que seguem e no desenvolvimento deste livro, serão cinco as etapas de gestão de riscos consideradas: Prevenção, Mitigação, Preparação, Resposta e Recuperação.

As Figuras 1.9 e 1.10 mostram as etapas da gestão de risco, primeiro em uma lógica de ciclo, que reflete o aspecto da reavaliação e realimentação do processo, depois em uma visão temporal, em que sempre se evolui na avaliação, sucessivamente aprendendo com as falhas e fazendo a etapa de Recuperação de uma fase (após um desastre) coincidir com as etapas de Prevenção e Mitigação da fase seguinte de gestão (para preparação para um próximo possível evento), embora a Recuperação tenha elementos próprios.

FIGURA 1.9: . Etapas do ciclo da gestão de riscos.

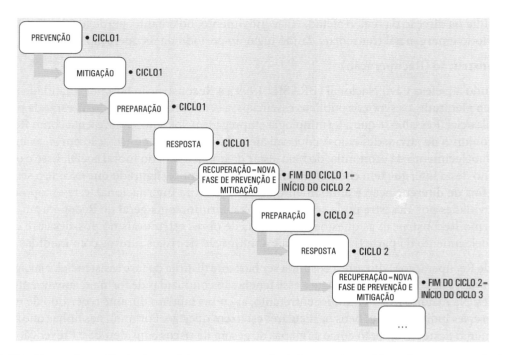

FIGURA 1.10: . Etapas da gestão de riscos vistas em sua sequência temporal, considerando uma sucessão de desastres que define o fim de cada um dos ciclos.

No Brasil, um divisor de águas na gestão do risco de desastres foi estabelecido após o dramático desastre na Região Serrana do Rio de Janeiro, em janeiro de 2011, quando os municípios de Areal, Bom Jardim, Nova Friburgo, São José do Vale do Rio Preto, Sumidouro, Petrópolis e Teresópolis foram severamente atingidos por inundações, enxurradas e movimentos de massa. A partir desse desastre, que contou com mais de 900 mortos, 300 mil afetados e um total de perdas estimado em R$ 4,78 bilhões (BANCO MUNDIAL, 2012), e de sua forte repercussão perante a opinião pública, percebeu-se um esforço do Poder Público no sentido de aprimorar os processos e atividades de gestão integral de riscos no país, passando pelo fortalecimento institucional, investimentos em tecnologia e equipamentos, capacitação de recursos humanos e apoio à pesquisa/desenvolvimento de soluções.

Foi então promulgada a Lei Federal 12.608/12, que instituiu a Política Nacional de Proteção e Defesa Civil – PNPDEC (BRASIL, 2012), na qual se define que compete à União:

- Expedir normas para implementação e execução da Política Nacional de Proteção e Defesa Civil e instituir o Plano Nacional de Proteção e Defesa Civil.
- Apoiar os estados, o Distrito Federal e os municípios no mapeamento das áreas de risco, nos estudos de identificação de ameaças, suscetibilidades, vulnerabilidades e risco de desastre e nas demais ações de prevenção, mitigação, preparação, resposta e recuperação.
- Instituir e manter o sistema de informações e monitoramento de desastres.
- Incentivar a instalação de centros universitários de ensino e pesquisa sobre desastres.

O mesmo instrumento legal (BRASIL, 2012) atribui ainda ao município a obrigação de:

- Executar a PNPDEC em âmbito local.
- Incorporar as ações de proteção e defesa civil no planejamento municipal.

- Identificar e mapear as áreas de risco de desastres, promover a fiscalização das áreas de risco e vedar novas ocupações nessas áreas.
- Vistoriar edificações e áreas de risco e promover, quando for o caso, a intervenção preventiva e a evacuação da população das áreas de alto risco ou das edificações vulneráveis.
- Manter a população informada sobre áreas de risco e ocorrência de eventos extremos, bem como sobre protocolos de prevenção e alerta e sobre as ações emergenciais em circunstâncias de desastres.
- Promover ações para o Plano de Contingência de Proteção e Defesa Civil, realizar regularmente exercícios simulados, promover a coleta, a distribuição e o controle de suprimentos em situações de desastre, prover solução de moradia temporária às famílias atingidas por desastres, estimular a participação de todos na execução do plano.

Nesse contexto, desenvolve-se a proposta deste livro, com o objetivo de reunir a conceituação da gestão integral do risco de desastres naturais, no que concerne especificamente a desastres hidrológicos de inundações, alagamentos e enxurradas, oferecendo uma base técnica e conceitual para que a PNPDEC possa ser de fato implantada em nível municipal, com resultados efetivos para diminuição de riscos. Atualmente, o governo federal já elegeu centenas de municípios como prioritários para monitoramento de desastres, em virtude de suas situações de risco É necessário formar engenheiros que possam enfrentar esses desafios, aprimorar e explorar procedimentos para ações de prevenção, mitigação, preparação, resposta e recuperação de desastres socionaturais, com foco nos desastres hidrológicos decorrentes do período de cheias.

1.5 RISCOS HIDROLÓGICOS E CIDADES SUSTENTÁVEIS

Pode-se definir (livremente e na interpretação dos autores deste texto, uma vez que não há um conceito padronizado) que uma cidade sustentável é aquela capaz de cumprir, ao longo do tempo e com um balanço positivo, as funções sociais que dela se espera, com qualidade de vida e de moradia a todos seus habitantes, garantindo o acesso distribuído a serviços e recursos essenciais, integrando o ambiente construído com o ambiente natural e reconhecendo os limites impostos por este último, sendo resiliente e segura, além de economicamente viável.

A cidade sustentável não é estática; ela deve ser capaz de manter suas características funcionais ao longo do tempo e não pode transferir impactos no espaço. Ou seja, a cidade sustentável hoje deve permanecer sustentável no tempo e não pode ser sustentável à custa da transferência de impactos no espaço.

O caminho para a sustentabilidade é sistêmico, transdisciplinar e continuado. De forma geral (e não exaustiva), é necessário:

- reconhecer os limites impostos pelos sistemas naturais;
- otimizar o uso dos recursos naturais e racionalizar consumos;
- aproveitar ao máximo a infraestrutura existente (mas sem exceder sua capacidade);
- ofertar moradias adequadas, com acesso aos serviços básicos e com qualidade de vida, de forma a equacionar o déficit habitacional, que acaba criando vetores de degradação e de risco, pela ocupação de áreas impróprias de várzea ou de encosta, pela remoção de vegetação natural e perda de funções ecológicas ambientais, pelo espalhamento espacial da cidade para áreas sem infraestrutura e cujo custo de implantação de equipamentos urbanos, sem o devido planejamento, leva a situações inviáveis, que consomem recursos importantes;
- desenvolver técnicas de tratamento dos serviços urbanos de acordo com conceitos de engenharia urbana, em que a visão sistêmica e transversal de funcionamento dos diversos sistemas é levada em conta, com suas interferências recíprocas e possibilidades de potencialização de resultados;

CAPÍTULO 1: Conceituação preliminar e foco da discussão

- reconhecer a cidade como sistema vivo, adaptável e em evolução, projetando sua melhoria em etapas ao longo do tempo;
- trabalhar com a população, para que esta seja ouvida e possa se apropriar das soluções e auxiliar na sua sustentação, bem como prover acesso à educação ambiental, de forma geral, e à educação formal, que abre portas em todo os sentidos;
- prover os municípios de corpo técnico capacitado, para que a interpretação e internalização das diretrizes preconizadas nas leis federais possam ser detalhadas adequadamente em nível operacional no contexto municipal. Por exemplo, quando a Lei Federal de Parcelamento e Uso do Solo - Lei 6.766/79 - (BRASIL, 1979) diz que não é possível urbanizar em áreas alagáveis, de risco geológico, contaminadas ou com fragilidades ambientais, o conceito está correto, mas os municípios não podem simplesmente replicar em seus planos diretores as mesmas restrições – é necessário que eles produzam mapas de perigo de alagamento, mapas de áreas ambientais de interesse, entre outros temas, de forma a garantir que a lei seja cumprida, disponibilizando a informação de base para orientação do crescimento da cidade;
- fomentar o desenvolvimento de dispositivos de gestão do território de forma supramunicipal. Em áreas metropolitanas, essa é uma demanda premente. Mas mesmo em regiões menos densas, uma cidade a montante pode, por exemplo, ser responsável pelo alagamento da cidade de jusante. As inter-relações espaciais precisam ser conhecidas e geridas em conjunto, para evitar consequências inesperadas e riscos em cascata.

A maioria das cidades, porém, principalmente nos países em desenvolvimento, não estava preparada para absorver o rápido processo de urbanização que ocorreu após o advento da Revolução Industrial. O crescimento intenso da população urbana, não acompanhado da infraestrutura necessária para fazer frente a este crescimento, originou uma série de problemas sociais e ambientais, tais como: a favelização, com a ocupação de áreas impróprias; a poluição do ar e da água; e a perda de ecossistemas e de biodiversidade.

Em termos da discussão específica dos sistemas de drenagem urbana e dos riscos de inundação, a expansão da malha urbana, com remoção de vegetação, seguida pela impermeabilização do solo, aumentou a geração de escoamentos e, consequentemente, os danos causados por precipitações nas grandes cidades, gerando um viés de degradação ao longo do tempo. Alagamentos generalizados causam prejuízos às edificações e a seus conteúdos, paralisam o tráfego, interrompem atividades econômicas e serviços. Além disso, a ausência de um sistema de saneamento ambiental efetivo, com falhas na coleta, transporte, tratamento e disposição dos esgotos e resíduos sólidos, aumenta a vulnerabilidade da população aos eventos de cheias urbanas, em função da maior possibilidade de ocorrência de doenças de veiculação hídrica. A falta de ordenamento do uso do solo e de fiscalização, por sua vez, permite que pessoas residam em áreas de risco, nas faixas marginais aos rios, em planícies alagáveis e em encostas de morros. Essa situação aumenta a exposição da população durante os eventos de chuvas.

Assim, pode-se dizer que o problema das cheias urbanas se materializa como um dos principais desafios das grandes cidades na atualidade. Os prejuízos são inúmeros, afetando diversos aspectos da vida urbana, interferindo nos setores de habitação, transporte, saneamento e saúde pública, entre outros.

Dessa forma, considerando a discussão desenvolvida nesta introdução e que busca construir uma relação entre Cidades Sustentáveis e Gestão de Risco, percebe-se que uma cidade verdadeiramente sustentável deve ser capaz de manter sob controle os riscos de cheias, tanto no presente como em um horizonte futuro, evitando a materialização de perdas sociais, econômicas e ambientais na forma de desastres, cuja integral de prejuízos, ao longo do tempo, introduziria um viés de degradação incompatível com a lógica da sustentabilidade, transferindo problemas no tempo e no espaço.

É importante destacar, portanto, que o planejamento urbano que toma por base o conceito de sustentabilidade é convergente com as demandas das fases de prevenção e mitigação do processo de gestão do risco de cheias, assim como é importante na fase de recuperação, quando um acidente acontece.

Assim, o planejamento e o consequente desenvolvimento urbano devem respeitar os aspectos naturais do ciclo hidrológico, evitando a exposição ao risco, ou fornecer medidas compensatórias pelas mudanças sofridas com a urbanização, mitigando seus efeitos. Pode-se dizer, por fim, que hoje as comunidades urbanas bem-sucedidas são sistemas complexos que estão totalmente integrados e constantemente em evolução. A harmonia dos ambientes construídos, sociais e naturais com a cidade é resultado de interações complexas entre a qualidade do ambiente natural e construído, do capital social e institucional e dos recursos naturais que a apoiam.

1.6 RISCOS HIDROLÓGICOS E *SMART CITIES*

O termo *smart city* está intimamente relacionado com a conectividade e a tecnologia, reunindo um conjunto de ferramentas e serviços construídos por meio da união de produtos, processos, *hardware*, *software*, *peopleware* (pessoas e suas competências), tecnologias de transmissão de dados, relações e participação da sociedade (população e organizações públicas e privadas) em torno da uma proposta de (con)vivência urbana informatizada, integrada e dinâmica.

O conceito de *smart city* não se restringe a um arcabouço técnico/tecnológico com viés de tecnologia de informação e comunicação, mas incorpora uma filosofia de administração e gestão urbanas com visão de futuro desenvolvimentista, em que o planejamento, a implementação, o monitoramento e o controle de projetos, os programas e operações urbanas ganham confiabilidade e previsibilidade, apesar do aumento da complexidade. Para que isso seja possível, a filosofia *smart* necessita lidar com grandes volumes de dados (*big data*), buscando extrair padrões e informações relevantes para utilização em atividades diversas do sistema urbano, assim como em tomadas de decisão por parte dos gestores (Figura 1.11).

Quando associados à filosofia da sustentabilidade em seu tripé social-econômico-ambiental, os produtos e serviços *smart* adquirem um valor estratégico para a cidade, uma vez que possibilitam melhor e mais rápida compreensão e ação sobre o sistema urbano de acordo com as tendências de comportamento e respostas que este apresente em seus múltiplos aspectos. Caso seja aproveitada adequadamente, essa vantagem permitirá ações com maior potencial de impacto, além da racionalização do uso de recursos diversos (água, energia, combustível, matérias-primas, tempo, dinheiro)

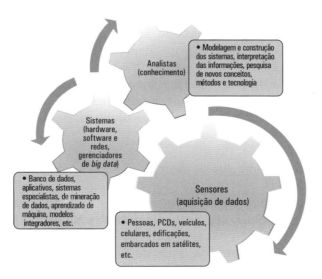

FIGURA 1.11: Esquema conceitual para administração de operações baseadas na filosofia *smart*. Fonte: *Di Gregorio (2015)*.

Em se tratando de desastres socionaturais, o impacto da filosofia *smart* é relevante, e talvez seja um dos campos do conhecimento em que atualmente o conceito esteja sendo aplicado com mais propriedade. As atividades de monitoramento e alerta de ameaças hidrológicas, por exemplo, estão sendo implementadas e operadas em nível federal, estadual e municipal (em cidades consideradas prioritárias), e podem ser construídas a partir do tripé:

- **Sensores**: rede observacional de equipamentos composta por radares meteorológicos, satélites de observação da atmosfera, estações hidrológicas de coleta de dados, pluviômetros, câmeras. Informações aos cidadãos via celular também podem ser utilizadas para identificação de áreas alagadas ou de pessoas em situação de risco.
- **Sistemas**: sistemas de previsão meteorológica associados a resultados de modelos dinâmicos de correlação chuva-vazão na bacia monitorada permitem antecipar a distribuição espacial e magnitude de ameaças hidrológicas. Os sistemas também devem integrar informações correspondentes aos elementos expostos (pessoas, bens, patrimônio e organizações), a partir de mapas de perigo e risco, além de dados socioeconômicos que ajudem a compreender o perfil de vulnerabilidade.
- **Analistas**: equipes de técnicos capacitados para interpretar as informações dos perigos e avaliar a vulnerabilidade dos elementos em risco, elaborando alertas destinados a disparar as ações de preparação para um desastre, quando necessário.

Nesse contexto, as *smart cities* convergem para o atendimento das necessidades e demandas das fases de preparação e resposta no processo da gestão de riscos.

1.7 SOBRE O LIVRO

Este livro tem por objetivo atender a um público variado, composto de leitores situados entre as seguintes categorias:

- graduandos dos cursos de engenharia civil ou ambiental, geografia, em disciplinas eletivas, com cunho de gestão, mas também trazendo elementos de resiliência de infraestrutura urbana – pode ainda ser interessante na discussão da gestão ambiental ou urbana e na avaliação de impactos ambientais e de vizinhança;
- profissionais já formados, em cursos de especialização na temática específica;
- pós-graduandos de Mestrado ou Doutorado, nas áreas de engenharia civil, urbana, ambiental, geografia, gestão pública ou defesa civil, para quem este livro pode oferecer o primeiro passo para situar as pesquisas;
- profissionais do quadro técnico de prefeituras municipais, órgãos estaduais e federais com missão relacionada com a gestão de riscos de desastres hidrológicos, em especial os de defesa civil;
- profissionais do mercado de consultoria em gestão de riscos de desastres hidrológicos.

Os seguintes benefícios são esperados para os leitores desta obra:

- Conceituação de risco, desambiguação de termos e definição conceitual dos componentes que afetam seu resultado.
- Visão integrada do processo de gestão de riscos de inundação, enxurradas e alagamento.
- Disponibilização de metodologias práticas para mapeamento de riscos hidrológicos associados a vazões de cheia.
- Internalização da cidade no sistema de gestão de riscos, como sistema socioeconômico, passível de receber ações e medidas de adaptação para incremento da resiliência e redução dos riscos de inundação.

Para cumprir seus objetivos o livro foi estruturado em duas partes, somando 12 capítulos. A Parte I trata da "Conceituação e Mapeamento de Riscos e seus Componentes", ao longo dos Capítulos 2 a 7, nos quais se conceitua o risco, particulariza-se a sua interpretação para o contexto hidrológico, discutem-se os componentes perigo, exposição e vulnerabilidade, e, na sequência, destaca-se um debate sobre o conceito de resiliência. Ao longo de toda a discussão, oferecem-se, também, um tratamento matemático e exemplos de construção de mapas temáticos e ferramentas de avaliação (como índices, por exemplo). Fechando a Parte I, apresenta-se uma discussão sobre a aplicabilidade dos mapas de perigo, vulnerabilidade e risco, bem como sobre o público a quem se destinam esses mapas.

A Parte II trata especificamente sobre a gestão integral do risco de desastres, ao longo dos Capítulos 8 a 12, começando com a construção de um painel ilustrativo e situando os marcos legais brasileiros, para então discutir as fases de prevenção, mitigação, preparação e resposta e recuperação.

REFERÊNCIAS

BRASIL. (1979) Lei Federal 6.766, de 19 de dezembro de 1979. Dispõe sobre o Parcelamento do Solo Urbano e dá outras Providências. Diário Oficial da União, Brasília, DF, 20 dez.

FERREIRA, A. B. H. Miniaurélio: o dicionário da língua portuguesa. 6. ed. Curitiba: Positivo, 2004. 896 p. ISBN 978-85-7472-416-4.

Dicionário Larousse da língua portuguesa míni. Coordenação Diego Rodrigues e Fernando Nuno. 1.ed. São Paulo: Larousse do Brasil, 2005.

MICHAELIS. Moderno Dicionário da Língua Portuguesa. Disponível em: <http://michaelis.uol.com.br/moderno/portugues/index.php>. Acesso em: 6 set. 2016.

TRECCANI. La Cultura Italiana. Disponível em: <http://www.treccani.it/vocabolario/>. Acesso em: 6 set. 2016.

ENGLISH OXFORD Living Dictionaries. Disponível em: <https://en.oxforddictionaries.com/>. Acesso em: 6 set. 2016.

CAMBRIDGE DICTIONARY. Disponível em: <http://dictionary.cambridge.org/pt/>. Acesso em: 6 set. 2016.

AGÊNCIA NACIONAL DE ÁGUAS. (2014) Atlas de Vulnerabilidade a Inundações. Brasília, DF.

BANCO MUNDIAL. (2012) Avaliação de Perdas e Danos: Inundações e Deslizamentos na Região Serrana do Rio de Janeiro – janeiro de 2011. Brasília. Disponível em: <http://www.ecapra.org/sites/default/files/documents/DaLA%20Rio%20de%20Janeiro%20Final%202%20Baixa%20Resolucao_0.pdf>. Acesso em: dez. 2015.

BRASIL. (1999) Ministério da Integração Nacional, Secretaria Nacional de Defesa Civil. Manual de Planejamento em Defesa Civil. Brasília, DF, v. 1.

BRASIL. (2009) Ministério da Integração Nacional, Secretaria Nacional de Defesa Civil. Glossário de Defesa Civil – Estudos de Riscos e Medicina de Desastres. 5ª ed., Brasília, DF.

BRASIL. (2012) Lei Federal 12.608, de 10 de abril de 2012. Institui a Política Nacional de Proteção e Defesa Civil – PNPDEC, dispõe sobre o Sistema Nacional de Proteção e Defesa Civil – SINPDEC e o Conselho Nacional de Proteção e Defesa Civil – CONPDEC, autoriza a criação de sistema de informações e monitoramento de desastres. Diário Oficial da União, Brasília, DF, 11 abr.

BRASIL. (2014) Ministério da Integração Nacional, Secretaria Nacional de Defesa Civil. Código Brasileiro de Desastres – Cobrade. Brasília, DF.

DI GREGORIO, L.T. (2015) Uma Visão sobre a Gestão de Riscos (de Desastres Naturais) Baseada na Dinâmica de Sistemas Urbanos. Palestra realizada no 30º Colóquio Brasileiro de Matemática. Rio de Janeiro: Instituto Nacional de Matemática Pura e Aplicada. Disponível em:<https://www.youtube.com/watch?v=ns6VjsoWG-s>. Acesso em: jul. 2016.

EM-DAT. (2015) The International Disaster Database. Centre for Research on the Epidemiology of Disasters – Cred. D. Guha-Sapir, R. Below, Ph. Hoyois - Université Catholique de Louvain, Bruxelas, Bélgica. Disponível em: <www.em-dat.net>. Acesso em: dez. 2015.

JHA, A.K.; BLOCH, R.; LAMOND, J. (2012) Cities and Flooding. A Guide to Integrated Urban Flood Risk Management for the 21st Century. Washington, D.C, The World Bank.

JHA, A.K.; MINER, T.W.; STANTON-GEDDES, Z. (2013) Building Urban Resilience: Principles, Tools, and Practice. Washington, D.C, The World Bank.

NAKAGAWA, Y.; SHAW, R. (2004) Social Capital: A Missing Link to Disaster Recovery. In: International Journal of Mass Emergencies and Disasters, março, v. 22, n. 1, p. 5-34. Disponível em:<http://ijmed.org/articles/235/>. Acesso em: jul. 2011.

SAYERS, P.; LI, Y.; GALLOWAY, G.; PENNING-ROWSELL, E.; SHEN, F.; WEN, K.; CHEN, Y.; LE QUESNE, T. (2013) Flood Risk Management: A Strategic Approach. Paris, Unesco.

VARGAS, H.R.A. (2010) Guía Municipal para la Gestión del Riesgo. Banco Mundial. Programa de Reducción de la Vulnerabilidad Fiscal del Estado frente a Desastres Naturales. Republica de Colombia, Bogotá.

PARTE

Conceituação e mapeamento de risco e seus componentes

CONCEITOS APRESENTADOS NA PARTE I

A Parte I deste livro procura definir risco e seus componentes, chegando ao seu alinhamento conceitual e apresentando alternativas de equacionamento quantitativo e mapeamento.

De modo introdutório, busca-se distinguir risco e perigo, termos frequentemente usados de maneira não rigorosa, mas que são distintos. De fato, o perigo é um dos componentes constituintes do risco. Adicionalmente, introduzem-se os conceitos de exposição e vulnerabilidade, em seus diferentes aspectos, complementando a composição mais geral do conceito de risco. Essa discussão inicial permeia o Capítulo 2.

A partir daí, os Capítulos 3, 4 e 5 desta Parte I, abordarão a consolidação da conceituação do risco e seus componentes constituintes, a saber:

- **Perigo**: chuvas intensas, geração de escoamentos, inundações, alagamentos e enxurradas, susceptibilidade espacial, modelagem hidrodinâmica e mapas de alagamento.
- **Exposição e vulnerabilidade**: elementos que condicionam a ocorrência de consequências negativas da exposição ao perigo, em função da susceptibilidade a danos, valor exposto e capacidade de reação do sistema.
- **Equacionamento do risco**: introdução à abordagem multicritério e à construção de índices e mapas de risco.

Na sequência, a resiliência, que originalmente aparece no equacionamento da vulnerabilidade (como um elemento de capacidade de recuperação, no sentido contrário ao da fragilidade representada pela susceptibilidade), ganha espaço próprio, no Capítulo 6, devido à sua interação com as discussões que permeiam o conceito de sustentabilidade.

Cidades sustentáveis devem ser capazes de equacionar seus problemas hoje, sem transferência de efeitos negativos no tempo e no espaço, mantendo um equilíbrio entre os seus pilares básicos de suporte ambiental, econômico e social. A resiliência, por sua vez, representa a capacidade de um sistema continuar funcionando e provendo serviços e de se recuperar rapidamente, mesmo em situações de cenários futuros adversos. Essa capacidade é fundamental para que a sustentabilidade realmente se mantenha funcional em uma integral ao longo do tempo. Serão também apresentadas ferramentas para a quantificação da resiliência e a confecção de mapas sobre esse tema, para apoio à decisão de projeto e à gestão de risco.

Por fim, fechando esta Parte I, no Capítulo 7, introduz-se uma análise ampla sobre a construção de mapas temáticos, de perigo, de vulnerabilidade (e seus diferentes vieses) e de risco, propriamente dito, fazendo uma correlação entre os objetivos das etapas da gestão de risco e as características presentes em cada mapa, dando forma às perguntas:

- A quem interessa cada mapa e por quê?
- O que se pretende representar com o mapa?
- Que respostas se buscam?

Não se pretende, certamente, esgotar o assunto sobre metodologia de avaliação e mapeamento de riscos hidrológicos – isso seria impossível em um tema tão vasto e rico. Entretanto, ao apresentar algumas destas metodologias, tem-se a intenção de abrir para o leitor um horizonte de possibilidades quantitativas de avaliação de risco, de perigo e de vulnerabilidades, de forma a permitir discutir esses mapas como ferramentas de gestão integral de risco, nas diferentes atividades que constituem esse processo. A Gestão Integral de Risco compõe a Parte II que será apresentada e discutida após o fechamento da Parte I, que aqui se inicia.

CAPÍTULO 2

Conceituação de risco

CONCEITOS APRESENTADOS NESTE CAPÍTULO

Este capítulo inicia a Parte I deste livro, buscando conceituar risco de modo geral, trazendo definições formais de órgãos/instituições como a Defesa Civil, a Estratégia Internacional para Redução de Desastres (EIRD-UNISDR) e a Unesco. Os diferentes vieses dessas definições são discutidos.

Na maior parte das vezes, procura-se mostrar que os perigos, associados às inundações e alagamentos, podem provocar consequências danosas sobre o sistema socioeconômico, caracterizando o risco.

2.1 INTRODUÇÃO

O conceito de risco, conforme introduzido no Capítulo 1, traz em si um arcabouço técnico e uma complexidade que ultrapassa o uso corrente da palavra, no contexto popular. A complexidade inerente se dá pela necessidade de conjugar elementos que se associam ao fenômeno físico dos escoamentos, que geram inundações e alagamentos, e ao sistema socioeconômico, por exemplo, uma cidade que sofre com as consequências deste fenômeno físico. Fenômenos naturais quase sempre trazem uma variabilidade intrínseca grande que se traduz em certa imprevisibilidade da frequência e da intensidade de ocorrência das chuvas capazes de provocar inundações. Por sua vez, uma cidade é um organismo, por si só, já extremamente complexo, onde a multiplicidade de redes de infraestrutura e de serviços, os elementos construídos, as pessoas e as instituições, públicas e privadas, colocam-se sob a possibilidade de sofrer danos, em geral proporcionais à densidade de ocupação sobre o tecido urbano. Essa complexidade leva a diferentes interpretações e formulações que oferecem variadas definições de risco.

Nesse contexto, é importante salientar, desde o início, que este livro não tem a pretensão de esgotar as inúmeras possibilidades de definição e conceituação do risco. Porém, é objetivo discutir os componentes do risco, conceituá-los e integrá-los, a partir de uma visão abrangente e sistêmica. A base conceitual que será adotada como referência nesta publicação vem de duas fontes principais: os documentos da Defesa Civil brasileira e as publicações da Unesco, adotada como referência internacional.

Entretanto, deve-se também destacar que não se trata de uma importação direta dos conceitos de referência, até porque existem diferenças a serem discutidas. Na verdade, esse texto pretende debater, comparar, interpretar e fundir os conceitos de referência, adotando, quando pertinente, referências outras para ajudar nesta função e pautando as interpretações e definições aqui apresentadas pela experiência dos próprios autores.

O resultado final dessa discussão não será uma "nova conceituação de risco". A verdadeira contribuição é a organização de um arcabouço conceitual, com início, meio e fim, de forma coerente, que estimula a discussão e desperta a visão crítica do leitor. Esse arcabouço, porém, não substitui os modelos existentes nem se superpõe a estes. Pode-se dizer, portanto, que o produto em si tem um valor conceitual, como contribuição à discussão, mas o processo de construção desse arcabouço é o resultado mais importante, pela possibilidade de trazer para o palco de discussões as dúvidas, as incertezas, as superposições e as fragilidades de um tema que vem se tornando cada vez mais importante e precisa ser incorporado ao processo de planejamento e gestão das cidades.

2.2 O CONCEITO DE RISCO

A definição do conceito de risco, como já introduzido, tem diferentes nuances, encontradas em diferentes glossários, de diferentes órgãos. Neste item, serão apresentadas definições de risco de alguns dos glossários mais difundidos e, ao final, será forjada a interpretação que norteará a discussão subsequente sobre gestão dos riscos hidrológicos.

O Glossário de Defesa Civil (BRASIL, 2009), produzido pela Secretaria Nacional de Defesa Civil/Ministério da Integração Nacional, dá cinco definições para risco, conforme enunciado e comentado a seguir:

1. Medida de dano potencial ou prejuízo econômico expressa em termos de probabilidade estatística de ocorrência e de intensidade ou grandeza das consequências previsíveis.

Nessa primeira definição, o Glossário de Defesa Civil traz uma interpretação que busca relacionar a probabilidade de ocorrência de um evento com suas consequências. É uma interpretação que coincide com a definição da United Nations International Strategy for Disaster Reduction (UNISDR),[1] traduzida como Estratégia Internacional para Redução de Desastres (EIRD), que diz que risco é a combinação da probabilidade de ocorrência de um evento com suas consequências negativas.

2. Probabilidade de ocorrência de um acidente ou evento adverso, relacionado com a intensidade dos danos ou perdas, resultantes dos mesmos.

Essa segunda definição fala já em acidente, que é a própria materialização do risco, mas ainda relaciona uma probabilidade de ocorrência com os danos consequentes.

3. Probabilidade de danos potenciais dentro de um período especificado de tempo e/ou de ciclos operacionais.

Novamente, o foco recai no dano, como resultado negativo que ocorre em um dado momento, ao longo de um processo, ou de ciclos operacionais. Se substituirmos aqui os ciclos operacionais pelo ciclo hidrológico natural, em algum momento do tempo, um evento fora do comum pode acessar um sistema socioeconômico e provocar dano. De certa forma, as definições sucessivas se repetem, com coerência, acrescentando diferentes faces da mesma moeda.

4. Fatores estabelecidos, mediante estudos sistematizados, que envolvem uma probabilidade significativa de ocorrência de um acidente ou desastre.

Outra vez se faz referência a acidente ou desastre, associado a uma probabilidade de ocorrência, referido a estudos prévios e sistematizados, que podem avaliar o risco antecipadamente e orientar o processo de

---

[1] Disponível em: https://www.unisdr.org/we/inform/terminology.

sua gestão. Porém, percebe-se que esta definição não menciona explicitamente o dano resultante (embora isso seja esperado em uma situação de desastre).

5. Relação existente entre a probabilidade de que uma ameaça de evento adverso ou acidente determinado se concretize e o grau de vulnerabilidade do sistema receptor a seus efeitos.

Mais uma vez, há um reforço no conceito, com a introdução da vulnerabilidade como característica do sistema receptor, que se associa ao grau de propensão de materialização dos efeitos negativos.

A Unesco (SAYERS, 2013) define risco, em seu glossário, de seguinte forma:

- Risco é a combinação da possibilidade de um evento particular (como uma inundação, por exemplo) ocorrer e o impacto causado por esse evento, caso tenha ocorrido. Risco, portanto, tem duas componentes – a probabilidade de ocorrência de um evento adverso e as consequências advindas dessa ocorrência.

Nessa definição curta, há perceptível aderência ao conceito da Defesa Civil e da UNISDR-EIRD. A Unesco, porém, no mesmo trabalho supracitado, que trata especificamente de uma abordagem estratégica de gestão de riscos de inundação, propõe detalhar as componentes do risco.

A primeira componente destacada é a probabilidade de ocorrência de uma inundação, que reflete tanto a probabilidade de ocorrência de um dado evento que dispara o processo de inundação (uma tempestade, por exemplo) quanto a probabilidade de que as águas transformadas em escoamento superficial provocarão uma inundação que atingirá um local particular na planície de inundação, considerando o funcionamento do sistema de canais, as baixadas, os eventuais diques ou barragens e outras estruturas hidráulicas, que condicionam o caminho da inundação. Embora essas probabilidades sejam diferentes, uma vez que a inundação depende das condições hidrológicas anteriores, do funcionamento de estruturas hidráulicas e da combinação de fatores espaço-temporais, muitas vezes, quando não há medições disponíveis, se utiliza a probabilidade da chuva como uma aproximação para a probabilidade da inundação.

Essa interpretação é bastante interessante, pois traz à tona uma característica típica da avaliação dos riscos hidrológicos, que mostra uma particularidade: o evento perigoso ou ameaça é a inundação ou alagamento decorrente da chuva, e esta última é o estopim do processo, ou seja, é seu agente deflagrador. Porém, a chuva não é por si mesma uma ameaça, uma vez que ela é essencial para diferentes sistemas, como o de abastecimento de água, irrigação e geração de energia. Além disso, uma mesma chuva não tem as mesmas consequências em bacias diferentes, com processos de transformação de chuva em vazão particulares.

Portanto, a ideia de associar o conceito de perigo de um evento hidrológico ao caminho da inundação é muito interessante e mostra que o sistema físico, responsável por transformar chuva em vazão e por transportar essas vazões, é corresponsável pela intensidade do perigo que pode afetar o próprio sistema. Essa noção permite inferir que, no processo de gestão de inundações, será possível discutir medidas que modificam o comportamento do sistema, nos processos de transformação de chuva em vazão e de escoamento desta vazão, que serão capazes de minimizar o perigo. Esse não é um conceito usual. Muitos autores enfatizam que o perigo é não mutável e apenas a vulnerabilidade é que pode ser reduzida. Porém, o que não pode ser gerenciado, neste caso, é a chuva, que é um fenômeno natural, dependente de condições meteorológicas e climatológicas.

A Defesa Civil costuma utilizar o conceito de suscetibilidade associado à distribuição espacial das ameaças (ou, mais propriamente, dos processos capazes de deflagrar consequências danosas) no sistema físico, procurando associar intensidade ou criticidade a características territoriais, mas independentemente de sua frequência temporal. Aqui, essa suscetibilidade tem o sentido específico de "propensão do sistema físico (no caso em foco neste livro, a bacia hidrográfica) a sofrer processos de inundação". Essa susceptibilidade do meio físico ao processo de inundação guarda uma relação com o conceito de caminho da inundação. Áreas mais planas, próximas aos cursos d'agua, ou áreas muito impermeabilizadas, provavelmente desenvolverão uma maior propensão (por suas características físicas) a sofrer inundações e se configurarão como parte do caminho da inundação.

A UNISDR, por sua vez, define perigo em seu glossário, de forma geral, como: "fenômeno, substância, atividade humana ou condição capaz de causar perda de vida, dano físico, impactos à saúde, prejuízo à propriedade, perda de casas e serviços, disrupção social e econômica, ou danos ambientais". Adicionalmente, a UNISDR diz ainda que "perigos são descritos quantitativamente pela frequência provável de ocorrência de diferentes intensidades, para diferentes áreas". Portanto, o perigo incorpora a frequência temporal e a respectiva magnitude associada ao processo deflagrado (associada a esta frequência, ou seja, maiores magnitudes terão menores frequências, ocorrendo mais raramente), de forma distribuída pelo espaço da bacia, que recebe os efeitos da chuva diferentemente.

O segundo componente detalhado pela publicação da Unesco (SAYERS, 2013) se refere às consequências sobre o sistema. Para que consequências ocorram, tanto a vulnerabilidade de um receptor como a chance de este receptor ser exposto à inundação se conjugam.

A exposição é uma medida direta de bens, objetos, pessoas, infraestruturas, meio ambiente, entre outros, que se localizam em áreas inundadas. A exposição quantifica, por exemplo, o número de pessoas, propriedades, equipamentos comunitários, hábitats etc., que podem estar expostos a uma dada inundação tomada como referência. O cálculo da exposição, porém, acaba não sendo tão simples, pois parte dos elementos expostos pode se mover; por exemplo, as pessoas que moram em uma área alagada podem estar fora de casa, trabalhando ou estudando em outra parte da cidade. Ou se a inundação ocorre em uma área comercial, à noite, provavelmente as pessoas que lá trabalham não estarão expostas (os danos vão se materializar sobre estruturas e conteúdos físicos), mudando o resultado da avaliação do risco, quando comparado a uma inundação diurna no mesmo local.

Entretanto, estar exposto não é necessariamente um fator que garante a materialização do risco. Sem exposição, o risco se anula, mas caso haja exposição, para que o dano se concretize, é necessário que o sistema (ou elemento do sistema) exposto seja vulnerável, ou seja, que seja frágil em relação ao impacto do perigo que o ameaça.

Portanto, a vulnerabilidade descreve a propensão de um elemento receptor experimentar um dado dano durante um evento de inundação.

Numa abordagem mais elaborada, a composição da vulnerabilidade traz três elementos, na descrição de Sayers (2013):

- A susceptibilidade do elemento exposto descreve a propensão deste elemento ao dano durante um dado evento de inundação. Essa propensão a danos inclui os aspectos de prejuízos materiais, perda de valor ambiental e até perda de vidas.

  Observação: Note-se aqui que o termo susceptibilidade aparece uma segunda vez, mas aplicado de forma diferente. Como se trata de um termo que no fundo quer significar "propensão a alguma coisa", denotando uma fragilidade do sistema, faz sentido que ele seja aplicável a ambos os casos, porém fazendo a diferenciação do objeto a que o termo se refere. Dessa forma, este livro propõe acrescentar um qualificador ao termo susceptibilidade, de forma a evitar dúvidas no seu uso. Aqui, no contexto da vulnerabilidade o termo trata de **suscetibilidade dos elementos expostos a danos**; na discussão anterior, sobre perigos, o termo tratava da **suscetibilidade do meio físico ao processo**.

- O valor do elemento exposto expressa o nível de dano potencial máximo associado ao receptor. Maiores valores implicam maiores prejuízos. A avaliação de riscos, de forma histórica, passa pela associação desses riscos com prejuízos decorrentes de eventos danosos/desastres.

- A resiliência descreve a habilidade de recuperação (intrínseca, sem ajuda) do receptor que sofreu dano.

A resiliência é um elemento que se contrapõe à vulnerabilidade, no correr do tempo. Neste texto, consideraremos três características fundamentais associadas à resiliência:

- a capacidade do sistema (a cidade) resistir, ao longo do tempo, por exemplo, a eventos críticos de chuva ou a mudanças climáticas (perigos extremos) e a processos de urbanização sem controle (aumento de vulnerabilidade), mantendo o risco em níveis baixos e sob controle;

- a capacidade do sistema em recuperar suas funções e continuar operando, logo após o evento que produziu sua falha;
- a capacidade de recuperação/reconstrução do sistema afetado.

Aproveitando essa discussão derivada do detalhamento das consequências, originada na definição da Unesco, cabe retornar às definições da Defesa Civil para fazer o fechamento desta discussão inicial. Nesse contexto, tomando o Glossário de Defesa Civil (BRASIL, 2009) como referência, têm-se as seguintes definições para Vulnerabilidade:

1. Condição intrínseca ao corpo ou sistema receptor que, em interação com a magnitude do evento ou acidente, caracteriza os efeitos adversos, medidos em termos de intensidade dos danos prováveis.

Nesta primeira definição, uma consideração importante é o reconhecimento da vulnerabilidade como característica intrínseca do sistema, cujo maior ou menor valor se relaciona diretamente com a intensidade dos prejuízos, ou seja, quanto maior a vulnerabilidade, maior o risco e, consequentemente, maiores são os danos.

2. Relação existente entre a magnitude da ameaça, caso ela se concretize, e a intensidade do dano consequente.

De certa forma, reforça-se a primeira definição, explicitando que a vulnerabilidade age como o elemento que converte perigo em dano.

3. Probabilidade de uma determinada comunidade ou área geográfica ser afetada por uma ameaça ou risco potencial de desastre, estabelecida a partir de estudos técnicos.

Tal como na definição de risco, que em um dado momento fez referência a estudos técnicos, também aqui na definição de vulnerabilidade a Defesa Civil traz a ideia de avaliação prévia de vulnerabilidade, para uma dada comunidade ou região geográfica, a partir de estudos técnicos que podem antecipar o processo e orientar projetos específicos e o próprio processo de gestão do risco. Pode-se interpretar que a probabilidade de a área ser afetada, citada na definição, na verdade se refere a sua propensão ao dano, a partir de suas variáveis sócio-econômico-ambientais intrínsecas. Porém, esta definição traz uma distorção em si e uma leitura rápida remete ao próprio perigo, ao fazer referência à probabilidade e à ocorrência de uma ameaça em dado local.

4. Corresponde ao nível de insegurança intrínseca de um cenário de desastre a um evento adverso determinado. Vulnerabilidade é o inverso da segurança.

Nesta última definição, há uma correlação entre nível de vulnerabilidade e nível de insegurança relativo a um cenário de desastre. Uma maior condição de segurança deve ser procurada na própria revisão do sistema, buscando definir, desenhar condições mais seguras para o sistema, diante das ameaças que se impõem.

A discussão desenvolvida até aqui, de cunho introdutório e conceitual, articula as ideias da Defesa Civil e da Unesco (principalmente essas duas referências) para lançar a base que este livro utilizará no decorrer dos próximos capítulos.

Classificação das consequências

Conforme discutido na conceituação relativa ao risco, as consequências de inundações referem-se a todo tipo de dano, com efeitos prejudiciais a pessoas, propriedades, infraestruturas, sistemas econômicos de produção, serviços e sistemas ambientais (Machado *et al.*, 2005; Messner *et al.*, 2006). É possível classificar as consequências de acordo com a possibilidade (ou facilidade) em valorá-la em termos monetários e de acordo com a ocorrência de contato direto com a água da inundação (ou não).

Danos tangíveis são aqueles cujo valor econômico associado pode ser bem definido, tal como danos físicos a construções (tanto em termos de estrutura, como de conteúdo). Já danos de longo prazo à saúde, ou danos psicológicos, fatalidades e impactos ambientais podem ser classificados como intangíveis, devido à sua difícil estimação monetária. Há metodologias que se propõem a valorar a vida, por exemplo, mas as questões éticas são importantes e não há aceitação plena dessas avaliações. Ainda que se possa fazer um cálculo frio, não há valor que represente a perda de um integrante de uma família para a própria família. Questões ambientais também são difíceis de valorar: como se define um valor monetário para biótipos destruídos? E se uma determinada espécie corre risco de extinção? Assim, a questão que marca um dano como intangível é a falta de uma objetividade clara no cálculo do prejuízo associado a este dano.

Danos diretos são aqueles resultantes do contato direto com a água da inundação ou alagamento e referem-se basicamente à deterioração física de bens e da saúde de pessoas. Danos indiretos, por sua vez, decorrem principalmente de perturbações físicas e econômicas do sistema produtivo, além de custos emergenciais por causa da inundação, e podem atingir áreas significativamente maiores do que aquela diretamente afetada. Incluem, por exemplo, a paralisação de atividades econômicas pela interrupção de rotas de transporte, o lucro cessante, os transtornos ao tráfego urbano, limitando a mobilidade das pessoas, a suspensão de serviços de telecomunicação, a perda de valor da propriedade e a degradação do ambiente construído, o empobrecimento da população afetada e os custos de serviços de emergência, entre outros. A Tabela 2.1, originalmente publicada por Machado *et al.* (2005), exemplifica os tipos de danos, de acordo com o setor afetado.

Tabela 2.1: Classificação de danos causados por inundações

SETOR	DANOS TANGÍVEIS		DANOS INTANGÍVEIS	
	DIRETOS	INDIRETOS	DIRETOS	INDIRETOS
Habitacional	Danos físicos à construção, à estrutura e ao seu conteúdo.	Custos de limpeza, alojamento, medicamentos.	Fatalidades	Estado psicológico de estresse e ansiedade; danos de longo prazo à saúde.
Comércio e Serviços	Danos físicos à construção, à estrutura e ao seu conteúdo. Perdas e danos ao estoque.	Custos de limpeza. Lucro cessante. Desemprego. Perda de banco de dados.	Fatalidades	Estado psicológico de estresse e ansiedade; danos de longo prazo à saúde.
Industrial	Danos físicos à construção, à estrutura e ao seu conteúdo. Perdas e danos ao estoque de matérias-primas.	Custos de limpeza. Lucro cessante. Desemprego. Perda de banco de dados.	Fatalidades	Estado psicológico de estresse e ansiedade; danos de longo prazo à saúde.
Serviços públicos e infraestrutura	Danos físicos à construção, à estrutura e ao seu conteúdo. Danos físicos ao patrimônio.	Custos de limpeza e de interrupção de serviços. Custos de serviços de emergência.	Fatalidades	Estado psicológico de estresse, ansiedade e falta de motivação; danos de longo prazo à saúde. Inconvenientes de interrupção de serviços.
Patrimônio histórico cultural	Danos físicos ao patrimônio.	Custos de limpeza e de interrupção de serviços.	Fatalidades	Inconvenientes de interrupção de serviços.

Fonte: *Machado* et al. *(2005).*

REFERÊNCIAS

BRASIL. (2009) Ministério da Integração Nacional, Secretaria Nacional de Defesa Civil. Glossário de Defesa Civil – Estudos de Riscos e Medicina de Desastres. 5ª ed. Brasília, DF.

MACHADO, M.L.; Nascimento, N.; Baptista, M. (2005) Curvas de danos de inundação versus profundidade de submersão: desenvolvimento de metodologia. Revista de gestión del agua de América Latina, v. 2, n. 1, p. 35–52.

MESSNER F.; Penning-Rowsell E.; Green C. et al. (2006) Guidelines for Socio-economic Flood Damage Evaluation. Floodsite Report T09-06-01.

SAYERS, P.; Li., Y.; Galloway, G.; Penning-Rowsell, E.; Shen, F.; Wen, K.; Chen, Y.; Le Quesne, T. (2013) Flood Risk Management: A Strategic Approach. Paris, Unesco.

CAPÍTULO 3

Perigo no contexto de riscos e desastres hidrológicos

Conceitos apresentados neste capítulo

Este capítulo apresenta o componente perigo, que aparece na composição do risco. O perigo, no caso de riscos hidrológicos, tem uma particularidade: o fenômeno natural deflagrador das inundações e alagamentos é a chuva, que, por si só, não configura perigo. O processo de transformação da chuva em vazão, potencializado pela susceptibilidade física da bacia a esse processo, conjugado com o próprio caminho seguido pelos escoamentos, que favorece em maior ou menor medida a formação de áreas alagadas e as inundações, é que de fato representa o perigo. Neste capítulo, essa particularidade será discutida, incluindo ainda a associação de uma probabilidade ao perigo, bem como a discussão dos conceitos de modelagem hidrológica e hidrodinâmica. Por fim, um exemplo será apresentado para ilustrar a discussão, envolvendo a modelagem de inundação e alagamentos para a bacia do Rio Dona Eugênia, em Mesquita, na Região Metropolitana do Rio de Janeiro. Esse caso acompanhará, como exemplo, as discussões da Parte I do livro.

3.1 INTRODUÇÃO

O perigo, no contexto dos riscos hidrológicos, está diretamente relacionado com as inundações e os alagamentos, decorrentes da parcela superficial de escoamentos do ciclo hidrológico. Conforme introduzido no primeiro capítulo, as inundações são fenômenos naturais, resultantes do extravasamento de corpos d'água em períodos de cheia, podendo ser bruscas ou graduais. Ao extravasarem, essas águas podem atingir sistemas socioeconômicos e causar danos. Quando as bacias são urbanizadas, a intensidade e a extensão das inundações podem ser modificadas pela própria ação humana, que altera os padrões naturais de uso do solo, agravando o fenômeno.

As inundações bruscas ocorrem em rios de declividade mais forte, configurando o que usualmente se costuma chamar de enxurradas, que têm grande poder destrutivo, por ação de arraste motivado pela combinação de altas velocidades e lâminas d'água, podendo transportar sedimentos em grande quantidade, e de grande dimensão, e derrubar casas, carregar pessoas e bens, danificar ruas e romper redes de infra-estrutura.

As inundações graduais estão relacionadas com os trechos mais planos dos rios, com a ocupação lenta das planícies de inundação e o alagamento de grandes áreas.

Embora as inundações causem alagamentos (no sentido que produzem áreas alagadas em larga escala, junto às áreas ribeirinhas e planícies marginais de inundação), o uso do termo "alagamento", por sua vez, geralmente se refere a falhas dos sistemas de drenagem urbana. Dessa forma, distingue-se o fenômeno típico de falha das redes de drenagem, em áreas urbanas, das inundações naturais, associadas a cursos d'água naturais.

CAPÍTULO 3: Perigo no contexto de riscos e desastres hidrológicos

De forma geral, o resultado de inundações e alagamentos produz três efeitos que podem se materializar em conjunto, ou não, e que caracterizam a verdadeira fonte de perigo para o sistema socioeconômico e ambiental exposto. Esses efeitos são:

- lâminas d'água de alagamento, que podem provocar perdas materiais pelo simples contato, danificando estruturas e conteúdos, e, dependendo de sua magnitude, podem provocar situações de risco à vida;
- velocidade de escoamento que, combinada com as próprias lâminas d'água, configura uma capacidade de arraste, com a qual os escoamentos podem desestabilizar pessoas, arrastar carros e, no limite, derrubar estruturas;
- tempo de permanência dos alagamentos, que tendem a agravar prejuízos, gerar desalojados por mais tempo, aumentar a possibilidade de propagação de doenças de veiculação hídrica, dificultar as ações de recuperação, inviabilizar o funcionamento de partes da cidade, gerar ruptura de atividades econômicas, entre outros.

O perigo, na forma de inundações e alagamentos, como destacado anteriormente, é originado a partir do fenômeno natural das chuvas e sua transformação em vazão pela própria bacia.

Muitas vezes, especialmente em situações de inundações urbanas em que o monitoramento regular de níveis d'água e de vazões (associado a pequenos rios urbanos ou a pequenos trechos urbanos de grandes rios) não está disponível, é usual utilizar estatísticas de chuva como referência para a definição de uma probabilidade associada ao perigo, em uma aproximação possível, mas que não é exata. A conversão da probabilidade de ocorrência de uma chuva na probabilidade de ocorrência de uma vazão desconsidera, por exemplo, o estado de umidade anterior da bacia. Uma chuva menos intensa, que ocorra após um longo período de chuvas fracas, mas que serviram para saturar o solo e preencher as retenções superficiais, pode gerar uma vazão maior que uma chuva mais intensa, que ocorra após um período seco.

Em projetos de drenagem, para proteção de áreas urbanas, o Ministério das Cidades define o tempo de recorrência de 25 anos como referência. O tempo de recorrência representa o intervalo de tempo em que se espera, estatisticamente, que um dado evento seja igualado ou superado. Portanto, o tempo de recorrência é, por definição, o inverso da frequência esperada para um evento, o que implica que a probabilidade de ocorrência deste evento é de 4% a cada ano. O tempo de recorrência é também conhecido por tempo ou período de retorno. Muitas vezes, em atividades de projeto, o tempo de recorrência é associado a uma chuva de projeto e esta é transformada em vazão, através de um modelo hidrológico, de modo que a vazão resultante "herda" a probabilidade de ocorrência da chuva que a gerou. Essa é uma aproximação da realidade. Ao longo dos próximos subitens, algumas questões-chave associadas ao perigo e a sua conceituação serão discutidos.

3.2 CHEIA, ENCHENTE, INUNDAÇÃO E ALAGAMENTO

Muitas vezes se ouvem os termos "cheia", "enchente", "inundação" e "alagamento" e não necessariamente se tem clareza da distinção entre eles. Há alguma confusão no seu uso cotidiano e, mesmo no meio técnico, se veem definições que eventualmente se superpõem com alguma liberdade. Existe uma relação entre estes termos, mas, de fato, eles não são iguais. Neste item, as definições presentes no Glossário de Defesa Civil são resgatadas e, nestas definições, se podem ver algumas superposições. Na sequência, é apresentada a interpretação hidrológica, adotada aqui pelos autores deste livro.

As definições encontradas no Glossário de Defesa Civil (BRASIL, 2009) são:

ALAGAMENTO

Água acumulada no leito das ruas e no perímetro urbano por fortes precipitações pluviométricas, em cidades com sistemas de drenagem deficientes.

CHEIA

1. Enchente de um rio causada por chuvas fortes ou fusão das neves. 2. Elevação temporária e móvel do nível das águas de um rio ou lago. 3. Inundação.

ENCHENTE

Elevação do nível de água de um rio, acima de sua vazão normal. Termo normalmente utilizado como sinônimo de inundação (V. inundação).

ENXURRADA

Volume de água que escoa na superfície do terreno, com grande velocidade, resultante de fortes chuvas.

INUNDAÇÃO

Transbordamento de água da calha normal de rios, mares, lagos e açudes, ou acumulação de água por drenagem deficiente, em áreas não habitualmente submersas. Em função da magnitude, as inundações são classificadas como: excepcionais, de grande magnitude, normais ou regulares e de pequena magnitude. Em função do padrão evolutivo, são classificadas como: enchentes ou inundações graduais, enxurradas ou inundações bruscas, alagamentos e inundações litorâneas. Na maioria das vezes, o incremento dos caudais de superfície é provocado por precipitações pluviométricas intensas e concentradas, pela intensificação do regime de chuvas sazonais, por saturação do lençol freático ou por degelo. As inundações podem ter outras causas como: assoreamento do leito dos rios; compactação e impermeabilização do solo; erupções vulcânicas em áreas de nevados; invasão de terrenos deprimidos por maremotos, ondas intensificadas e macaréus; precipitações intensas com marés elevadas; rompimento de barragens; drenagem deficiente de áreas a montante de aterros; estrangulamento de rios provocado por desmoronamento.

Rigorosamente, porém, a interpretação hidrológica destes termos tem nuances próprias, que individualizam o significado de cada um deles. Neste livro, as seguintes definições serão adotadas:

CHEIA

Período do ano hidrológico associado à ocorrência das maiores precipitações. Contrapõe-se ao período da estiagem.

ENCHENTE

Elevação do nível de água de um rio, acima de sua vazão normal, caracterizando a ascensão do hidrograma no período de cheia. Pode-se acrescentar que a recessão do hidrograma de cheia caracteriza a vazante da cheia, conceito que complementa o de enchente.

INUNDAÇÃO

Extravasamento da vazão do rio para fora de sua calha secundária, ocupando a planície de inundação. Ocorre durante a enchente do rio e pode ser mais crítico quando a planície encontra-se ocupada, por uma cidade, por exemplo. As inundações podem ser graduais ou bruscas, dependendo da topografia da região, que condiciona velocidades de escoamento e o tempo de ocorrência do fenômeno.

ENXURRADA

Inundação brusca, que ocorre em terrenos de alta declividade.

ALAGAMENTO

Água acumulada em áreas urbanas por falha de funcionamento do sistema de drenagem.

A Figura 3.1 ilustra a representação de cheia, enchente, vazante e inundação.

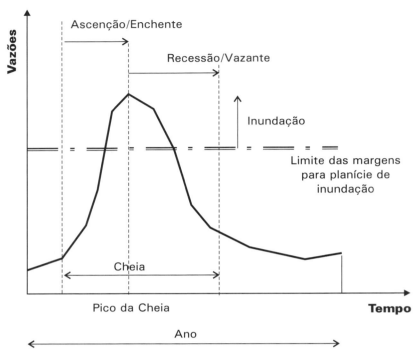

FIGURA 3.1: Definições de cheia, enchente e inundação.

3.3 CHUVA – DEFLAGRADORA DOS RISCOS HIDROLÓGICOS

Conforme destacado na discussão introdutória do Capítulo 1 e nos textos sobre risco e perigo, nos itens 2.2, do Capítulo 2, e 3.1, deste capítulo, respectivamente, a chuva desempenha um papel fundamental na discussão sobre riscos hidrológicos. É ela o agente natural que deflagra as situações de inundação e alagamento, que, por sua vez, configuram as verdadeiras ameaças ao sistema socioeconômico, oferecendo as condições de risco.

A chuva é uma forma de precipitação. Por precipitação, em hidrologia, entende-se a queda de água, em seus diferentes estados, proveniente da atmosfera e atingindo a superfície terrestre. A chuva se refere, portanto, à precipitação na sua forma líquida. Neve, geada, granizo, orvalho, por exemplo, são outras formas de precipitação.

As precipitações podem estar associadas a fenômenos atmosféricos de diferentes escalas temporal e espacial. Na verdade, pode-se dizer que as chuvas têm como principais características:

- o total precipitado (usualmente medido em milímetros);
- a duração (usualmente medida em horas);
- a intensidade, que é derivada do total precipitado em uma dada duração (mm/h);
- a distribuição temporal e espacial.

O mecanismo de formação das chuvas se dá pela condensação do vapor d'água presente na atmosfera. As chuvas ocorrem quando as gotículas presentes nas nuvens se aglutinam, aumentando de tamanho e peso. Ao vencer as forças que as mantêm em suspensão, a precipitação ocorre.

De forma geral, as chuvas podem ser classificadas em três grandes grupos, dependendo do mecanismo geral que leva à ascensão do ar úmido, produzindo as condições para a sua condensação:

- *Chuvas frontais*: causadas pelo encontro de uma massa de ar fria com outra massa quente e úmida. Nesse encontro, a frente fria, mais pesada, entra em cunha sob a massa de ar quente, fazendo-a subir na atmosfera. A subida da massa de ar quente e úmida favorece o seu resfriamento e, por conseguinte, a condensação que forma a precipitação. São chuvas, em geral, de grande duração, por largas extensões e com média intensidade. Tendem a produzir inundações em grandes bacias, devido a sua grande abrangência espacial. Em virtude das moderadas intensidades, não costumam ser críticas em pequenas bacias.

- *Chuvas convectivas*: como o próprio nome já indica, são chuvas geradas por um processo de convecção, associado a uma intensa evapotranspiração de superfícies úmidas e aquecidas. A água evaporada, incorporada ao ar quente próximo à superfície, acaba ascendendo, ocupando as camadas mais altas, enquanto o ar frio desce. Importantes movimentos verticais de ar ocorrem neste processo. O resfriamento rápido do ar quente provoca chuvas intensas. Estas são tipicamente as chuvas de verão. As chuvas convectivas, em geral, são de pouca duração, abrangem pequenas áreas e têm grande intensidade. São críticas em pequenas bacias, como são, em geral, as bacias urbanas.
- *Chuvas orográficas*: essas chuvas são provocadas quando uma massa de ar úmida encontra uma barreira topográfica, que força a sua ascensão, com o consequente resfriamento, favorecendo a precipitação. São chuvas que geralmente apresentam pequena intensidade, mas podem ter grande duração (pela permanência do efeito orográfico), atingindo pequenas áreas. A vertente oposta da barreira que gerou a chuva pode ter precipitações mais restritas, uma vez que a massa de ar descarrega antes de chegar a este local, configurando uma sombra pluviométrica.

A característica de duração das chuvas, e sua associação com uma condição de criticidade em bacias pequenas ou grandes, tem relação com o tempo de concentração dessas bacias. O tempo de concentração de uma bacia se refere ao tempo necessário para que toda a bacia, desde seus limites mais remotos, contribua para uma dada seção de controle ou de interesse (ou para o seu exutório). Assim, é necessário cumprir o tempo de concentração para que toda a área de drenagem da bacia considerada contribua no processo de geração de vazões. Por isso, as chuvas frontais, mais longas, associadas aos processos de movimentação de grandes massas de ar, tornam-se críticas para grandes bacias, com grandes tempos de concentração, enquanto as chuvas convectivas, mais rápidas e intensas, se tornam críticas para pequenas bacias, com tempos de concentração menores. O tempo de duração da chuva precisa se igualar ao tempo de concentração da bacia, para gerar uma condição crítica, dado que essa igualdade permite que toda a bacia contribua e a maior intensidade possível de chuva ocorra. Essa é usualmente uma condição adotada em projeto de obras fluviais e de drenagem.

Em geral, a intensidade da chuva se relaciona com três princípios fundamentais:

- a intensidade de uma dada chuva é tanto maior quanto menor a sua duração, considerando uma mesma probabilidade de ocorrência;
- a intensidade de uma dada chuva é tanto maior quanto menor a sua probabilidade de ocorrência, considerando uma mesma duração;
- a intensidade da chuva tende a decair, no espaço, na medida em que se afasta do seu núcleo.

Note-se aqui que os princípios gerais de variação das chuvas tem uma relação com a sua probabilidade de ocorrência. A forma usual de se considerar a probabilidade de ocorrência de um evento de chuva é através do tempo de recorrência associado a essa chuva. Ou seja, o tempo de recorrência é o inverso da probabilidade de um evento ser igualado ou ultrapassado. Assim, quando se diz que um dado evento tem tempo de recorrência de 25 anos, se espera que este evento seja repetido ou superado (em média) uma vez a cada 25 anos.

Com base nas duas primeiras relações descritas, entre intensidade da chuva, duração e tempo de recorrência, pode-se estabelecer uma relação geral, empírica, cujos coeficientes devem ser ajustados para cada local (a partir de dados medidos nos postos pluviométricos). Esta relação é a seguinte:

$$i = \frac{a.TR^n}{\left(t_d + b\right)^m} \tag{3.1}$$

Onde:

a e b = parâmetros ajustáveis, estatisticamente, a partir dos dados medidos

m e n = expoentes a serem determinados

i = intensidade da chuva para um tempo de recorrência TR, com duração t_d

Por sua vez, o perigo, objeto de discussão deste capítulo, também tem uma relação com a probabilidade de ocorrência. Nesse contexto, ao avaliar riscos hidrológicos, é comum a situação em que se define um cenário de risco, para o qual se faz a análise, tomando a probabilidade de ocorrência da chuva (ou da cheia, se esta informação estiver disponível). Essa definição de um cenário de risco se materializa nos projetos. Obras de macrodrenagem, por exemplo, são projetadas para tempos de recorrência de 25 anos e, muitas vezes, as análises de risco são efetuadas para este mesmo tempo, gerando mapas de inundação (que representam o perigo e alimentam procedimentos de prevenção, com destaque para o zoneamento de uso e ocupação do solo) ou orientando o projeto de medidas para a mitigação de efeitos nocivos, minimizando riscos para esse cenário.

Os eventos de chuva são considerados eventos independentes, de modo que a chance de ocorrer uma chuva de 25 anos no ano passado era de 1/25, ou 4%; e a chance de ocorrer uma chuva de mesma magnitude neste ano é, de novo, a mesma, ou seja, 4%.

No entanto, a probabilidade de um evento de tempo de recorrência de 25 anos acontecer em um horizonte de 25 anos não é 100%.

Como dito antes, a probabilidade de uma chuva (ou cheia) ocorrer em um dado ano é $p = \dfrac{1}{TR}$, onde TR é o tempo de recorrência, então, a probabilidade de este evento não ocorrer é $(1-p)$. Assim, a probabilidade de ocorrer uma chuva (ou cheia) que iguale ou supere aquela de tempo de recorrência TR num intervalo de t anos qualquer é:

$$F = 1 - \left(1 - \frac{1}{TR}\right)^t = 1 - (1-p)^t \tag{3.2}$$

Assim, para uma estrutura com vida útil estimada em 25 anos, cujo projeto foi dimensionado para um evento de tempo de recorrência de 25 anos, a probabilidade de falha da estrutura projetada ao longo de sua vida útil é de 64%, pela aplicação direta da Equação 3.2.

Fazendo outra estimativa, agora com um evento de maior magnitude, por exemplo, com 100 anos de tempo de recorrência, tomando um horizonte de 25 anos (como no exemplo anterior), a chance de falha da obra seria de cerca de 22%. Ou seja, ter-se-ia quase 1 chance em 5 de ocorrência de uma falha (grave) da obra projetada, supondo que o evento de 100 anos pudesse causar um desastre – não é pouco.

Na verdade, rigorosamente tratando a probabilidade de ocorrência de um dado evento em um horizonte de tempo, pode-se utilizar a distribuição de probabilidades de Poisson. A distribuição de Poisson é uma distribuição discreta de probabilidades, aplicável a ocorrências de eventos independentes em um intervalo especificado. A distribuição foi proposta por Siméon-Denis Poisson e publicada, com a sua teoria da probabilidade, em 1838, no seu trabalho *Recherches sur la probabilité des jugements en matières criminelles et matière civile* (Pesquisa sobre a probabilidade de decisões em matéria penal e matéria civil).

A probabilidade de ocorrência de um número de eventos em um horizonte de tempo, dada pela distribuição de Poisson, pode ser escrita como mostra a Equação 3.3:

$$P(X = k) = \frac{e^{-\lambda} . \lambda}{k!} \tag{3.3}$$

Onde:

k = número de eventos em dado intervalo de tempo

λ = número esperado de ocorrências de um dado evento, em um dado intervalo de tempo

$P(X = k)$ = probabilidade de ocorrer k eventos de número esperado de ocorrências λ, num dado intervalo de tempo

Para exemplificar o uso desta distribuição, consideremos um período de 50 anos, para o qual se deseja avaliar a probabilidade de ocorrência de eventos de chuva com tempos de recorrência (TR) de 5, 10, 25, 50 e 100 anos. A Tabela 3.1 mostra o valor esperado de ocorrências de cada um desses eventos em um horizonte de 50 anos.

Tabela 3.1: Valores de λ para vários tempos de recorrência em um horizonte de 50 anos

Horizonte considerado = 50 anos	
Evento	Nº de ocorrências esperadas no horizonte considerado
TR 5 anos	$\lambda = 50/5 = 10$
TR 10 anos	$\lambda = 50/10 = 5$
TR 25 anos	$\lambda = 50/25 = 2$
TR 50 anos	$\lambda = 50/50 = 1$
TR 100 anos	$\lambda = 50/100 = 0,5$

A Tabela 3.2 mostra as probabilidades obtidas pela aplicação da Equação 3.3 para um número de até 25 eventos, para o horizonte de 50 anos, conforme Tabela 3.1. Já a Figura 3.2 oferece uma interpretação visual da Tabela 3.2, na qual se percebe que o valor mais alto de probabilidade, como não poderia deixar de ser, se refere ao número esperado de ocorrências de um dado tempo de recorrência, no horizonte considerado.

Observando os resultados da Tabela 3.2, percebe-se que a probabilidade de ocorrência de um único evento de tempo de recorrência de 50 anos em um horizonte de 50 anos é de 36,8%. A probabilidade de ocorrer pelo menos 1 evento de 50 anos de tempo de recorrência, em um horizonte de 50 anos, é igual à soma das probabilidades de ocorrência de 1, 2, 3, n eventos, o que soma 63,2%. Já a chance de não ocorrer

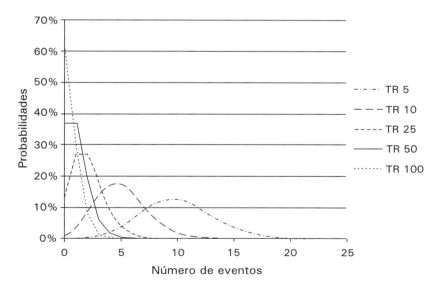

FIGURA 3.2: Representação gráfica das probabilidades da distribuição de Poisson, calculadas na Tabela 3.2.

Tabela 3.2: Probabilidades calculadas pela equação da distribuição de Poisson, para a ocorrência de um número de eventos na sittuação proposta na Tabela 3.1

Nº de eventos (k)	Probabilidade (Distribuição de Poisson)				
	TR 5	TR 10	TR 25	TR 50	TR 100
0	0,000	0,007	0,135	0,368	0,607
1	0,000	0,034	0,271	0,368	0,303
2	0,002	0,084	0,271	0,184	0,076
3	0,008	0,140	0,180	0,061	0,013
4	0,019	0,175	0,090	0,015	0,002
5	0,038	0,175	0,036	0,003	0,000
6	0,063	0,146	0,012	0,001	0,000
7	0,090	0,104	0,003	0,000	0,000
8	0,113	0,065	0,001	0,000	0,000
9	0,125	0,036	0,000	0,000	0,000
10	0,125	0,018	0,000	0,000	0,000
11	0,114	0,008	0,000	0,000	0,000
12	0,095	0,003	0,000	0,000	0,000
13	0,073	0,001	0,000	0,000	0,000
14	0,052	0,000	0,000	0,000	0,000
15	0,035	0,000	0,000	0,000	0,000
16	0,022	0,000	0,000	0,000	0,000
17	0,013	0,000	0,000	0,000	0,000
18	0,007	0,000	0,000	0,000	0,000
19	0,004	0,000	0,000	0,000	0,000
20	0,002	0,000	0,000	0,000	0,000
21	0,001	0,000	0,000	0,000	0,000
22	0,000	0,000	0,000	0,000	0,000
23	0,000	0,000	0,000	0,000	0,000
24	0,000	0,000	0,000	0,000	0,000
25	0,000	0,000	0,000	0,000	0,000

ao menos 1 evento de TR de 5 anos é zero. A chance de ocorrerem 5 eventos de TR de 100 anos em um horizonte de 50 anos, também é zero.

A probabilidade de uma dada obra falhar, quando da ocorrência de uma situação em que um evento excede àquele que foi considerado no projeto (e na análise de risco), dá margem ao que se convenciona chamar de risco residual. Essa análise é importante para a definição de ações de preparação e resposta, para evitar danos maiores. Portanto, é importante pensar em uma avaliação da integral do risco, ao longo do tempo, para ponderar os possíveis danos em um horizonte de análise.

Tomando ainda a Tabela 3.2, para auxiliar na compreensão da importância do risco residual, considere-se a seguinte situação hipotética: em uma planície de inundação de um rio, uma cidade tem uma ocupação esparsa nesse local, configurando um conjunto de 500 edificações, que sofrem juntas prejuízos estimados em R$10.000.000,00, entre danos à estrutura e ao conteúdo, quando ocorre um alagamento associado a um TR de 25 anos. Considerando a implantação de um reservatório de detenção em linha com o escoamento do rio, configurado por uma pequena barragem capaz de eliminar alagamentos para o TR de 25 anos, esse prejuízo deixa de ocorrer. Porém, o mesmo sistema não defende a população para um tempo de recorrência de 50 anos, que, por atingir maiores níveis, aumenta o número de edificações expostas e o dano causado por maiores lâminas d'água. Nesse mesmo exemplo, o prejuízo estimado sobe para R$16.000.000,00. Ora, se considerarmos um horizonte de 50 anos e multiplicarmos o prejuízo potencial de cada cenário por sua probabilidade de ocorrência nesse horizonte (o que remete ao próprio conceito de risco), teremos:

- prejuízo evitado com a obra: probabilidade de ocorrência de pelo menos um evento de TR de 25 anos em um período de 50 anos, multiplicado pelo prejuízo com o alagamento resultante do evento de TR de 25 anos, ou seja, (0,865 x R$10.000.000,00) = R$8.650.000,00.
- prejuízo esperado com a ocorrência de um evento de TR de 50 anos: probabilidade de ocorrência de pelo menos um evento de TR de 50 anos em um período de 50 anos, multiplicado pelo prejuízo com o alagamento resultante do evento de TR de 50 anos, ou seja, (0,632 x R$16.000.000,00) = R$ 10.112.000,00.

Certamente, o prejuízo evitado é significativo, mas, de fato, o risco residual continua sendo importante (até mais do que aquele que foi evitado pela obra de detenção proposta).

Na verdade, essa avaliação não é tão simples, pois a obra proposta para mitigar o evento de TR de 25 anos, provavelmente, tem também um efeito positivo (ainda que menor), reduzindo um pouco os efeitos de um evento de TR maior (um reservatório que falha ainda provê algum amortecimento sobre o lago de montante, formado pelas águas que vertem para jusante).

Além disso, uma avaliação mais completa da eficácia de uma determinada obra de controle de inundações deveria considerar uma integral dos eventos protegidos (até o tempo de recorrência tomado como referência), juntamente com os seus prejuízos, e uma integral dos eventos não protegidos (em geral com menor probabilidade de ocorrência, mas com prejuízos potencialmente maiores).

Uma questão perversa, porém, que permeia a concepção de obras de controle de cheias e inundações, diz respeito a uma sensação de (falsa) segurança definitiva trazida pela obra e que tende, quando não há um processo integrado de controle de riscos hidrológicos e também não há um planejamento e controle efetivo de uso do solo, a agravar a situação de risco ao longo do tempo.

A lógica matemática de projeto tende a definir um evento como referência para o padrão de proteção desejado. No caso de obras de macrodrenagem, como já citado, o Ministério das Cidades sugere o tempo de recorrência de 25 anos e condiciona seus financiamentos ao cumprimento deste parâmetro nos projetos municipais que recebe para avaliar. Os projetistas tendem a usar este parâmetro para conceber os sistemas projetados e, com isso, garantem um nível confortável de proteção.

Porém, essa não é uma proteção absoluta e, um dia, um evento maior que o de projeto vai ocorrer. Muitas vezes não se veem ações complementares aos projetos, mas é essencial que medidas não estruturais de planejamento de uso e ocupação do solo e da própria expansão urbana, bem como a implantação de sistemas de monitoramento e alerta, sejam também propostos para completar o quadro de proteção.

Voltando ao exemplo hipotético descrito anteriormente, suponhamos que, após a introdução da barragem de detenção capaz de controlar a cheia de 25 anos de tempo de recorrência, nenhuma medida de proteção adicional tenha sido tomada e nenhum controle de uso do solo tenha sido feito. O que seria de se esperar (por desconhecimento e despreparo, embora de forma não desejável) é que, tornando o vale mais tranquilo e livrando as planícies de inundação de alagamentos frequentes (pois elas estariam protegidas para qualquer evento mais frequente que o de 25 anos de tempo de recorrência), estas planícies provavelmente seriam ocupadas densamente e as 500 edificações rarefeitas poderiam se tornar 2000 ou 3000 edificações, por exemplo, expondo uma quantidade muito maior de pessoas e bens aos eventos extremos que um dia provocarão a falha funcional da barragem, simplesmente por exceder os seus parâmetros (rígidos) de projeto. As Figuras 3.3, 3.4 e 3.5 ilustram essa situação.

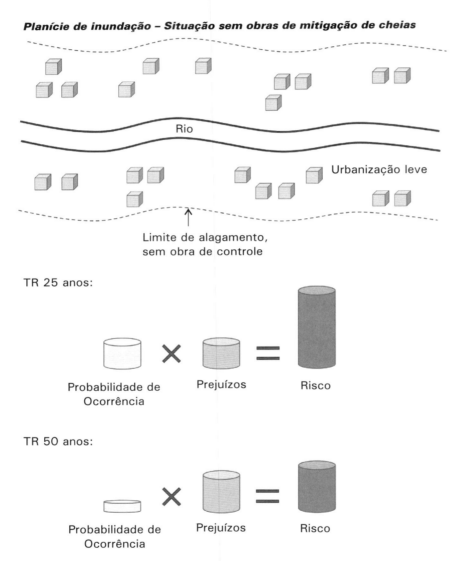

FIGURA 3.3: Representação esquemática do risco pré-intervenção na bacia – a expectativa de prejuízos justifica uma intervenção, que controla o risco para um cenário de projeto.

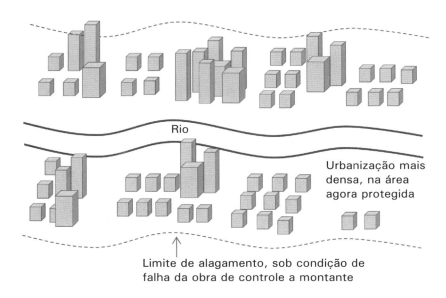

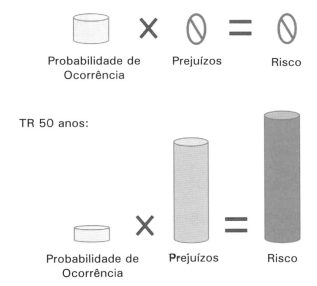

FIGURA 3.4: Representação esquemática do risco pós-intervenção na bacia – não havendo medidas adicionais de controle de uso do solo após a implantação de uma medida de mitigação, mais pessoas e bens se colocam expostos e sujeitos a risco, criando condições para um risco residual significativamente alto, que não se resolve com a obra proposta. Note que os prejuízos para um evento de 25 anos são nulos, pois não há mais extravazamento para esse evento, enquanto os prejuízos crescem muito para um evento de 50 anos que atinge a planície de inundação.

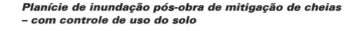

Planície de inundação pós-obra de mitigação de cheias – com controle de uso do solo

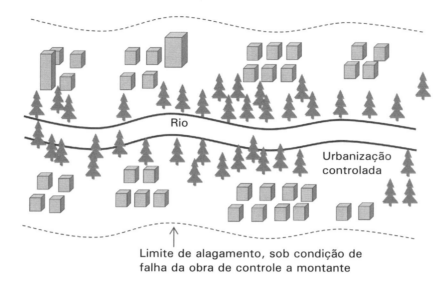

FIGURA 3.5: Representação esquemática do risco pós-intervenção na bacia – havendo medidas adicionais de controle de uso do solo após a implantação de uma medida de mitigação, evita-se um aumento descontrolado da exposição e pode-se destinar áreas originalmente perigosas para funções ecossistêmicas, de controle de inundações (com parques alagáveis) e aumento da biodiversidade, além de cumprir funções de lazer, por exemplo. Note que os prejuízos para um evento de 50 anos sofrem pequena variação em relação ao risco original, em função da consolidação das poucas áreas antes ocupadas.

3.4 SUSCEPTIBILIDADE DO MEIO FÍSICO À GERAÇÃO DE INUNDAÇÕES E ALAGAMENTOS

O processo de transformação de chuva em vazão superficial é parte do ciclo hidrológico natural e depende tanto das características da chuva quanto do meio físico onde a chuva cai. Quando a bacia considerada é urbanizada, o ciclo hidrológico natural sofre alterações e, muitas vezes, passa a ser chamado de ciclo hidrológico urbano. A susceptibilidade do meio físico à geração de vazões depende da combinação de diversos condicionantes naturais e antrópicos presentes na bacia, que implicam em uma dada "eficiência" da transformação da chuva em vazão e afetam o processo subsequente de escoamento das vazões geradas. São componentes desta suscetibilidade: tipo de solo e características de sua permeabilidade natural, porcentagem de cobertura vegetal, relevo, declividade, tipo de uso e ocupação do solo, grau de impermeabilização, rugosidade do terreno, entre outros. Esses aspectos determinarão o volume de águas superficiais que estará disponível para escoar, as retenções superficiais, a velocidade de escoamento e o tempo de concentração da bacia, dentre outros parâmetros físicos que influenciam na resposta da bacia a um determinado cenário de precipitação. O tempo de concentração é um parâmetro particularmente importante em estudos de cheia, pois este é o tempo que leva para toda a bacia considerada contribuir para uma seção de interesse e, por isso, o tempo de duração da chuva crítica de uma bacia tende a ser considerado igual ao seu tempo de concentração. Entretanto, há casos em que o volume total de chuva pode ser mais crítico para os alagamentos, como ocorre em sistemas em que a armazenagem é o efeito mais importante.

Em geral, pode-se dizer que áreas de topografia mais plana, próximas de cursos d'água, em áreas muito impermeabilizadas, terão mais propensão para gerar inundações e alagamentos.

A chuva, conforme discutido no item anterior, é o agente capaz de impulsionar o processo de cheias (gerando inundações e alagamentos), e o evento de chuva com intensidade suficiente para ocasionar este processo é denominado evento deflagrador, conforme pode ser representado no esquema a seguir.

Há intensidades de chuva para as quais a suscetibilidade da bacia à geração de processos de cheias será baixa, acarretando inundações e/ou alagamentos de baixo potencial destrutivo ou mesmo não acarretando esse tipo de ocorrência. Por outro lado, há cenários de precipitação mais intensos, a partir dos quais a bacia apresentará uma suscetibilidade alta para transformar as chuvas em vazões capazes de provocar inundações e alagamentos de maior magnitude.

Observe-se, portanto, que não faz sentido falar em parâmetros absolutos de chuva crítica para processos de cheias, uma vez que haverá uma chuva crítica para cada bacia, dependendo do seu tempo de duração e sua relação com o tempo de concentração da bacia. Desta forma, uma chuva que provoca inundações severas em uma bacia pode não o fazer em outra. Como visto anteriormente, o tempo de duração de uma chuva interfere na intensidade média dessa chuva. Chuvas longas tendem a ter intensidades menores, enquanto chuvas mais curtas são também mais intensas.

Outro ponto importante é que a definição de um cenário de chuva crítica (com um tempo de recorrência arbitrado) atende uma necessidade de dar uma referência de projeto, mas não limita a possibilidade de ocorrência de chuvas maiores. Assim, em um processo de análise de risco, faz sentido pensar em uma escala crescente de precipitações críticas, com probabilidades decrescentes de ocorrência, para as quais as manchas de inundação avançam espacialmente e a magnitude do processo hidrológico aumenta de forma continuada.

Pode-se interpretar a magnitude de um processo hidrológico (de inundação ou alagamento) como uma medida da severidade dele, que pode ser compreendida por meio da combinação de parâmetros característicos desse processo, como altura da lâmina d'água, velocidade do fluxo e tempo de permanência do alagamento, possuindo influência direta na gravidade dos danos humanos e materiais quando encontram um sistema socioeconômico exposto (pessoas e bens, principalmente). Deve-se observar que os parâmetros mencionados devem ser obtidos a partir de pesquisas históricas, medições locais, modelos físicos e/ou matemáticos, em que seja levado em conta o comportamento integrado da bacia como um todo.

Analiticamente, para organizar a discussão teórica, propõe-se representar a magnitude de um processo de cheias num determinado ponto da bacia, num certo instante, pela seguinte equação:

$$M_n(S,i,x,y,t) = f\left[h_n(S,i,x,y,t); v_n(S,i,x,y,t); tp_n(S,i,x,y,t)\right] \tag{3.4}$$

Onde:

$M_n(S,i,x,y,t)$ = magnitude do processo hidrológico num ponto "n" (sendo este normalmente um ponto representativo de uma área como um setor censitário, ou uma célula de modelagem ou elemento de uma malha de um levantamento ou de um modelo digital do terreno), de coordenadas "x, y", localizado numa bacia com suscetibilidade "S", para uma chuva de intensidade "i", num instante "t", escrito como função de uma lâmina de alagamento, da velocidade de escoamento e do tempo de permanência de um certo limiar de alagamento nesse ponto.

$h_n(S,i,x,y,t)$ = altura da lâmina d'água no ponto "n" da bacia considerada, para o cenário de chuvas com intensidade "i", num instante "t".

$v_n(S,i,x,y,t)$ = velocidade do fluxo no ponto "n" da bacia considerada, para o cenário de chuvas com intensidade "i", num instante "t".

$tp_n(S,i,x,y,t)$ = tempo de permanência do alagamento no ponto "n" da bacia considerada, acima de um dado limite para o qual se expõem elementos do sistema, para o cenário de chuvas com intensidade "i", num instante "t".

Note-se que esta é uma equação conceitual e poderia ser desdobrada em um somatório, dependendo dos elementos expostos e de suas fragilidades específicas. O objetivo principal de mostrar esta equação recai no desejo de formalizar matematicamente o conceito exposto, para fixação de seus elementos-chave.

3.5 TRANSFORMAÇÃO DE CHUVA EM VAZÃO

A transformação de chuva em vazão corresponde à definição da parcela do ciclo hidrológico que está associada aos escoamentos superficiais. De forma geral, o ciclo hidrológico representa a circulação fechada de água na natureza, onde ocorrem os processos de: precipitação, interceptação vegetal, retenção superficial, infiltração, escoamento subsuperficial, escoamento subterrâneo, escoamento superficial, evaporação e transpiração vegetal.

Em uma bacia natural, o escoamento natural tende a ser uma fração menor da precipitação, enquanto que, em bacias urbanizadas, esta fração tende a aumentar.

A água precipitada encontra primeiro uma barreira na forma da interceptação vegetal, ficando parcialmente retida na copa das árvores e nas folhas, de modo geral. Depois a água atinge a superfície do terreno, onde começa a infiltrar e saturar o solo. Quando a capacidade de infiltração é superada, a água que sobra superficialmente começa a escoar e vai preenchendo depressões e vencendo obstáculos em direção aos talvegues e, depois, aos rios. A água que infiltra segue subsuperficialmente, podendo aflorar mais adiante ou contribuir para o lençol subterrâneo, onde se desenvolvem os escoamentos subterrâneos, tipicamente mais lentos, que irão abastecer os rios em um tempo posterior, mantendo seu escoamento (em caso de rios perenes) na estiagem. Por fim, a água é devolvida para a atmosfera, através dos processos de evaporação e transpiração vegetal.

O processo de ocupação urbana, por sua vez, provoca mudanças significativas na situação original do ciclo hidrológico. A urbanização não afeta apenas a quantidade de bens e pessoas expostas, mas afeta o próprio processo de geração de vazões, que será responsável por inundações e alagamentos, que são, por fim, os perigos a que a própria cidade se expõe.

A ocupação de uma bacia começa, em geral, pelo desmatamento de áreas mais planas, muitas vezes próximo de cursos d'água, para instalação das comunidades e de alguma atividade produtiva, como a agricultura, por exemplo. A remoção da vegetação já diminui a interceptação vegetal, favorece a erosão do solo exposto e a sedimentação nos cursos d'água, que passam a ter sua capacidade de condução de vazão diminuída.

O crescimento das cidades tende a consolidar atividades dos setores secundário e terciário (este último característico das cidades), em um processo que intensifica a regularização e impermeabilização do solo. Essas duas modificações introduzidas sobre a paisagem da bacia atuam fortemente em duas fases do ciclo hidrológico, que geram consequências críticas: a regularização da superfície urbanizada reduz muito ou elimina as retenções superficiais, diminuindo a capacidade de retenção e amortecimento da bacia; a impermeabilização em larga escala diminui bastante as oportunidades de infiltração. Esses efeitos geram uma quantidade muito maior de escoamentos superficiais (que não conseguem infiltrar e não ficam retidos), que são capazes de escoar muito mais rapidamente pelas superfícies menos irregulares agora disponíveis.

A "sobra" de volumes superficiais das águas pluviais, escoando mais rapidamente, tende a gerar alagamentos sobre a área urbanizada, que então passa para outra fase usual de desenvolvimento, que responde pela introdução das redes de drenagem e, no limite, de canalizações.

Com o crescimento da ocupação, a planície de inundação e, muitas vezes, a própria calha secundária do rio, acabam recebendo obras de urbanização, favorecidas pela canalização do curso principal, com ruas e até quadras inteiras tomando o seu espaço, o que agrava ainda mais o processo de inundações: uma vez eliminado o espaço que deveria ser deixado livre para acomodação das grandes enchentes, as águas procuram então outros caminhos, se espalhando e atingindo regiões antes não alagáveis naturalmente.

Todos esses fatores são encontrados com muita frequência nas grandes cidades, principalmente naquelas de países em desenvolvimento, como o Brasil, que tiveram um rápido crescimento urbano no século XX, nem sempre acompanhado do planejamento e da infraestrutura que seriam necessários. A "passagem" da chuva pelo sistema urbano (bacia natural + cidade) conforma a produção das vazões, que influenciam diretamente no perigo, que, por sua vez, colocará o próprio sistema em risco.

A urbanização é sem dúvida uma das ações antrópicas que mais produzem impactos ambientais. A compreensão da maneira como a urbanização interfere na formação das cheias, portanto, é muito importante para que ações de gestão de risco de cheias sejam conduzidas de forma adequada.

Os sistemas de drenagem urbana atuam em duas escalas espaciais: a microescala, ou escala local; e a macroescala, ou escala da bacia. Para fazer frente à coleta das águas pluviais em nível local, na escala dos loteamentos, em captações distribuídas e ramificadas, tem-se a rede de microdrenagem urbana. Falhas da microdrenagem estão associadas aos "alagamentos", conforme definido no item 3.2. Na macroescala surge o sistema de macrodrenagem, que recebe as águas distribuídas, coletadas pela microdrenagem, e as concentram nas principais linhas de escoamento. Esse sistema tem razoável coincidência com os talvegues naturais e com córregos, riachos e rios, e sua falha implica extravasamentos que provocam inundações. Rios importantes, que eventualmente cortam as cidades, e que tendem a ser exutório da rede de drenagem urbana (muitas vezes através de afluentes), também provocam grandes inundações quando extravasam, tanto por ação direta de suas águas, quanto pelo remanso provocado nas redes de montante.

Mais recentemente, os sistemas de drenagem tradicionais vêm sendo complementados por medidas que buscam recuperar parte do funcionamento do ciclo hidrológico natural, introduzindo dispositivos de armazenagem e de infiltração. A Lei Federal 11.445, de 2007, que dispõe sobre o Saneamento Básico no Brasil, define a drenagem e o manejo das águas pluviais urbanas como: "conjunto de atividades, infraestruturas e instalações operacionais de drenagem urbana de águas pluviais, de transporte, detenção ou retenção para o amortecimento de vazões de cheias, tratamento e disposição final das águas pluviais drenadas nas áreas urbanas". Nessa definição, já fica clara a interpretação de um sistema de drenagem mais abrangente do que aquele formado por simples rede de canais e dutos, assim como acrescenta uma preocupação com a qualidade da água escoada, além de sua quantidade.

Portanto, no processo de transformação de chuva em vazão, a bacia natural de referência, acrescida das obras de urbanização que a modificam, incluindo a introdução de um sistema de drenagem, que pode conter estruturas tradicionais (redes e canais) e outras sustentáveis (reservatórios, medidas de infiltração, paisagens multifuncionais integradas ao ambiente urbano etc.), define um "caminho" de passagem para as águas pluviais, que podem promover alagamentos e/ou inundações, dependendo da susceptibilidade espacial da bacia à geração de escoamentos.

Matematicamente, a transformação de chuva em vazão se dá pelo uso de modelos hidrológicos, cujo conceito será discutido resumidamente no próximo item. É importante acrescentar que modelos de escoamento (após a transformação da chuva em vazão) são também fundamentais no processo de mapeamento de perigos, pois estes permitem avaliar espacialmente a ocorrência de inundações e alagamentos, que são, de fato, os perigos geradores de situações de risco. Esses modelos, de caráter hidrodinâmico, também serão objeto de discussão.

Modelagem de processos físicos

O interesse do homem no escoamento em rios e no movimento de cheias decorre da necessidade de ele proteger a própria vida, sua moradia, benfeitorias, infraestrutura e sistemas econômicos, bem como da possibilidade de exploração dos seus benefícios potenciais, em termos de aproveitamento energético, abastecimento, irrigação para a agricultura e navegação. Nesse contexto, a modelação matemática de cheias provê uma ferramenta pela qual pode ser estudado e compreendido, de modo adequado, o comportamento do escoamento em uma bacia, bem como escolher e projetar obras de engenharia mais condizentes com os objetivos que se deseja obter, além de prever situações extremas, para que seja possível preparar defesas contra desastres e fornecer alertas antecipados da ocorrência das cheias e de sua importância (CUNGE et al., 1980).

Os modelos matemáticos de escoamento têm a sua origem no século XIX, com o trabalho de Saint Venant (1871) e Boussinesq, que formularam as equações de escoamento não permanente e variado, e o trabalho de Massau, que em 1889 propôs e publicou algumas primeiras tentativas para resolver essas equações (BISWAS, 1970). Importantes conceitos teóricos foram estabelecidos na primeira metade do século XX, mas as primeiras aplicações desses princípios em engenharia, em rios naturais, tiveram que esperar o desenvolvimento dos computadores.

Em 1951-1953, Isaacson, Stoker e Troesch (1956) construíram e aplicaram um modelo matemático para trechos dos rios Mississipi e Ohio. Seguindo este pioneirismo, a modelação de escoamentos de enchentes em rios desenvolveu-se, a princípio, vagarosamente e, mais tarde, de forma mais acelerada.

Na década de 1960, foi proposto e construído o primeiro modelo matemático bidimensional relevante importância. Esse modelo foi construído para o delta do Rio Mekong pela *Societé Grenobloise d'Etudes et Applications Hydrauliques* (SOGREAH), a pedido da Unesco. Os trabalhos iniciados em 1962 terminaram em 1966. Zanobetti e Lorgeré apresentaram esse modelo em artigo na revista *La Houille Blanche* (1968). O modelo desenvolvido tinha por princípio a divisão da bacia do rio em células de armazenamento, que representavam trechos de rio e de planície. Em linhas gerais, o modelo reproduzia a área alagada de todo o delta, considerando as cheias naturais e as cheias modificadas pela construção de uma barragem, que as atenuaria e ainda favoreceria a regularização do rio, para a navegação e a irrigação, na época da estiagem. A área da modelação, para esse estudo do delta do Rio Mekong, abrangeu cerca de 50.000 km^2.

Um pouco mais tarde, com a evolução dos computadores digitais e um melhor conhecimento e desenvolvimento de técnicas de modelação numérica, passaram a ser mais frequentes os modelos matemáticos bidimensionais, com sistemas não lineares a derivadas parciais, considerando uma equação de conservação da continuidade de massa e duas equações dinâmicas de movimento nas direções cartesianas do plano horizontal, com aplicação corriqueira em estuários com influência de marés ou em largas planícies de inundação.

A construção de modelos matemáticos de escoamento de cheias em rios e planícies envolve uma série de problemas e incertezas, tanto em relação à representação do domínio físico, como também quanto aos métodos numéricos adequados para a solução das equações matemáticas governantes, que caracterizam o modelo matemático associado. A construção de um modelo que busca representar um fenômeno natural tende a trazer desafios importantes. A variabilidade espacial e temporal de fenômenos físicos naturais e a complexidade associada a esses fenômenos levam à adoção de hipóteses simplificadoras na sua formulação matemática. Na verdade, todo modelo tende a ser, de fato, uma representação simplificada de um protótipo real.

As categorias mais usuais de modelos matemáticos para a representação do fenômeno das cheias são os modelos hidrológicos do tipo *chuva x vazão* e os modelos hidrodinâmicos. Os modelos hidrológicos, de forma geral, representam o ciclo hidrológico (ou parte dele), partindo da precipitação como dado de entrada e calculando a vazão no exutório da bacia modelada, sendo os diferentes processos físicos do ciclo hidrológico (de intercepção vegetal, evaporação, evapotranspiração, infiltração, escoamento superficial, subsuperficial, subterrâneo e no curso d'água), modelados separadamente e estruturados em função dos objetivos e das características da região de estudo. Muitas vezes esses processos são apresentados como reservatórios em sequência: por exemplo, após o enchimento de um reservatório de interceptação vegetal, a água pode "extravasar" e atingir o solo, podendo "preencher" este outro reservatório com a representação da infiltração. Os modelos hidrológicos podem ser concentrados, ou distribuídos. Essa característica se refere a como as informações são tratadas no espaço da bacia. Em um modelo concentrado, as informações são tomadas como médias para toda a bacia e não se representa a diversidade espacial. Em um modelo distribuído, a bacia é discretizada em uma malha de elementos, cada um com parâmetros específicos para as características locais, sendo o resultado integrado na superfície da bacia.

Os modelos hidrodinâmicos utilizam variações das equações de Navier-Stokes, dependendo do número de dimensões modeladas. Modelos unidimensionais são tradicionais e costumam ser utilizados em vales mais encaixados, onde as cheias não ocupam grandes planícies de inundação. Durante muitos anos, em virtude de limitações computacionais, eram os modelos mais difundidos e a obtenção de resultados nas planícies de inundação se dava por extrapolação dos resultados calculados para a calha do rio. Estes modelos usam as equações de Saint Venant, resultantes da aplicação dos princípios da conservação de massa e da quantidade de movimento. As equações de Saint-Venant podem também ser obtidas pela integração das equações gerais de Navier Stokes, nas direções vertical e transversal ao escoamento, mantendo apenas a dimensão longitudinal.

Entretanto, o mapeamento de planícies alagáveis, necessário para definir o perigo a que um sistema está associado, apresenta um problema, pois possui, na verdade, características bidimensionais e, por vezes, os modelos mais usuais podem não representar de maneira aceitável o processo físico de escoamento nas zonas externas aos cursos d'água principais. Em muitos casos, as águas que deixam o canal principal, galgando os diques naturais do terreno, têm seu fluxo se comportando de forma independente do escoamento confinado entre aqueles diques. A água extravasada pode, numa situação extrema, não retornar ao canal principal original, se acumulando em depressões naturais no terreno ou formando canais secundários e escoando por outros caminhos até outros corpos d'água. Nesse contexto, a abordagem unidimensional apenas se mostra admissível em trechos de curta distância que fazem a ligação entre reservatórios naturais de acumulação. Portanto, de modo geral, vales com planícies grandemente alagáveis não podem ser analisados como uma série de seções transversais extrapoladas a partir do canal principal, sendo necessária uma modelação de caráter diferente da clássica hidrodinâmica na direção longitudinal ao eixo do curso d'água. Estas considerações, aliadas à necessidade do conhecimento das variáveis do escoamento em zonas fora da calha (nominalmente profundidades e velocidades), resultaram no desenvolvimento das chamadas técnicas de modelagem bidimensional, hoje mais frequentes também pelas atuais facilidades computacionais e de obtenção de dados espaciais.

Supondo-se condições de escoamento do tipo gradualmente variado, o cálculo da propagação de cheias em duas dimensões no espaço pode ser formulado como um sistema a derivadas parciais, tal qual o utilizado nos modelos hidrodinâmicos unidimensionais, porém com uma equação dinâmica de movimento para cada direção cartesiana de escoamento. Em geral, essa alternativa de modelagem é adequada quando a planície de inundação permanece submersa e as profundidades são suficientes para formar uma superfície de alagamentos contínua.

Outra alternativa de modelagem bidimensional surge quando a planície forma um sistema de compartimentos separados por elevações naturais, diques, estradas, construções, ou outras estruturas urbanas, e as profundidades nunca são tão grandes a ponto de que os efeitos topográficos e do ambiente construído possam ser ignorados. Estes compartimentos se comunicam por canais, vertedouros, orifícios, comportas, bombas, ou outras ligações hidráulicas, todas influenciando o escoamento resultante.

Desta forma, um modelo para representação de grandes planícies de inundação pode ser desenvolvido a partir de um enfoque bidimensional, mas não no sentido das equações de movimento em duas direções, mas com uma abordagem interpretativa da situação física real, em que canais, estruturas hidráulicas e compartimentos de armazenamento formam uma malha de células de escoamento no plano horizontal, que busca reproduzir os padrões de escoamento por ligações unidirecionais que formam uma rede de fluxos no espaço bidimensional.

Hidrologia e modelagem hidrológica

A hidrologia é a ciência que trata da água na Terra, sua ocorrência, circulação e distribuição, suas propriedades físicas e químicas, e sua relação com o meio ambiente, incluindo a relação com as formas vivas (CHOW, 1959).

Conforme já dito, a maior parcela dos impactos provocados pela urbanização no tocante às inundações urbanas tem origem na alteração dos processos hidrológicos que se manifestam na bacia quando ocorre uma precipitação intensa.

Os modelos hidrológicos agrupam-se em dois tipos principais: os modelos com base nos processos físicos, em que se visa a simulação dos processos hidrológicos, por meio de equações de caráter determinístico ou empírico; e os modelos estatísticos/estocásticos, construídos com base nas leis da probabilidade, a partir de observações de séries históricas de medição.

Os modelos conceituais chuva-vazão referem-se àqueles que representam a transformação de precipitação em vazão, oferecendo como resposta um hidrograma na seção de escoamento de interesse. As parcelas do ciclo hidrológico são representadas, incluindo as perdas por intercepção vegetal, a evapotranspiração, a retenção nas depressões superficiais do terreno e os escoamentos subterrâneos, subsuperficial, superficial e nos cursos d'água principais da bacia hidrográfica. Em geral, esses modelos apresentam os diferentes processos modelados separadamente e considerados sequencialmente. Na maior parte das vezes, a estrutura de um modelo assim concebido é idealizada em função de um objetivo, em que certos processos são mais importantes. Por exemplo: quando o objetivo for a representação de cheias isoladas, em bacias pequenas, a infiltração e o escoamento superficial na bacia e na calha do rio são os processos mais importantes.

Esses modelos retratam os macroprocessos que participam dos fenômenos que envolvem a transformação da chuva em vazão e necessitam de dados conhecidos. Eles descrevem as condições médias na bacia, utilizando certo número de parâmetros de ajuste, que dependem dos fenômenos representados. O modelo hidrológico mais simples pode ser associado ao uso do Método Racional, no qual a preocupação é apenas com a definição do escoamento superficial. Assim, escreve-se uma equação simples, que calcula a vazão de pico como uma fração da chuva que se transforma em vazão superficial na seção de interesse, aplicando-se um coeficiente que considera, de forma integrada e concentrada, todas as perdas de escoamento que ocorrem na bacia de drenagem e que não se transformam em escoamento superficial. A formulação tradicional para o cálculo da vazão de pico do hidrograma, pelo método racional, é dada pela Equação 3.5.

$$Q_p = C.i.A \qquad (3.5)$$

Onde:

C = coeficiente de *runoff* ou escoamento superficial (parâmetro adimensional, função do uso do solo)
i = intensidade da chuva de projeto (em unidade de velocidade)
A = área da bacia de contribuição (em unidade de área)

O uso do Método Racional é bastante difundido para pequenas bacias e, principalmente, para cálculo de projetos de redes de drenagem ou pequenos canais. O hidrograma resultante da aplicação deste método tem a forma de um triângulo isósceles, uma vez que a relação entre vazão e chuva é modelada de forma linear, com a ocorrência da vazão de pico no momento em que se cumpre o tempo de concentração da bacia. Se a chuva for coincidente com o tempo de concentração (condição típica para hidrogramas de projeto, em que, por concepção, para gerar uma situação crítica, com toda a bacia contribuindo, a duração iguala o tempo de concentração), o tempo de base do hidrograma é o dobro do tempo de concentração. O hidrograma resultante deste método pode ser visto na Figura 3.6.

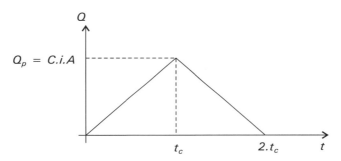

FIGURA 3.6: Hidrograma do Método Racional.

Em geral, porém, o uso de modelos hidrológicos, para bacias maiores, requer uma representação mais detalhada e completa do ciclo hidrológico. De forma genérica, os modelos hidrológicos têm a estrutura mostrada na Figura 3.7.

O uso de modelos hidrológicos requer de seu usuário a observação de possíveis fontes de incertezas quanto à resposta desta ferramenta. Mesmo o mais sofisticado dos modelos está sujeito a estas incertezas, que envolvem tanto os dados de entrada como a própria interpretação dos processos físicos. Séries de dados podem conter erros de coleta e/ou falhas no histórico. A adoção de valores medidos pontualmente (no espaço e no tempo) como representativos de uma área ou de um período, em termos médios, pode ser uma fonte de erro. As simplificações adotadas na representação dos processos naturais também introduzem limitações. Interpretações de fenômenos que são simultâneos, de forma sequencial, ou a interpretação concentrada de fenômenos que têm variabilidade espacial podem trazer dúvidas sobre a consistência dos resultados.

O conhecimento das limitações que envolvem a modelagem hidrológica, porém, não deve funcionar como um desestímulo ao uso de modelo. Na verdade, identificar, isolar e quantificar as fontes de incerteza e seus efeitos é a melhor maneira de se analisar a adequabilidade e a confiabilidade do uso destas técnicas. Na verdade, isso vale para qualquer tipo de modelo.

Destaca-se também que, em virtude de todas essas incertezas, e sendo os modelos, por definição, representações imperfeitas e aproximadas da natureza, o uso de modelos simplificados pode consistir em

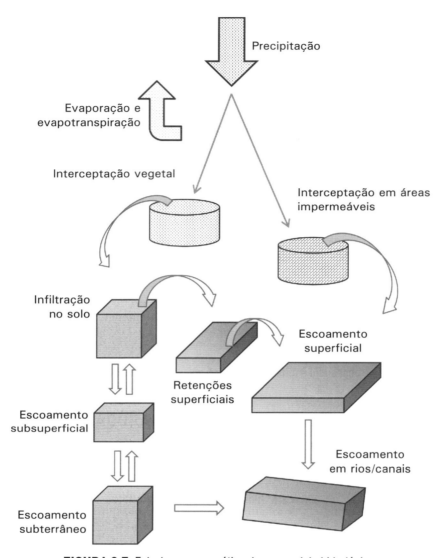

FIGURA 3.7: Estrutura esquemática de um modelo hidrológico.

uma vantagem. Em modelos deste tipo, o usuário pode ter um mais controle sobre as incertezas que cercam a modelação. Entretanto, esta vantagem deixa de existir em casos em que a simplificação compromete a adequada representação da realidade física. Simplificações podem ser úteis, mas não podem ser adotadas quando o modelo deixa de ser representativo do fenômeno que se pretende representar.

3.6 MODELOS MATEMÁTICOS HIDRODINÂMICOS

Os modelos matemáticos hidrodinâmicos usualmente utilizam equações determinísticas de escoamento. Um modelo hidrodinâmico consiste em uma representação simplificada de uma situação física de escoamento mais complexa. Em geral, as características tridimensionais do terreno são representadas por elementos uni ou bidimensionais. As hipóteses usadas na construção do modelo devem ser cuidadosamente estabelecidas, para que se reconheçam as limitações inerentes a elas.

Segundo Cunge *et al.* (1980), a compreensão do fenômeno hidráulico permite uma avaliação de como ocorrem trocas de água entre diferentes áreas, quais trechos de rio apenas conduzem o escoamento e quais tendem a reter a água, como o escoamento é distribuído em múltiplos canais, entre outros aspectos. A construção de um modelo matemático, a sua calibração e posterior validação, reproduzindo eventos de escoamento conhecidos, habilitam o modelo para previsões. Eventualmente, a confecção e a utilização de um modelo também possibilitam a percepção de insuficiência de dados hidráulicos e topográficos e induzem o planejamento de subsequentes coletas destes dados.

Modelos hidrodinâmicos podem ser utilizados, basicamente, com três objetivos: (1) entender o fenômeno hidráulico do escoamento; (2) estudar e projetar intervenções hidráulicas em um rio; (3) prever eventos naturais extremos e suas consequências. A previsão de eventos excepcionais não pode prescindir do uso da modelagem matemática, pois observações passadas, ilustrativas de tais eventos, não ocorrem com frequência e usualmente não existem registros. A capacidade de previsão de um modelo matemático, construído com exatidão para executar estas extrapolações, reside no fato de que ele utilize, de forma fisicamente correta, equações hidráulicas determinísticas, cuja validade não se limita aos eventos de escoamento conhecidos, usados para o ajuste dos coeficientes empíricos do modelo.

Interessante notar como os três objetivos típicos associados à construção de modelos se encaixam perfeitamente no processo de gestão de risco e, em particular, na caracterização do perigo, tanto presente quanto futuro, ou modificado por obras de mitigação. Dessa forma, entender o fenômeno e suas consequências presentes auxilia no processo de prevenção de risco, pela possibilidade de se evitar, no processo de planejamento de ocupação do espaço, o perigo mapeado. O objetivo de prever o comportamento do sistema a partir da introdução de diferentes alternativas de projeto, com a finalidade de controle dos escoamentos, permite avaliar as melhores respostas em termos de mitigação de perigos já ativos (ou seja, com riscos já existentes). Por fim, a elaboração de cenários futuros de eventos extremos permite avaliar propostas de intervenção sob a ótica da resiliência (de modo a minimizar os danos potenciais e aumentar a capacidade de recuperação do sistema) ou da manutenção dos níveis de risco em patamares baixos (por meio da proibição da ocupação em áreas críticas ou mesmo da ocupação condicionada à realização de certas medidas estruturais).

A correta representação da realidade física pelo modelo, por sua vez, depende de uma adequada descrição do terreno, identificando caminhos de escoamento, áreas de armazenagem, barreiras, bem como definindo como ocorrerão as trocas hidráulicas nesse terreno, de forma a determinar os elementos necessários para o modelo e como se articulam. Essas são as chamadas etapas de modelagem topográfica, hidráulica e topológica.

Assumindo que todos os dados necessários foram coletados, portanto, o engenheiro que deseja construir um modelo matemático de um rio deve seguir três passos básicos:

- seleção do tipo de modelo e discretização topológica;
- esquematização das características hidráulicas e topográficas do curso d'água, das áreas de inundação e da própria bacia como um todo, a serem modeladas;
- calibração e validação do modelo.

Assim, a discretização topológica inicia-se com a definição do tipo de modelação do escoamento, a ser utilizada, podendo, a princípio, ser uni ou bidimensional.

Define-se escoamento unidimensional como aquele que segue uma direção preferencial ao longo de um canal, modelado pelas equações de St. Venant, sendo as áreas alagadas ao longo do canal principal modeladas de forma consistente com o fato de que apenas a direção longitudinal do fluxo do rio é considerada.

As equações unidimensionais de escoamentos foram experimentalmente confirmadas em canais de laboratório e em canais confinados de grande escala, sendo largamente utilizadas na representação do escoamento em rios, numa aproximação que privilegia a observação do comportamento do escoamento em calha.

Entretanto, nem sempre se observa na natureza canais nos quais o escoamento pode ser considerado estritamente unidimensional. O escoamento em canais naturais frequentemente segue o leito do rio que vaga dentro dos limites do vale. Em eventos de extravasamento da calha, porém, um vale raramente pode ser representado por uma série de seções transversais que contêm simples extensões das margens do canal principal. Ele, em geral, alarga e estreita de maneira irregular, contém depressões, lagos de acumulação, vales secundários etc. Em alguns casos, contudo, a água da inundação, ao avançar sobre a extensão das margens do canal, pode seguir por todo o tempo em uma direção basicamente definida pelo canal principal. No entanto, é mais usual o caso em que o escoamento que ultrapassa as margens segue seu próprio caminho pela planície de inundação, da forma ditada pela topografia local, e, algumas vezes, não mais retornando ao canal de origem.

Com frequência, uma vez que as águas da inundação deixam o canal principal, ultrapassando suas margens, seu comportamento subsequente pode ser independente do escoamento entre as margens submersas. De fato, a inundação do vale pode começar até mesmo de uma localização a jusante, de forma que o enchimento da planície de inundação pode se dar em direção a montante, em virtude da topografia local. Neste caso, apenas entre as margens é que o escoamento poderia ser considerado unidimensional.

Na subida de uma cheia, percebe-se que ocorre uma declividade da linha d'água tomada na direção transversal ao escoamento, pela tendência de a água sair do canal principal e fluir lateralmente para as margens, alagando áreas adjacentes ao leito do rio e, em seguida, outras mais afastadas. Durante a descida da cheia, a declividade transversal da superfície da água se inverte e a água flui das margens alagadas para dentro do canal principal, de forma mais lenta. A modelação unidimensional, com as equações de St. Venant, que considera a velocidade média e a superfície horizontal na seção, não reproduz satisfatoriamente a realidade. Entretanto, a capacidade de condução da seção transversal, tomada como parâmetro, pode ser levada a englobar muitos dos fenômenos físicos que não são corretamente representados. Além disso, pode-se fazer uso de parâmetros fictícios de representação do rio, nos casos em que se tem entendimento de como isto afeta o comportamento do modelo e de suas limitações. Pode-se, ainda, dentro do escopo do modelo unidimensional, considerarem-se bolsões de armazenamento d'água para representar áreas alagadas adjacentes ao canal principal. Portanto, o modelo unidimensional pode ser usado com êxito para propósitos de engenharia, desde que não haja interesse nas diferenças transversais de níveis, nas diferenças de velocidade na seção e quando o escoamento pode ainda ser considerado como possuindo uma direção principal.

Por outro lado, há casos em que o principal interesse pode estar concentrado na própria planície de inundação. Um exemplo típico dessa situação é o estudo da ocupação de grandes planícies alagáveis: a presença de estradas, conjuntos de casas, plantações e diques influenciam os padrões de escoamento na planície, ao mesmo tempo que esses elementos sofrem as consequências das cheias. Nesse caso, o problema é predominantemente bidimensional e, assim, precisa ser considerado.

Em resposta às necessidades de se modelar vastas planícies de inundações, onde a aproximação unidimensional não se adequa, foram desenvolvidas as chamadas técnicas de modelagem bidimensional. Compreende-se que, por bidimensional, não se faz necessariamente referência às equações de escoamento não permanente em duas dimensões no espaço (x,y), mas sim, e principalmente, à situação física na qual canais e áreas de armazenagem formam uma rede bidimensional no espaço horizontal. Essa observação dá margem a dois tipos de modelo que têm vocação para representar o espaço bidimensional. A modelação bidimensional pode ser efetuada através do uso das equações de Navier-Stokes, integradas na vertical, ou pode-se considerar uma complexa rede de células, definidas em função da topografia e com leis de troca unidimensionais de vazão entre as mesmas, no plano do escoamento – essa é a modelagem *quasi*-2D. Nessa modelagem, a planície de inundação pode ser dividida em várias bacias de armazenamento, onde, em cada uma, a superfície d'água é assumida horizontal, dependendo do alagamento no local, e cada uma destas bacias comunica-se com suas vizinhas e/ou com o canal principal. As leis de descarga definidas entre as bacias vizinhas são unidimensionais. Entretanto, o sistema, como um todo, passa a poder simular um escoamento bidimensional.

A discretização topográfica e hidráulica, por sua vez, em um modelo unidimensional, relaciona-se com a definição de pontos de referência que correspondem a uma seção transversal representativa de um trecho de escoamento, caracterizando tanto quanto possível a topografia e a hidráulica deste trecho. As características topográficas do trecho devem ser definidas de forma que o volume de água dentro do trecho seja corretamente representado e que a velocidade de propagação da onda, que depende da forma da seção, não seja distorcida. As incertezas da representação de um trecho de rio, no ponto representativo deste trecho, são geralmente embutidas no termo de resistência da equação dinâmica de St. Venant. Esse termo de resistência, sendo ele próprio baseado em uma relação empírica, como a fórmula de escoamento de Manning, por exemplo, é o principal termo ajustável do processo.

Na modelagem bidimensional, considerando as equações de Navier-Stokes integradas na vertical, a discretização hidráulica relaciona-se com a representação topográfica e hidráulica do plano horizontal de escoamento, através da definição de uma malha de pontos computacionais cotados, para os quais se escrevem as equações hidrodinâmicas nas direções x e y.

No caso de modelos *quasi*-2D, a planície é dividida em compartimentos, chamados células de escoamento, cada um deles com superfície d'água considerada horizontal e com comunicação com outros compartimentos vizinhos. Também o canal principal é dividido da mesma maneira. O escoamento entre as células é representado por ligações para as quais uma descarga é calculada de acordo com uma relação hidráulica para a vazão: escoamento em rio, vertedouro, orifício ou outros, por exemplo. A divisão em células é baseada em características do relevo local, condicionada pela escala e dados disponíveis para a sua representação.

Por fim, a calibração é a etapa em que o modelo proposto, após a fase interpretação física e sua tradução matemática, é ajustado para reproduzir resultados reais medidos. Em geral, busca-se reproduzir profundidades ou vazões medidas e extensões alagáveis nas planícies. A calibração é completada por uma fase de validação, em que o modelo é avaliado para um ou mais eventos ocorridos e registrados, que não participaram do processo de calibração. Dessa forma, garante-se que o modelo proposto e construído seja capaz de representar a natureza, dando confiabilidade às previsões realizadas com ele.

Modelos unidimensionais

Os modelos unidimensionais de escoamento gradualmente variado e não permanente representam o comportamento do movimento da água em rios e canais por meio de duas equações diferenciais, conhecidas como equações de Saint Venant, resultantes da aplicação dos princípios de conservação da massa e de quantidade de movimento.

As simplificações e hipóteses básicas adotadas neste tipo de modelação são:

- o escoamento é considerado em uma direção principal ao longo do rio e o seu movimento varia gradual e lentamente no tempo e no espaço;
- a água é considerada homogênea e incompressível;
- o diagrama de pressões é considerado hidrostático, sendo desprezada a aceleração vertical na propagação da cheia;
- a declividade da linha de energia do escoamento é obtida pelo uso de uma equação empírica de movimento uniforme e permanente, como a equação de Manning ou a de Chézy.

Considerando um volume de controle associado a um trecho de rio, pelo princípio da conservação de massa, a quantidade de massa que entra neste volume de controle, pela seção de montante e por contribuição lateral, menos a quantidade de massa que sai do mesmo volume de controle, pela seção de jusante, é igual à variação de massa dentro desse volume.

A variação da quantidade de movimento de um corpo, em um intervalo de tempo, é o vetor-soma de todas as forças aplicadas a esse corpo no mesmo intervalo de tempo. Desta forma, a conservação da quantidade de movimento está ligada às forças que atuam no sistema em estudo. Mais claramente: a variação da quantidade de movimento que entra em um sistema, em um determinado intervalo de tempo, menos a variação da quantidade de movimento que sai desse sistema no mesmo intervalo de tempo, mais o somatório das forças que atuam no sistema, é igual à variação da quantidade de movimento acumulada dentro do sistema no intervalo de tempo considerado.

A dedução das equações de Saint Venant pode ser observada em Chow (1959). As equações resultantes são comumente apresentadas na forma da equação da continuidade (3.6) e da equação dinâmica (3.7).

$$\frac{\partial A}{\partial t} + \frac{\partial Q}{\partial x} = 0 \tag{3.6}$$

$$\frac{\partial v}{\partial t} + v\frac{\partial v}{\partial x} + g\frac{\partial h}{\partial x} = g\left(S_0 - S_f\right) \tag{3.7}$$

Onde:

∂ = operador diferencial parcial

t = variável tempo

x = variável espacial de distância longitudinal

Observação: *x e t são as variáveis independentes, tomadas como referência, para as quais as demais variáveis (dependentes destas) são escritas.*

A = área da seção transversal ao escoamento

Q = vazão do escoamento

v = velocidade de escoamento (média na seção), na direção considerada

h = profundidade de escoamento

Observação: *A, h, Q e v são as variáveis dependentes; para solução do sistema, deve-se utilizar A ou h e Q ou v, para se ter duas equações e duas incógnitas. Dessa forma, considerando uma seção retangular, por exemplo, a sua área pode ser escrita como A = b.h e a vazão pode ser escrita como Q = v.A = v.b.h.*

g = aceleração da gravidade

S_0 = declividade do fundo

S_f = declividade da linha de energia, aproximada pela utilização da equação de Manning, onde S_f substitui S_0, fornecendo a relação: $S_f = \dfrac{n^2.Q^2}{A^2.R^{4/3}}$.

Nessa relação, n se refere ao coeficiente de Manning e R ao raio hidráulico da seção de escoamento.

A equação da continuidade, ou da conservação de massa, representa os efeitos de armazenamento no canal, e a equação dinâmica, ou da conservação da quantidade de movimento, representa as forças predominantes no escoamento.

Embora sem a intenção de apresentar a dedução completa das equações, pode-se interpretar seus conceitos diretamente nas equações apresentadas. Na equação da continuidade, por exemplo, a diferença entre as vazões que entram e saem de um determinado trecho considerado $\left(\dfrac{\partial Q}{\partial x}\right)$ são responsáveis pela variação de volume no mesmo trecho considerado, em certo intervalo de tempo $\left(\dfrac{\partial A}{\partial t}\right)$. Deve-se notar que a variação da área da seção transversal de escoamento, em certo intervalo de tempo, oferece uma variação de volume ao longo de um trecho de rio. Na equação dinâmica, por sua vez, os dois primeiros termos respondem pelos chamados termos de inércia $\left(\dfrac{\partial v}{\partial t} + v\dfrac{\partial v}{\partial x}\right)$, que vêm da derivação total do produto "massa x velocidade", resultando na avaliação da resultante das forças que atuam no trecho, ou seja, "massa x aceleração". Os demais termos são representativos das forças principais que atuam no escoamento: $g.S_0$

responde pela projeção da força peso na direção do escoamento; $g\dfrac{\partial h}{\partial x}$ representa a resultante das forças hidrostáticas associadas à diferença de pressão aplicada no início e no fim do trecho considerado; e $g.S_f$ representa a ação do atrito resistindo ao escoamento.

Diferentes características de rios, portanto, resultam em diferentes efeitos predominantes sobre o escoamento, em cada caso. Tais diferenças permitem a utilização de uma gama variada de modelos, desde aquele que usa as equações completas até os mais simples, nos quais determinados efeitos, ou mesmo todos os efeitos, em certos casos, são desconsiderados na equação dinâmica. Portanto, apesar das equações de Saint Venant já apresentarem simplificações intrínsecas associadas à formulação de suas hipóteses, simplificações adicionais podem ser adotadas, com o abandono de termos da equação dinâmica, basicamente por três razões:

a) em alguns casos, certas forças são realmente pouco significantes no escoamento;
b) a interpretação dos resultados obtidos com o uso de modelos matemáticos é importante e tanto mais fácil quando baseada em equações simplificadas. As equações completas representam um conjunto mais complexo de fenômenos físicos, que dificultam a análise do comportamento global da cheia. Portanto, no processo de calibração do modelo, equações simplificadas direcionam mais facilmente uma linha de raciocínio;
c) na estimativa de previsão de uma cheia em curto prazo, quando a obtenção de dados é mais difícil e o modelo deve gerar resultados enquanto a cheia ocorre, equações mais simples facilitam o processo de previsão, uma vez que demandam menor tempo de computação.

Entretanto, qualquer simplificação adicional representa mais uma limitação no modelo matemático associado. A compreensão dessas limitações é fundamental para uma correta aplicação do modelo. Mais ainda, deve-se ressaltar que as simplificações só são aceitáveis quando realmente forem descartados efeitos de pouca importância – não se deve simplificar um modelo ao custo de empobrecer a sua capacidade de representação.

Em rios de grande declividade, onde a força da gravidade é preponderante, todos os termos, exceto aqueles relacionados com as declividades de fundo e da linha de energia, são pouco significativos. Quando os efeitos de jusante influem no escoamento, ou a declividade da linha d'água se altera substancialmente o termo de pressão deve ser considerado. Os termos de inércia passam a ser importantes quando as variações de velocidade no tempo e no espaço são significativas.

Os modelos unidimensionais são classificados segundo os termos considerados nas equações de Saint Venant:

- modelo hidrodinâmico completo, no qual todos os termos são considerados, sendo o mais adequado para predição, pois permite, com poucas restrições, a consideração de cenários variados;
- modelo de analogia à difusão, que despreza os termos de inércia da equação dinâmica, mas percebe efeitos de jusante sobre montante (remansos, por exemplo);
- modelo onda cinemática, que despreza os termos de inércia e o de pressão da equação dinâmica, sendo a força da gravidade preponderante e a declividade do fundo igualada à declividade da linha de energia, devendo este modelo, por estas considerações, ser usado com cautela;
- modelos de armazenamento, que utilizam a equação da continuidade e uma relação adicional entre armazenamento e vazões de entrada e saída no trecho em estudo. Essa alternativa é válida apenas quando o efeito preponderante é o amortecimento em razão do armazenamento na calha. Podem ser úteis, porém, na representação de reservatórios.

Modelos bidimensionais

Os modelos bidimensionais de escoamentos variados não permanentes representam o movimento de cheias, no plano horizontal, sobre a área da bacia, levando em conta diferentes direções de escoamento.

Considerando-se o escoamento gradualmente variado, as equações bidimensionais de propagação de cheias podem ser obtidas por analogias às equações das marés em águas rasas, que, por sua vez, resultam da integração vertical das equações de Navier-Stokes, sendo os termos de resistência deduzidos a partir de uma equação de escoamento uniforme, como a equação de Manning. Este sistema consiste em três equações, uma referente à conservação da massa e duas relacionadas com a conservação da quantidade de movimento no plano (x,y), já que esta última é uma equação vetorial. Alternativamente, podem-se deduzir de forma direta essas equações de escoamento pela extensão das equações de Saint-Venant para o espaço bidimensional.

Usando-se as mesmas hipóteses adotadas na modelação unidimensional do escoamento gradualmente variado, pelas equações de Saint-Venant, adicionalmente desprezando-se a aceleração de Coriolis e a influência do vento, que surgem nos movimentos bidimensionais, têm-se as seguintes equações:

- Equação da continuidade

$$\frac{\partial h}{\partial t} + \frac{\partial(v_x h)}{\partial x} + \frac{\partial(v_y h)}{\partial y} = 0 \tag{3.8}$$

- Equação dinâmica na direção x

$$\frac{\partial v_x}{\partial t} + v_x \frac{\partial v_x}{\partial x} + v_y \frac{\partial v_x}{\partial y} + g \frac{\partial(Z_f + h)}{\partial x} = -\frac{\eta^2}{R^{4/3}} v_x \sqrt{v_x^2 + v_y^2} \tag{3.9}$$

- Equação dinâmica na direção y

$$\frac{\partial v_y}{\partial t} + v_x \frac{\partial v_y}{\partial x} + v_y \frac{\partial v_y}{\partial y} + g \frac{\partial(Z_f + h)}{\partial y} = -\frac{\eta^2}{R^{4/3}} v_y \sqrt{v_x^2 + v_y^2} \tag{3.10}$$

Onde:

v_x ; v_y = velocidades de escoamento nas direções x e y
Z_f = cota do fundo da seção transversal
R = raio hidráulico

Os modelos bidimensionais foram desenvolvidos de modo a permitir o detalhamento dos padrões de escoamento sobre a planície inundada. Em contrapartida, demanda grande capacidade de computação e muito trabalho no manuseio de dados, além de exigir uma definição de contornos e um conjunto de condições de contorno muito bem especificado.

Modelos de células – Quasi-2D

Este tipo de modelo considera a rede fluvial e a superfície da bacia dividida em células, que são usadas tanto para escoamento quanto para armazenamento. Estas células se comunicam com as células vizinhas através de leis hidráulicas de escoamento, que incluem não só as equações de Saint-Venant, como outras possíveis relações, por exemplo, representando vertedouros, orifícios, comportas etc. Neste tipo de modelo, o relevo da região, a sua vegetação, as estruturas presentes na paisagem e outras características do terreno possuem importância fundamental na modelação, sendo estes fatores tomados como ponto inicial para o equacionamento do problema.

Em consonância com esses aspectos, Zanobetti e Lorgeré (1968) desenvolveram o primeiro modelo com a concepção de células de escoamento. A primeira aplicação deste modelo foi efetuada na região do Delta do Mekong (ZANOBETTI & LORGERÉ, 1968; ZANOBETTI, LORGERÉ, PREISSMAN & CUNGE, 1970; CUNGE, 1975; CUNGE, HOLLY & VERWEY, 1980). Este estudo foi demandado pela Unesco, que contratou a *Societé Grenobloise d'Études et Applications Hydrauliques* (Sogreah), da França. Este projeto consistiu na análise da construção de uma barragem para regularização de cheia, com o objetivo de proteger as atividades de agricultura, minimizando o pico da cheia, e durante a recessão da cheia, permitir a navegação na bacia, bem como a irrigação. Esta região do Delta do Mekong era habitada por cerca de dez milhões de cambojanos e vietnamitas e sofria com importantes inundações.

Outras aplicações deste tipo de modelo podem ser encontradas no estudo dos seguintes casos: pantanal de Mopipi (HUTCHISON & MIDGLEY, 1973); bacia do Rio Mono (CUNGE, 1975); bacia do Rio Senegal (CUNGE, 1975; CUNGE, HOLLY & VERWEY, 1980); Rio Mfolozi/Estuário Santa Lúcia (WEISS & MIDGLEY, 1978); bacia superior do Rio Rhône (CUNGE, HOLLY & VERWEY, 1980); bacia do Rio Paraná em Yacyreta/Apipe (MAJOR, LARA & CUNGE, 1985).

No Brasil, essa concepção foi adotada na construção do MODCEL (MIGUEZ, 1994; 2001), modelo que foi adotado neste livro, nos exemplos práticos sobre confecção de mapas de perigo. Essa escolha é meramente de ordem prática, uma vez que esse modelo foi desenvolvido na Universidade Federal do Rio de Janeiro, por um dos autores do livro. De forma geral, há inúmeros modelos matemáticos com vocações para o cálculo de inundações em planícies naturais ou ocupadas, que podem ser utilizados como ferramenta de apoio ao mapeamento de perigo de inundação. Entretanto, destaca-se ainda que (embora desejável) o uso de modelos de escoamento não chega a ser obrigatório, uma vez que mapas históricos de inundação podem ser construídos por observações passadas e relatos das comunidades afetadas. Nesse caso, porém, perde-se a capacidade de predição, que pode ser útil em atividades de mitigação de risco, quando da comparação de diferentes alternativas de projeto para controle de inundações.

Aspectos gerais da concepção do modelo Quasi-2D

A rede de canais e as áreas inundadas são representadas por uma série de células de diferentes tamanhos no plano horizontal. A área superficial do espelho d'água de cada célula i é definida pelo nível d'água Z_i nesta célula e pelos seus contornos, tais como diques, estradas, elevações naturais etc. Assume-se que a superfície do espelho d'água é horizontal no interior das células, para fins de cálculo do balanço de massa. Portanto, o volume de água contido em cada célula está diretamente relacionado com o nível d'água Z_i da célula i.

A equação da continuidade para uma célula i, em um dado intervalo de tempo Δt, pode então ser escrita da seguinte forma:

$$\Delta V_i = \sum_k \int_t^{t+\Delta t} Q_{i,k}\, dt + \int_t^{t+\Delta t} P_i\, dt \tag{3.11}$$

Onde:

ΔV_i = variação do volume d'água na célula i

$Q_{i,k}$ = vazão entre a célula i e uma célula k adjacente à célula i, considerada positiva da célula k para a i, ou seja, entrando na célula i

P_i = vazão decorrente da precipitação sobre a célula i

$\sum_k$ = somatório sobre todas as células k ligadas à célula i

t = tempo

A variação do volume em uma célula i, em um intervalo de tempo t, é dada pelo balanço de entrada e saída de vazões nesta célula, incluindo a transformação da precipitação que ocorre sobre sua superfície e as vazões de troca com todas as células vizinhas k.

Expressando o volume armazenado no intervalo de tempo Δt como uma função da área superficial A_{s_i} da célula i, tem-se:

$$\Delta V_i = \int_{Z_i(t)}^{Z_i(t+\Delta t)} A_{s_i}\, dZ_i \tag{3.12}$$

Considerando apenas os termos de primeira ordem e assumindo que a relação mostrada na Equação 3.13 é válida, ou seja, levando-se em conta que as variações na área superficial são graduais e pouco significativas para um incremento de nível d'água, pode-se, usando as Equações 3.11, 3.12 e 3.13, rescrever a equação da continuidade de massa na forma diferencial (fazendo os incrementos ΔZ_i e Δt tenderem a zero), conforme mostrado na Equação 3.14.

$$\frac{\partial A_{s_i}}{\partial Z_i} \Delta Z_i \ll A_{s_i} \quad (3.13)$$

$$A_{s_i} \frac{dZ_i}{dt} = P_i + \sum_k Q_{i,k} \quad (3.14)$$

A Figura 3.8 mostra uma visão esquemática da organização espacial do modelo de células. De forma geral, pode-se escrever a vazão entre duas células como função apenas do nível d'água dentro destas células:

$$Q_{i,k} = Q(Z_i, Z_k) \quad (3.15)$$

Como todos os termos do modelo dependem do nível d'água em cada célula, a planície pode estar inicialmente seca, que o seu alagamento vai sendo gradualmente calculado, por meio de transbordamentos de rios e lagoas, da água proveniente da chuva e escoada superficialmente ou vinda de outra célula de planície já alagada. Esse modelo é essencialmente em *loop* (anelado), com possibilidade de escoamento em várias direções nas zonas de inundação, sem levar em conta os termos de inércia, o que é razoável sob o ponto de vista de cheias lentas em grandes áreas de inundação.

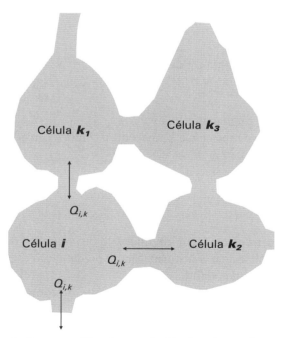

FIGURA 3.8: Representação esquemática de uma planície alagada através de um modelo de células.

O Modelo MODCEL

O MODCEL (MIGUEZ, 2001; MASCARENHAS & MIGUEZ, 2002; MASCARENHAS *et al.*, 2005; MIGUEZ *et al.*, 2011) foi desenvolvido segundo o conceito de células de escoamento e com uma vocação para uso predominantemente urbano. Em bacias urbanas, há uma grande diversidade envolvida, com a presença de várias estruturas hidráulicas, uma ramificada rede de dutos e canais, a possibilidade de transição de escoamentos à superfície livre para escoamentos sob pressão, a formação de áreas de reservação (não necessariamente desejáveis, pois, muitas vezes, as edificações fazem o papel de "reservatórios" temporários) e o fato de as ruas passarem a atuar como uma rede de canais complementares, quando o sistema de drenagem falha. A paisagem urbana interage com elementos da rede de drenagem em situações de inundações e alagamentos.

Portanto, há inúmeras possibilidades de escoamento, não só pela rede de drenagem, mas também sobre a própria bacia urbana, que dispõe de estruturas diversas do cenário cotidiano que podem revelar-se verdadeiras estruturas hidráulicas, na passagem das cheias. Assim, ruas se tornam canais, muros de parques se tornam vertedouros, os próprios parques, praças e quadras, em geral, se tornam reservatórios. Tudo isso acaba por complementar a rede de macrodrenagem e a se integrar a esta em termos de funcionamento hidráulico.

Estes fatos convergem para o conceito de modelos *quasi*-2D, em que interações de todas as suas diversas partes e a integração entre as várias estruturas hidráulicas e da paisagem urbana se materializam, representando o espaço bidimensional, embora possam ser utilizadas equações unidimensionais nestas interações.

Hipóteses

- A natureza pode ser representada por compartimentos homogêneos, interligados, chamados células de escoamento. A bacia natural e a cidade e sua rede de drenagem são subdivididas em células, formando uma rede de escoamento bidimensional, com possibilidade de escoamento em várias direções nas zonas de inundação, a partir de relações unidimensionais de troca.
- Cada célula tem um centro de escoamento, que é o ponto para o qual convergem os escoamentos e de onde partem os escoamentos, na interação com as células vizinhas.
- Os centros de escoamento recebem informações sobre a geometria da área que representam, bem como informações de uso do solo.
- Na célula, a área da superfície livre líquida depende da elevação do nível d'água no seu interior, e o volume de água contido em cada célula está diretamente relacionado com o nível d'água no centro de escoamento da mesma.
- As células são arranjadas em *loop* (modelo anelado), com possibilidade de escoamento em várias direções na bacia modelada, com possibilidade de recirculação da água.
- Cada célula comunica-se hidraulicamente com um conjunto de células vizinhas.
- A articulação entre as diversas células, com ligações entre vizinhas próximas ocupando posições adjacentes, configura um esquema topológico de funcionamento do modelo, em que as células são agrupadas de modo que suas relações de troca se realizam exclusivamente no próprio grupo, no grupo imediatamente posterior e no grupo imediatamente anterior.
- Cada célula recebe a contribuição de precipitações e realiza processos hidrológicos internos para transformação de chuva em vazão.
- Às vazões trocadas com as células vizinhas somam-se as vazões resultantes da transformação da chuva em vazão.
- O escoamento entre células pode ser calculado por meio de leis hidráulicas conhecidas, como a equação dinâmica de Saint-Venant, completa ou simplificada, a equação de escoamentos sobre vertedouros, livres ou afogados, a equação de escoamento através de orifícios, entre outras várias.
- O escoamento pode ocorrer simultaneamente em duas camadas, uma superficial e outra subterrânea, em galeria, podendo haver comunicação entre as células de superfície e de galeria. Nas galerias,

o escoamento é considerado inicialmente à superfície livre, mas pode vir a sofrer afogamento, passando a ser considerado sob pressão, em caso de falha de seu funcionamento.
- As seções transversais de escoamento são tomadas como seções retangulares equivalentes, simples ou compostas.
- Aplica-se o princípio da conservação de massa a cada célula.

Modelação de uma bacia urbana através da representação por células de escoamento

As células podem representar a natureza isoladamente ou em conjuntos, formando estruturas mais complexas. A definição do conjunto de tipos de ligação representativos de leis hidráulicas que traduzem determinados escoamentos permite reproduzir uma multiplicidade de padrões de escoamento que ocorrem em um cenário urbano. A atividade de modelação topográfica e hidráulica depende de um conjunto predefinido de tipos de célula e de tipos possíveis de ligações entre células. A Figura 3.9 mostra o esquema de funcionamento de uma célula de escoamento.

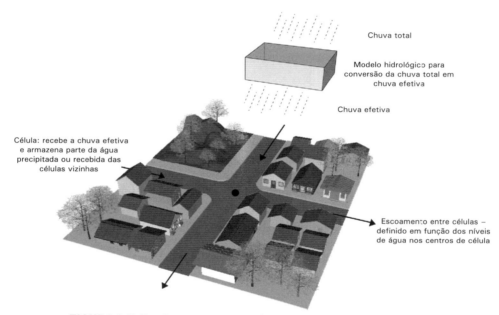

FIGURA 3.9: Funcionamento esquemático de uma célula de escoamento.

Conjunto de tipo de células predefinido:

- de **rio**, ou canal, por onde se desenvolve o escoamento principal da drenagem a céu aberto, podendo ser a seção simples ou composta;
- de **galeria**, subterrânea, complementando a rede de drenagem;
- de **planície urbanizada**, para a representação de escoamentos à superfície livre em planícies alagáveis, com áreas de armazenamento, ligadas umas às outras por ruas, também representando áreas de vertimento de água de um rio para ruas vizinhas e vice-versa, e áreas de transposição de margens, quando é preciso integrar as ruas marginais a um rio e que se comunicam através de uma ponte (Esse tipo de célula representa um padrão de urbanização pré-definido, em patamares, onde se distingue um nível para a pista de rolamento, outro para as calçadas e praças e um terceiro para as edificações);
- de **planície natural**, não urbanizada, análoga ao tipo anterior, porém prismática, sem nenhum tipo de padrão de urbanização;

- de **reservatório**, simulando o armazenamento d'água em um reservatório temporário de armazenamento, dispondo de uma curva cota x área superficial, a partir da qual, conhecendo-se a variação de profundidades, pode-se também conhecer a variação de volume armazenado. A célula tipo reservatório cumpre o papel de amortecimento de uma vazão afluente.

A separação do escoamento superficial em cada célula é feita pelo coeficiente de *runoff*, definido conforme características da célula, numa referência ao Método Racional. Assim, num dado espaço de tempo, a lâmina de chuva efetiva, numa célula qualquer, pode ser obtida através do produto do seu coeficiente de *runoff* pela precipitação referente ao mesmo período.

As ligações típicas de escoamento entre células, que podem ser escritas em função de leis hidráulicas, são listadas a seguir:

- ligação tipo **rio**, para escoamento à superfície livre, considerando a equação dinâmica completa de Saint-Venant, incluindo seus termos de inércia;
- ligação tipo **planície**, para escoamento à superfície livre, considerando a equação dinâmica de Saint-Venant, sem os termos de inércia;
- ligação tipo **vertedouro de soleira espessa**, considerando a equação clássica de vertedouros, para escoamento livre ou afogado;
- ligação tipo **orifício**, também clássica;
- ligação tipo **entrada de galeria**, com contração do escoamento e controle de afogamento, para representar escoamento sob pressão, quando necessário;
- ligação tipo **saída de galeria**, com expansão do escoamento e controle de afogamento;
- ligação tipo **galeria**, com escoamento à superfície livre ou sob pressão, dependendo das lâminas d'água em seu interior;
- ligação tipo **curva *cota x descarga***, correspondentes a estruturas especiais calibradas em laboratório físico (modelos reduzidos);
- ligação tipo **descarga de galeria em rio**, funcionando como vertedouro, livre ou afogado, ou orifício, para galerias que chegam a um rio em cota superior ao fundo deste, por uma das margens;
- ligação tipo **captação de microdrenagem**, como interface das células superficiais com as células de galeria;
- ligação tipo **bombeamento**, com descarga de uma célula para outra a partir de uma cota de partida;
- ligação tipo **comporta *flap***, representando este tipo de comporta de sentido único de escoamento.

3.7 CONSOLIDAÇÃO DO CONCEITO DE PERIGO

Combinando todos os elementos da discussão anteriormente desenvolvida, pode-se tentar definir matematicamente, de forma conceitual, o perigo a que está sujeita uma bacia. A magnitude do processo hidrológico de geração de cheias, num determinado ponto da bacia, pode ser entendida como um parâmetro representativo do perigo neste ponto. A magnitude do processo tem relação com a lâmina de alagamento, com a velocidade do escoamento e com o tempo de permanência. Esses parâmetros estão relacionados com a susceptibilidade do meio físico ao processo de geração de vazões, a partir da ocorrência de uma determinada precipitação. Os seus valores podem ser obtidos pelo uso de modelos matemáticos de transformação de chuva em vazão combinados com modelos hidrodinâmicos de escoamento. A precipitação (ou o próprio histórico de processos de inundações, se houver registros) está associada a uma probabilidade de ocorrência. Pode-se, portanto, escrever o perigo como mostrado na Equação 3.16.

$$P_n(S,i,x,y,t) = p.M_n(S,i,x,y,t) \qquad (3.16)$$

Onde:

$P_n(S,i,x,y,t)$ = perigo do processo hidrológico de magnitude M (definida na Equação 3.4), em um ponto "n" (sendo este normalmente um ponto representativo de uma célula ou elemento de uma malha) de coordenadas (x,y), localizado numa bacia com suscetibilidade "S", para um cenário de chuvas com intensidade "i", num instante "t"

p = probabilidade de ocorrência do evento deflagrador, de intensidade "i", na bacia em questão, no período considerado, associando essa probabilidade à ocorrência de inundações de magnitude M

3.8 EXEMPLO DE MAPEAMENTO DE PERIGO

Ao longo destes capítulos da Parte I do livro, a bacia do Rio Dona Eugênia, localizada na Região Metropolitana do Rio de Janeiro, será utilizada como exemplo para ilustração dos conceitos de risco aqui discutidos. Essa bacia traz elementos interessantes, sendo responsável por importantes alagamentos na cidade de Mesquita, que tem inúmeros problemas sociais e de infraestrutura, com um histórico de urbanização rápida e sem controle adequado, mas que também apresenta valores ambientais preservados, na sua parte alta, e que aprovou um plano diretor participativo.

Bacia do Rio Dona Eugênia

A bacia do Rio Dona Eugênia, com 18 km² de área de drenagem, é uma sub-bacia do Rio Iguaçu-Sarapuí, que possui um total de 727 km². Está situada na Baixada Fluminense, cruzando duas cidades: Nova Iguaçu e Mesquita. Com clima quente, úmido e estação chuvosa no verão, a bacia tem uma temperatura média anual de 22°C e uma precipitação média anual de 1.700 mm (COPPETEC, 2009). Sua localização está apresentada na Figura 3.10.

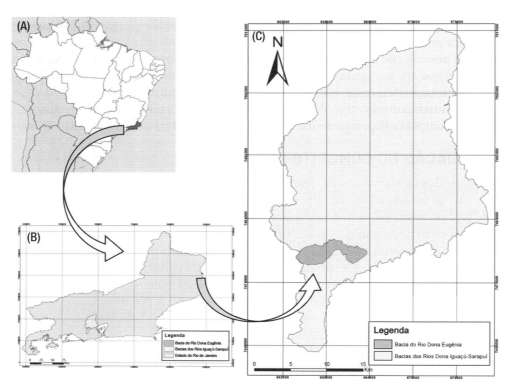

FIGURA 3.10: (a) Brasil; (b) Rio de Janeiro; (c) bacia do Rio Dona Eugênia, sub-bacia dos Rios Iguaçu-Sarapuí.
Fonte: Veról (2013).

O Rio Dona Eugênia nasce no município de Nova Iguaçu, mais precisamente no interior da APA de Gericinó/Mendanha, a aproximadamente 300 m de altitude. Dali segue por aproximadamente 10 km, percorrendo todo o município de Mesquita, inicialmente no sentido sudeste, atravessando os bairros Coreia e Centro e, posteriormente, no sentido oeste, os bairros Vila Emil, Cosmorama e Rocha Sobrinho, num trajeto total de 6,2 km dentro da cidade, até desaguar no Rio Sarapuí, na fronteira entre Mesquita e Nilópolis, aproximadamente 17 km a montante da sua foz no Rio Iguaçu.

A parte médio-alta da bacia do Rio Dona Eugênia encontra-se ainda em estado natural (ou pouco antropizado). A parte médio-baixa está densamente ocupada pela cidade de Mesquita, que sofre com inundações.

Município de Mesquita

O município de Mesquita, localizado na Região Metropolitana do Rio de Janeiro, se emancipou do município de Nova Iguaçu em 2001. Além de Nova Iguaçu, o município faz divisa com Nilópolis, Belford Roxo, Rio de Janeiro e São João de Meriti. Sua população era de 168.376 habitantes, em 2010 (IBGE, 2010), e o Índice de Desenvolvimento Humano (0,77) era o segundo maior dentre os municípios da Baixada Fluminense, ficando atrás apenas do município de Nilópolis. O PIB *per capita* era de R$ 8.674,57 (IBGE, 2010).

O município de Mesquita tem muitos problemas de infraestrutura. Nas suas áreas mais populosas, são inúmeros os loteamentos irregulares. Mesmo loteamentos regulares, porém resultantes de intenso parcelamento da terra, com uma infraestrutura inadequada, aparecem com frequência. Outra importante questão é que, devido à falta de programas adequados para solucionar o problema de moradia, a população de baixa renda passou a ocupar as encostas e as margens de rio de forma desordenada, não levando em conta fatores de riscos ambientais. Na Figura 3.11, é apresentado um mapa com a indicação dos principais rios que cortam o município e a divisão entre suas áreas de proteção ambiental, rural e urbana. A área rural corresponde a 2,2 km², a urbana, a 14,2 km² e a APA municipal, a 25,2 km².

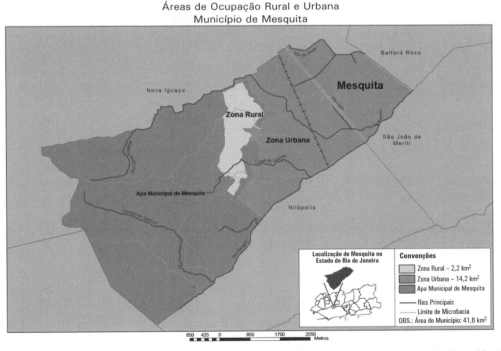

FIGURA 3.11: Divisão da ocupação rural e urbana do município de Mesquita. Fonte: *Adaptado de Prefeitura Municipal de Mesquita (2011)*.

Todos os rios que passam pelo município de Mesquita deságuam no Rio Sarapuí. Suas nascentes estão em área de preservação ambiental, porém, ao longo de seu curso, os rios sofrem com a poluição. O município é dividido em duas áreas bem marcadas: a que está localizada em área de proteção ambiental, em área elevada, e a área urbana, plana.

A Figura 3.12 apresenta a tipologia socioespacial do município de Mesquita, que auxilia a traçar o perfil do município, em relação ao uso e ocupação do solo, saneamento, dentre outras características avaliadas. A partir do mapa, é possível perceber que a tipologia predominante é a "popular" e suas variações.

Na Figura 3.13 está apresentado o mapa de Urbanização do município de Mesquita. É possível perceber uma área vasta urbanizada, com predominância do padrão "urbanização média".

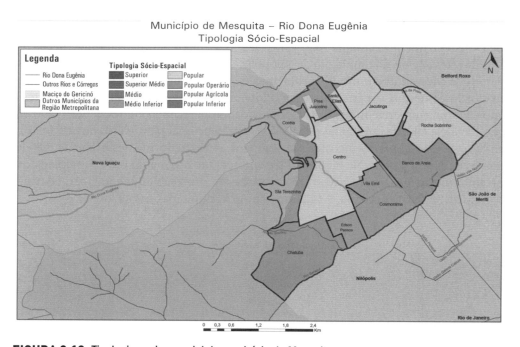

FIGURA 3.12: Tipologia socioespacial do município de Mesquita. Fonte: *Adaptado de Britto* et al. *(2011)*.

Uma avaliação da situação da bacia e da relação da cidade de Mesquita com suas "águas" foi realizada por meio de dois instrumentos: uma revisão de documentos técnicos e estudos anteriores, consubstanciada por visitas de campo.

A partir de visita de campo e análise de informações disponíveis em relatórios e estudos anteriores, foi possível observar, na bacia do Rio Dona Eugênia, os problemas listados a seguir.

- Ocupação intensa e irregular de margens.
- Escassez de vegetação no trecho urbano do rio.
- Assentamentos em áreas de risco, por vezes dentro da calha do rio.
- Em alguns trechos do rio, a presença de casas nas suas margens produz o mesmo efeito de uma "canalização por diques".
- Assoreamento do rio em diversos pontos.
- Lançamento de esgoto e lixo no rio, com visível degradação ambiental e risco à saúde.

- Problema recorrente de enchentes, afetando cerca de 80% de sua população.
- Precariedade de infraestrutura.
- Degradação do ambiente urbano.

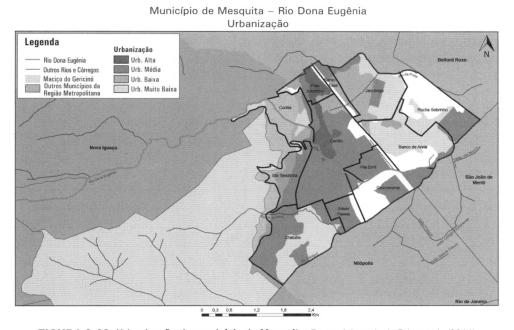

FIGURA 3.13: Urbanização do município de Mesquita. Fonte: *Adaptado de Britto* et al. *(2011)*.

Na sequência, será mostrado o processo de modelagem hidrológica e hidrodinâmica para a produção dos mapas de alagamento que permitem avaliar o perigo ao qual essa bacia urbana está submetida.

Modelagem hidrológica

Para a caracterização hidrológica da região, foram considerados dados dos estudos hidrológicos do Plano Diretor de Recursos Hídricos da Bacia do Rio Iguaçu-Sarapuí (COPPETEC, 2009). As seguintes premissas foram levadas em conta para o cálculo das vazões de enchente:

- o tempo de recorrência das vazões de projeto foi tomado como equivalente ao tempo de recorrência da chuva de projeto que a originou, como hipótese de trabalho, tendo em vista não haver registro de vazões que permitisse o cálculo da recorrência das vazões diretamente;
- o tempo de recorrência de 25 anos foi tomado como referência para a chuva precipitada sobre a área interna da bacia do Rio Dona Eugênia;
- o tempo de duração da precipitação foi tomado como igual ao tempo de concentração da Bacia do Rio Dona Eugênia;
- para o hidrograma de vazão do Rio Sarapuí, o resultado dos estudos hidrológicos do Plano Diretor de Recursos Hídricos da Bacia do Rio Iguaçu-Sarapuí (COPPETEC, 2009) gerou as condições de contorno necessárias para entrada no modelo hidrodinâmico aplicado para avaliação do projeto.

Inicialmente, foram recuperadas as informações hidrológicas apresentadas em LABHID (1996). Duas estações pluviométricas, Bangu e São Bento, e duas estações pluviográficas, Nova Iguaçu e Xerém, provêm cobertura espacial para a bacia do Rio Dona Eugênia. Essas estações – Bangu, São Bento, Nova Iguaçu e Xerém – representam, respectivamente, as frações de cobertura para a área da bacia de 35%, 14%, 47%, 4%. O tempo de concentração avaliado para essa bacia pelo mesmo estudo (LABHID, 1996) foi de 108 minutos.

Usando as equações ou curvas IDF para os postos pluviométricos e pluviográficos considerados, com os respectivos pesos, de acordo com a sua área de influência, e fixando o tempo de duração da chuva em 108 minutos, coincidente com o tempo de concentração da bacia, a precipitação total, em milímetros, foi calculada para diversos tempos de recorrência, conforme mostra a Tabela 3.3 (COPPETEC, 2009).

Tabela 3.3: Dados de precipitação crítica para a bacia do Rio Dona Eugênia

TR (anos)	P (mm)
5	63,64
10	72,30
20	79,71
25	83,10
50	91,83
100	99,90
200	108,31

O hietograma utilizado na simulação matemática para transformação de chuva em vazão e avaliação dos escoamentos e inundação na bacia foi calculado para 18 intervalos de tempo de 6 minutos, e a chuva foi distribuída de forma constante no tempo (Figura 3.14). A intensidade média resultante foi de 46,2 mm/h, para um tempo de recorrência de 25 anos, tomado como referência para a modelagem.

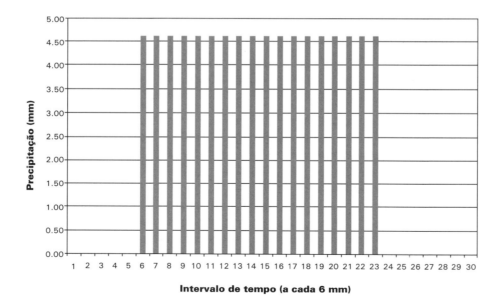

FIGURA 3.14: Chuva de projeto – TR 25 anos.

O cálculo do escoamento superficial produzido na área modelada foi feito utilizando-se o Método Racional, aplicado de forma distribuída e incorporado ao modelo hidrodinâmico. Assim, as áreas superficiais foram associadas a um coeficiente de *runoff*. A Tabela 3.4 resume os valores adotados para esse coeficiente, em função do tipo de ocupação e uso do solo, conforme valores típicos da literatura e experiências pregressas com os modelos aqui adotados.

Tabela 3.4: Coeficiente de runoff conforme tipo e ocupação do solo

Tipo de ocupação e uso do solo	Coeficiente de *runoff*
área verde sem urbanização/vegetação densa	0,20
urbanização muito leve/vegetação rasteira	0,40
urbanização moderada	0,55
urbanização densa	0,70
espelho d'água	1,00

Uma parcela significativa da bacia do Rio Sarapuí não foi modelada hidrodinamicamente. Essas áreas foram representadas como condição de contorno do tipo vazão, a partir de modelagem hidrológica, conforme apresentadas de forma esquemática na Figura 3.15.

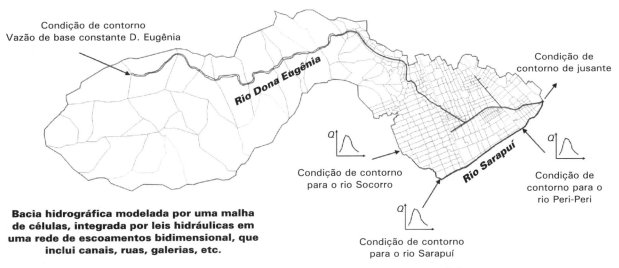

FIGURA 3.15: Esquema de modelagem adotado para a bacia do Rio Dona Eugênia. Fonte: *Veról (2013)*.

As condições de contorno de entrada de vazão nos rios Sarapuí, Peri-Peri e Socorro foram calculadas com tempo de recorrência de 25 anos para a chuva de projeto. No caso do Rio Sarapuí, a vazão considera a barragem de regularização de Gericinó existente a montante do rio, acrescida da bacia incremental e os seus afluentes contribuintes.

Os valores de vazão máximos de todas as condições de contorno foram feitos coincidentes com o tempo de concentração do Rio Dona Eugênia. Esta configuração foi utilizada com a intenção de se obter uma envoltória de resultados críticos. A Tabela 3.5 apresenta os valores de vazão máxima para cada condição de contorno.

Tabela 3.5: Vazão máxima para cada condição de contorno – TR 25 anos

Condição de contorno	Qmáx (m³/s)
Rio Sarapuí	78,00
Rio Peri-Peri	17,75
Rio Socorro	12,75

Foi considerada, também, uma vazão de base na nascente do Rio Dona Eugênia, com valor constante arbitrado, no valor de $1m^3/s$. Já a condição de contorno de jusante, que fecha o modelo, foi considerada como uma descarga livre, em região que não provoca perturbação na área de interesse estudada, levando em conta a extensão final do Rio Sarapuí, de modo virtual – expediente este utilizado frequentemente em modelos hidrodinâmicos.

Modelagem hidrodinâmica

Para a simulação da situação presente de alagamentos, foram levadas em consideração todas as informações coletadas anteriormente, relacionadas com as características atuais do rio e da bacia como um todo.

O modelo MODCEL foi adotado como referência para a modelagem desta bacia. Como descrito anteriormente, este é um modelo hidrodinâmico, de concepção *quasi*-2D. A Figura 3.16 apresenta a divisão de células adotada para a modelagem matemática.

Diferentes tipos de células foram utilizados para representar a superfície da bacia, integrando canais, galerias e áreas de armazenagem, levando em conta a topografia e o padrão de urbanização. A modelação da bacia do Rio Dona Eugênia abrange desde a nascente, localizada na área do Parque Municipal de Nova Iguaçu, até a sua foz, no Rio Sarapuí. Após sua delimitação, as células de escoamento totalizaram 584 unidades. A interação entre as células, a partir da definição de leis hidráulicas adequadas, materializou, então, a rede de escoamentos da região modelada, representada em um esquema topológico que integra as células, mostrando as suas interações com as células vizinhas e com as condições de contorno localizadas nas fronteiras da área modelada, conforme mostrado na Figura 3.17. As ligações utilizadas nesta rede de escoamentos foram: canal, vertedouro, planície, orifício, entrada de galeria, galeria, saída de galeria, captação por microdrenagem.

Etapa de calibração

A ausência de dados medidos de chuva e níveis d'água ou vazões, de forma simultânea, impediu a realização do processo tradicional de calibração. Não é incomum que modelos tenham esse tipo de dificuldade em áreas urbanas, onde pequenos rios, muitas vezes, não têm monitoramento. Para sanar essa dificuldade, dois procedimentos foram considerados, em paralelo, como aproximação para a calibração. O primeiro utilizou um estudo anterior, por ocasião da revisão do Plano Diretor de Recursos Hídricos (PDRH), aceito pelo Instituto Estadual do Ambiente, do Rio de Janeiro, que apresentava duas informações de vazão calculadas para pontos de controle, associadas a um evento de 20 anos de tempo de recorrência. O segundo procedimento buscou representar a mancha de alagamentos associada a eventos de chuva intensa na bacia e relatados por moradores, pela imprensa ou por registros na internet.

A Tabela 3.6 apresenta as informações de vazão nos pontos de controle, de referência e calculadas, para dois pontos: um próximo à linha férrea (antiga RFFSA), e outro na foz com o Rio Sarapuí. O modelo do PDRH utilizou chuva com tempo de recorrência de 20 anos, e o calculado, de 25 anos. Destaca-se que a chuva de 25 anos foi adotada como resultado das recomendações do Ministério das Cidades para projetos de drenagem. Como o procedimento de calibração aqui adotado é apenas aproximado, em virtude da

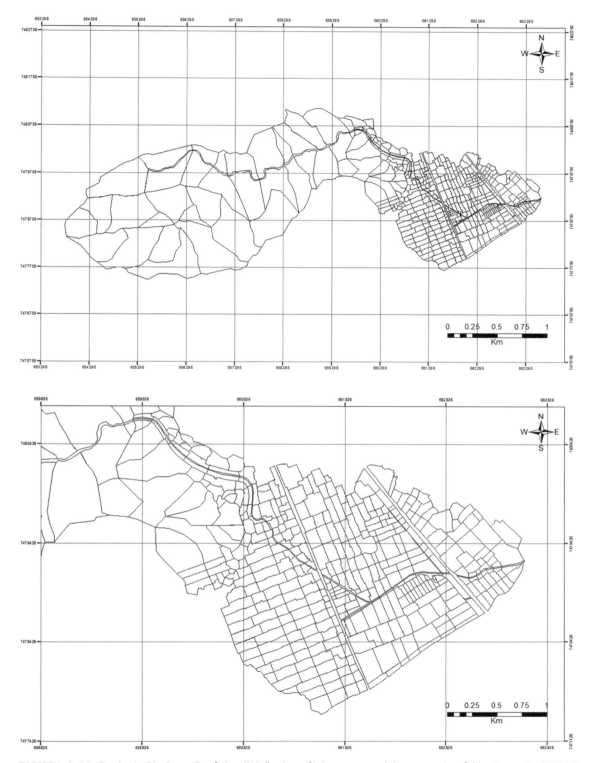

FIGURA 3.16: Bacia do Rio Dona Eugênia: divisão das células para modelagem matemática. Fonte: *Veról (2013)*.

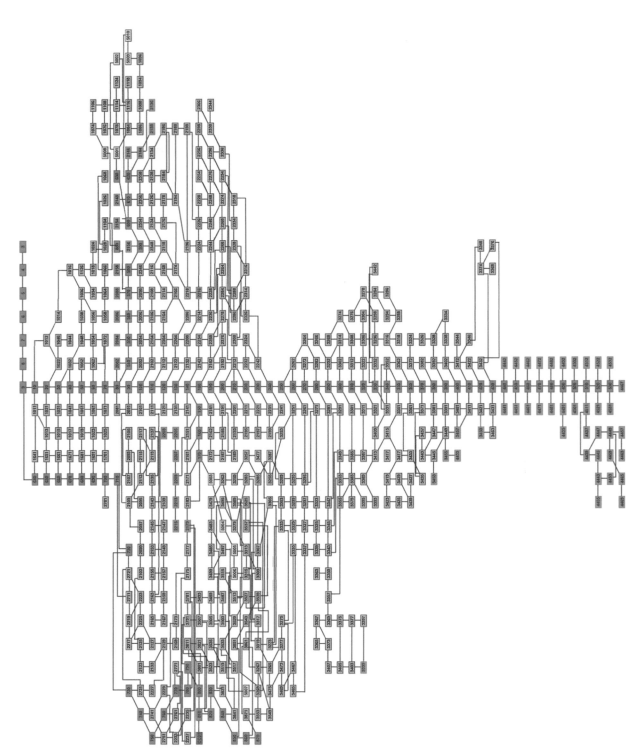

FIGURA 3.17: Esquema topológico de modelagem da bacia do Rio Dona Eugênia. Fonte: *Veról (2013)*.

Tabela 3.6: Vazões em pontos de controle na bacia do Rio Dona Eugênia

Ponto	Vazão – Cenário Atual	
	PDRH	Modelo
Linha Férrea (antiga RFFSA)	33,71m³/s	27,91m³/s
Foz no Rio Sarapuí	40,09m³/s	41,12m³/s

ausência de dados medidos, e como a diferença da chuva de TR 20 anos para TR 25 anos é pequena, não se considerou necessário fazer a simulação rigorosa para o mesmo TR 20 anos utilizado anteriormente.

O mapa apresentado na Figura 3.18, a partir de entrevistas com os moradores de Mesquita, identificou quatro pontos críticos no município: um deles na região central, próximo à Prefeitura Municipal; dois próximos à foz do rio; e, um quarto, na região do bairro da Chatuba, perto do Rio Sarapuí. Este último ponto não se encontra dentro da bacia do Rio Dona Eugênia e, portanto, não foi considerado para ajuste da modelagem.

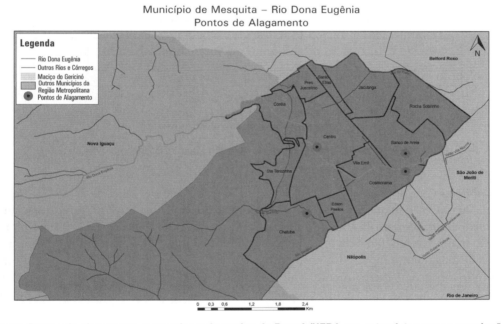

FIGURA 3.18: Pontos de alagamento mapeados pela equipe do Prourb/UFRJ, em entrevistas com a população.
Fonte: *Adaptado de Britto* et al. *(2011)*.

Também, com base em informações levantadas com funcionários da Prefeitura, bem como em vídeos disponíveis na internet, gravados durante eventos de cheias, foram selecionados dois pontos de alagamento na região central do município: um ao longo da linha férrea, em avenida de grande movimento, e outro na região central, em uma rua que historicamente alaga muito. Tais pontos apresentam alagamentos frequentes e, quando acontecem, atrapalham o trânsito e invadem casas.

Assim, após a montagem completa da base para avaliação do "Cenário Atual", foram obtidos os resultados que seguem, na forma de perfis longitudinais e manchas de alagamento, com foco na área urbana.

O perfil de nível d'água obtido para o Rio Dona Eugênia, para o tempo de recorrência de 25 anos, é apresentado na Figura 3.19. É possível perceber que o rio não se mantém em calha em diversos trechos de seu percurso. As regiões mais críticas, onde ocorre extravasamento para as margens, correspondem às áreas próximas à Prefeitura Municipal, a montante da linha férrea, à Via Light e à foz do Rio Dona Eugênia. Para facilitar a interpretação do perfil, os pontos críticos, que correspondem também aos pontos de controle identificados pelas pesquisas de campo, estão explicitamente indicados.

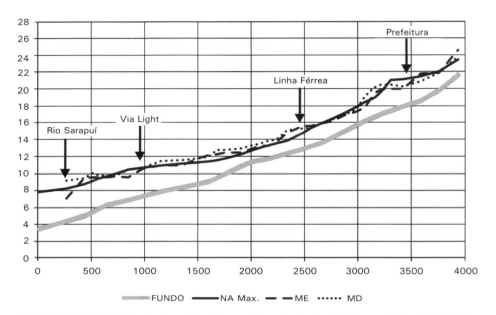

FIGURA 3.19: Perfil do Rio Dona Eugênia, na situação atual – TR 25 anos. Fonte: *Veról (2013).*

A Figura 3.20 mostra o mapa de alagamento para a bacia do Rio Dona Eugênia, na situação atual, considerando a chuva de projeto com 25 anos de tempo de recorrência. Uma chuva de TR 100 anos, representativa de um cenário mais extremo, também foi simulada e ofereceu o mapa de alagamentos da Figura 3.21.

Os mapas de alagamento mostrados nas Figuras 3.20 e 3.21 são representativos do **perigo** (relacionado, neste estudo de caso, principalmente, à altura atingida pela lâmina d'água) que ameaça a cidade de Mesquita hoje, na condição de urbanização encontrada na bacia do Rio Dona Eugênia, considerando eventos de chuva com probabilidades de ocorrência associadas aos tempos de recorrência de 25 e de 100 anos, respectivamente.

Ou seja, levando em conta a chuva de TR 25 anos (ou de TR 100 anos, ou com qualquer outro TR que se deseje avaliar) como evento deflagrador do processo de inundação e alagamento, que é a ameaça a ser mapeada, essa chuva cai sobre a bacia urbanizada, que soma características do ambiente natural e do ambiente construído. Juntas, essas características vão dar origem a certa susceptibilidade da bacia para gerar inundações e alagamentos. Assim, a chuva transformada em vazão e escoada superficialmente e pela rede natural e construída de drenagem pode provocar inundações e alagamentos que irão afetar uma parte exposta da cidade, que, por sua vez, possuindo determinado nível de vulnerabilidade, sofrerá prejuízos, materializando o risco.

Como se pode perceber na avaliação das manchas obtidas, o problema de inundações e de alagamentos no município de Mesquita é crítico. Existem registros de inundações frequentes por extravasamento do rio

ELSEVIER
Gestão de Riscos e Desastres Hidrológicos

FIGURA 3.20: Mancha de alagamento, na situação atual (TR 25 anos). Fonte: *Veról (2013)*.

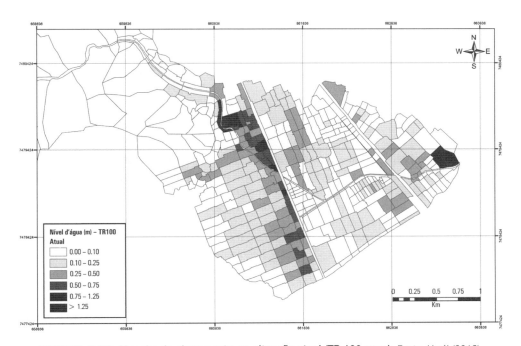

FIGURA 3.21: Mancha de alagamento, na situação atual (TR 100 anos). Fonte: *Veról (2013)*.

e também de alagamentos por insuficiência (ou ausência) de microdrenagem. A modelagem matemática cumpriu seu papel e apresentou áreas importantes embaixo d'água, com níveis d'água que chegam, em alguns lugares, a mais de 0,75 m de altura no tempo de recorrência de 25 anos e até mais de 1,25 m no tempo de recorrência de 100 anos. Os pontos críticos estão associados a regiões próximas à calha do Rio Dona Eugênia, bem como na região a montante da linha férrea. Nota-se que a própria ferrovia funciona como um obstáculo aos escoamentos superficiais.

O alto grau de urbanização da bacia, com grandes taxas de impermeabilização e a ocupação irregular do solo, são fatores típicos de agravamento das cheias. Alguns alagamentos ficam retidos na planície, não conseguindo com facilidade escoar para o rio, tanto pela própria condição planimétrica da bacia, que é muito plana, como pela falta de rede de microdrenagem, em algumas áreas, e pela ação de construções na margem do rio, que funcionam como diques indesejáveis e que cortam a comunicação do rio com sua planície.

O centro da cidade é muito afetado. Dois processos importantes foram verificados neste local: tanto a macro quanto a microdrenagem falham. Porém, deve-se destacar que, no modelo matemático, apenas as galerias de maior porte estão representadas.

Uma condição bastante adversa, encontrada em vários locais, e que causa grande prejuízo às comunidades locais, refere-se à ocupação de margens, situadas ao longo da calha secundária do rio. Ao longo de todo o Rio Dona Eugênia existem várias construções às suas margens, interferindo com o extravasamento para a calha secundária e provocando sofrimento com os efeitos das cheias.

De forma geral, no que se refere diretamente à observação de regiões alagadas, percebem-se alguns problemas a serem ressaltados. De acordo com a mancha mapeada para a situação atual, nota-se que há problemas de capacidade de condução de vazão em calha, notadamente em pontos associados à contração da seção, principalmente na ferrovia e no trecho do rio que se encontra capeado próximo à Prefeitura. O extrato do livro *O saneamento da Baixada Fluminense*, publicado pelo Engenheiro Hildebrando de Araújo Góes, apresentado a seguir, confirma que já em 1939 as estradas de ferro potencializavam a retenção da lâmina d'água em diversos pontos da Baixada Fluminense:

As estradas de ferro e de rodagem – Os aterros das estradas que cortam a Baixada agem como verdadeiras barragens, impedindo o escoamento livre das águas. A insuficiência da secção das obras de arte, represando as águas para montante, tem uma ação muito sensível sobre as inundações. Em muitos casos, os bueiros e pontilhões estão, também, construídos em cotas altas, resultando, em consequência, na formação de pântanos permanentes. (Góes, 1939, p. 19)

REFERÊNCIAS

BISWAS, A. K. (1970) History of Hydrology. Holanda, Amsterdã, North Holland Publishing Company.

BRASIL. (2009) Ministério da Integração Nacional, Secretaria Nacional de Defesa Civil. Glossário de Defesa Civil – Estudos de Riscos e Medicina de Desastres. 5ª ed. Brasília, DF.

BRITTO, A.L.N.P. et al. (2011) Desafios à gestão integrada das águas urbanas: estudo de caso do município de Mesquita, RJ. Anais do XIX Simpósio Brasileiro de Recursos Hídricos. Maceió (AL).

CHOW, V.T. (1959) Open Channel Hydraulics. Singapura, McGraw-Hill International Book Company.

COPPETEC. (2009) Plano Diretor de Recursos Hídricos, Recuperação Ambiental e Controle de Inundações da Bacia do Rio Iguaçu-Sarapuí, Laboratório de Hidrologia e Estudos do Meio Ambiente, Coppe/UFRJ.

CUNGE, J. A. (1975) Two-Dimensional Modelling of Flood Plains. In: K. MAHMOOD, & V. YEVJEVICH (eds.) Unsteady Flow in Open Channels, Cap. 17. Estados Unidos, Colorado, Water Resources Publications.

CUNGE, J.A.; HOLLY Jr.; F.M.; VERWEY, A. (1980) Practical Aspects of Computational River Hydraulics. Londres, Pitman Advanced Publishing Program.

GÓES, H. A. (1939) O saneamento da Baixada Fluminense. Rio de Janeiro, Diretoria de Saneamento da Baixada Fluminense.

HUTCHISON, I. P. G.; MIDGLEY, D. C. (1973) Mathematical Model to Aid Management of Outflow from the Okavango Swamp, Botswana. Journal of Hydrology, v. 19, 93–113.

IBGE – INSTITUTO BRASILEIRO DE GEOGRAFIA E ESTATÍSTICA. (2010) Censo Demográfico 2010.

ISAACSON, E.; STOKER, J.; TROESH, A. (1956) Numerical Solution of Flood Prediction and River Regulation Problems. Report III. Estados Unidos, Nova York, Institute of Mathematical Sciences.

LABHID – LABORATÓRIO DE HIDROLOGIA. (1996) Plano Diretor de Recursos Hídricos da Bacia dos Rios Iguaçu/Sarapuí: Ênfase no Controle de Inundações. Laboratório de Hidrologia/Coppe/UFRJ, Serla, Rio de Janeiro.

MAJOR, T.F.; LARA, A.; CUNGE, J.A. (1985) Mathematical Modelling of Yacyreta-Apipe Scheme of the Rio Paraná. La Houille Blanche, n. 6 e 7.

MASCARENHAS, F.C.B.; MIGUEZ, M.G. (2002) Urban Flood Control Through a Mathematical Flow Cell Model. Water Inernational, v. 27, n. 2, p. 208-18.

MASCARENHAS, F.C.B.; TODA, K.; MIGUEZ, M.G.; INOUE, K. (2005) Flood Risk Simulation. WIT Press, Southampton.

MIGUEZ, M.G. (1994) Modelação matemática de grandes planícies de inundação através de um esquema de células de escoamento com aplicação ao pantanal mato-grossense. Dissertação de M. Sc., Coppe/UFRJ, Engenharia Civil, Rio de Janeiro.

MIGUEZ, M.G. (2001) Modelo matemático de células de escoamento para bacias urbanas. Tese de Doutorado em Engenharia Civil, Coppe/UFRJ, Rio de Janeiro.

MIGUEZ, M.G.; MASCARENHAS, F.C.B.; VERÓL, A.P. (2011) MODCEL: A Mathematical Model for Urban Flood Simulation and Integrated Flood Control Design. Acqua e Città – 4º Convegno Nazionale di Idraulica Urbana. Veneza, Itália, jun. 2011.

SAINT VENANT, A.J.C. BARRÉ de. (1871) Théorie du mouvement non permanent des eaux, avec application aux crues des rivières et a l'introduction des marées dans leur lits. Comptes rendus des séances de l'Académie de Sciences, v.73.

VERÓL, A.P. (2013) Requalificação Fluvial Integrada ao Manejo de Águas Urbanas para Cidades mais Resilientes. Tese de Doutorado. Coppe/UFRJ, Engenharia Civil, Rio de Janeiro, Brasil. 345 p.

WEISS, H.W.; MIDGLEY, D.C. (1978) Suite of the Mathematical Flood Plain Models. Journal of the Hydraulics Division. Asce, v. 104, n. HY3, p. 361-76.

ZANOBETTI, D.; LORGERÉ, H. (1968) Le Modele Mathématique du Delta du Mékong. La Houille Blanche, ns. 1, 4 e 5.

ZANOBETTI, D.; LORGERÉ, H.; PREISSMAN, A.; CUNGE, J.A. (1970). Mekong Delta Mathematical Program Construction. Journal of the Waterways and Harbours Division, ASCE, v. 96, n. WW2, p. 181-99.

CAPÍTULO 4

Exposição e vulnerabilidade

Conceitos apresentados neste capítulo

Neste capítulo são discutidos os conceitos de exposição e vulnerabilidade. A exposição refere-se diretamente à presença de elementos nas áreas afetadas pelo perigo. A vulnerabilidade congrega uma gama grande de possíveis vieses (social, econômico, físico-patrimonial etc.), representando a susceptibilidade do sistema a sofrer danos, o valor perdido e a sua capacidade de recuperação (resiliência).

4.1 INTRODUÇÃO

Esse capítulo condensa os componentes do risco que respondem pela gravidade das consequências que uma inundação ou um alagamento (perigo) pode causar sobre o sistema afetado. Dessa forma, exposição e vulnerabilidade são apresentadas em sequência, em função da relação próxima e complementar destes conceitos. A vulnerabilidade só se manifesta se houver exposição. É preciso que um elemento esteja exposto ao perigo para que suas fragilidades se materializem em perdas ou prejuízos. Essas fragilidades, associadas a diversos aspectos temáticos, sob o ponto de vista social, econômico, patrimonial, de infraestrutura, funcional, cultural, são a tradução da vulnerabilidade, que congrega, por sua vez, a susceptibilidade ao dano (dependendo do perigo a que é exposto determinado aspecto temático característico do sistema), o valor exposto (e que dá a medida da perda associada) e a capacidade de continuar funcionando e se recuperar, representada pela resiliência, que age contrariamente à susceptibilidade ao dano, reduzindo seus efeitos negativos. De forma geral, esses conceitos serão definidos conforme as mesmas referências básicas que vêm norteando este texto, com destaque para as publicações da Unesco, da Defesa Civil e da Estratégia Internacional para Redução de Desastres (EIRD-UNISDR).

4.2 EXPOSIÇÃO

Segundo a UNISDR, o conceito de exposição envolve: "pessoas, propriedades, sistemas e outros elementos presentes em zonas de perigo e que, desse modo, estão sujeitos a danos potenciais." A forma de medir a exposição pode estar associada ao número de pessoas ou de tipos de estruturas na área afetada. A combinação de exposição com a vulnerabilidade destes elementos permite estimar quantitativamente o risco associado com o perigo na área de interesse.

A produção de mapas de perigo permite avaliar a exposição de uma área. Quase sempre, ao se discutir exposição, a interpretação recai nos elementos que sofrem danos diretos, ou seja, que têm contato direto com a água. É possível, porém, estender o conceito de exposição também para os danos indiretos (e, portanto, para o contato indireto com a água). Assim, em uma interpretação mais abrangente, a interrupção de ruas alagadas pode, por exemplo, gerar limitações na mobilidade urbana que afetam mesmo aqueles que não tiveram seu veículo diretamente afetado.

4.3 VULNERABILIDADE

A vulnerabilidade é uma característica do sistema socioeconômico. O conceito de vulnerabilidade tem relação com a fragilidade do sistema e com a consequente possibilidade de ocorrência de dano a ele, quando é submetido a um perigo. De forma conceitual, a vulnerabilidade pode ser subdividida em três componentes. O primeiro componente se relaciona com a susceptibilidade do sistema a sofrer danos, ou seja, tem relação com a sua fragilidade. O segundo componente tem relação com o valor dos elementos expostos e que podem sofrer dano, dada a susceptibilidade do sistema. Por fim, o terceiro componente tem relação com a capacidade de reação do sistema, recuperando suas funções e atenuando as condições danosas. Esse último componente é a resiliência, que, muitas vezes, em virtude da sua importância e de sua relação próxima com o próprio conceito de sustentabilidade, ganha relevo nas discussões recentes e um status próprio que a coloca em destaque. A resiliência atua no sentido inverso da vulnerabilidade, atenuando-a.

Neste texto, a resiliência será tratada como uma característica complementar da vulnerabilidade (no sentido de que a maior resiliência intrínseca de um sistema tende a reduzir a sua vulnerabilidade, ao longo do tempo) e também como um componente particular do risco, com uma discussão própria, em um capítulo específico, apresentado na sequência deste.

A Unesco (SAYERS, 2013) apresenta uma interpretação de vulnerabilidade, que coincide com esta discussão preliminar, e diz que a vulnerabilidade de um determinado sistema receptor depende dos seguintes fatores:

- a susceptibilidade, que descreve a propensão de um determinado receptor de experimentar dano durante um evento de inundação – essa propensão inclui perdas materiais, perdas ambientais, doenças, ferimentos, mortes;
- o valor, que representa as perdas de um sistema, utilizadas para expressar o grau de dano do receptor (de forma financeira ou não);
- a resiliência, que descreve a habilidade de um receptor de se recuperar de uma inundação, de maneira autônoma.

Ainda segundo a Unesco, a vulnerabilidade traduz a combinação de uma susceptibilidade inerente a um grupo particular (de pessoas, propriedades, ou valores ambientais) de experimentar a ocorrência de danos, durante um evento de inundação, com o meio preferencial da sociedade para valorar o dano experimentado. Por exemplo, a vulnerabilidade de uma propriedade pode ser expressa por meio da relação entre a lâmina de inundação e o valor econômico do dano que essa lâmina pode causar; a vulnerabilidade de um indivíduo pode ser expressa pela relação entre a velocidade de escoamento combinada com uma dada lâmina de inundação e a possibilidade de esse indivíduo ser seriamente machucado ou até morrer, se arrastado pelo escoamento. Assim, a vulnerabilidade pode ser modificada por ações que reduzam a susceptibilidade do receptor em receber o dano ou que aprimorem a capacidade de recuperação do sistema após o evento de inundação, por exemplo.

A magnitude da consequência de uma inundação tem relação com o impacto (o qual, por sua vez, pode ser expresso em termos sociais, econômicos ou ambientais), e será influenciada pela vulnerabilidade inerente do receptor exposto e do valor que a sociedade reconhece sobre o dano causado a este receptor. Esse valor pode ser expresso em unidades monetárias, ou na forma de quantificação direta, como unidades habitacionais perdidas, por exemplo.

A vulnerabilidade, porém, ainda não representa os danos ao sistema exposto propriamente dito, mas, de forma geral, as perdas associadas a uma unidade de cada tipo de elemento presente no sistema receptor, para uma dada magnitude do processo de cheias. Ou seja, a vulnerabilidade existe como característica intrínseca dos elementos que podem sofrer dano, e seu valor indica uma propensão maior ou menor ao prejuízo, mas só haverá dano se os elementos vulneráveis forem também expostos ao perigo. Para que o dano ao sistema seja computado, é necessário considerar a integral dos elementos atingidos.

A quantificação dos elementos receptores na área afetada pela inundação não é parte da vulnerabilidade, como conceito, e devem ser combinados com ela para compor o cálculo do risco. Essa quantificação se refere à exposição. Porém, exposição e vulnerabilidade andam juntas e representam a materialização das consequências negativas associadas a um evento perigoso. Outra questão que surge é que, em função desta assertiva, como a materialização das consequências depende da ocorrência e da ação de um evento perigoso sobre o sistema, o próprio evento, dependendo de sua magnitude, ativa consequências (e fragilidades) diferentes do sistema.

Ressalta-se, portanto, que, tanto a suscetibilidade dos elementos receptores ao dano, quanto a resiliência do sistema receptor, são variáveis em função da intensidade e da duração do processo, sendo este capaz de produzir diferentes resultados para diferentes cenários de inundação.

Assim, a vulnerabilidade pode indicar resultados diferentes para diferentes níveis de alagamento, por exemplo, ou para diferentes combinações de níveis e velocidades de alagamento.

Em relação aos níveis d'água, uma inundação que se mantém fora das edificações pode gerar transtornos ao tráfego ou pequenos danos às estruturas, mas não danificará o conteúdo de uma casa (não haverá exposição destes). Se a inundação atinge a casa, com pequenas lâminas, esta pode danificar pisos e empenar portas, mas poucos elementos se perdem. Se o alagamento atinge a instalação elétrica, maiores danos podem ocorrer. Caso o nível d'água chegue a valores próximos de 1 m, muito provavelmente a maioria dos móveis e eletrodomésticos terá sido também danificada. No caminho inverso, se a casa dispõe de comportas e válvulas de retenção, é possível que alagamentos significativos do lado externo, que poderiam atingir uma casa sem proteção, não sejam críticos em termos de geração de danos. Ou, alternativamente, se a casa tem dois andares e o proprietário consegue (porque recebeu um alerta a tempo) mudar seus pertences de valor do primeiro para o segundo piso, haverá uma redução do seu dano.

Em relação à combinação de lâminas d'água e de velocidades, o produto dessas grandezas está diretamente relacionado com a força da água. Águas escoando em altas velocidades e com grandes profundidades são capazes de provocar desde danos localizados a estruturas até o arraste de pessoas, carros e construções. Essa combinação ocasiona grandes prejuízos e é a principal causa de fatalidades (DEFRA/EA, 2003; ZONENSEIN, 2007).

O Fator de Velocidade (FV) é um indicador que relaciona as lâminas d'água e as velocidades das inundações com o poder destrutivo delas, criando níveis de perigo, em função da intensidade com que os elementos receptores são afetados, explicitando suas fragilidades.

Várias pesquisas avaliaram a perda de equilíbrio de um indivíduo de acordo com a profundidade e a velocidade dos escoamentos. Outras, avaliam os riscos à estrutura de edifícios, em função da passagem de uma cheia. As pesquisas de RESCDAM (2003) e Russo (2011) são exemplos de estudos para determinação de fatores de velocidade críticos para cada situação.

A Tabela 4.1 apresenta limites potenciais, associados ao Fator de Velocidade, capazes de causar danos em indivíduos, automóveis e edificações (modificado de DEFRA/EA, 2003).

Tabela 4.1: Potencial de dano associado ao fator de velocidade

Alto potencial de dano a:	Fator de Velocidade = $h \times v$ (m²/s)
Criança	> 0,25
Adulto	> 0,70
Automóveis	> 1,50
Casas de construção leve	> 2,50
Casas de madeira	> 5,00
Casas de alvenaria	> 7,00

Outro aspecto, relacionado a como um dado perigo ativa vulnerabilidades, se refere ao tempo de permanência das áreas alagadas, que pode ter sérias consequências sobre a saúde pública.

A vulnerabilidade, portanto, define a fragilidade dos elementos receptores a dano e, como pode ser percebido pela discussão realizada até aqui, os elementos receptores podem ser diversos. O reconhecimento desses diferentes receptores faz com que a vulnerabilidade deva ser tratada como uma grandeza multiaspecto.

Birkmann (2005) postula que existem cinco abordagens diferentes para o conceito de vulnerabilidade. A primeira considera a vulnerabilidade como um fator interno ao conceito de risco, de forma intrínseca; a segunda analisa a vulnerabilidade como uma susceptibilidade a sofrer danos; a terceira se pauta em uma visão dualística que contrapõe a suscetibilidade ao dano e a capacidade de resposta (internalizando a resiliência); a quarta individualiza uma múltipla estrutura que considera a exposição, a suscetibilidade, a capacidade de resposta e adaptação (destacando a resiliência); já a quinta abordagem para vulnerabilidade apresenta um caráter multidimensional, abordando feições físicas, sociais, econômicas, ambientais e institucionais da vulnerabilidade, sendo esta a mais abrangente entre as citadas anteriormente.

Na Figura 4.1, pode-se perceber que a cada aspecto da vulnerabilidade (física/de infraestrutura, social/cultural, ambiental, econômica, política/organizacional) correspondem elementos receptores específicos, os quais reagem de forma singular ao impacto de processos hidrológicos de diferentes magnitudes.

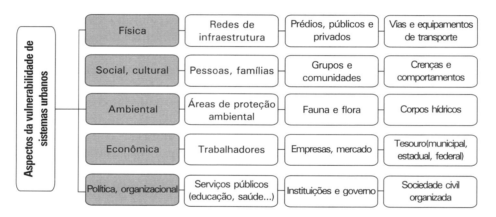

FIGURA 4.1: Aspectos da vulnerabilidade de sistemas urbanos e seus elementos receptores. Fonte: *Di Gregorio (2015).*

Em relação ao escopo de análise da vulnerabilidade, portanto, pode-se perceber que esta pode ser abordada basicamente de duas formas, segundo a finalidade da aplicação desejada:

- Vulnerabilidade específica (ou temática, associada a um aspecto específico): é aquela na qual são considerados aspectos específicos (temáticos) relacionados com os elementos receptores, ou seja, é utilizado apenas um aspecto da vulnerabilidade que seja útil para analisar situações específicas (por exemplo, vulnerabilidade física das pessoas, que é útil para fins de planejar ações de escape de áreas perigosas, ou vulnerabilidade física de edificações, a fim de definir códigos específicos de construção, para minimização de perdas).
- Vulnerabilidade geral (ou sistêmica, ou simplesmente vulnerabilidade): é aquela em que se procura uma medida que retrate a composição multiaspecto da vulnerabilidade, por meio da combinação da contribuição das diferentes vulnerabilidades temáticas. Este tipo de abordagem é útil quando se deseja representar o aspecto geral do problema, a exemplo da escolha das zonas urbanas que precisam receber mais investimentos, na medida em que a vulnerabilidade geral seja maior.

Observa-se, ainda, que há elementos receptores que podem ser tratados em sua forma objetiva (pessoas), funcional (trabalhadores), e outros de forma subjetiva (crenças e comportamentos), sendo que a estimativa de danos para cada um deles pode ser feita de forma predominantemente quantitativa (quando o elemento possui materialidade, por exemplo, número de pessoas feridas, número de empregos perdidos) ou qualitativa (quando o elemento carece de materialidade, por exemplo, nível de confiança das pessoas no governo).

Em geral, o processo de gestão de risco tem um viés objetivo e busca meios para a redução de danos humanos e materiais, assim como dos prejuízos financeiros associados, sendo frequente a abordagem de vulnerabilidade recair sobre os elementos objetivos, como pessoas e patrimônio (público e privado). Portanto, as quantificações que permitem a atuação no processo de gestão de risco acabam direcionando as interpretações para um caráter mais físico e econômico. Mais ainda, é interessante notar que, por vezes, se associa diretamente, de modo equivocado, vulnerabilidade à pobreza quando, na verdade, a pobreza é uma característica local que tem potencial para aumentar a vulnerabilidade de um sistema social e/ou físico (patrimônio + infraestrutura).

Para Busso (2002), uma significativa parcela da população pode ser considerada vulnerável, independentemente da sua renda. Esta autora define cinco dimensões mais importantes da vulnerabilidade social: de hábitat (condições habitacionais e ambientais: tipo de moradia, saneamento, infraestrutura urbana, equipamentos, riscos de origem ambiental); de capital humano (variáveis como: anos de escolaridade, alfabetização, assistência escolar, saúde, desnutrição, ausência de capacidade de resposta, experiência de trabalho); econômica (inserção de trabalho e renda); de proteção social (sistemas de cotização em geral, coberturas por programas sociais, aposentadoria, seguros sociais) e de capital social (participação política, associativismo, inserção em redes de apoio).

Uma noção de vulnerabilidade que vem ganhando destaque nas discussões da comunidade científica, e rebatimentos na sociedade, de forma geral, tem relação com questões ambientais, especialmente nas discussões de desenvolvimento sustentável e de mudanças climáticas globais. Nesse contexto, a questão dos riscos hidrológicos se torna ainda mais sensível. Uma vez que a urbanização é um processo geralmente catalizador das inundações e que as mudanças climáticas têm potencial de interferir diretamente no aumento da intensidade das chuvas, que é o deflagrador do perigo, a vulnerabilidade ambiental ganha destaque.

Segundo Deschamps (2004), Alves *et al.* (2008), Almeida (2010) e Saito (2011), o quadro teórico, no qual se insere a vulnerabilidade socioambiental urbana, contempla a superposição de processos que se distribuem e interagem no espaço, passando pela expansão urbana, com o crescimento para novas áreas e o consumo de recursos naturais, a dispersão espacial de grupos de risco social, a consequente degradação ambiental e a falta de serviços suficientes e adequados de infraestrutura.

D'Ercole (1994) afirma ainda que a análise da vulnerabilidade em um ambiente complexo como uma cidade não pode deixar de reunir uma abordagem sistêmica que inclua: fatores técnicos, fatores funcionais, fatores socioeconômicos, fatores psicossociológicos, fatores ligados à cultura e à história da sociedade exposta e fatores institucionais.

D'Ercole (1994) e Blaikie *et al.* (1994) trazem outra contribuição ao estabelecerem uma relação de causa e efeito gerada entre a natureza e a sociedade, reconhecendo que os fatores de risco estão associados a certo grau de exposição perante uma situação crítica, natural ou social, que provoca vulnerabilidade em determinados grupos. Essa contextualização incorpora ao conceito da vulnerabilidade uma perspectiva temporal de futuro, quando se estabelece que os grupos mais vulneráveis são também aqueles que possuem mais dificuldades para reconstruir sua vida após algum desastre; consequentemente, esses mesmos grupos se tornarão mais vulneráveis aos efeitos de desastres subsequentes. Essa interpretação traz para a discussão o conceito da resiliência, que se manifesta ao longo do tempo e que, quanto menor (mais frágil), mais dificulta o processo de recuperação, agravando a vulnerabilidade.

Em relação ao aspecto temporal destacado, pode-se distinguir, portanto, a vulnerabilidade instantânea (ou no momento do impacto) e a vulnerabilidade de longo prazo. A diferença básica entre elas é que, na vulnerabilidade de longo prazo, os efeitos da resiliência do sistema se fazem presentes, fazendo com que a vulnerabilidade de longo prazo seja reduzida quando comparada com a vulnerabilidade instantânea, esta última representativa dos danos mais imediatos, ocorridos no momento do impacto sobre os elementos receptores.

Assim, de forma instantânea, a vulnerabilidade de uma área residencial que é atingida por uma grande inundação, pode materializar perdas às estruturas e aos conteúdos das casas. Se a área inundada permanece assim por muitos dias, mesmo após o fim da chuva (caracterizando uma baixa resiliência, pois o sistema de drenagem não foi capaz de recuperar suas funções, por ter sido obstruído, por exemplo, por lixo, galhos de árvores e sedimentos), a vulnerabilidade de longo prazo deverá acarretar também prejuízos pela necessidade de manutenção e recuperação da rede de drenagem, prejuízos por lucro cessante, prejuízos associados a doenças de veiculação hídrica, com incremento de custos para o setor de saúde pública, entre outros.

A resiliência pode então ser entendida como a capacidade de recuperação do sistema afetado, ao longo do tempo, a partir do instante em que ele sofreu o impacto do evento adverso. Com essa interpretação, ela poderia ser matematicamente entendida como uma função que atua como um fator de redução sobre a vulnerabilidade (a partir do momento do impacto), ao longo do tempo.

A Figura 4.2 ilustra o perfil de resiliência para determinado tipo de elemento receptor (Re), ao longo do tempo, para os cenários de perigo 1 (Re, P1) e 2 (Re, P2). É de se esperar que perigos maiores impliquem uma dificuldade maior de recuperação, ou seja, para P1 < P2, espera-se que Re, P1 > Re, P2.

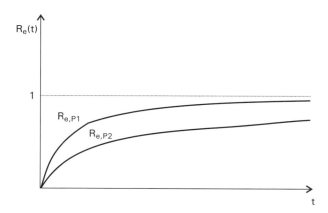

FIGURA 4.2: Representação esquemática da atuação da resiliência em um sistema submetido a perigo de diferentes intensidades.

A partir do exposto, considera-se possível, como ilustração, formular a vulnerabilidade de um grupo de elementos receptores de um determinado tipo, localizados em um determinado ponto de uma bacia submetida a um cenário de perigo P, nos seguintes termos da Equação 4.1:

$$V_{e,n,P,x,y,t} = \left[1 - R_{e,P,t}(t)\right].N_{e,n}.s_{e,P}.(D_{e,P}.F_e) \tag{4.1}$$

Onde:
$V_{e,n,P,x,y,t}$ = vulnerabilidade específica de um grupo de elementos do tipo "e", localizados num ponto "n" de coordenadas "x, y", representativo de uma célula ou elemento, quando submetida a um perigo "P", num certo instante "t" medido a partir do momento do impacto

$R_{e,P,t}(t)$ = função de resiliência de elementos do tipo *"e"*, quando submetidos a um perigo *"P"*, variável com o tempo *"t"* medido a partir do momento do impacto. No caso da vulnerabilidade instantânea, $t = 0s$ e $R_{e,P}(0) = 0$

$S_{e,P}$ = suscetibilidade dos elementos do tipo *"e"*, a um perigo *"P"*, que pode ser entendida como um coeficiente de proporcionalidade entre o perigo "P" e os danos que os elementos receptores podem sofrer no sistema em questão

$D_{e,P}$ = danos máximos que um determinado elemento do tipo *"e"* pode sofrer quando impactados por um perigo *"P"*

F_e = fator de valor dos elementos tipo *"e"*, que converte os danos em valores-base (monetários ou não) para julgamento do risco

$N_{e,n}$ = quantidade de elementos do tipo *"e"* que estão expostos ao risco, localizados na célula ou elemento representado por *"n"*

É importante ressaltar que a formulação 4.1 considera a exposição ($N_{e,n}$) já dentro da vulnerabilidade, de forma associada a esta, representando as consequências do perigo que atinge o sistema socioeconômico. Porém, também seria possível considerá-la um elemento externo à vulnerabilidade, desde que não se perdesse de vista que a quantidade de elementos expostos deve se referir ao aspecto da vulnerabilidade que se deseja retratar (geral ou específico, conforme Figura 4.1).

Deve-se observar, contudo, que após sofrer um impacto, a vulnerabilidade instantânea do sistema é afetada, de modo que a suscetibilidade dos elementos receptores aumenta perante um cenário de um novo impacto, para um mesmo perigo. Ou seja, se ocorrem eventos sucessivos, a vulnerabilidade é afetada pela tendência de aumento da susceptibilidade, uma vez que a fragilidade do sistema e a sua propensão a sofrer dano aumentam se não houver tempo hábil entre dois eventos perigosos sucessivos para reabilitação do sistema. Matematicamente, observando a Equação 4.1, eventos sucessivos impedem que a resiliência se manifeste por completo, restaurando as condições iniciais do sistema. Isso significa que, após sofrer certo impacto, a vulnerabilidade do sistema deve ser reavaliada para diferentes cenários de novos possíveis impactos, de forma a realimentar o processo de gestão de risco.

Além disso, é importante ter em mente que cada tipo de elemento receptor deve ter sua família de perfis de resiliências e de danos possíveis associados aos níveis de fragilidade.

Para o cálculo da vulnerabilidade geral ou sistêmica, pode-se somar as vulnerabilidades específicas, utilizando, de preferência, algum fator de equivalência entre elas (ou usando procedimentos de normalização de escalas, para que os valores possam ser operados conjuntamente). Uma possibilidade é converter as escalas para uma lógica percentual, de modo que os diferentes temas da vulnerabilidade possam ser comparados desta forma adimensional. Outra possibilidade é transformar a vulnerabilidade em perdas financeiras, o que poderia fornecer um parâmetro de comparação universal, embora muitas vezes questionável, principalmente para situações de fatalidades e outras situações subjetivas.

A Equação 4.2 mostra uma formulação conceitual para a vulnerabilidade geral.

$$V_{G,n,P,x,y,t} = \sum_{e=e1}^{em} k_e . V_{e,n,P,x,y,t} \tag{4.2}$$

Onde:

$V_{G,n,P,\,x,y,\,t}$ = vulnerabilidade geral correspondente a um ponto *"n"* de coordenadas *"x, y"*, representativo de uma célula ou elemento, quando submetida a um perigo *"P"*, num certo instante *"t"* medido a partir do momento do impacto

k_e = fator de equivalência entre medidas de uma vulnerabilidade específica V_e e medidas de uma vulnerabilidade específica de referência

e_1 = aspecto que se deseja retratar em elementos do tipo "e", de modo que este é o primeiro aspecto a ser abordado nos cálculos

e_m = aspecto que se deseja retratar em elementos do tipo "e", de modo que todos os demais aspectos tenham sido anteriormente abordados nos cálculos

O documento final da Conferência Mundial para a Redução de Desastres, em Kobe, 2005 (UN, 2005), chama a atenção para a necessidade de se desenvolver sistemas de indicadores de risco e vulnerabilidade nos níveis nacional e subnacional como forma de permitir aos tomadores de decisão um melhor diagnóstico das situações tanto de risco e como de vulnerabilidade.

REFERÊNCIAS

ALMEIDA, L.Q. (2010) Vulnerabilidade socioambiental de rios urbanos: bacia hidrográfica do Rio Maranguapinho, Região Metropolitana de Fortaleza-Ceará. Tese de doutorado. Rio Claro, Universidade Estadual Paulista Júlio de Mesquita Filho.

ALVES, C.D.; ALVES, H.; PEREIRA, M.N.; MONTEIRO, A.M.V. (2008) Análise dos processos de expansão urbana e das situações de vulnerabilidade socioambiental em escala intraurbana. IV Encontro Nacional da Anppas. Brasília, Anais.

BIRKMANN, J. (2005) Danger need not spell disaster but how vulnerable are we?. United Nations University, n. 1.

BLAIKIE, P.M.; CANNON, T.; DAVIS, I.; WISNER, B. (1994) At risk: natural hazards, people's vulnerability, and disasters. Londres, Routledge.

BUSSO, C. (2002) Vulnerabilidad sociodemografica en Nicaragua: um desafio para El crescimiento económico y la redducíon de la pobreza. Publicación de las Naciones Unidas, Santiago do Chile.

D'ERCOLE, R. (1994) Les vulnérabilités des sociétés et des espaces urbanisés: concepts, typologie, modes d'analyse. Revue de Géographie Alpine. Paris, v. 82, n. 4, p. 87–96.

DEFRA/EA. (2003) Risk to People. In: Flood and Coastal Defence R&D Programme. Technical Report FD2317. Londres, Reino Unido.

DESCHAMPS, M.V. (2004) Vulnerabilidade socioambiental na região metropolitana de Curitiba. Tese de doutorado. Paraná, Universidade Federal do Paraná.

DI GREGORIO, L.T. (2015) Uma visão sobre a gestão de riscos (de desastres naturais) baseada na dinâmica de sistemas urbanos. Palestra realizada no $30^{\underline{o}}$ Colóquio Brasileiro de Matemática. Rio de Janeiro: Instituto Nacional de Matemática Pura e Aplicada. Disponível em: <https://www.youtube.com/watch?v=ns6VjsoWG-s>. Acesso em: jul. 2016.

RESCDAM. (2003) The Use of Physical Models in Dam-Break Flood Analysis. In: Final Report, Helsinki University of Technology. Helsinki, Finlândia.

RUSSO, B.; GÓMEZ, M.; MACCHIONE, F. (2011) Experimental to Determine Flood Hazard Criteria in Urban Areas. 12th International Conference on Urban Drainage, Porto Alegre, Brasil, 10-15 September.

SAITO, S.M. (2011) Dimensão socioambiental na gestão de riscos dos assentamentos precários do maciço do morro da Cruz. Tese de Doutorado. Universidade Federal de Santa Catarina, Florianópolis – SC.

SAYERS, P. ; L.I, Y.; GALLOWAY, G.; PENNING-ROWSELL, E.; SHEN, F.; WEN, K.; CHEN, Y. and LE QUESNE, T. (2013) Flood Risk Management: A Strategic Approach. Paris: Unesco.

UN. (2005) World Conference on Disaster Reduction. Kobe, UNGA.

ZONENSEIN, J. (2007) Índice de risco de cheia como ferramenta de gestão de enchentes. Dissertação de M.Sc., Coppe/UFRJ, Engenharia Civil, Rio de Janeiro. 105 p.

CAPÍTULO 5

Equacionamento e mapeamento do risco

Conceitos apresentados neste capítulo

Neste capítulo, os elementos componentes do risco são combinados em uma equação, de forma a dar uma interpretação quantitativa (e comparativa) do risco, utilizando uma abordagem multicritério. O capítulo faz ainda uma apresentação breve e simplificada sobre a construção de índices e a utilização de indicadores. Por fim, um exemplo prático de equacionamento e mapeamento do risco é apresentado para a bacia do Rio Dona Eugênia, em Mesquita, na Região Metropolitana do Rio de Janeiro.

5.1 INTRODUÇÃO

Apesar da complexidade do assunto e de sua característica multitemática, com elementos objetivos e subjetivos, é possível tratar a composição do risco em formulações de caráter integrador, como, por exemplo, através da adoção de metodologias multicritério, em que avaliações a partir de indicadores indiretos e a normalização de escalas, para permitir a contabilização de elementos de distintas naturezas, podem ser materializadas conjuntamente. Com certeza, essa não é a única abordagem disponível, mas será adotada neste capítulo, com o intuito de materializar o risco em termos quantitativos e exemplificar o seu equacionamento.

5.2 EQUACIONAMENTO DO RISCO

O risco pode ser entendido, conforme vem sendo discutido, como a representação do perigo acessando elementos expostos, que, por sua vez, têm uma dada vulnerabilidade, resultando num valor de perdas, que simboliza os danos/prejuízos estimados para o sistema afetado, no cenário de perigo considerado.

Em termos matemáticos, combinando as equações anteriormente desenvolvidas para perigo e vulnerabilidade, o risco "R" em um ponto "n", de coordenadas "x, y", representativo de uma célula ou elemento da malha em que se divide uma bacia, para fins de agregação de informações e cômputo da avaliação, cujos elementos expostos e receptores da ação do evento perigoso "P" são portadores de uma vulnerabilidade "V", em um instante "t", pode ser calculado pela Equação 5.1. É importante ressaltar, conforme já destacado no Capítulo 4, que a formulação a seguir considera a exposição já dentro da vulnerabilidade (Equação 4.1) – por isso ela não aparece explicitamente. Seria possível, porém, considerá-la um elemento externo à vulnerabilidade, de forma explícita na equação, desde que não se perdesse de vista que a quantidade de elementos expostos deve se referir ao aspecto da vulnerabilidade que se deseja retratar (geral ou específico, conforme Figura 5.1).

$$R_{n,P,t} = P_{n,i,t} \cdot V_{n,P,t}$$

(5.1)

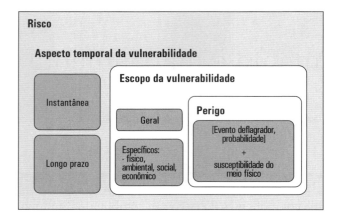

FIGURA 5.1: Representação gráfica do risco, seus componentes e dimensões.

Em função das variações temporais e espaciais das grandezas que compõem o risco, pode-se representá-lo de forma gráfica, como mostrado na Figura 5.1.

O **risco médio para uma bacia**, para um determinado cenário de perigo, pode ser obtido por meio da média dos riscos calculados individualmente nas células ou elementos da malha da bacia, ou seja, conforme representado na Equação 5.2.

$$R_{M,P,t} = \frac{\sum_{n=1}^{n_{max}} R_{n,P,t}}{n_{max}} \tag{5.2}$$

O risco médio é uma interessante medida quando associado a uma metodologia multicritério, com objetivo, por exemplo, de avaliar cenários futuros ou o efeito de alternativas de intervenção, buscando avaliar a situação integrada do risco, para diferentes aspectos de vulnerabilidade, tomados de maneira adimensional.

Já o **risco total para uma bacia** pode ser entendido como uma medida do total de danos estimados para a bacia, num determinado cenário de perigo, quando a vulnerabilidade é transformada em um valor monetário. Neste caso, o risco total pode ser expresso por:

$$R_{T,P,t} = \sum_{n=1}^{n_{max}} R_{n,P,t} \tag{5.3}$$

5.3 MAPEAMENTO DE RISCO

A análise, quantificação e espacialização do risco, apesar da formulação mostrada no item anterior, não é simples e, muitas vezes, utiliza-se a compreensão do seu conceito, de forma mais subjetiva, usando sistemas interpretativos, que acabam definindo riscos em classes, com resultados apenas indicativos que caracterizam riscos "baixos", "médios" e "altos".

Outra possibilidade, frequente e historicamente utilizada para a quantificação do risco, passa pela conversão dos danos em perdas monetárias, sendo o risco, então, avaliado pelo prejuízo econômico ou financeiro gerado sobre o sistema considerado. Na avaliação de riscos hidrológicos, é comum encontrar curvas de prejuízo a edificações (estrutura e conteúdo) em função das lâminas de alagamento alcançadas.

Outras vezes, leva-se em conta somente alguns dos fatores que contribuem de fato para o problema, em uma visão que, com frequência, é parcial e focada em um dado viés predefinido como crítico – nesse caso, pode ser mais fácil operar matematicamente o risco, mas a predefinição de um viés de avaliação pode limitar a interpretação da real magnitude do risco. Nessa abordagem, a avaliação tende a ser feita de acordo com um julgamento particular, com base em conhecimentos e experiências pregressas acumuladas. Tais procedimentos, porém, acabam por inviabilizar tentativas de repetir a análise de forma sistemática, para outros locais ou em outras condições operacionais ou ambientais, por exemplo.

É importante, tanto quanto possível, caracterizar o evento perigoso em toda a sua extensão, procurando cruzar seus possíveis efeitos com danos que podem ser sofridos pelo sistema, em suas várias facetas temáticas, buscando avaliar a importância relativa de cada fator interveniente na caracterização do risco, de modo a direcionar o foco para ações preventivas e mitigadoras mais específicas e efetivas.

Para auxiliar nesta situação, a utilização de índices torna-se uma ferramenta bastante útil. Um índice fornece uma medida indireta e simples do evento que se pretende avaliar. A identificação dos fatores intervenientes, e como eles se relacionam, permite a construção de relações qualitativas que apontam para o nível de risco. Não é uma ferramenta de precisão que explica completamente o fenômeno, mas é capaz de oferecer uma importante indicação do estado do sistema, de forma rápida, permitindo conciliar diferentes temas em mapas integrados. A maior vantagem de se trabalhar com um índice reside na capacidade de realizar avaliações comparativas de situações complexas e nas análises preditivas de mudança de comportamento, em cenários futuros, em face da introdução de controles sobre os fatores intervenientes no risco, propiciando informações importantes de apoio ao planejamento. É indicado, portanto, como ferramenta de planejamento e suporte à decisão.

De forma geral, porém, os mapas de risco são o produto final desejado para a compreensão completa do fenômeno, mas não são os únicos mapas importantes. Na verdade, a possibilidade de mapear os componentes do risco pode ser um significativo subsídio à gestão do risco em suas diferentes etapas. Assim, pode-se perceber que o mapa de risco, consolidado como informação integrada, não tem a mesma utilidade para todos e, de fato, dependendo da fase da gestão de risco, o mapa mais útil pode ser o de um dos seus componentes, como a vulnerabilidade ou o perigo.

Assim, para cada fase da gestão, têm-se informações específicas mais úteis, que podem ser preliminarmente organizadas, conforme relação a seguir:

1. **Prevenção**
   Para atender ao objetivo de evitar que o perigo acesse o sistema, ou, mais claramente, para evitar que uma determinada condição de inundação afete o funcionamento de uma cidade e gere prejuízos diversos, deve-se conhecer o **mapa de alagamentos (que representa um mapa de perigo)** para a probabilidade definida como inaceitável (em geral associada ao tempo de recorrência de 25 anos, definido pelo Ministério das Cidades, para fins de financiamento de ações na macrodrenagem urbana), de forma a poder se nortear o crescimento da cidade sem que esta venha a ocupar áreas perigosas.

2. **Mitigação**
   Para a fase de mitigação, mapas de perigo continuam sendo úteis, pois a atuação sobre a redução de lâminas d'água ajuda a reduzir impactos sobre as áreas construídas que seriam afetadas pelo alagamento. Entretanto, como aqui já há uma parte da cidade exposta ao perigo, é necessário ter uma avaliação da vulnerabilidade e do risco, como indicativo de locais prioritários de atuação. Mapas de risco podem nortear as ações e investimentos. Mapas de vulnerabilidade são também úteis, pois as ações direcionadas pelo reconhecimento das áreas prioritárias para redução de risco podem recair tanto no meio físico, para redução de sua susceptibilidade à produção de alagamentos e inundações, quanto na busca pelo aumento da resistência e resiliência dos elementos individuais expostos (reduzindo a vulnerabilidade destes).

Desse modo, **mapas de risco** orientam ações para áreas mais críticas da cidade, ou seja, aquelas que sofrem mais danos; **mapas de perigo** permitem analisar ações que diminuam a exposição dos diversos elementos às inundações; e **mapas de vulnerabilidade** permitem atuar para diminuir a susceptibilidade aos danos, diminuir os valores expostos e aumentar a resiliência dos elementos que ainda vierem a ser afetados pelo evento perigoso (considerando que estes não puderam ser retirados da mancha de alagamentos e que, portanto, continuam expostos).

3. **Preparação**

Na fase de preparação, **mapas de perigo** permitem identificar locais seguros e rotas secas, tanto para orientar a fuga das áreas de risco, quanto para socorro e atendimento da população. Esses são elementos fundamentais no plano de contingência, por exemplo. **Mapas de vulnerabilidade**, por sua vez, ajudam a direcionar esforços dos órgãos públicos para populações mais vulneráveis ou para serviços que não podem ser interrompidos (como os de saúde, por exemplo). Aqui, os mapas de risco, já combinados, têm uso mais restrito.

4. **Resposta**

A fase de resposta usa basicamente o mesmo arcabouço da fase de preparação, sendo esta uma fase tipicamente operacional. As decisões aqui são baseadas nas análises previamente desenvolvidas, sendo o **mapa de vulnerabilidade** talvez o mais útil, para fazer frente às adaptações em tempo real que o evento hidrológico demandar. Inundações e alagamentos, devido à grande diversidade do processo natural que lhes são causa, tanto em termos temporais, como espaciais, podem não se desenvolver conforme padrões obtidos nos mapas de perigo. Dessa forma, a necessidade de mudança de rumo nas tomadas de decisão em tempo real, em função de situações não previstas, pode recorrer ao apoio dos mapas de vulnerabilidade, por destacarem as características do sistema exposto.

5. **Recuperação**

Nessa fase, todos os mapas são úteis, pois há locais que não devem ser reocupados, devendo parte da população se estabelecer em locais de menor perigo (portanto, os **mapas de perigo** são necessários para procedimentos de realocação), bem como há a necessidade de se procurar diminuir a exposição daqueles que foram afetados e é preciso adotar medidas de redução de vulnerabilidade, aumento de resiliência e, portanto, redução do risco.

O assunto da aplicabilidade dos mapas será retomado e explorado de forma mais detalhada no Capítulo 7.

5.4 INDICADORES E ÍNDICES

Índices são instrumentos de apoio à gestão, de caráter integrador, elaborados com o objetivo de traduzir, em um só valor, informações relacionadas com indicadores de distintas naturezas. Um indicador é algo que aponta um nível ou estado tangível de uma parte de um sistema e é capaz de estimar quantitativamente sua condição (social, econômica, física), de forma a representar o sistema completo (PRATT *et al.*, 2004). Assim, índices tornam possível realizar comparações no tempo e no espaço, pois refletem o efeito conjunto de um determinado grupo de indicadores, traduzindo-os em um único valor representativo de uma situação real (ZONENSEIN, 2007).

Alguns exemplos de índices desenvolvidos para a avaliação de distintos aspectos podem ser citados:

- Índice de Vulnerabilidade Ambiental (IVA) – desenvolvido pela Comissão de Geociências Aplicada do Pacífico Sul (Sopac) e pelo Programa das Nações Unidas para o Meio Ambiente (Pnuma) para fornecer um panorama geral sobre os processos que influenciam negativamente o desenvolvimento sustentável dos países.
- Índice de Desenvolvimento Humano (IDH) – utilizado pelo Programa das Nações Unidas para o Desenvolvimento (Pnud) para classificar os países pelo seu grau de desenvolvimento humano, permitindo a comparação entre eles.

- Índice de Qualidade da Água (IQA) – criado pela National Sanitation Foundation, Estados Unidos, e usado com pequenas modificações pela Companhia Ambiental do Estado de São Paulo (Cetesb), para avaliar a qualidade da água destinada ao abastecimento público.
- Índice de Risco de Cheia (IRC) – desenvolvido por Zonensein (2007) em sua dissertação de mestrado para discutir os riscos de inundação relacionados com um ambiente urbano e as consequências das escolhas relacionadas com as tentativas de atenuar o problema. Este índice será adaptado para uso como exemplo neste capítulo.

Desta forma, índices podem desempenhar funções diversas, tais como avaliar condições existentes; comparar lugares, situações ou alternativas; proporcionar antecedência ao advertir sobre algum efeito ou impacto de uma ação; prever futuras condições e tendências (DE BONIS, 2006). Por isso, índices constituem uma ferramenta essencial de suporte à decisão (OLAVE, 2003).

As propriedades de um índice se referem basicamente a:

- *Constituição*: corresponde ao grupo de indicadores que compõe o índice. A escolha do grupo de indicadores deve ser representativa do objeto que o índice pretende representar, sem obrigação de, necessariamente, representar todo o processo. De forma direta (e bastante precisa), pode-se, por exemplo, utilizar a contagem de população ou de edificações em uma área inundada para representar a exposição. Por outro lado, podem-se utilizar as condições de saneamento de um dado setor censitário para avaliar, indiretamente, a gravidade de uma inundação, com consequências para a saúde pública nesta área.
- *Domínio*: corresponde à esfera espacial (local, regional, nacional, global) de aplicabilidade do índice. É importante destacar que algumas variáveis, que são importantes em um dado domínio, podem não ter uso (ou mesmo significado) em outro domínio.
- *Escala*: corresponde à faixa de variação do índice e é definida pelos seus extremos máximo e mínimo, entre os quais estão compreendidos todos os valores que os indicadores, e, por consequência, o índice, podem assumir; a amplitude de uma escala, na sua forma original, é dada pela diferença entre seus valores extremos.
- *Formulação*: é a expressão matemática que representa a relação entre os indicadores considerados. Podem ser produtórios, somatórios ou uma combinação entre ambos. Os indicadores recebem pesos conforme sua importância.

A escolha dos indicadores (constituição) é fortemente influenciada e condicionada pelas outras três propriedades do índice (domínio, escala e formulação).

Quando um índice deve produzir resultados locais, por exemplo, é preferível que os indicadores que o compõem tenham este mesmo domínio. Se um indicador tiver domínio regional ou nacional, enquanto o índice propõe uma avaliação local, os valores regionais (ou nacionais) terão que ser distribuídos em subdomínios menores, em escala local, com a repetição de seus valores médios ocupando todo o espaço. Essa é uma distorção que interfere no resultado pretendido.

Por outro lado, se o indicador tiver domínio inferior ao do índice, a informação pode ser agregada, resultando em uma estimativa razoavelmente aceitável, na qual se perde detalhe, mas que não é perceptível no equacionamento do índice proposto. Ou seja, se o índice for pretendido em nível regional e os indicadores tiverem representação local, a agregação destes indicadores produzirá um valor médio representativo.

Estes são os chamados procedimentos de desagregação e agregação espacial. As Figuras 5.2 e 5.3 ilustram esses casos.

Como cada um dos indicadores pode ter naturezas e unidades distintas, é necessário que eles sejam normalizados, convertidos a uma escala comum, para que possam ser operados, segundo a sua formulação. Além disso, a normalização da escala permite mais facilmente a comparação entre valores e o posicionamento dos diferentes indicadores em relação aos extremos. Existem diversas formas de normalização, tais como as que utilizam funções (lineares, não lineares, monótonas) e as que se relacionam diretamente com variáveis (valor numérico, distância relativa), entre outras. Escalas normalizadas como percentuais entre 0 e 100% ou entre 0 e 1 são comuns.

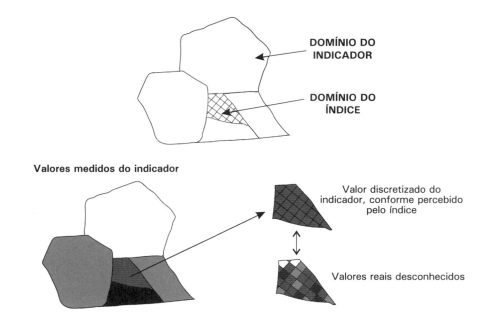

FIGURA 5.2: O indicador com domínio superior ao do índice precisa ser desagregado. Na parte inferior da figura se veem duas situações: a primeira delas representa como o domínio discretizado do índice receberá o valor distribuído médio (desagregado) do indicador; a segunda é a distribuição real (não conhecida). *Fonte: Adaptado de Zonenzein (2007).*

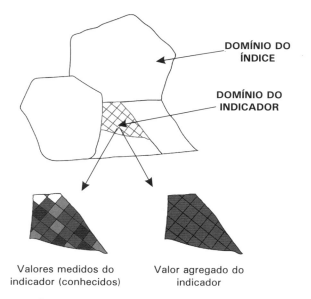

FIGURA 5.3: Indicador com domínio inferior ao do índice precisa ser agregado. *Fonte: Adaptado de Zonenzein (2007).*

A formulação de um índice é dada pela equação matemática que traduz as relações entre os indicadores que o compõem. Ela resulta em uma estimativa quantitativa sobre o aspecto que se deseja medir. Deve-se sempre perguntar "o que exatamente se pretende mensurar com este indicador?". Parece redundante, mas esse é um motivo frequente de problema, seja pela não representatividade do indicador escolhido, seja pela sua dificuldade de quantificação ou pela possibilidade de aparecerem indicadores superpostos, cujo efeito no índice pode gerar distorções.

Segundo De Bonis (2006) e Olave (2003), os atributos que devem ser avaliados durante a escolha dos indicadores são reproduzidos a seguir.

- *Validade*: efetivamente o indicador deve medir aquilo que pretende. Note que um indicador mal escolhido pode mudar o significado do índice.
- *Especificidade*: o indicador escolhido deve medir somente o fenômeno de interesse. Essa é outra questão fundamental – cada indicador deve medir unicamente um fenômeno. Não se pode, em um exemplo extremo de inconsistência, usar a renda média familiar para estimar perdas (**maior renda** – maior prejuízo – **maior vulnerabilidade**) e usar a mesma renda familiar para indicar a capacidade de recuperação (**menor renda** – menor capacidade de reposição – menor resiliência e **maior vulnerabilidade**). Note que, neste caso, renda impulsionaria o índice para cima e para baixo, ao mesmo tempo, perdendo significado.
- *Clareza*: deve haver um significado claro (e único) para todos os usuários do índice.
- *Mensurabilidade*: o indicador deve ser fácil de medir ou deve ser lastreado em dados disponíveis.
- *Confiabilidade*: a medição repetida do indicador, em condições similares, deve reproduzir os mesmos resultados.
- *Sensibilidade*: o indicador deve ser capaz de mapear as mudanças no fenômeno de interesse, ou seja, ele deve ser sensível a variações do fenômeno.
- *Custo-benefício*: o indicador proposto deve ser simples, fácil de medir, representativo, obtido com pouco investimento de tempo e recursos. Como índices são ferramentas de planejamento, construídas para darem indicações preliminares e orientarem a necessidade de estudos mais detalhados, não faz sentido propor indicadores complexos e de difícil obtenção.

O grande desafio de um índice é ser simples, mas, ainda assim, representativo do fenômeno, para que possa realmente ser útil.

É muito importante notar que o risco depende diretamente da relação entre as componentes "perigo" e "consequências" (exposição, vulnerabilidade e resiliência). Se alguma delas for nula ou negligenciável, por exemplo, não haverá risco. Na prática, isso quer dizer que, se ocorre uma chuva pequena, não haverá formação de alagamentos e inundações e, sem estes, não há danos ao sistema. Por outro lado, se ocorre uma grande inundação, mas a cidade foi adequadamente planejada e não ocupa áreas de inundação (porque medidas de prevenção funcionaram de modo apropriado), também não haverá risco, pois não há elementos expostos. Por fim, se há inundação, há exposição, mas as edificações são construídas à prova de inundação, as ruas são projetadas para funcionar como canais e há rotas alternativas em caso de emergência, mais uma vez (praticamente), não haverá risco.

Com base na observação de diversos índices, nota-se que frequentemente são usados somatórios ou produtórios. No uso do somatório, o risco só pode ser nulo se todos os fatores da soma forem nulos. No entanto, nessa formulação, seria necessário que todas as componentes do risco fossem nulas para que não existisse risco (o que não parece adequado na discussão do risco de cheias).

Já o uso do produtório apresentaria o problema inverso: se qualquer um dos fatores fosse zero, o risco seria zero, o que tampouco seria sempre real na representação do risco de cheias. Imagine, por exemplo, que se decida considerar entre as características da vulnerabilidade a presença de "esgotamento sanitário deficiente" como um dos elementos capazes de gerar prejuízo ao sistema, devido aos aspectos de saúde pública. Se uma área (um setor censitário, por exemplo) está localizada na margem de um rio, na sua planície de inundação, mas há esgotamento adequado, o risco se anula em um produtório simples. O risco só deveria ser zero se todos os seus componentes de vulnerabilidade se anulassem por inteiro e não se apenas um deles fosse zero.

Em vista disso, propõe-se que uma formulação mais adequada para representar o risco de cheias seria aquela que considera uma formulação ponderada mista, composta por um produtório de somatórios (ZONENSEIN, 2007).

O produto ponderado representa a interação entre as duas componentes principais do risco: o perigo e as consequências sobre o sistema socioeconômico. Por sua vez, o perigo e suas consequências podem ser representados por dois somatórios. Portanto, se algum desses somatórios for nulo (ou seja, se cada um dos componentes que participa de uma dessas somas for zero), o risco também será nulo. A ponderação permite determinar de forma quantitativa a influência particular de cada uma dessas componentes sobre o risco final.

Na sequência, um índice desenvolvido e aplicado com a lógica até aqui discutida será mostrado como exemplo.

5.5 METODOLOGIA MULTICRITÉRIO PARA MAPEAMENTO DE RISCO – EXEMPLO: ÍNDICE DE RISCO DE CHEIAS (IRC)

De modo geral, as avaliações de risco de cheias apresentam alternativas metodológicas de concepções variáveis, que enfrentam algumas dificuldades em função da natureza subjetiva da avaliação, do grande número de fatores que interferem com o risco e da inexistência de um padrão de avaliação consolidado. De fato, a variabilidade do fenômeno e os diferentes objetivos colocados em jogo, dependendo do foco da avaliação, não permitem definir uma metodologia única. Esse é um assunto rico de diversidade, que aceita diferentes abordagens e cujo norteamento deve sempre acompanhar a resposta que se pretende dar às seguintes perguntas básicas: "O que se deseja representar?", "Qual o foco da avaliação e com qual objetivo?".

Como visto anteriormente, neste capítulo, diferentes mapas atendem a diferentes interesses, subsidiando diferentes fases da gestão de risco.

Entretanto, como ilustração ao discurso de mapeamento de risco e lançando mão de conceitos da metodologia multicritério e da lógica de confecção de índices, este tópico pretende mostrar um exemplo de mapeamento de risco, que não deve ser considerado uma metodologia pronta, mas sim uma discussão ilustrativa de uma metodologia adaptável, cujo conceito pode ser replicável em diferentes casos, de acordo com a necessidade do modelador. A construção de um índice nada mais é do que a construção de um modelo – portanto, assumem-se hipóteses de representação, que simplificam a realidade e que têm limites de validade. Ou seja, volta-se a questão de "O que se deseja representar?" – não existem modelos absolutos, com respostas absolutas. O exercício de interpretação de respostas relativas é fundamental na atividade de modelagem.

O índice usado como ilustração neste tópico é denominado Índice de Risco de Cheias (IRC) e foi desenvolvido no ambiente de pesquisa da Universidade Federal do Rio de Janeiro (UFRJ), por Zonensein (2007), em uma dissertação de mestrado orientada pelos professores Marcelo Gomes Miguez (COPPE/UFRJ) e Manuel Gomez Valentin (Universidade Politécnica da Catalunha). Esse trabalho de Zonensein vem sendo desenvolvido, interpretado e utilizado em projetos de pesquisa e de extensão desde sua confecção.

O IRC é um índice quantitativo multicritério, que varia de 0 a 100, e é capaz de conjugar subíndices referentes tanto às características da inundação e dos alagamentos quanto às características de vulnerabilidade local e de exposição. A aplicação do IRC requer a discretização da região de interesse, ou seja, uma bacia urbana, em pequenas áreas em que o valor de cada indicador possa ser considerado homogêneo. Essas pequenas áreas podem ser associadas, convenientemente, a setores censitários ou a elementos de modelagem hidrodinâmica, que representam porções do terreno, com características topográficas e urbanas semelhantes.

Este índice constitui uma ferramenta de apoio à decisão, que permite a determinação e a comparação das zonas críticas e a avaliação da eficiência de diferentes medidas de controle de enchentes, entre outros usos potenciais. Sua formulação está apresentada nas Equações 5.4 a 5.9. O IRC combina o produtório das propriedades da inundação, agrupadas em um somatório, pelas suas consequências, agrupadas em outro somatório. É importante observar que, se qualquer um dos subíndices for nulo, o IRC será igual a zero, corretamente anulando o risco. Porém, um subíndice se anula apenas se todos os seus componentes forem iguais zero.

$$IRC = \left(\sum_{i=1}^{n} I_i^{PI} \cdot p_i^{PI} \right)^{q^{PI}} \times \left(\sum_{j=1}^{m} I_j^{C} \cdot p_j^{C} \right)^{q^{c}}$$

(5.4)

$$SPI = \sum_{i=1}^{n} I_i^{PI} \cdot p_i^{PI}$$

(5.5)

$$SC = \sum_{j=1}^{m} I_j^{C} \cdot p_j^{C}$$

(5.6)

$$0 \le p_i^{PI}, p_j^{C} \le 1$$

(5.7)

$$\sum_{i=1}^{n} p_i^{PI} = 1$$

(5.8)

$$\sum_{i=1}^{n} p_j^{C} = 1$$

(5.9)

Onde:

IRC = Índice de Risco de Cheia, variável entre 0 (menor risco) e 100 (maior risco)

SPI = Subíndice "Propriedades da Inundação", variável entre 0 e 100, relativo às propriedades da inundação para uma chuva de tempo de recorrência determinado

SC = Subíndice "Consequências", relativo às consequências da cheia, variável entre 0 e 100)

I_i^{PI} = i-ésimo indicador, previamente normalizado, que compõe o subíndice PI, variável entre 0 e 100

I_j^{C} = j-ésimo indicador, previamente normalizado, que compõe o subíndice C, variável entre 0 e 100

n = número total de indicadores que compõe o subíndice PI

m = número total de indicadores que compõe o subíndice C

p_i^{PI} = peso associado ao i-ésimo indicador do subíndice PI, atribuído em função de sua importância relativa. Deve atender às restrições das Equações 5.7 e 5.8

p_j^{C} = peso associado ao j-ésimo indicador do subíndice C, atribuído em função de sua importância relativa. Deve atender às restrições das Equações 5.7 e 5.9

Os indicadores do IRC estão divididos em dois grupos, de acordo com o subíndice ao qual pertencem: Propriedades de Inundação (SPI) ou Consequências (SC). O subíndice SPI reúne os indicadores relativos às características da inundação, em geral, relacionados com as causas dos danos mencionados e com a sua probabilidade de ocorrência: Lâmina de Alagamento (LA); Fator de Velocidade (FV), resultante do produto máximo entre o nível de água e a velocidade do escoamento; e Fator de Permanência (FP), relacionado com a permanência do nível de água acima de certo nível. Já o subíndice SC relaciona indicadores que afetam a vulnerabilidade e a exposição, aumentando a gravidade ou propensão aos danos: Densidade de Domicílios (DD); Renda (R); Tráfego (T); e Saneamento Inadequado (SI). Cada um destes elementos deve ter seus valores convertidos para uma escala de 0 a 100, de acordo com a normalização de funções específicas. A escolha destes indicadores foi interpretativa e buscou representar os principais perigos e consequências do processo. Entretanto, esse não é um grupo fechado ou definitivo e pode ser reinterpretado conforme necessidade do estudo que está sendo desenvolvido, podendo sofrer acréscimos, simplificações ou substituições, sempre que necessário, sendo, porém, mantida a estrutura matemática proposta para o índice, uma vez que a formulação proposta é aplicável independentemente de tais particularidades.

A escolha dos indicadores, portanto, não é inflexível e pode variar de acordo com as características locais ou com a disponibilidade/precisão de dados.

Nas próximas páginas, a aplicação do IRC, em detalhes, será apresentada para o caso da bacia do Rio Dona Eugênia, em Mesquita, na Região Metropolitana do Rio de Janeiro, para a qual já foram apresentados mapas de alagamento no Capítulo 3, que discutiu o perigo no contexto dos riscos hidrológicos.

Como a cidade de Mesquita fica na Baixada Fluminense, uma área basicamente plana, o Fator de Velocidade (FV) não foi computado no índice, pelo lado do perigo. Já pelo lado das consequências, o indicador de tráfego (T), que na formulação original usava a hierarquia das vias como indicador, não foi aplicado em Mesquita, uma vez que a ausência de avenidas e vias estruturais de maior porte faria este indicador variar pouco.

Por fim, cabe mencionar que alguns dos dados utilizados na composição dos indicadores foram obtidos na base de dados do Instituto Brasileiro de Geografia e Estatística (IBGE), cujo domínio é o setor censitário correspondente. A região da bacia do Rio Dona Eugênia, delimitada pelas 584 células do Modcel, intercepta 163 setores censitários no município de Mesquita, que serão considerados para o cálculo de alguns dos indicadores sociais que compõem o IRC.

Subíndice Propriedades de Inundação (PI)

Lâmina de Alagamento (I_{LA}^{PI})

Este indicador é representativo dos danos causados pelo contato direto com a água de alagamentos e/ou inundações. A lâmina d'água determina se as enchentes vão alagar as ruas, atingir a calçada ou invadir o interior das casas. A Tabela 5.1 apresenta a normalização para este indicador, associando os valores de lâmina d'água normalizados para a escala de 0 a 100, conforme a sua gravidade. Entre os limites estabelecidos, a interpolação linear pode ser aplicada.

Tabela 5.1: Limites de normalização do nível d'água

Nível d'água (cm)	NormalizaçãoI_{LA}^{PI}	Efeito
≤10	0	O meio-fio costuma ter aproximadamente entre 10 e 15 cm de altura, de maneira que uma lâmina de 10 cm de água está limitada às ruas.
10<h≤25	0-50	Com 25 cm, a inundação atinge as ruas, além de parques, calçadas, canteiros, quintais e estacionamentos. Pode interromper tráfego de veículos e principalmente de pessoas, podendo invadir casas mais simples, com soleiras próximas ao nível das calçadas.
25<h≤50	50-75	Em 50 cm a água muito provavelmente já invadiu o interior de casas, causando danos à sua estrutura e conteúdo.
50<h≤75	75-90	Nesta altura d'água, a rede elétrica estará comprometida e os prejuízos já são significativos.
75<h≤125	90-100	A esta altura, a água atinge praticamente todos os bens no interior das casas.
h>125	100	Esta profundidade atinge não só bens, mas também é suficiente para causar afogamentos.

Fonte: Adaptado de Zonensein (2007).

Ressalta-se que as faixas foram determinadas com base na realidade do município de Mesquita (RJ), caso de estudo deste exemplo, configurando uma primeira adaptação necessária ao índice para cada aplicação proposta. A Figura 5.4 ilustra a normalização aplicada.

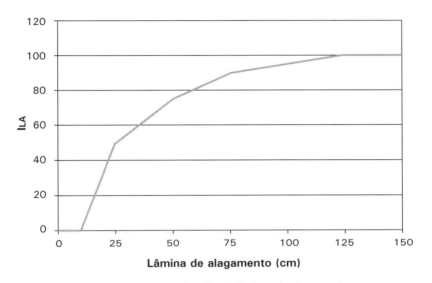

FIGURA 5.4: Normalização de lâminas de alagamento.

Fator de Permanência (I_{FP}^{PI})

A duração do evento de cheia é um parâmetro importante para ser levado em consideração no cômputo do risco, porque as áreas que permanecem inundadas por longos períodos podem criar restrições ao trânsito de pedestres e veículos, danificar mais seriamente estruturas, bem como aumentar a chance de propagação de doenças transmissíveis pela água, além de forçar famílias a evacuarem suas casas. O potencial de dano da permanência da cheia pode variar em função da ótica sob a qual ele é avaliado, sendo os mais afetados os pedestres, os veículos (incluindo os ocupantes) e as residências (incluindo estrutura, conteúdo e habitantes).

O Fator de Permanência visa representar o impacto da duração da enchente a partir das três perspectivas citadas anteriormente (pedestres, veículos e residências), tratando-os de maneira diferente, de acordo com a gravidade dos danos associados. Foi considerado que t10, t25 e t50 correspondem aos tempos (em minutos) durante os quais uma área permanece inundada com mais de 10, 25 e 50 cm, respectivamente, e que esses intervalos (e suas profundidades associadas) são representativos dos efeitos sobre os pedestres, veículos e residências, nesta ordem. Para representar o impacto diferenciado sobre cada parte, t10, t25 e t50 foram normalizados separadamente, de acordo com escalas específicas, resultando em T10, T25 e T50. Por fim, a Equação 5.10 apresenta o Fator de Permanência como resultado da ponderação destes valores. Os pesos adotados aqui foram os mesmos originalmente propostos por Zonensein (2007), e servem apenas como referência, podendo ser ajustados conforme o caso em estudo. Pesos são sempre um ponto discutível da metodologia, e podem sofrer variações dependendo de diferentes percepções ou objetivos.

$$I_{FP}^{PI} = FP = 0,10 \times T_{10} + 0,22 \times T_{25} + 0,68 \times T_{50} \qquad (5.10)$$

Onde:

I_{FP}^{PI}= indicador Fator de Permanência (FP), adimensional, pertencente ao grupo Propriedade da Inundação (PI), variável entre 0 e 100;

T_{10}, T_{25}, T_{50}= normalização (variável entre 0 e 100) dos tempos durante os quais o alagamento permanece acima de 10 cm, 25 cm e 50 cm, respectivamente.

A normalização adotada considerou que o maior risco, associado à maior criticidade da situação, seria 100% após 3h, para a lâmina de 10 cm, após 1h, para a lâmina de 25 cm, e após 0,5h, para a lâmina de 50 cm. Essas relações foram consideradas lineares, entre 0 e 100. A justificativa para estas escolhas é detalhada a seguir:

- para 10 cm: considerou-se que, com 3h de permanência, esta lâmina afetaria praticamente todos os pedestres, atingindo entrada ou saída das escolas, entrada do trabalho, saída e volta do almoço e saída do trabalho;
- para 25 cm: considerou-se que com uma permanência de 1h, o trânsito interrompido ficaria caótico, afetando pesadamente grandes áreas da cidade;
- para 50 cm: com a água entrando nas residências, considerou-se que uma permanência de meia hora já seria capaz de causar grandes estragos dentro de casa, danificando móveis, pisos e revestimentos, além de aumentar o risco de propagação de doenças de veiculação hídrica.

Subíndice Consequências (C)

Densidade de Domicílios (I_{DD}^{C})

Este indicador pretende ser uma estimativa da quantidade de pessoas e bens afetados pela enchente. Nesse sentido, foram utilizados dados relativos ao número total de domicílios e a área dos setores censitários (em km^2). Essa relação (densidade de domicílios ou, simplesmente, DD), em domicílios por km^2, é apresentada na Equação 5.11.

$$DD = \frac{N^{o} \, domicílios}{Área} \qquad (5.11)$$

O uso da densidade, em oposição ao valor absoluto de habitações, impede discrepâncias ao comparar regiões com diferentes áreas.

Para normalizar o indicador, considerou-se que 0 residências/km^2 é o valor inferior da escala, sem potencial para sofrer danos. Já o potencial máximo desses danos foi associado à densidade de domicílios correspondente a 75% da distribuição desta variável no município de Mesquita, igual a 5.000 domicílios/km^2. Qualquer valor de densidade superior (presente no quarto quartil) também se considera com dano máximo e normalização de 100%. Essa escolha foi feita para evitar distorções na escala, pois observa-se que os setores mais densos mostram valores altos isolados, que se distanciam da nuvem de valores mais frequentes. Assim, se estes valores isolados participassem da construção da escala, esta provavelmente mostraria uma grande distância entre alguns poucos setores com valores normalizados altos e muitos setores "achatados" na parte baixa da escala. Foi aplicada interpolação linear simples entre estes dois extremos, como mostrada na Figura 5.5, levando à Equação 5.12. Essa escolha, associada ao terceiro quartil, repete a proposta original de Zonsensein (2007), porém agora adaptada às condições do município de Mesquita.

$$I_{DD}^{C} = \frac{DD}{50} \qquad (5.12)$$

Renda (I_{R}^{C})

Este indicador utiliza a renda per capita como uma indicação do valor total das propriedades afetadas e seus conteúdos – é uma escolha de viés econômico e não de recuperação social (que poderia, eventualmente, ser outra interpretação possível, mas com outra formulação). Portanto, é importante também destacar que a renda per capita é utilizada para indicar o valor econômico absoluto – e não relativo – das perdas devido a danos de estrutura e de seu conteúdo.

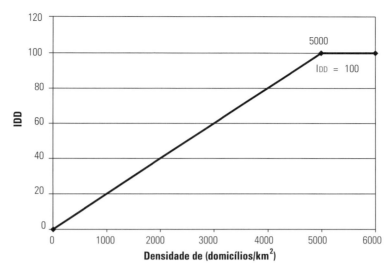

FIGURA 5.5: Funções de normalização para densidade de domicílios em Mesquita.

Machado *et al.* (2005) realizaram estudo construindo curvas profundidade-dano para diferentes classes sociais. A partir dos resultados obtidos neste estudo, pode-se inferir que, no Brasil, os danos sofridos pelas classes A e B (classes mais ricas) são cerca de duas vezes mais altos que os sofridos pelas classes C e D, para a mesma cota de inundação. Assim, pode ser inferido que o potencial de prejuízos totais associado a classes mais altas é duas vezes maior que em classes mais baixas, em média.

Com base no estudo de Machado *et al.* (2005) e na renda per capita associada a cada classe econômica no Brasil (conforme critério da Associação Brasileira de Empresas de Pesquisa – Abep, 2013*), estabeleceu-se uma escala de normalização para a renda per capita, considerando que a classe B2 sofre perdas duas vezes mais importantes que as classes C e DE.

O valor da renda referente a cada uma das classes está apresentado na Tabela 5.2, e a curva de normalização da renda está apresentada na Figura 5.6

Tabela 5.2: Adaptação do critério brasileiro para classificação econômica

Classes	Renda média bruta familiar no mês em R$
Classe A	9.263,00
Classe B1	5.241,00
Classe B2	2.654,00
Classe C1	1.685,00
Classe C2	1.147,00
Classe DE	776,00

Fonte: Referência original: ABEP (CCEB-2013).

* http://www.abep.org/Servicos/Download.aspx?id=02.

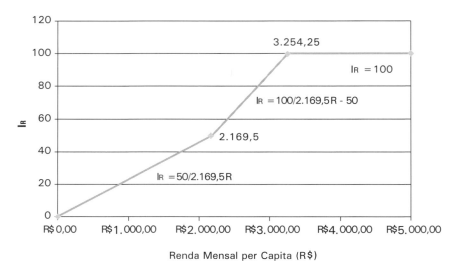

FIGURA 5.6: Curva de normalização da renda.

Saneamento Inadequado (I_{SI}^{C})

Entende-se, neste trabalho, por saneamento inadequado, de acordo com categorias estabelecidas pelo IBGE, os domicílios que não estão ligados à rede de abastecimento de água com canalização interna, não estão ligados à rede de esgotamento sanitário ou não são atendidos pelo sistema de coleta de lixo domiciliar.

Nas regiões em que as comunidades sofrem com saneamento inadequado, há mais chance de propagação de doenças transmissíveis pela água, uma vez que a falta de sistemas adequados de tratamento de lixo e esgoto podem aumentar ainda mais o problema das enchentes.

Assim, o I_{SI}^{C} pode ser considerado um bom indicador deste tipo de consequência, em especial no Brasil, particularmente no Estado do Rio de Janeiro, onde, de acordo com o censo do IBGE, de 2010 (IBGE, 2010), mais de 40% dos municípios não dispõem de um sistema de tratamento de esgoto.

A normalização deste indicador é linear e considera que 0% dos domicílios com saneamento inadequado, por setor censitário, é o valor mais favorável deste parâmetro, enquanto 100% de saneamento inadequado é o valor menos favorável.

Para a aplicação do índice IRC neste exemplo, foram considerados apenas os indicadores mencionados anteriormente. Os indicadores Fator de Velocidade (FV) e Tráfego (T) não foram levados em conta.

5.6 APLICAÇÃO DO IRC

A formulação final do IRC para este exemplo, conforme indicadores escolhidos e discutidos anteriormente, tem a estrutura apresentada na Equação 5.13.

$$IRC = \left[I_{LA}^{PI} \cdot p_{LA}^{PI} \right]^{qPI} \times \left[I_{DD}^{C} \cdot p_{DD}^{C} + I_{SI}^{C} \cdot p_{SI}^{C} \right]^{qc} \tag{5.13}$$

A importância relativa dos indicadores e subíndices é expressa por pesos associados a cada um deles. Zonensein (2007) defende que a atribuição de pesos deve ser realizada pelo gestor ou instituição que usará o índice como ferramenta de suporte à decisão quanto à gestão de risco de cheia. Neste trabalho, porém, os pesos foram definidos pelos autores, em primeira aproximação, a título de ilustração, podendo ser revistos em qualquer momento futuro, no caso de uma aplicação prática real para fins de gestão de risco neste local.

O Índice de Risco de Cheia (IRC) foi aplicado ao estudo de caso da bacia urbana do Rio Dona Eugênia, usando informações do Censo de 2010 (IBGE, 2010). As outras fontes de dados consistiram nos resultados de simulação de cheias realizada com o auxílio do MODCEL, considerando os tempos de recorrência de 25 e de 100 anos, conforme mostrado na discussão anterior de perigo.

Considerou-se que os subíndices Propriedades da Inundação (PI) e Consequências (C) possuíam a mesma importância. Assim, atribuíram-se aos expoentes q_{PI} e q_C pesos iguais a 0,50. Já os pesos atribuídos a cada indicador consideraram o grau de importância de cada um, segundo interpretação dos autores. Os valores adotados estão apresentados na Tabela 5.3.

No subíndice de Propriedades da Inundação, o nível d'água atingido pela inundação foi considerado mais importante que o Fator de Permanência na proporção de 2 para 1.

Em relação às consequências, a densidade de domicílios, que indica o número de pessoas e bens imóveis postos em risco, foi tomada como o principal fator para avaliação do risco. Já a renda, que atribui,

Tabela 5.3: Pesos associados a cada subíndice e a cada indicador considerado

Subíndice	Peso	Indicador	Peso
Propriedades da Inundação (PI)	0,50	Nível d'água	0,67
		Fator de permanência	0,33
Consequências (C)	0,50	Densidade de domicílios	0,60
		Renda	0,30
		Saneamento Inadequado	0,10

indiretamente, um valor econômico às perdas, foi adotada como segundo fator mais importante. Por fim, as condições de saneamento inadequado, que tem relação com a saúde pública, foram adotadas com peso bem menor, quase que apenas como um ajuste fino, tendo em vista a aparente fragilidade dos dados do IBGE para caracterizar essa condição (a interpretação de esgotamento inadequad o parece subestimada pela avaliação do censo). Observando as condições mapeadas pelas variáveis do IBGE, a situação geral de saneamento na bacia seria bastante razoável, com o descritor de saneamento adequado superando 80%, o que não parece condizer, de fato, com a realidade do município, o que pode ser visualizado nas fotos que refletem situações frequentes encontradas em uma visita de campo (Figuras 5.7 e 5.8).

Na variável saneamento inadequado, levantada pelo IBGE, não se consegue distinguir entre o lançamento de esgoto em rede apropriada e em rede pluvial. Assim, só os casos mais críticos de saneamento são identificáveis. Essa observação levou à forte redução do peso deste indicador, para não distorcer o índice.

O IRC foi calculado para cada célula do modelo de escoamento pela interseção e integração dos setores censitários por célula, e os resultados foram divididos em quatro classes básicas, correspondendo a Risco Alto (75-100%), Médio Alto (50-75%), Médio Baixo (25-50%) e Baixo (0-25%), para fins de produção de mapas de risco. As Figuras 5.10 e 5.11 apresentam os mapas de risco elaborados para o TR de 25 anos e para o TR de 100 anos. Ressalta-se que as áreas em branco nestes mapas correspondem a células que não tiveram IRC calculado por se tratarem de áreas sem ocupação (cemitérios, estádios de futebol e faixa *non aedificandi* da rodovia Via Light).

Os mapas de risco de cheias são apresentados para ambos os tempos de recorrência, para uma situação representativa da situação atual, tomando o ano de 2013 como referência, ou seja, é um cenário que simboliza uma situação tal como a bacia se encontra, sem intervenções de controle de cheias e sem a implantação de medidas previstas no plano diretor desenvolvido para a bacia dos Rios Iguaçu-Sarapuí, dos quais o Rio Dona Eugênia é afluente. A avaliação dos mapas das Figuras 5.9 e 5.10 leva à percepção de que o risco de cheia na bacia do Rio Dona Eugênia é crítico na região central da cidade (destacada na Figura 5.7), com valores de risco importantes já para o TR de 25 anos, de forma que o incremento do perigo (para o evento de chuva de TR de 100 anos) não afeta o risco na mesma proporção de modificação do evento. A maior parte do restante da cidade apresenta riscos relativamente baixos, contrastando com a região central do município e adjacências, que apresentam tendência a riscos mais altos.

FIGURA 5.7: Exemplo de saneamento inadequado na bacia, com lançamento direto de esgoto no rio. *Fonte: Veról (2012).*

Para o cenário atual, observa-se que na área central do município, numa faixa que se estende desde a Prefeitura Municipal até próximo à Linha Férrea, o risco é classificado principalmente como Médio Alto e Alto. Essa região é a que concentra maiores lâminas de alagamento e é também a região da bacia que apresenta maior densidade de domicílios e situação de saneamento mais crítica, com margens do rio

FIGURA 5.8: Exemplo de saneamento inadequado na bacia, com lixo lançado diretamente na margem do rio. *Fonte: Veról (2012).*

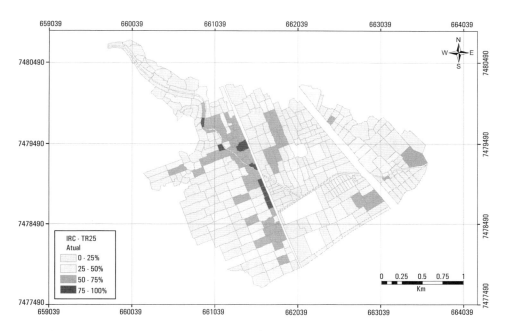

FIGURA 5.9: Resultado do IRC para o cenário atual – TR 25 anos. *Fonte: Veról (2013).*

ocupadas por casas que lançam diretamente seus esgotos nele. Tais fatores influenciam valores mais altos para o IRC. Também foram verificados valores de IRC na faixa de risco Médio Alto e Médio Baixo em pontos disseminados pela bacia. Tais valores são influenciados, de forma geral, pelas lâminas de alagamento, decorrentes de falhas na microdrenagem. Em determinada região, a leste da Linha Férrea, no bairro conhecido como Vila Emil, o indicador renda também influencia a obtenção de valores mais altos para o IRC. Nessa área, são encontradas as maiores médias de renda per capita da bacia. Na lógica do IRC, quem possui mais renda tem bens com maior valor a perder e isso incrementa prejuízos gerados pela inundação.

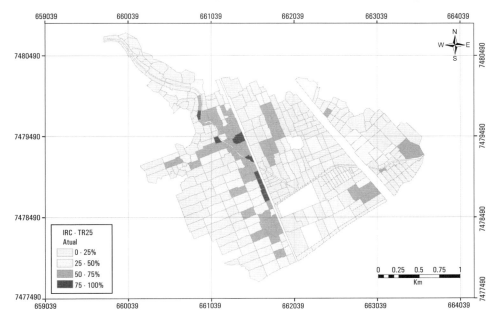

FIGURA 5.10: Resultado do IRC para o cenário atual – TR 100 anos. *Fonte: Veról (2013).*

De forma contrária, os menores riscos estão associados aos bordos da bacia, com cotas mais altas e menores propensões a alagamentos e inundações. O trecho médio se beneficia das retenções que ocorrem a montante da linha férrea, sofrendo também menores inundações. Por fim, a região da foz mostra um menor risco, em função de ser uma área de menores densidades. Porém, ao se avaliar isoladamente os mapas de perigo (Capítulo 4), percebe-se que estas são áreas sujeitas a alagamentos importantes e não deveria ser incentivada a sua ocupação. Nota-se, entretanto, que há um processo de expansão desta ocupação, com loteamentos novos sendo implantados em situação de perigo.

A avaliação dos mapas de risco para o tempo de recorrência de 100 anos indica que os resultados mantêm a mesma tendência, de forma geral, e pioram pouco, mesmo quando a bacia está submetida a uma chuva maior.

O IRC calculado para toda a bacia urbana apresenta resultados de baixo risco, sendo 21,9 para TR 25 e 23,1 para TR 100. Quando se olha para a região central, que apresenta valores mais críticos na bacia, e calcula-se o índice médio apenas para ela, verifica-se que o IRC vai a 38,0 para TR 25 e chega a 41,0 para TR 100.

5.7 EXEMPLOS COMPLEMENTARES DE MAPAS DE RISCO OU DE SEUS COMPONENTES

Atlas de Vulnerabilidade às Inundações – Agência Nacional de Águas (ANA)

A Agência Nacional de Águas (ANA) propôs uma metodologia, em seu Atlas de Vulnerabilidade a Inundações (ANA, 2014), com o objetivo de mapear, de forma rápida e simples, trechos de rios mais vulneráveis a inundações; segundo a própria ANA: "é uma ferramenta que identifica a ocorrência e os impactos das inundações graduais nos principais rios das bacias hidrográficas brasileiras".

O resultado da aplicação dessa metodologia gera os "Mapas de Vulnerabilidade a Inundações", que objetivam servir de orientação na "implementação de políticas públicas de prevenção e de mitigação de impactos de eventos hidrológicos críticos, por meio da adoção de medidas estruturais e não estruturais, contribuindo para a utilização racional de recursos públicos".

Destaca-se que esses mapas são confeccionados considerando apenas as inundações graduais, não sendo possível avaliar situações de inundações bruscas/enxurradas e de alagamentos urbanos.

Os mapas apresentados no Atlas de Vulnerabilidade a Inundações utilizam a escala de 1:1.000.000 e classificam os trechos como o segmento entre uma foz e uma confluência, ou o segmento entre duas confluências, ou o segmento entre uma confluência e uma nascente.

O processo de execução do Atlas de Vulnerabilidade a Inundações deu-se por meio de articulação de dois grupos de informações, um sobre a frequência de ocorrência de inundações graduais e outro sobre o grau de impactos associados a estas inundações.

Para classificar a recorrência de inundações graduais, foram estabelecidos os intervalos definidos na Figura 5.11.

O impacto associado às inundações também é qualitativamente definido em classes, conforme mostrado na Figura 5.12:

A matriz de vulnerabilidade a inundações, mostrada na Figura 5.13, é então construída a partir do cruzamento das informações de frequência e impacto dos eventos de inundação.

O Atlas de Vulnerabilidade a Inundações da ANA identificou 13.948 trechos de rios inundáveis em 2.780 cursos d'água no país, sendo: 4.111 trechos (30%) considerados de alta vulnerabilidade a inundações graduais; 6.051 (43%) de média vulnerabilidade; e 3.786 (27%) de baixa vulnerabilidade a essas ocorrências.

Em uma interpretação livre desta proposta de mapeamento de vulnerabilidade a inundações da ANA, os autores deste livro têm uma visão particular que entende o cruzamento das informações de frequência de inundação e impactos gerados como uma metodologia simples de avaliação do próprio risco. Res-

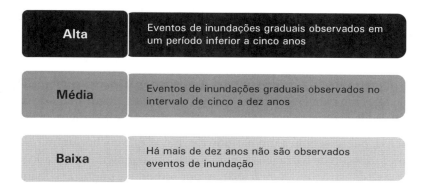

FIGURA 5.11: Classes de frequência de inundações – Atlas de Vulnerabilidade a Inundações. *Fonte: Adaptado de ANA (2014).*

gatando a discussão conceitual, caso seja considerada a frequência de ocorrência das inundações, tanto a probabilidade quanto a susceptibilidade do meio físico local devem estar incluídos nessa observação. Estas seriam características típicas do perigo (embora simplificadas e não associadas a uma probabilidade específica ou a uma susceptibilidade realmente avaliada). Por outro lado, a avaliação do nível de impacto está diretamente associada à vulnerabilidade do sistema exposto. Portanto, a combinação das duas informações na matriz mostrada na Figura 5.13 fornece uma ideia do nível de risco associado aos

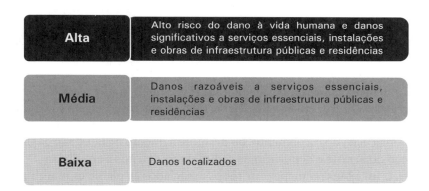

FIGURA 5.12: Classes de impactos de inundações – Atlas de Vulnerabilidade a Inundações. *Fonte: Adaptado de ANA (2014).*

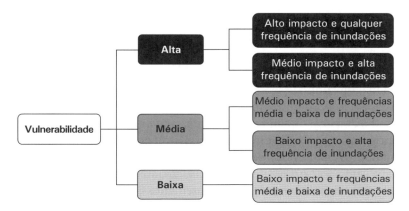

FIGURA 5.13: Matriz de Vulnerabilidade – Atlas de Vulnerabilidade a Inundações. *Fonte: Adaptado de ANA (2014).*

trechos fluviais e teve o grande mérito de ter permitido uma avaliação muito rápida e abrangente, o que possibilita uma primeira informação de referência para o planejamento de ações.

Mapa de Risco do Instituto Estadual do Ambiente (Inea) para a Região Serrana – RJ

A Região Serrana do Estado do Rio de Janeiro sofreu um grande desastre em 2011, associado a um evento de chuva intensa, que se seguiu a um período de chuvas que encharcaram o solo, gerando enxurradas, deslizamentos, formação de barragens temporárias com o material deslizado sobre vales estreitos (solo, vegetação, pedras e construções), que acabaram por romper-se e agravar o fenômeno, aumentando seu potencial destrutivo.

Os impactos do desastre na Região Serrana geraram perdas de enorme magnitude, o que levou a uma série de discussões, que definiram um marco nas políticas de gestão de risco no país, impulsionado pelos urgentes desafios e pela necessidade de investimento em prevenção, monitoramento e mitigação. Em 2012 foi promulgada a lei que instituiu a Política Nacional de Proteção e Defesa Civil (BRASIL, 2012a).

As cidades mais afetadas foram Nova Friburgo, Petrópolis, Teresópolis, Sumidouro, Areal, Bom Jardim e São José do Vale do Rio Preto. Segundo dados do governo do estado, 905 mortes foram oficialmente contabilizadas, mas tal valor provavelmente é subestimado, devido ao elevado número de pessoas que continuam desaparecidas (CANEDO, 2011). Além disso, cerca de 35 mil pessoas ficaram desalojadas e mais de 300 mil foram afetadas. No total, estima-se que aproximadamente 40% da população dos municípios atingidos sofreu consequências diretas do desastre.

Com relação às perdas e aos danos materiais, estimativas do Banco Mundial apontam para valores na ordem de R$4,78 bilhões, dos quais cerca de R$3,15 bilhões correspondem ao setor público e R$1,62 bilhão ao setor privado, cuja maioria dos danos foi no sistema habitacional.

Além dos danos à sociedade, segundo Canedo (2011), o evento também causou impactos ambientais, modificando a geografia e a hidrografia da Região Serrana. A macrodrenagem e o equilíbrio morfológico das bacias foram seriamente comprometidos, em virtude do assoreamento das calhas, da alteração do traçado dos rios, da obstrução do escoamento, do desmoronamento de taludes e da degradação das áreas ribeirinhas em função do arraste e deposição de sedimentos, detritos e entulhos.

Após a catástrofe, o Inea buscou mapear os riscos associados às planícies marginais dos rios, para os locais mais atingidos, procurando compatibilizar manchas de alagamento e uso do solo, para orientar as atividades de recuperação, relocação e crescimento futuro.

Esse mapeamento foi elaborado a partir de imagens de satélite, levantamentos topobatimétricos, visitas de campo e da modelagem hidrodinâmica dos corpos d'água. Foram definidas três zonas para orientação do uso do solo em função do perigo de inundação, conforme esquema apresentado na Figura 5.14 e detalhado na sequência.

Basicamente, o trabalho se desenvolveu em duas etapas:

1. Na primeira etapa, de cunho essencialmente hidrodinâmico, foi delimitada a calha regular, para inundações frequentes, e a inundação frequente foi definida como aquela de tempo de recorrência de 10 anos. A calha do rio natural incapaz de suportar a inundação de TR 10 anos recebeu alterações de projeto para passar a conduzir esta vazão. Na sequência, foi demarcada uma faixa marginal de proteção, adotando 15 m de afastamento para a calha regular estabelecida, em áreas urbanas, e 30 m de afastamento em áreas rurais. Por fim, foi calculado o limite da mancha de inundação, $Lmi50$ (utilizando uma ferramenta de modelagem matemática), para o tempo de recorrência de 50 anos. Com essas informações, foi definida uma área de exclusão, Ae, de ocupação, para a interseção da faixa marginal com a mancha de inundação de TR 50 anos. Ou seja, tomando a margem da calha

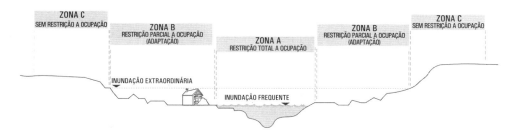

FIGURA 5.14: Divisão das zonas de risco de inundação. Fonte: *Adaptado de apresentação pública, Inea (2013).*

regular de TR de 10 anos como referência, a *Ae* se refere ao menor valor entre a faixa fixa de 15 ou 30 m e o limite da inundação de 50 anos. Note-se que a faixa urbana de 15 m não considera a proteção requerida para pequenos rios, mas respeita minimamente a faixa *non aedificandi* definida na lei federal que regula os loteamentos urbanos (BRASIL, 1979). Já na área rural, a faixa de 30 m se refere à menor faixa de proteção prevista no novo código florestal (BRASIL, 2012b), para rios com largura menor do que 10 m. Como os rios da Região Serrana têm pequenas larguras, essa definição, em média, está correta.

2. Na segunda etapa, as diferentes áreas de perigo mapeadas foram cruzadas com informações de uso do solo, destacando-se, na verdade, a presença ou não de edificações (exposição), sem detalhar aspectos da vulnerabilidade. A partir dessas informações cruzadas, são propostas realocações, para áreas inaceitáveis, medidas de adaptação para áreas de risco aceitável e definem-se áreas sem restrição de ocupação.

Mais especificamente, então, foram criadas as seguintes zonas:

- Zona A – Área de desocupação compulsória (*Adc*): restringe totalmente a ocupação, pois se refere às áreas com alto perigo de inundação associadas às zonas de exclusão, ou seja, zonas que concomitantemente estão dentro da faixa marginal de 15 ou 30 m, para áreas urbanas e rurais, e estão também dentro da mancha de inundação de 50 anos. O Inea chamou essa região de área de risco iminente de inundação. Essas zonas coincidem com a área de exclusão *Ae*. A ocupação indevida dessa faixa obstrui o fluxo, prejudicando os escoamentos, e expõe pessoas, bens e valores ao dano. Como há um risco iminente de inundação, onde há ocupação, a desocupação deverá ser compulsória.

Adicionalmente, se ocorrer um caso em que a mancha de inundação de 50 anos encontre um vale encaixado e ofereça valores de *Lmi50* menores que 7 m, será adotado, então, este valor de 7 m como mínima distância da calha regular onde qualquer ocupação deve ser evitada. Ou seja, as edificações deverão estar no mínimo a 7 m da margem da calha de projeto (calha definida após a dragagem prevista para os rios da Região Serrana).

- Zona B – Área de desocupação optativa (*Ado*): a restrição é parcial, possibilitando, assim, a adaptação em relação a cada moradia. Nesta região, a desocupação é optativa, mas os habitantes desta faixa devem estar cientes do risco. A faixa engloba as edificações existentes nas áreas que vão do limite de *Ae* até o *Lmi50*, quando *Lmi50* > 15m em área urbana ou *Lmi50* > 30 m em área rural, ou vão do limite de *Ae* até 15 m, quando 15 m > *Lmi50* em área urbana, ou até 30 m, quando 30 m > *Lmi50* em área rural.

É necessário um sistema de alerta e um plano de contingência para essa faixa de ocupação, não sendo recomendáveis ocupações adicionais futuras.

- Zona C: não há restrições de ocupação quanto às cheias. Há possibilidade moderada e/ou baixa de inundações. Faz-se necessário um sistema de alerta e um plano de contingência para essa faixa de ocupação, para o caso de eventos excepcionais.

As Figuras 5.15 e 5.16 ilustram os critérios de mapeamento desenvolvidos e aplicados pelo Inea ao caso da Região Serrana do Estado do Rio de Janeiro.

O zoneamento de risco de inundação foi realizado nos municípios de Petrópolis (rios Cuiabá e Santo Antônio e Córrego Carvão), Teresópolis (rios Imbuí, Vieira e Formiga, Córrego Príncipe e Ribeirão Santa Rita) e Nova Friburgo (Córrego d'Antas e Rio Grande). Foram identificadas mais de 1.600 edificações em áreas de risco iminente (desocupação compulsória) e mais de 600 edificações em área de alto risco de inundação (desocupação optativa).

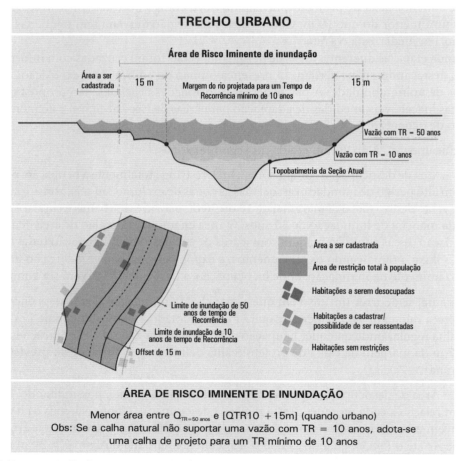

FIGURA 5.15: Representação do mapeamento das áreas de risco iminente de inundação para trechos urbanos. *Fonte: Adaptado de apresentação pública, Inea (2013).*

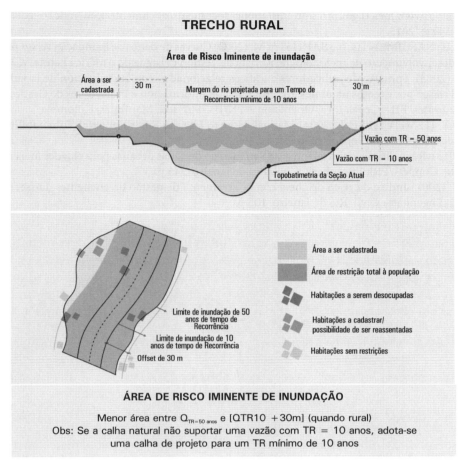

FIGURA 5.16: Representação do mapeamento das áreas de risco iminente de inundação para trechos rurais. *Fonte: Adaptado de apresentação pública, Inea (2013).*

REFERÊNCIAS

ABEP. (2013) Critério de Classificação Econômica Brasil, CCEB-2013. Associação Brasileira de Empresas de Pesquisa. Disponível em: http://www.abep.org/Servicos/Download.aspx?id=02.
ANA – AGÊNCIA NACIONAL DE ÁGUAS. (2014) Atlas de Vulnerabilidade a Inundações. Brasília, DF.
BRASIL. (1979) Lei Federal nº 6.766, de 19 de dezembro de 1979. Lei de Parcelamento do Solo Urbano. Senado Federal, Diário Oficial da União Brasília, DF, 20 de dezembro.
BRASIL. (2012a) Lei Federal nº 12.608, de 10 de abril de 2012. Institui a Política Nacional de Proteção de Defesa Civil. Casa Civil, Diário Oficial da União, Brasília, DF, 10 de abril.
BRASIL. (2012b) Lei Federal nº 12.651, de 25 de maio de 2012. Dispõe sobre a proteção da vegetação nativa. Diário Oficial da União, Brasília, DF, 28 de maio.
CANEDO, P.; EHRLICH, M.; LACERDA, W.A. (2011) Chuvas na Região Serrana do Rio de Janeiro, Sugestões para Ações de Engenharia e Planejamento. Programa de Engenharia Civil. Coppe/UFRJ, Rio de Janeiro, 16 de fevereiro.
DE BONIS, A. (2006) IDU – Índice de drenagem urbana. Monografia. Curso de Pós-Graduação *Lato Sensu* de Gerenciamento de Recursos Hídricos Integrado ao Planejamento Municipal, Universidade Federal do Rio de Janeiro, Rio de Janeiro.
IBGE – INSTITUTO BRASILEIRO DE GEOGRAFIA E ESTATÍSTICA. (2010) Censo Demográfico 2010.
INEA. (2015) Boletim Águas & Território nº 10, jan. 2015.

Disponível em: http://www.inea.rj.gov.br/cs/groups/public/documents/document/zwew/mdc2/~edisp/inea0076593. pdf. Acesso: 14 set. 2015.

MACHADO, M.L.; NASCIMENTO, N.; BAPTISTA, M. (2005) Curvas de danos de inundação *versus* profundidade de submersão: desenvolvimento de metodologia. Revista de gestión del agua de América Latina, v. 2, n. 1, p. 35–52.

OLAVE, D.C.S. (2003). Sumário de indicadores e índices relacionados con la evaluación de la vulnerabilidad, la amenaza y el riesgo por eventos naturales. In: Programa de Información e Indicadores de Gestión de Riesgos de Desastres Naturales. BID, Cepal, Idea, Operación ATN/JF-7907-RG, Manizales, Colombia.

PRATT C.; KALY, U.; MITCHELL, J. (2004) Manual: How to Use the Environmental Vulnerability Index (EVI). Sopac Technical Report 383. Sopac, Unep.

VERÓL, A.P. (2013). Requalificação fluvial integrada ao manejo de águas urbanas para cidades mais resilientes. Tese de Doutorado. Coppe/UFRJ, Engenharia Civil, Rio de Janeiro. 345 p.

ZONENSEIN, J. (2007) Índice de risco de cheia como ferramenta de gestão de enchentes. Dissertação de M. Sc. Coppe/UFRJ, Engenharia Civil, Rio de Janeiro. 105 p.

CAPÍTULO 6

Resiliência e sustentabilidade

Conceitos apresentados neste capítulo

Este capítulo faz um desvio de caminho da lógica que vinha sendo linearmente construída, na questão da conceituação do risco, para abrir espaço para uma discussão que vem ganhando vida própria no meio técnico: a resiliência. A resiliência surge como um componente de oposição à vulnerabilidade, caracterizando a capacidade de o sistema exposto continuar resistindo e funcionando, apesar dos reveses, bem como a capacidade de se recuperar rapidamente de situações adversas. É uma medida importante de manutenção da resistência, continuidade de funcionamento do sistema e capacidade de recuperação. Sua importância e destaque advêm de uma relação com o próprio conceito de sustentabilidade. O conceito de sustentabilidade implica que um dado sistema deva funcionar no presente, com resultados sociais, ambientais e econômicos positivos, sem comprometimento de sua capacidade futura de continuar funcionando ao longo do tempo com resultados benéficos para a sociedade. Essa noção temporal da sustentabilidade (ações no presente não devem comprometer futuras gerações) se alinha perfeitamente com o conceito de resiliência, em que um dado sistema deve manter a sua capacidade de resistir e continuar funcionando ao longo do tempo e se recuperar de cenários futuros adversos. Nesse contexto, o presente capítulo traz a resiliência como foco da discussão, dando uma interpretação própria a sua representação; porém, usando todo o arcabouço conceitual construído até aqui, com a discussão do risco permeando sua interpretação, formulação e mapeamento.

6.1 INTRODUÇÃO

O conceito de resiliência tem se tornado amplamente utilizado nos debates relacionados com o desenvolvimento sustentável. Nos últimos anos, o conceito, de certa forma, "explodiu" na discussão da sustentabilidade e na pesquisa sobre o meio ambiente.

A definição de resiliência pode variar muito na sua formulação, dependendo do contexto e escolha de literatura. Resiliência é em geral descrita como a capacidade de se recuperar de uma tensão, e a alta resistência é comumente vista como o objetivo de um desenvolvimento saudável.

Com origem no estudo da resistência dos materiais, a resiliência indica, nessa área do conhecimento, de forma clássica, a capacidade de um material de absorver energia na região elástica, sendo capaz de voltar à forma original, quando cessa a causa de sua deformação.

Apesar de sua conceituação inicialmente física, o termo "resiliência" passou a ser utilizado em outras áreas do conhecimento, como no campo da engenharia e da arquitetura e urbanismo.

Resiliência é um conceito complexo, e a tarefa de identificar se um sistema é ou não resiliente pode ser muito difícil. Walker (2002) *apud* (Pendall *et al.*, 2010) chama a atenção para essa complexidade e diz que: "Qualquer discussão sobre a resiliência em um ecossistema particular deve ser precedida pela pergunta, 'A resiliência do que e para o quê?'... O sistema precisa ser definido em termos de (1) as variáveis que descrevem o estado e (2) a natureza e as medidas dos choques externos."

Foster *et al* (2010) descrevem duas abordagens comuns, passando por várias áreas, da psicologia à engenharia e que constroem a base para o conceito de resiliência. Em primeiro lugar, a análise de equilíbrio, que seria a recuperação de um estado normal (em um único sistema em equilíbrio) ou a mudança para uma nova normalidade adaptada (em um sistema de equilíbrio múltiplo). Em segundo lugar, a análise de sistemas complexos adaptáveis sublinha de que maneira os vários elementos de um sistema interagem para criar experiências dinâmicas, que podem fazer um sistema ser mais ou menos adaptável.

Além disso, a resiliência pode ser encarada sob dois ângulos distintos: numa situação de pós-estresse – como um sistema responde e se recupera de um desastre; ou como uma medida da capacidade do sistema em uma situação pré-estresse – o quão bem preparado está o sistema para responder e se recuperar de um desastre (Foster, 2011).

Para que um sistema seja resiliente, é importante estar preparado para futuros eventos, com perspectiva tanto de curto quanto de longo prazos. Entretanto, a previsão de como a sociedade evoluirá não pode ser dada como certa (Abhas *et al.*, 2013). Planos no longo prazo devem ser feitos, mas é importante avaliá-los constantemente para mantê-los atualizados. Quando o sistema é adequadamente preparado, com acesso a uma previsão confiável, torna-se mais fácil a elaboração de sistemas de alerta e planos de recuperação para construir uma sociedade mais resiliente (Schelfaut *et al.*, 2011).

Muitas das questões relativas à resiliência consideram o aumento da consciência sobre o assunto, o compartilhamento de informações entre os profissionais, a criação de claras hierarquias de responsabilidade etc. Estes são aspectos importantes, mas há também uma demanda de um olhar para a resiliência de forma mais concreta, para permitir a operacionalização do conceito, com avaliações e comparações que possam nortear ações.

Na operacionalização da resiliência é importante encontrar fraquezas e vulnerabilidades em nossos sistemas existentes. Diversos estudos têm mostrado que é importante identificar e proteger os serviços essenciais de uma sociedade, tais como comunicação, produção de energia, serviços de emergência, serviços de saúde, transporte, abastecimento de água, saneamento etc. Muitos destes serviços estão interligados e, caso um deles não funcione corretamente, é provável que os demais também sejam afetados. Se eles conseguirem permanecer operacionais durante um evento inesperado ou perigoso, há maior probabilidade de que a sociedade recupere suas funções dentro de um prazo razoável (McBain et al., 2010; Abhas et al., 2013).

Atualmente, o tema resiliência apresenta-se, principalmente, na discussão de questões conceituais; existem vários guias que introduzem o assunto, trazendo, também, informações sobre como construir cidades resilientes. A falta de ferramentas práticas para a operacionalização torna sua implementação um procedimento bastante complicado para os tomadores de decisão. Neste capítulo, além da discussão conceitual de resiliência, algumas abordagens quantitativas serão introduzidas como exemplos de possibilidade de trabalho concreto sobre esse tema, para suporte à decisão na definição de projetos de controle de inundações e para investimentos em áreas mais frágeis, que precisam aumentar sua resiliência.

6.2 RESILIÊNCIA – DEFINIÇÕES MAIS COMUNS

A literatura técnica sobre gestão de águas urbanas tem discutido, com alguma frequência, o conceito de resiliência (por exemplo: Andoh e Iwugo, 2002; Sayers *et al.*, 2013; Brown *et al.*, 2008).

Resiliência é a capacidade de um sistema mudar e se adaptar continuamente, ainda que permaneça sob ameaças críticas. A fim de tornar prático o conceito de resiliência, é importante ser capaz de medi-la e avaliá-la. Como a resiliência contém muitos componentes e muitos vieses, tem-se um grande desafio nessa área para a criação de ferramentas de gestão do futuro.

> *As tempestades (...) são perigos naturais, mas a verdade é que não há nada de 'natural' sobre desastres. Nós sabemos que não podemos evitar um perigo, mas podemos evitar que se torne um desastre e mitigar seu impacto, aprender sobre risco, unir as pessoas, rever as políticas e tornar nossas comunidades resilientes.* (UNISDR, 2012)

A Estratégia Internacional de Redução de Desastres (EIRD) define resiliência como "a habilidade de um sistema, uma comunidade ou sociedade exposta ao perigo de resistir, absorver, acomodar e recuperar-se dos efeitos de um perigo de uma forma oportuna e eficiente, incluindo através da preservação e restauração de suas estruturas e funções básicas" (UNISDR, 2009).

A *Construction Industry Research and Information Association* (CIRIA, 2010) define resiliência como a habilidade da infraestrutura manter suas funções mesmo em condições incomuns, como as representadas por cheias extremas, por exemplo, assim como a habilidade de se recuperar e reassumir suas funções normais após o evento. Essa é uma visão parcial de resiliência como um todo, uma vez que este conceito em seu significado completo é fortemente relacionado com aspectos sociais. Entretanto, é uma definição muito usual no campo da engenharia civil, focando em respostas físicas dos sistemas considerados.

A União Europeia define resiliência, de forma muito semelhante, como "a habilidade de um indivíduo, um domicílio, uma comunidade, um país ou uma região para resistir, adaptar-se, e rapidamente se recuperar de estresses e choques". (European Commission, 2012).

O *Intergovernmental Panel on Climate Change* (IPCC, 2012) define resiliência como a capacidade de um sistema e seus componentes para antecipar, absorver, acomodar, ou se recuperar dos efeitos de um evento perigoso em tempo hábil e eficiente.

Já para o Programa das Nações Unidas para o Desenvolvimento (Pndu, 2014), a resiliência incentiva uma melhor compreensão dos sistemas, a interação dos componentes e as respostas dos atores envolvidos, sendo importante ter em conta a arquitetura interna e a lógica dos sistemas, especialmente uma vez que alguns sistemas podem ser, eles próprios, fontes de vulnerabilidade.

Abhas *et al.* (2013), em publicação do Banco Mundial, definem *Resiliência Urbana a Desastres* como sendo a capacidade de um sistema, comunidade ou sociedade, exposto a riscos, para resistir, absorver, acomodar e se recuperar dos efeitos de um perigo pronta e eficientemente, através da preservação e restauração de estruturas básicas essenciais. Ainda de acordo com a mesma publicação (*ibid*), a resiliência urbana está subdivida entre os quatro componentes descritos a seguir:

- Infraestrutural: refere-se à redução na vulnerabilidade dos sistemas construídos, tais como edifícios e sistemas de transporte, por exemplo. Também se refere à capacidade de oferta de abrigos, serviços de saúde, manutenção do funcionamento das redes de infraestrutura, caminho de fuga e linhas de suprimento (em caso de desastres).
- Institucional: refere-se aos sistemas, governamentais ou não, que administram uma comunidade.
- Econômico: refere-se à diversidade econômica de uma comunidade em determinadas áreas, e em sua capacidade de funcionar após um desastre.
- Social: refere-se ao perfil demográfico de uma comunidade (considerando sexo, idade, etnia, status socioeconômico etc.) e o perfil do seu capital social. Embora difícil de quantificar, o capital social refere-se a um senso de comunidade, à capacidade dos grupos de cidadãos para se adaptar, e a um sentimento de apego a um lugar (Cutter *et al.*, 2010).

Publicado em 2012, pela Estratégia Internacional para Redução de Desastres das Nações Unidas – UNISDR, (2012), o guia "Como Construir Cidades Mais Resilientes" define que uma cidade resiliente a desastres é um local onde os desastres são minimizados porque sua população vive em residências e comunidades com serviços e infraestrutura organizados e que obedecem a padrões de segurança e códigos de construção, sem ocupações irregulares construídas em planícies de inundação ou em encostas íngremes por falta de outras terras disponíveis.

Além disso, na mesma publicação, outros pontos são citados como fundamentais para garantir a resiliência de uma cidade. Assim, de forma breve, diz-se que uma cidade resiliente (UNISDR, 2012):

- Possui um governo local competente, inclusivo e transparente que se preocupa com uma urbanização sustentável e investe os recursos necessários ao desenvolvimento de capacidades para gestão e organização municipal antes, durante e após um evento adverso ou ameaça natural.
- É a cidade onde as autoridades locais e a população compreendem os riscos que enfrentam e desenvolvem processos de informação local e compartilhada.
- É onde existe o "empoderamento" dos cidadãos para participação, decisão e planejamento de sua cidade em conjunto com as autoridades locais; e onde existe a valorização do conhecimento local, suas capacidades e recursos.
- Preocupa-se em antecipar e mitigar os impactos dos desastres, incorporando tecnologias de monitoramento, alerta e alarme para a proteção da infraestrutura, dos bens comunitários e individuais, incluindo suas residências e bens materiais, bem como do patrimônio cultural e ambiental e do capital econômico. Está também apta a minimizar danos físicos e sociais decorrentes de eventos climáticos extremos, terremotos e outras ameaças naturais ou induzidas pela ação humana.
- É capaz de responder, implantar estratégias imediatas de reconstrução e restabelecer rapidamente os serviços básicos para retomar suas atividades sociais, institucionais e econômicas, após um evento adverso.
- Compreende que grande parte dos itens anteriores são também pontos centrais para a construção da resiliência às mudanças ambientais, incluindo as mudanças climáticas, além de reduzir as emissões dos gases que provocam o efeito estufa.

Foi lançada no Brasil, em 2011, durante a 7ª Semana Nacional de Redução de Desastres, a campanha *Construindo Cidades Resilientes: Minha cidade está se preparando,* por meio da Estratégia Internacional para a Redução de Desastres (EIRD) da ONU, com o objetivo de aumentar o grau de consciência e compromisso em torno das práticas de desenvolvimento sustentável, como forma de diminuir as vulnerabilidades e propiciar o bem-estar e a segurança dos cidadãos através de uma urbanização sustentável. Tal campanha é uma iniciativa da Secretaria Nacional de Defesa Civil (Sedec) e do Ministério da Integração Nacional. Dentre as cidades brasileiras participantes, estão Rio de Janeiro, São Paulo e Belo Horizonte.

6.3 CIDADES RESILIENTES A CHEIAS

O conceito de cidades resilientes proposto por Wong e Brown (2009) considera a cidade um sistema integrado que tem de ser projetado para enfrentar as consequências negativas de um determinado perigo e diminuir os danos associados. Nessa discussão, é útil distinguir resiliência a cheias de resistência a cheias. Ambos os conceitos são importantes, correlacionados, mas atuam de forma distinta. O conceito de resistência a cheias geralmente representa uma capacidade definida para evitar cheias, e está relacionado com as estratégias de controle, quando uma cheia de referência é definida para fins de projeto, tendo como principal objetivo a proteção da cidade, contra essa ameaça, resistindo a ela. A maioria dos projetos está relacionada com esse conceito. A resiliência a cheias, por sua vez, se refere à capacidade das cidades de se adaptarem a eventos ímpares de cheia, com perdas menores e aperfeiçoando aspectos de recuperação. É possível dizer que a resistência pode ser considerada parte da resiliência, quando observada ao longo do tempo. Isso significa que, se uma solução estiver disponível para resistir ao longo do tempo, ainda que em condições de estresse, ela também é resiliente. Um aperfeiçoamento importante no processo de projeto poderia consistir em prover soluções resistentes e resilientes, ou seja, soluções que previnam as cheias até determinado limite, predefinido, e que, em caso de uma cheia excepcional, correspondam a danos mínimos. Essa abordagem introduz a necessidade de avaliação de riscos residuais, ou seja, aqueles que estão associados à falha da obra proposta.

Como a natureza das ameaças muda ao longo do tempo, o conceito de resiliência também diz respeito à capacidade de adaptação do sistema, a fim de continuar trabalhando, mesmo em diferentes condições ambientais futuras. A CIRIA (2010) também afirma que o aperfeiçoamento da resiliência a cheias de uma cidade pode, basicamente, ser feito em duas principais linhas de ação:

- Evitar que a cidade tenha contato direto com a água das cheias. Isso pode ser feito por meio de um zoneamento que proíba a construção em áreas de risco de cheias ou, então, pela aplicação do conceito de construções à prova de cheias – essa é uma ação que minimiza a exposição.
- Diminuir o nível do alagamento gerado pela transformação de chuva em vazão, reorganizando os padrões de descarga resultantes. Essa abordagem usa medidas de armazenamento e de infiltração distribuídas sobre a bacia hidrográfica – por sua vez, essa seria uma ação de mitigação.

Wong e Brown (2009) apresentam uma visão geral de pesquisas e práticas emergentes com foco em princípios de gestão sustentável das águas urbanas para melhorar a resiliência do sistema de drenagem e das próprias cidades. Em relação à gestão das águas urbanas, Marsalek e Chocat (2002) apresentaram um panorama interessante, conjugando a contribuição de 18 países, no qual eles mostram a tendência de mudança da abordagem tradicional, em que prevaleciam obras de infraestrutura pesada, para uma nova abordagem, com o uso de infraestrutura verde.

Existem várias possibilidades para discutir a resiliência aplicada às cidades e estratégias para a sua melhoria, ainda que esse tema continue não sendo praticado no planejamento urbano contemporâneo (Ahem, 2011). A resiliência urbana deve ser construída a partir de diversas estratégias, incluindo multifuncionalidade, redundância e modularização, análise multiescalar e adaptabilidade de planejamento e projeto, por exemplo (*ibid*). Interessante notar que o conceito de redundância, aumentando as possibilidades de resposta, de diferentes formas e minimizando consequências, aparece em várias publicações como um elemento de construção da resiliência. Ou seja, se uma dada medida falha, há previsão de outra (ou outras), em sequência, que assume(m) a linha de frente para minimizar danos.

6.4 SOLUÇÕES DE PROJETO PARA CIDADES RESILIENTES A CHEIAS

Os conceitos de drenagem urbana vêm sendo revisados e atualizados por engenheiros, urbanistas e demais técnicos dessa área de atuação, mudando o foco das medidas tradicionais, que usualmente era na oferta de capacidade da rede de drenagem (em geral com canalizações) para ações sustentáveis e de preservação, que reconhecem as funções hidrológicas naturais e buscam alternativas de compensação para o crescimento das cidades. Ahem (2011) afirmou que a adaptabilidade é fundamental na discussão sobre resiliência e que os conceitos de sustentabilidade estão evoluindo de metas "à prova de falhas" para outras que consideram também a possibilidade de um sistema "falhar com segurança", o que vai no sentido do conceito de um sistema resiliente.

Roy *et al.* (2008), a partir de experiências americanas e australianas, discutiram soluções e dificuldades para a gestão sustentável de águas pluviais urbanas. Estes autores elencaram três premissas consideradas fundamentais: a gestão sustentável de águas urbanas deve manter a estrutura ecológica natural e as funções dos corpos d'água receptores; já existem tecnologias capazes de imitar o ciclo natural da água; e a bacia hidrográfica deve ser a unidade de planejamento e gestão. A gestão das águas pluviais urbanas deve enfatizar o controle na fonte, distribuído por toda a bacia hidrográfica.

Este processo tende a integrar o planejamento do uso do solo com engenharia, urbanismo e paisagismo, reunindo os ambientes natural e construído em uma mesma discussão. Para realizar essa tarefa, é importante compreender o ciclo natural da água e tentar se adaptar a ele, em vez de subjugá-lo. Ahiablame *et al.* (2012) fizeram uma extensa revisão de práticas para controlar as alterações do ciclo hidrológico urbano, em uma abordagem integrada com o planejamento e o projeto urbano, mostrando sua eficácia, associada a diferentes tipos de intervenções, tanto na escala da bacia hidrográfica quanto na microescala, ou seja, no nível do lote.

Neste contexto, é possível afirmar que as medidas distribuídas podem contribuir tanto para a resistência quanto para a resiliência a cheias da cidade, porque elas são capazes de reorganizar os padrões de escoamento, evitando inundações, e são capazes de melhor se adaptar, caso inundações extremas superem sua capacidade de resistir. Entre essas medidas, é possível mencionar (sem esgotar as possibilidades):

- Medidas de reorganização das águas na paisagem urbana, usando espaços livres com funções de armazenamento, criando oportunidades para a valorização de áreas degradadas e recuperando áreas verdes permeáveis (Miguez *et al.*, 2007; Woods-Ballard *et al.*, 2007).
- Medidas de controle no lote, favorecendo a detenção e a infiltração, antes da conexão da edificação com o sistema de drenagem urbana formal – nesta categoria, barris de chuva (Prince George's County, 1999), telhados verdes (Stovin, 2010) e jardins de chuva (Davis, 2008; Roy-Poirier *et al.*, 2010), surgem como alternativas.
- Ações de requalificação fluvial com foco no espaço fluvial, considerando a qualidade ambiental do rio, especialmente no que concerne à conectividade transversal e à recuperação das planícies de inundação (Nardini e Pavan, 2012; Nilsson *et al.*, 2007; Shields *et al.*, 2003).

É importante salientar que a abordagem da requalificação fluvial busca proporcionar um bom estado ambiental ao rio, envolvendo uma série de fatores integrados, como hidrologia, morfologia, qualidade da água e presença de ecossistemas fluviais saudáveis (CIRF, 2006), e não se concentra em ambientes urbanos. No entanto, a requalificação fluvial também considera a busca de um equilíbrio compatível entre as necessidades do homem e a dinâmica da natureza, proporcionando oportunidades mais eficazes e sustentáveis para resolver o problema do risco hidráulico. Neste contexto, a requalificação fluvial pode ser usada para melhorar a resiliência, uma vez que aproxima o funcionamento do rio das suas características naturais. Além disso, ainda que pensar na recuperação de rios em ambientes urbanos possa ser considerada uma meta desafiadora, esta é uma nova oportunidade a ser explorada em soluções integradas, relacionando aspectos ambientais, urbanos e hidráulicos. No trabalho de Roy *et al.* (2008), por exemplo, é enfatizado que: embora existam vários exemplos de práticas de *Water Sensitive Urban Design* – WSUD (Projeto Urbano Sensível à Água), existem poucos exemplos de implantação de projetos que considerem a escala da bacia hidrográfica com o objetivo explícito de proteção ou restauração de um trecho de rio. Esse é certamente um horizonte a ser explorado.

6.5 FERRAMENTAS PARA MEDIR A RESILIÊNCIA

O termo resiliência envolve um conceito complexo, que inclui mais de uma vertente, e que, como citado anteriormente, é difícil de ser expresso em termos quantitativos. Em geral, é considerado em termos sociais, e esta é provavelmente a abordagem mais comum, mas é também aplicado a serviços e infraestruturas. Pode também ser visto como uma compensação direta que atua no sentido inverso e diminui a vulnerabilidade na análise de risco, como originalmente apresentado no Capítulo 4. A resiliência pode ainda estar relacionada com a manutenção contínua da capacidade de resistência ao longo do tempo, mesmo em situações adversas que ultrapassam um horizonte predefi nido de projeto, dando uma noção de adaptação e de resposta contínua. Essa interpretação ampla, em sua diversidade, acaba por se refletir (de forma inversa, mostrando a dificuldade de captar, em essência, seu valor quantitativo) no baixo número de modelos matemáticos que calculam e quantificam a resiliência de uma forma tangível. Um desses poucos exemplos é visto no trabalho de Kotzee e Reyers (2016). Estes autores salientam que "há uma necessidade de avançar para abordagens que gerenciam a resiliência de um sistema a inundações através da compreensão e gestão dos condicionantes de vulnerabilidade e da capacidade de adaptação". Eles apresentam um método quantitativo, no qual 24 indicadores de resiliência relacionados com inundações são integrados a um índice composto, capaz de mapear a distribuição espacial da resiliência a cheias.

Os indicadores abrangem aspectos sociais, ecológicos, infraestruturais e econômicos relevantes de três municípios na África do Sul. Como resultado, a menor resiliência a cheias foi encontrada na periferia das cidades (muitas vezes em assentamentos informais periurbanos). Esses lugares também tiveram os menores valores de resiliência social, econômica e ecológica. Alguns trabalhos sobre vulnerabilidade encontrados na literatura focam em aspectos sociais, em abordagens que tendem a ser relacionadas com a resiliência (direta ou indiretamente). De fato, a resiliência pode ser vista como uma componente de avaliação de risco que se opõe à vulnerabilidade, e essa interpretação é tanto mais clara quando a vulnerabilidade tem um viés social. Koks et al. (2014) propuseram um índice de vulnerabilidade social, cuja interpretação é relacionada, de certa forma, com uma baixa resiliência (quanto maior o índice de vulnerabilidade social, menor a resiliência). Na literatura não são encontrados muitos índices de resiliência, mas alguns deles podem ser citados. Cutter *et al.* (2008) desenvolveram um índice de resiliência a catástrofes que avalia a resiliência geral a todos os perigos naturais.

Razafindrabe *et al.* (2014) propuseram uma abordagem de medida e avaliação para a resiliência da comunidade a inundações, usando um conjunto de índices biofísicos e socioeconômicos. O estudo foi realizado em Santa Rosa-Silang, sub-bacia na região da Laguna Lake, nas Filipinas, e os resultados sugerem que, com o objetivo de obter resiliência, é necessário reforçar a capacidade institucional dos *barangays* (as menores unidades administrativas na área de estudo), para formular e implementar iniciativas de redução de risco de desastres como parte legítima de seus planos gerais de desenvolvimento, baseados no uso da terra.

Mugume *et al.* (2015) apresentaram um índice de resiliência que combina a magnitude e a duração da falha em uma medida simples para quantificar a funcionalidade residual do sistema em cada nível de falha no trecho considerado. Em seu estudo, eles desenvolveram uma abordagem chamada Análise de Resiliência Global (GRA, na sigla em inglês), que desloca o objeto de análise das próprias ameaças para explicitar a consideração da performance do sistema quando sujeita a um grande número de cenários com falhas. Assim, um índice de resiliência, Res_0, que quantifica a funcionalidade residual do sistema como uma função da falha de certa magnitude e duração, foi computado para cada nível de falha para os sistemas existentes e para as estratégias de adaptação propostas.

Kotzee e Reyers (2016) desenvolveram um método em que 24 indicadores de resiliência relacionados com as cheias e com seus aspectos sociais, ecológicos, infraestruturais e econômicos mais relevantes (por exemplo, infraestrutura de água, de saneamento, diferença de renda, diversidade de uso do solo, dentre outros) foram selecionados e integrados a um índice composto para medir e mapear a distribuição espacial dos níveis de resiliência de cheia, sobre uma planície. Eles defendem que um índice de resiliência, focado em uma ameaça natural específica, permite a seleção das variáveis relevantes para análise do processo. Assim, eles desenvolveram o Índice de Resiliência a Cheias (FRI, na sigla em inglês). Esse índice tem como principal força a possibilidade de desagregar seus componentes, permitindo a identificação dos principais motores de resiliência a cheias.

Outra tentativa de se medir a resiliência foi feita por Veról (2013). Em seu trabalho, que está de acordo com os trabalhos de Wong and Brown (2008) e da CIRIA (2010), Veról propôs um índice de resiliência integrada, denominado "Escala de Resiliência" (ER) com a intenção de apoiar a tomada de decisões relacionada com as alternativas de projetos de controle de inundações. Este índice foi pensado para medir a resposta da cidade em termos de controle de risco de inundação, ao enfrentar uma situação futura adversa e rara, não prevista em projeto, e até mesmo superando seu horizonte. Na verdade, este índice foi proposto segundo uma forma integrada, medindo apenas a resposta global, resultante de uma avaliação de risco no presente e no futuro, comparando-as. Nesse estudo, foi introduzido um cenário futuro, considerando uma urbanização descontrolada, como elemento perturbador do equilíbrio definido por diferentes concepções de projeto, propostas para controlar as inundações presentes, que já ocorrem na bacia e acumulam perdas para a sociedade. Dessa forma, avaliando a resposta futura ao cenário proposto, diversas alternativas de projeto para controle de inundações puderam ser comparadas, permitindo oferecer um suporte ao município e seus tomadores de decisão, para nortear decisões para escolha da alternativa com melhor desempenho no longo prazo. Em particular, a melhor alternativa, em termos de manutenção de baixos patamares de riscos de inundação, controlados ao longo do tempo, foi aquela que combinou soluções de requalificação fluvial (com a recuperação de planícies de inundação, reconectando-as ao rio através de parques fluviais inundáveis), com medidas de drenagem urbana sustentável (como telhados verdes, bacias de retenção e captação de águas pluviais em reservatórios de lote).

O objetivo deste tópico é mostrar ao leitor que a resiliência pode, pelo menos até certo ponto, ser descrita por modelos matemáticos. É muito difícil imaginar um modelo completo, mas é possível enunciar interesses ou focos específicos e trabalhar quantitativamente com a resiliência (e seus vieses). É possível, portanto, medir alguns dos elementos de resiliência e combiná-los num modelo. Os resultados da modelagem matemática podem trazer informações mais significativas do que os elementos tomados separadamente, ou seja, a possibilidade de agregar informações permite uma visualização mais precisa do problema como um todo. Podem também permitir comparar situações espaciais diversas com mais facilidade, aumentando a capacidade de avaliação e permitindo uma maior velocidade de trabalho. No entanto, é sempre importante estar ciente das restrições do modelo – não existem modelos perfeitos e é importante lembrar quais foram as suas hipóteses de construção e quais são suas limitações de representação, de forma a utilizá-lo com consistência.

A seguir, serão apresentadas, com mais detalhes, duas ferramentas para medir resiliência, partindo do trabalho proposto por Veról (2013), citado anteriormente, quando criou a "Escala de Resiliência", e apresentando, em seguida, a evolução desta escala para uma proposição espacializada, o "Índice de Resiliência" (IRES), que tem a intenção de mapear a resiliência e identificar áreas frágeis que merecem uma atenção especial.

É importante destacar, mais uma vez, que mesmo que um modelo possa dar uma visão mais concreta sobre resiliência à inundação, seria extremamente difícil criar um modelo único que pudesse expressar todo o conjunto de aspectos que a discussão de resiliência pode abarcar. Há fatores associados à resiliência a cheias que são difíceis de representar por meio de fórmulas matemáticas. Alguns exemplos desses fatores são: os efeitos psicológicos de longo prazo, a maneira como as pessoas reagem durante uma inundação, como relações afetivas e de vinculação com o território podem mudar essas reações (inclusive considerando elementos de sabedoria popular e conhecimento do problema), que tipo de acesso as pessoas têm em relação aos diferentes tipos de ajuda, entre outros.

Escala de Resiliência (ER)

A Escala de Resiliência (ER) foi desenvolvida por Veról (2013) para medir o comportamento integrado de uma cidade em termos de controle do risco de cheias ao longo do tempo, partindo de uma situação presente até chegar a uma referência futura. Dessa forma, a ER destina-se a informar um valor médio de resiliência, calculado na escala da bacia hidrográfica, comparando os valores de risco de inundação no futuro, em relação aos seus valores no presente. A resiliência, nesta abordagem, será a medida obtida pela capacidade da cidade em manter o risco de cheias sob controle ao longo do tempo. O valor integrado do Índice de Risco de Cheias – IRC (apresentado e discutido no Capítulo 5) foi considerado o insumo básico para calcular os valores da ER. Portanto, as parcelas adotadas na representação das consequências da inundação, naquele índice, dão já um viés particular à ER, uma vez que seus componentes olham para elementos como densidade de domicílios (representando pessoas, estruturas e bens afetados), renda (aqui utilizada como medida do prejuízo e não da capacidade de recuperação), condições de saneamento e manutenção da mobilidade. Assim, a interpretação seguinte guiou esta escolha e dá os limites de uso do modelo:

- a combinação de **Lâminas de Alagamento** (representando perigo) com **Densidade de Domicílios e Renda per capita** (representando valores expostos) fornece uma medida da resistência da cidade a inundações. Quando considerada durante certo horizonte de tempo, e comparadas as condições futura com as do presente, a manutenção deste nível de resistência dá uma medida da resiliência introduzida no sistema;
- além disso, a combinação do **Fator de Permanência** com as condições de saneamento, representada por **Saneamento Inadequado** é capaz de medir a resiliência, no que diz respeito à capacidade de o sistema de drenagem recuperar as suas funções normais (efetivamente realizando a drenagem da cidade logo após o evento de chuva) e também constrói uma relação entre o controle de cheias, a saúde pública e boas condições ambientais. O **Fator de Permanência** também pode ser combinado com a variável **Tráfego**, para indicar níveis de paralisação de partes da cidade.

Ao projetar um sistema de drenagem para o controle de inundações, é usual definir um determinado evento de chuva como referência, considerar uma condição futura, que leve em conta, por exemplo, a expansão urbana e, em seguida, definir uma configuração de projeto que seja capaz de responder a estas exigências. No entanto, é possível que aconteça uma inundação maior do que a prevista (provocada por chuvas excepcionais, por exemplo), que as mudanças climáticas desafiem os projetistas e que o crescimento urbano seja (inesperadamente) descontrolado. Esta última situação não é tão incomum em países em desenvolvimento, onde a pobreza e as tensões sociais favorecem um crescimento urbano informal, levando à ocupação de áreas de risco e à conformação de favelas.

Desta forma, se ocorrer uma situação futura adversa, não considerada no cenário de cálculo, o projeto proposto pode falhar gravemente. Nas discussões atuais, a resiliência desempenha um papel importante. Na verdade, a ER proposta por Veról (2013) não se destina a quantificar valores absolutos de resiliência a inundações introduzidas por um determinado conjunto de medidas. Ou seja, a ER não fornece valores absolutos como resultado principal – o foco dos resultados se concentra em termos relativos e a ER é construída para avaliar a resiliência levando em conta as respostas futuras em relação à situação atual. A informação relativa é mais importante e os valores obtidos para as diferentes alternativas de projeto vão ajudar a mapear aquelas que são menos sensíveis a mudanças futuras e, portanto, são mais capazes de manter os resultados projetados ao longo do tempo. Neste contexto, diferentes alternativas para controle de inundações urbanas no presente, introduzindo resultados análogos de resistência do sistema, podem ser comparadas, em termos de resiliência futura, com comportamentos (e vantagens relativas) diferentes.

Como forma de avaliar a resiliência de um projeto, uma situação adversa que se deseja avaliar, diferente da projetada, deve ser introduzida na discussão, de forma a se mapear a resposta das propostas de projeto para essa nova situação imprevista. Veról (2013) considerou uma situação hipotética de saturação urbanística na área urbana de Mesquita, dentro da bacia do Rio Dona Eugênia. Na condição de saturação urbanística, o grau de impermeabilização foi majorado significativamente, fazendo toda a área considerada atingir o maior valor avaliado como possível para a região, tomando o setor censitário de maior impermeabilização em 2010 como referência. O tempo de recorrência de 25 anos foi adotado como referência para o estudo.

A "Escala de Resiliência" é composta por duas parcelas multiplicadas entre si (Equação 6.1), como apresentado a seguir.

$$ER = P1 \times P2$$

(6.1)

A primeira parcela (P1) mede a perda de eficiência de uma alternativa de projeto, em uma situação adversa futura e é calculada conforme Equação 6.2. Ela considera o valor de 1 (que seria o valor de 100% de eficiência mantida) subtraído da parcela do IRC na situação futura (hipotética) de saturação urbanística menos o IRC na situação presente, dividido pelo IRC na situação presente.

$$P1 = 1 - \frac{(IRC_{Projeto}^{Futuro\_Sat.Urban\_TR25} - IRC_{Projeto}^{Presente\_TR25})}{IRC_{Projeto}^{Presente\_TR25}} \quad (6.2)$$

Note que, se o risco é mantido sem alteração, apesar da ocorrência da situação futura proposta de aumento excessivo da impermeabilização, o valor desta parcela será igual a 1.

A segunda parcela (*P2*) mede a eficiência da mesma alternativa de projeto no futuro, dada pela redução do IRC, quando comparada à decisão de nada fazer (ou seja, de não implantar esta alternativa). Essa parcela é representada pela Equação 6.3, ou seja, IRC na situação futura (hipotética) de saturação urbanística para determinado "Cenário", menos o IRC na situação futura (hipotética) de saturação urbanística para o "Cenário Atual", dividido pelo IRC na situação futura (hipotética) de saturação urbanística para o "Cenário Atual". Observe que, em *P2*, se o projeto não trouxer benefícios, o valor da parcela se anula.

$$P2 = \frac{IRC_{(sem\_projeto)}^{Futuro\_Sat.Urban\_TR25} - IRC_{Projeto}^{Futuro\_Sat.Urban\_TR25}}{IRC_{(sem\_projeto)}^{Futuro\_Sat.Urban\_TR25}} \quad (6.3)$$

O valor obtido é um número entre 0 e 1 e pode ser apresentado como uma porcentagem, entre 0 e 100%, consistente com os valores de IRC. Quanto maior for o resultado, melhor será a alternativa, o que equivale a dizer que há menor perda de eficiência ao longo do tempo, oferecendo melhores resultados absolutos.

A Figura 6.1 apresenta todas as parcelas consideradas no cálculo. A Figura 6.2 mostra uma situação hipotética em que três cenários alternativos, de projetos de drenagem urbana distintos entre si, são previstos. Todas as alternativas, 1, 2 e 3, dão resultados razoáveis na redução dos riscos de inundação para a situação atual, com certa vantagem para o Projeto 2. No entanto, neste exemplo, avaliando os comportamentos futuros, verifica-se que a Alternativa 1 perde muito de sua eficiência, enquanto a Alternativa 3 mantém seus resultados quase inalterados e acaba por superar a Alternativa 2 ao longo

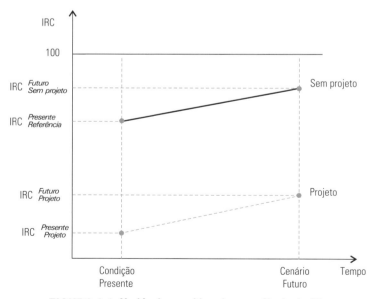

FIGURA 6.1: Variáveis consideradas no cálculo da ER.

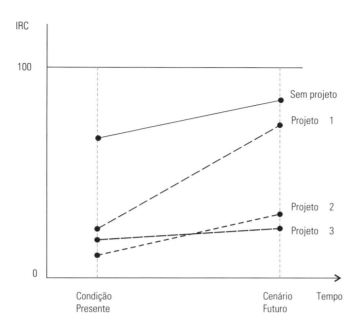

FIGURA 6.2: Comportamento hipotético de alternativas de projeto distintas resultando em três soluções distintas ao longo do tempo.

do horizonte considerado. Os resultados fornecidos pela ER oferecem uma ferramenta de decisão complementar, expondo estes comportamentos e fornecendo um número simples para ajudar na comparação dos resultados relativos, obtidos com as diferentes alternativas de projeto, de forma que o gestor pode balizar sua decisão pesando não só o resultado imediato, mas fazendo um balanço ao longo do tempo.

Aplicação da Escala de Resiliência (ER)

A seguir, será apresentada a aplicação da ER ao mesmo caso de estudo que vem sendo discutido ao longo da Parte I deste livro: a bacia do Rio Dona Eugênia, em Mesquita, na Região Metropolitana do Rio de Janeiro. Portanto, para fazer frente à situação presente de alagamentos, mapeada no Capítulo 3, apresenta-se uma breve descrição dos cenários de projeto propostos, bem como do cenário básico de modelagem, que retrata a situação atual. Informações minuciosas sobre a modelagem e detalhes técnicos dos projetos podem ser consultados em Veról (2013).

Cabe ressaltar que, neste estudo, considera-se um aumento significativo do nível de impermeabilidade de toda a bacia hidrográfica urbana, para o cenário futuro, alcançando uma situação compatível com a generalização da pior situação de impermeabilização encontrada no presente, em escala local, limitada ao setor mais denso da cidade. Nesse cenário futuro, a cidade teria praticamente toda a sua área pavimentada e fortemente ocupada.

Cenário Básico de Modelagem

A descrição completa do cenário básico de modelagem, que corresponde à Situação Atual, está detalhada no Capítulo 3, sendo relativa ao ano de 2013.

Ressalta-se a criticidade do problema de alagamentos na cidade de Mesquita, em especial no Centro, onde áreas importantes ficam embaixo d'água, com níveis d'água que alcançam, em alguns lugares, mais de 0,75 m de altura, para o tempo de recorrência de 25 anos, e até mais de 1,25 m, para o tempo de recorrência de 100 anos. Nesses locais, tanto a macro quanto a microdrenagem falham. Os pontos críticos estão associados a regiões próximas à calha do Rio Dona Eugênia, bem como à região a montante da linha férrea. Foram avaliadas três alternativas de projeto, para discussão da resiliência, conforme descrição a seguir.

- **Barragem de amortecimento de cheias (B):** foi proposta uma barragem na parte mais alta da bacia, imediatamente a montante da área urbana, com aproximadamente 20 m de altura e um reservatório com 208.770 m³ de volume, controlando aproximadamente 65% da área da bacia e reduzindo o pico da cheia em mais de 80%. Essa alternativa representa uma intervenção tradicional e objetiva amortecer os picos de cheias, reorganizando o escoamento da calha do rio e evitando seu transbordamento.
- **Requalificação Fluvial (RF):** o rio foi analisado e dividido em três trechos na área urbana, identificados como unidades de paisagem distintas: uma parte mais alta próxima à área de proteção natural, uma área central no coração da cidade e uma área de charco na foz, como apresentado na Figura 6.3. Todas as três áreas sofrem com assentamentos informais de baixa renda, de baixa qualidade construtiva e com riscos de cheias. As propostas para essa alternativa de RF consideraram: (i) a criação de um parque na parte alta da bacia, permitindo uma transição da área de proteção ambiental para a área urbana, incluindo a revegetação das margens do rio; (ii) abertura da parte do médio curso do rio, com remoção das casas localizadas nas margens, em áreas de risco, realocando a população em edifícios construídos sob pilotis, reconectando o rio a suas planícies de inundação e criando um parque urbano, integrando lazer com o novo conceito de habitação à prova de inundação (o conceito do projeto está apresentado na Figura 6.4, como um exemplo de medidas de requalificação fluvial urbana, integrando melhoria ambiental, recuperação de funções fluviais e

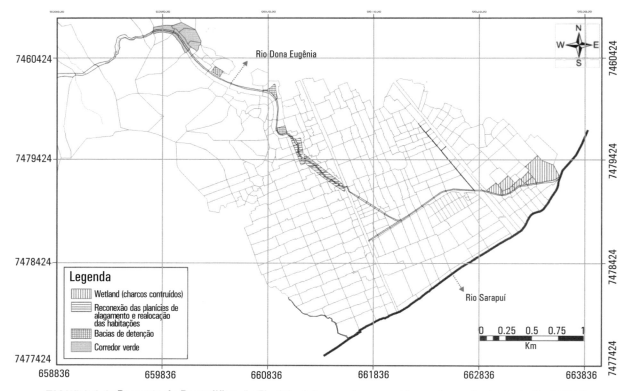

FIGURA 6.3: Proposta de Requalificação Fluvial – intervenções sugeridas ao longo do rio. Fonte: *Veról (2013)*.

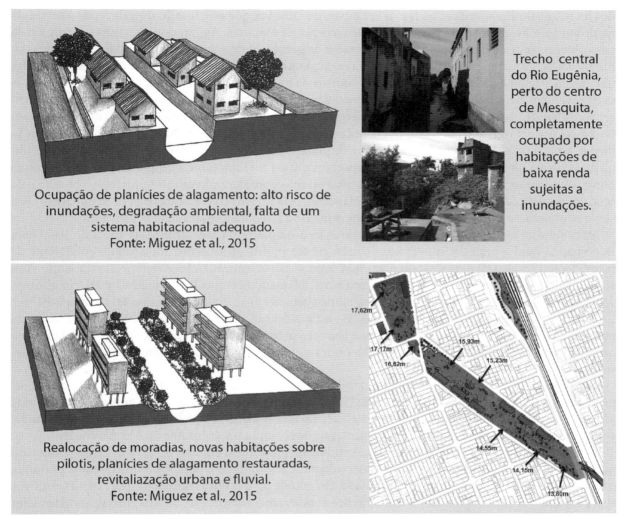

FIGURA 6.4: Projeto proposto para o trecho médio urbano do rio – exemplo das ações sugeridas para a proposta de Requalificação Fluvial. Fonte: *Veról (2013)*.

demandas sociais); e (iii) a criação de um parque natural composto por *wetlands* (áreas úmidas ou de charcos), próximo à foz, também com capacidade de armazenamento. Essas medidas propõem a restauração de aproximadamente 273.500 m³ de volume de armazenamento na planície de inundação.

- **Drenagem Urbana Sustentável (DUS):** esta solução se compõe de técnicas de drenagem urbana sustentável para controle de escoamento na fonte, com foco nos pavimentos permeáveis, telhados verdes e reservatórios de lote. O volume total armazenado, nesse caso, soma aproximadamente 92.000 m³, com contribuição adicional de medidas de infiltração – várias dessas medidas têm relação com a participação dos proprietários de lotes urbanos no esforço de controle de inundações.

Os primeiros dois cenários foram capazes de manter o rio dentro da calha, sem extravasar, para a cheia de projeto de 25 anos de tempo de recorrência. Apesar de considerar volumes distintos, o objetivo proposto foi alcançado. O terceiro cenário, entretanto, apresentou dificuldades para o controle do escoamento do rio, por restrições no volume de armazenamento possível de ser recuperado com medidas locais, no nível dos lotes, que limitaram sua ação. Isso já era esperado, uma vez que esse tipo de medida tende a ser usada na proposição de alternativas para tempos de recorrência menores. Assim, essa alternativa foi projetada para obter o controle máximo possível em termos de geração de escoamento superficial (ainda que com limitações), considerando as edificações que já existem na bacia hidrográfica e a possibilidade de adaptá-las para receber telhados verdes, o uso de reservatórios de lote (volume de 2 m³) e a adoção de pavimentos permeáveis em áreas públicas e calçadas. As medidas de drenagem urbana sustentável, entretanto, podem ser consideradas um interessante complemento para as outras duas alternativas. Uma vez que apresentam uma base sustentável, que mais facilmente se combina (e complementa) a discussão sobre requalificação fluvial, estas duas alternativas são também combinadas em uma proposta complementar. Ambas são alinhadas com os objetivos da resiliência, e a expectativa desta combinação é a de que ela gere uma situação ótima, que deve ser verificada pelo cálculo da ER. Portanto, considerando uma interpretação conceitual da ação combinada destas alternativas e consubstanciada pela revisão da literatura, espera-se que RF + DUS seja a configuração que proporcionará a maior resiliência (com maiores resultados para a ER).

Para simular a situação hipotética de saturação urbanística na área urbana da bacia do Rio Dona Eugênia, na qual o grau de impermeabilização cresce significativamente, foi adotado coeficiente de escoamento igual a 0,90 para todas as áreas que, hoje, já são urbanizadas. Esse cenário corresponde a um aumento expressivo no valor do escoamento superficial quando comparado à situação atual, em que esse valor variava, basicamente, de 0,50 a 0,75 na modelagem original, em diferentes partes da área urbana.

A Tabela 6.1 apresenta os resultados do IRC e a classificação segundo a Escala de Resiliência proposta para a bacia do Rio Dona Eugênia em toda a sua área urbana e também apenas para o Centro de Mesquita. Os resultados do IRC para a condição futura de saturação urbanística são, em todos os cenários, superiores àqueles da situação presente.

Ao analisar a bacia hidrográfica como um todo, quando aplicada a Escala de Resiliência, verifica-se que, dentre as soluções de projeto individuais (B, DUS, RF), aquela que é mais resiliente é a que corresponde ao Cenário de DUS, obtendo um valor igual a 0,21. Tal fato se justifica pela atuação, de forma distribuída, sobre a bacia hidrográfica, focando em aumentar as oportunidades de infiltração e armazenagem.

Entretanto, quando considerada a solução combinada proposta, o Cenário de RF + DUS, com resultado igual a 0,30, se mostra como o mais capaz de se adaptar e responder aos desafios futuros, sendo, portanto, o mais resiliente. Esse resultado está relacionado, em grande parte, com a combinação dos efeitos positivos sobre a bacia, que vêm da drenagem sustentável, e aqueles atuantes sobre o corredor fluvial, que permitem também um acréscimo na capacidade de armazenagem e um controle de uso do solo nas imediações do rio.

Tabela 6.1: Resultados – Escala de Resiliência

	Bacia			Centro		
Cenário	Presente TR 25	Futuro Saturação Urbanística TR25	ER (0 a 1)	Presente TR 1	Futuro Saturação Urbanística TR25	ER (0 a 1)
Situação Atual	21,9	28,6	-	38,0	46,6	-
Barragem (B)	19,6	25,9	0,06	24,9	32,9	0,20
Drenagem Urbana Sustentável (DUS)	14,4	19,4	**0,21**	32,1	38,5	0,14
Requalificação Fluvial (RF)	17,8	22,9	0,14	21,7	26,5	**0,34**
RF + DUS	10,4	14,5	**0,30**	15,3	18,7	**0,47**

Ao analisar apenas a região central de Mesquita, e levando em consideração apenas as soluções individuais, o Cenário de RF é o mais resiliente (0,34), o que é justificado pela forte atuação nessa região, com a retirada das casas irregulares do trecho central. Nesse caso, a DUS é muito menos efetiva, porque tem menos capacidade de atuação nos extravasamentos do rio, e a própria focalização de uma área menor minimiza o seu efeito que é, principalmente, distribuído. Além disso, seus pequenos volumes são mais sensíveis a um processo descontrolado de impermeabilização. Nota-se também mais eficiência da barragem, em termos de resiliência, que inverte sua posição na tabela, mostrando mais resiliência que a DUS, para a região central da cidade. Como o rio passa na região central, o efeito da barragem, evitando extravasamentos, se faz sentir mais fortemente ali, e ela continua funcionando, apesar da densificação da ocupação urbana. Quando consideradas todas as soluções propostas, o cenário mais resiliente é, novamente, o da RF + DUS (0,47), repetindo o efeito positivo já verificado na situação anterior (bacia inteira).

Esses resultados mostram que a ER pode ser útil no apoio à decisão, entre um conjunto de diferentes alternativas de projeto, e que sua aplicação mostra resultados coerentes com a análise conceitual. Nesse contexto, é possível avaliar qual alternativa (e em que medida) estará apta a responder melhor aos desafios futuros.

Assim, esta ferramenta pode ser um acréscimo interessante em um arcabouço metodológico para a tomada de decisões relacionada com as alternativas de controle de inundações. Além de minimizar os níveis de inundação e riscos no presente, é possível dar um passo adiante, mantendo uma visão crítica sobre o comportamento futuro, trazendo informações quantitativas e complementares sobre resiliência.

Índice de Resiliência (IRES)

O IRES (Tebaldi *et al.*, 2015) é um índice quantitativo multicritério, que varia de 0 a 1, com o objetivo de oferecer a possibilidade de construção de um mapa de resiliência. Essa ferramenta difere da ER, não focando em decisões de projeto para escolha de alternativas mais resilientes. O IRES busca mostrar áreas mais frágeis, que demandam mais atenção no processo de gestão de risco de cheias. Por ser um índice multicritério, tal como o IRC, apresentado no Capítulo 5, há a necessidade de normalização e conversão a uma escala comum dos indicadores que o compõem. O índice foi assim pensado para que indicadores de naturezas e com unidades distintas possam ser utilizados, em sua formulação, na comparação de situações complexas. Sua metodologia se baseia no conceito de minimização do risco, combinando seus componentes básicos de perigo e vulnerabilidade, considerados no sentido contrário de sua materialização; ou seja, recuperando o conceito de resiliência introduzido na formulação do risco, conforme representação da Unesco (Sayers *et al.*, 2013), explicita-se a sua interpretação, em função dos elementos que conjuntamente compõem o risco, mas materializando as interpretações que definem a resiliência.

O IRES, cuja formulação geral está apresentada na Equação 6.4, agrega em sua composição diferentes aspectos que influenciam a resiliência, os quais podem ser divididos em três partes principais, ponderadas de acordo com sua importância. As três partes do IRES são ilustradas na Figura 6.5.

$$IRES = \left[1 - \left(I_P^{n1} \cdot I_E^{n2} \cdot I_S^{n3}\right)\right] \cdot m_1 + \left[1 - I_{RM}\right] \cdot m_2 + \left[1 - I_D\right] \cdot m_3 \tag{6.4}$$

Onde:
$IRES$ = Índice de Resiliência
I_P = subíndice de "Perigo" variável entre 0 e 1, relativo à altura de inundação nas edificações;
I_E = subíndice de "Exposição" variável entre 0 e 1, relativo à densidade de domicílios expostos às cheias (direta ou indiretamente);

FIGURA 6.5: Visão esquemática do índice dividido em dimensões, indicadores e subíndices.

I_S = subíndice de "Susceptibilidade" variável entre 0 e 1, relativo às edificações efetivamente afetadas pelas cheias (casa e térreo de edifícios);

I_{RM} = subíndice de "Recuperação Material" variável entre 0 e 1, relativo à capacidade de recuperação dos danos materiais sofridos pela inundação (danos tanto à estrutura como ao conteúdo das edificações);

I_D = subíndice de "Duração" variável entre 0 e 1, relativo ao tempo de duração da inundação (quanto mais uma área fica inundada, piores serão as consequências);

(m_1, m_2, m_3 = pesos associados às três parcelas, atribuídos em função de sua importância relativa. O somatório dos pesos "m" deve resultar em 1 (foi adotado um valor igual nas análises aqui desenvolvidas: $m_1 = m_2 = m_3 = 1/3$).

($n_1 = 0,5$; $n_2 = n_3 = 0,25$) n_1, n_2, n_3 = pesos associados aos subíndices I_P, I_E, I_S, atribuídos em função de sua importância relativa. O somatório dos pesos "n" deve resultar em 1 (nas discussões que seguem, foram adotados os seguintes pesos: n1 =0,5; n2=n3=0,25).

No contexto da resiliência, a primeira parcela, representada pela Equação 6.5, visa representar o grau de proteção da população e de suas habitações contra efeitos físicos danosos. Ela combina os subíndices perigo, exposição e susceptibilidade com o objetivo de avaliar o impacto da cheia na área de estudo. Na verdade, essa é uma medida de resistência, mas, conforme discutido anteriormente, considera-se que a resistência sustentada ao longo do tempo oferece uma medida de maior resiliência.

$$Primeira\ Parcela = \left[1 - \left(I_P^{n1} \cdot I_E^{n2} \cdot I_S^{n3}\right)\right] \quad (6.5)$$

A segunda parcela, representada pela Equação 6.6, visa mostrar a habilidade econômica para recuperar-se das perdas relacionadas com as edificações residenciais e seu conteúdo. Quanto mais alta for a renda, maior será a resiliência, pois pressupõe-se que a população, nessa situação, tem reserva e capacidade de reposição.

$$Segunda\ Parcela = \left[1 - I_{RM}\right] \quad (6.6)$$

A terceira parcela (Equação 6.7) visa mostrar a capacidade de recuperação da drenagem após a ocorrência de um evento de cheia. A habilidade de uma determinada área funcionar durante e após a chuva dependerá da capacidade do sistema de drenagem. A Equação 6.7 dá uma indicação da magnitude do impacto sobre as edificações e pessoas, em relação a infraestrutura, tráfego, propriedades e propagação de doenças de veiculação hídrica.

$$Terceira\ Parcela = \left[1 - I_D\right] \qquad (6.7)$$

Detalhamento dos indicadores e subíndices

Todos os indicadores foram normalizados em subíndices com valores que variam entre 0 e 1.

Perigo, I_P

Durante um evento de cheia, o principal perigo usualmente está ligado à magnitude da inundação, e, assim, o indicador escolhido para representá-lo foram as alturas da lâmina d'água. No exemplo que será apresentado mais adiante, elas foram obtidas com o apoio do modelo matemático hidrodinâmico MODCEL (Mascarenhas e Miguez, 2002), discutido brevemente no Capítulo 3.

As lâminas d'água foram normalizadas por meio de sua divisão por uma altura de lâmina d'água de referência, adotada aqui como 1 m acima do nível das ruas. Às áreas que mostram nível d'água acima do alagamento de referência, foi associado o valor máximo de I_P. Para todos os outros casos, foi aplicada a Equação 6.8.

$$I_P = \frac{h}{h_{ref}} \qquad (6.8)$$

Onde:
h = Altura da lâmina d'água;
h_{ref} = Altura referencial da lâmina d'água.

Exposição, I_E

O subíndice I_E é composto por indicadores relativos à exposição da população aos eventos de inundações. Representa a população potencialmente exposta a um evento de inundação de uma determinada área e é representado pela densidade de domicílios (Equação 6.9). A maior densidade de domicílios colocará maior quantidade de pessoas em contato com a água da chuva.

A densidade de domicílios foi normalizada por meio de sua divisão por um valor de referência. A referência foi adotada como o percentil 75% da distribuição de densidades por setor censitário. Essa escolha evita distorcer a escala – valores isolados de densidade elevada poderiam compactar um grande número de valores na parte inferior da escala. A todos os setores para os quais as densidades de domicílio estão acima do valor de referência, foi atribuído o valor máximo de I_E.

$$I_E = \frac{DD}{DD_{ref}} \qquad (6.9)$$

Onde:
DD = Densidade de domicílios;
DD_{ref} = Densidade de domicílios de referência, tomada igual à densidade do percentil 75%.

Susceptibilidade, I_S

O subíndice I_S relaciona os indicadores relativos com as edificações diretamente susceptíveis aos eventos de cheia, ou seja, casas e pavimentos térreos de prédios que podem sofrer diretamente com os alagamentos. Sua formulação é apresentada na Equação 6.10 e considera a relação entre a proporção de famílias inundadas pela quantidade total de domicílios de cada setor avaliado. O impacto mapeado aqui ocorre na forma de danos materiais à estrutura e ao conteúdo das edificações afetadas. As residências localizadas nos níveis mais altos não são afetadas diretamente.

$$I_S = \frac{DD_{casas+apartamentos}}{DD_{total\ de\ residências}} \tag{6.10}$$

Onde:

$DD_{casas+apartamentos}$ = Somatório de casas e edifícios passíveis de sofrer alagamentos;

$DD_{total\ de\ residências}$ = Densidade de total residências de uma determinada área.

Recuperação Material, I_{RM}

O subíndice I_{RM} (Equação 6.11) dá a indicação da capacidade de recuperar a propriedade e substituir os itens afetados pela inundação. É calculado pela avaliação das perdas monetárias, através de curvas de prejuízo, em relação a uma capacidade de poupança estimada, a partir da renda.

$$I_{RM} = \frac{p}{03.12.R} \tag{6.11}$$

Onde:

P = perdas monetárias;

R = renda média mensal – note que $(03.12.R)$ é uma estimativa da poupança média anual, associada ao valor acumulado de 30% da renda média mensal;

A metodologia para o cálculo das perdas monetárias foi baseada nos trabalhos de Salgado (1995) e Nagem (2008), em que a perda econômica é estimada a partir de cálculos com base nos níveis de cheias e na classe de renda, que foram usados para produzir curvas de perdas por danos, tanto à estrutura quanto a conteúdos, relacionadas com as lâminas d'água de alagamento. As perdas monetárias totais esperadas são, então, divididas por 30% da renda anual de uma residência. Essa porcentagem foi escolhida porque é o valor-limite típico considerado como o máximo comprometimento da renda para fins de financiamento imobiliário, sendo, portanto, assumido como o valor anual que uma família pode gastar na recuperação de uma cheia. Quanto maior o prejuízo, quando comparado com a poupança, menor a resiliência.

Duração, I_D

Quanto mais uma área fica inundada, maiores serão as consequências. O indicador escolhido para expressar esta questão é o tempo de duração da inundação. Além disso, o conceito de resiliência também se relaciona com a capacidade que o sistema tem de recuperar suas funções e voltar a operar normalmente. Desta forma, mesmo que um sistema de drenagem falhe (quando exposto a uma chuva intensa de maior período de retorno do que aquele usado na construção da chuva de projeto, por exemplo, ou caso a bacia se urbanize de forma descontrolada, gerando incremento não previsto de áreas impermeáveis), espera-se que ele seja capaz de se recuperar rapidamente da sua falha, logo após o evento, descarregando o excedente extravasado em um curto período de tempo.

Uma versão atualizada do Fator de Permanência (Zonensein *et al.*, 2008) é usada em combinação com a exposição e a susceptibilidade para criar o subíndice I_D (Equação 6.12). Considera-se que lâminas de alagamento maiores do que 10 cm incomodam os pedestres e aumentam os riscos de doenças de veiculação hídrica. Lâminas de alagamento maiores que 25 cm são consideradas prejudiciais para a mobilidade da cidade, interrompendo o tráfego. Já lâminas de alagamento maiores que 50 cm são consideradas suficientes para danificar edificações e seus conteúdos. Assim, o Fator de Permanência foi separado e acoplado a dois diferentes indicadores, multiplicando I_E e I_S (já apresentados anteriormente, representando exposição e susceptibilidade). Basicamente, o I_E nos diz quantas pessoas estão passíveis de serem afetadas (moradores, pedestres e pessoas usando carros ou meios públicos de transportes), enquanto o I_S nos diz quantos apartamentos ou casas estão vulneráveis aos danos materiais (em função da entrada da cheia neles).

$$I_D = (0,2 \cdot T_{10} + 0,3 \cdot T_{25}) \cdot I_E + (0,5 \cdot T_{50}) \cdot I_S \qquad (6.12)$$

Onde:

T_{10}, T_{25}, T_{50} = tempos de permanência normalizados correspondentes a lâminas d'água de 10, 25 e 50 cm.

Para avaliar a acurácia do IRES, uma análise prévia, conceitual e interpretativa da bacia hidrográfica deve ser feita, combinando informações sobre os níveis d'água, renda e densidade de domicílios. Espera-se que áreas com valores de nível d'água altos, sinais de pobreza, falta de infraestrutura básica e alta densidade de domicílios estejam, geralmente, associadas a valores baixos do IRES e vice-versa.

6.6 MAPAS DE RESILIÊNCIA

Os mapas apresentados nas Figuras 6.6, 6.7, 6.8 e 6.9 mostram os resultados do IRES para quatro cenários analisados, para a bacia do Rio Dona Eugênia, em aplicação desenvolvida por Bertilsson e Wiklund (2015), sob orientação dos autores. Nessa aplicação, foi mapeada a parte urbanizada da bacia, na situação atual de alagamentos e na situação que considera o cenário de RF + DUS, uma vez que foi a melhor combinação indicada pela Escala de Resiliência. Também foram mapeadas essas configurações (com e sem projeto) para a situação futura de saturação da urbanização (com aumento significativo de impermeabilização da bacia).

FIGURA 6.6: IRES para o cenário I: "Situação presente sem projeto de controle de cheias." (Note que as áreas não incluídas na análise se referem a um cemitério, dois estádios de futebol e uma linha de transmissão de energia.) Fonte: Bertilsson e Wiklund (2015)

128 CAPÍTULO 6: Resiliência e sustentabilidade

FIGURA 6.7: IRES para o cenário II: Cenário RF + DUS - "Situação presente com projeto de controle de cheias."
Fonte: Bertilsson e Wiklund (2015)

FIGURA 6.8: IRES para o cenário III: "Situação futura sem projeto de controle de cheias." Fonte: Bertilsson e Wiklund (2015)

FIGURA 6.9: IRES para o cenário IV: "Situação futura com projeto de controle de cheias."

Um aumento significativo na resiliência pode ser observado quando se compara o cenário sem modificações com aquele que recebe o projeto sustentável de controle de cheias. A cor mais clara representa valores altos de resiliência, enquanto a cor mais escura representa baixa resiliência.

Os diferentes cenários foram comparados e analisados, e os resultados numéricos são apresentados na Tabela 6.2. O resultado completo, incluindo os mapas com os indicadores parciais, é apresentado em Bertilsson e Wiklund (2015).

- A coluna 1 mostra um decréscimo no valor do IRES do presente para o futuro, sem que se tome nenhuma iniciativa (sem implementação de projeto). A média decresce 19% e há perdas que chegam a 79%.
- A coluna 2 compara os cenários I e II, indicando um aumento percentual na resiliência, na condição presente, pela introdução do projeto.
- A coluna 3 compara os cenários III e IV, apresentando um aumento percentual na resiliência ainda maior, para a condição futura, com a implementação do projeto. Tal fato se deve ao agravamento da situação futura, caso nada seja feito.

Tabela 6.2: Modificações no IRES em diferentes cenários

Modificação no IRES	Futuro comparado com o presente, sem projeto (Col.1)	Implementação do projeto Presente (Col.2)	Implementação do projeto Futuro (Col.3)
Média	-19%	12%	20%
Máxima	-79%	83%	93%
Mínima	2%	-3%	-8%
>10%	-55%	34%	55%
>50%	-5%	5%	13%

Não é possível que as inundações ou quaisquer outros desastres naturais possam ser completamente evitados ou previstos: é preciso aprender a viver com as cheias e atenuar suas consequências. A motivação para o desenvolvimento do IRES é a possibilidade de identificar e mapear aspectos de resiliência a cheias, possíveis de serem expressos em termos matemáticos e que representam (de forma simplificada) o cerne desse conceito. Entretanto, sempre haverá dúvidas sobre modelos simplificados que tentam dar números a conceitos complexos.

Ainda assim, porém, essa informação simplificada pode ser útil para nortear ações para áreas mais frágeis, trazendo o tema "resiliência" para as discussões de planejamento e projeto. A resiliência lança um foco sobre a questão da convivência, ao interpretar o funcionamento de um sistema ao longo do tempo e discutir estratégias de adaptação.

REFERÊNCIAS

ABHAS, K.J.; Miner, T.W.; Stanton-Ge, Z. (2013) Building Urban Resilience - Principles. Tools and Practice. Washington, D.C, International Bank for Reconstruction and Development, The World Bank.

AHEM, J. (2011) From Fail-Safe to Safe-To-Fail: Sustainability and resilience in the new urban world. Landscape and Urban Planning, v. 100, n. 4, p. 341–343.

AHIABLAME LM ENGEL, B.A.; Chaubey, I. (2012) Effectiveness of Low Impact Development Practices: Literature Review and Suggestions for Future Research. Water, Air & Soil Pollution, v. 223, 4253–4273.

ANDOH, R.Y.G.; Declerck, C. (1999) Source Control and Distributed Storage – A Cost Effective Approach to Urban Drainage for the New Millennium? In : Proceedings of the 8th International Conference on Urban Storm, Drainage, Sydney, Australia, 30 Agosto – 3, Setembro.

ANDOH, R.Y.; Iwugo, K.O. (2002) Sustainable Urban Drainage Systems: A UK Perspective. Em: Global Solutions for Urban Drainage. Portland, Oregon, United States, American Society of Civil Engineers, p. 1-16.

BERTILSSON, L.; Wiklund, K. (2015) Urban Flood Resilience - A Case Study on How to Integrate Flood Resilience in Urban Planning. Master's Thesis TVVR 15/5005. Lund Sweden, Division of Water Resources Engineering/ Department of Building and Environmental Technology - Lund University.

BROWN, R.; Keath, N.; Wong, T. (2008) Transitioning to Water Sensitive Cities: historical, current and future transition states. Edinburgh, Scotland, UK: 11th International Conference on Urban Drainage.

CIRF - Centro Italiano Per La Riqualificazione Fluviale. (2006). In: A. NARDINI, & G. SANSONI (eds.) La riqualificazione fluviale in Italia: linee guida, strumenti ed esperienze per gestire i corsi d'a cqua e il territorio. Venice, Mazzanti.

CIRIA. (2010) Flood Resilience and Resistance for Critical Infrastructure. London, Publication C688.

CUTTER, S.L.; Barnes, L.; Berry, M.; et al. (2008) A Place-Based Model for Understanding Community Resilience to Natural Disasters. Global Environmental Change, v. 18, 598–606.

CUTTER, S.L.; Burton, C.G.; Emrich, C.T. (2010) Disaster Resilience Indicators for Benchmarking Baseline Conditions. Journal of Homeland Security and Emergency Management, v. 7, n. 1, p. Article 51. http://regionalresiliency. org/library/Diaster_Resilience_Indicators_Susan_Cutter_et_al_2010_1281451159.pdf.

DAVIS, A.P. (2008) Field Performance of Bioretention: Hydrology Impacts. Journal of Hydrologic Engineering, v. 13, 90–95.

EUROPEAN COMMISSION (2012) The EU Approach to Resilience- Learning from Food Crises. COM, v. 586, s.l : European Commission.

FOSTER, K. (2011) Building Resilient Regions. Disponível em: http://brr.berkeley.edu/2011/07/qa-with-kathryn-foster-creator-of-the-resilience-capacity-index-a-new-tool-for-urban-planners/. Acesso em: Junho 2015.

IPCC. (2012) Managing the Risks of Extreme Events and Disasters to Advance Climate Change Adaptation: Special Report of the Intergovernmental Panel on Climate Change.

KOKS, E.E.; Jongman, B.; Husby, T.G.; Botzen, W.J.W. (2014) Combining Hazard, Exposure and Social Vulnerability to Provide Lessons for Flood Risk Management. Environmental Science & Policy, v. 47, 42–52, March 2015.

KOTZEE, I.; Reyers, B. (2016) Piloting a Social-Ecological Index for Measuring Flood Resilience: A Composite Index Approach. Ecological Indicators, v. 60, 45–53, January.

MARSALEK, J.; Chocat, B. (2002) International Report: Stormwater Management. Water Science & Technology, v. 46, n. 6–7, p. 1–17.

MCBAIN, W.; Wilkes, D.; Retter, M. (2010) Flood Resilience and Resistance For Critical Infrastructure. London, Ciria.

MIGUEZ, M.G.; Mascarenhas, F.C.B.; Magalhães, L.P.C. (2007) Multifunctional Landscapes for Urban Flood Control in Developing Countries. International Journal of Sustainable Development and Planning, v. 2, n. 2, p. 153–166.

MUGUME, S.N.; Gomez, D.E.; Guangtao, F.; et al. (2015) A Global Analysis Approach for Investigating Structural Resilience in Urban Drainage Systems. Water Research, v. 81, 15–26.

NARDINI, A.; Pavan, S. (2012) River Restoration: Not Only for the Sake of Nature but also for Saving Money While Addressing Flood Risk. A Decision-Making Framework Applied to the Chiese River (Po basin, Italy). Journal of Flood Risk Management, v. 5, n. 2, p. 111–133.

PRINCE GEORGE'S COUNTY. (1999) Low-Impact Development: An Integrated Design Approach. Maryland: Prince George's County Department of Environmental Resource. Programs and Planning Division.

NILSSON, C.; Jansson, R.; Malmqvist, B. (2007) Restoring Riverine Landscapes: The Challenge of Identifying Priorities, Reference States, and Techniques. Ecology and Society, v. 12, n. 1, p. 16. Disponível em: http://www.ecologyandsociety.org/vol12/iss1/art16. Acesso em: 10 July 2014.

PRINCE GEORGE'S COUNTY. (1999) Low-Impact Development: An Integrated Design Approach. Maryland: Prince George's County Department of Environmental Resource. Programs and Planning Division.

PNDU. (2014) Relatório do Desenvolvimento Humano - Sustentando o Progresso Humano: Redução da Vulnerabilidade e Construção da Resiliência.

RAZAFINDRABE, B.H.N.; et al. (2015) Flood Risk and Resilience Assessment for Santa RosaSilang subwatershed in the Laguna Lake Region. Philippines. Enviroment Hazards, v. 14, n. 1, p. 1635.

ROY, A.H.; Wenger, S.J.; Fletcher, T.D.; et al. (2008) Impediments and Solutions to Sustainable. Watershedscale Urban Stormwater Management: Lessons from Australia and the United States. Environmental Management, v. 42, 344–359.

ROY-POIRIER, A.; Champagne, P.; Filion, Y. (2010) Review of Bioretention System Research and Design: Past, present, and future. Journal of Environmental Engineering, v. 136, n. 9, p. 878–889.

SAYERS, P.; et al. (2013) Flood Risk Management – A Strategic Approach. Part of a Series on Strategic Water Management. Paris, Asian Development Bank, GIWP, Unesco and WWF-UK.

SCHELFAUT, K.; et al. (2011) Bringing Flood Resilience Into Practice: The Freeman Project. Environmental Science & Policy. November, v. 14, n. 7, p. 825–833.

SHIELDS, F.D., Jr.; Copeland, R.R.; Klingeman, P.C.; et al. (2003) Design for Stream Restoration. Journal of Hydraulic Engineering, v. 129, n. 8, p. 575–584.

STOVIN, V. (2010) The Potential of Green Roofs to Manage Urban Stormwater. Water and Environment Journal, v. 24, 192–199.

TEBALDI, I.M., Miguez, M.G., Battemarco, B.P., Rezende, O.M., Veról, A.P. (2015). Índice de Resiliência a Inundações: aplicação para a sub-bacia do rio Joana. Rio de Janeiro, Brasília, DF, XXI Simpósio Brasileiro de Recursos Hídricos.

UNISDR. (2009) UNISDR Terminology on Disaster Risk Reduction. Geneva, Switzerland, United Nations International Strategy for Disaster Reduction.

UNISDR. (2012) Making Cities Resilent: My City is Getting Ready. Disponível em: http://www.unisdr.org/campaign/resilientcities. Acesso em: 19 March 2015.

UNISDR. (2012) UNISDR – Who We Are. Disponível em: http://www.unisdr.org/files/14044_flyercc19.11.2012.pdf. Acesso em: 25 May 2015.

VERÓL, A.P. (2013) Requalificação fluvial integrada ao manejo de águas urbanas para cidades mais resilientes (River Restoration Integrated With Urban Water Management For Resilient Cities). PhD Thesis, Coppe/UFRJ, Rio de Janeiro, Brasil. Disponível em: http://www.coc.ufrj.br/index.php/teses-de-doutorado/379-2013/4287-aline-pires-verol#download. Acesso em: 10 January 2014.

WALKER, B.H. (2002) Ecological Resilience in Grazed Rangelands: a Generic Case Study. Resilience and the Behavior of Large-Scale Systems, p. 183-194.

WONG, T.H.F.; Brown, R.R. (2009) The Water Sensitive City: Principles for Practice. Water Science & Technology, v. 60, n. 3, p. 673–682.

WOODS-BALLARD, B.; Kellagher, R.; Martin, P.; et al. (2007) The Suds Manual. Ciria C697. London, Ciria.

CAPÍTULO 7

Aplicabilidade dos mapas de perigo, vulnerabilidade e risco

Conceitos apresentados neste capítulo

Neste capítulo serão abordadas as aplicações principais dos mapas de perigo, vulnerabilidade e risco nas atividades pertencentes aos macroprocessos da gestão de risco: Prevenção, Mitigação, Preparação, Resposta e Recuperação. Para contextualizar o viés que essas aplicações podem assumir, o qual deve ser determinado em função das necessidades do usuário, serão desenvolvidos exemplos esquemáticos a partir da vulnerabilidade temática e do risco associado, assim como o arcabouço conceitual necessário para a compreensão dessa abordagem.

7.1 INTRODUÇÃO

No mundo todo, estima-se que mais de um terço das perdas econômicas e cerca de dois terços do número total de afetados por desastres socionaturais sejam provocados por inundações (MENDIONDO, 2004).

A interação entre a urbanização e as cheias pode trazer consequências adversas para as cidades, tais como: paralisação do comércio, deslizamentos de encostas, colapsos na infraestrututra urbana, interrupção do tráfego de veículos, prejuízos materiais, doenças provenientes do contato da população com água poluída e perda de vidas, entre outras (D'ALTÉRIO, 2004).

De forma geral, os mapas de risco constituem o produto final desejado para a maior parte das atividades de proteção e defesa civil, mas não são os únicos mapas importantes. Na verdade, os mapas de perigo e vulnerabilidade também possuem aplicações específicas na gestão urbana e na própria gestão do risco de cheias, merecendo atenção dos planejadores.

Entretanto, os mapas de perigo, vulnerabilidade e risco nem sempre são representados, compreendidos e aplicados de forma coerente com a finalidade a que se destinam, podendo acarretar distorções ou perda de informação nas análises realizadas. Como os mapas são ferramentas essenciais para o direcionamento de ações de redução de desastres socionaturais, trabalhar com mapas inadequados pode significar despender esforços, tempo e recursos financeiros na direção errada (DI GREGORIO *et al.*, 2012).

Resgatando a concepção da gestão de risco apresentada no Capítulo 1 deste livro, e que será detalhada nos capítulos que seguem, têm-se as seguintes etapas da gestão de risco:

a) **Prevenção:** a fase de Prevenção tem função de prevenir, de fato e propriamente dito, resultados danosos do possível desastre, evitando que o perigo acesse o sistema. Ou seja, a prevenção reúne o conjunto de atividades que procura avaliar quais são as áreas perigosas a fim de evitar (prevenir, no sentido literal) a ocupação e o uso dessas áreas, sendo uma ação de zoneamento e planejamento, de caráter não estrutural. Entretanto, caso sejam realizadas medidas estruturais preventivas em sistemas não ocupados, com o objetivo de ampliar a extensão das áreas seguras, o conceito de prevenção também se aplica neste caso.

b) **Mitigação:** a fase de Mitigação tem objetivos semelhantes à fase anterior (e muitas classificações a colocam no mesmo conjunto), no que se refere a minimizar os resultados danosos do possível desastre, atuando antecipadamente. Entretanto, quando se lança mão da mitigação, já não há a possibilidade de evitar a ocupação de áreas perigosas (para um dado cenário de cheia considerado). Assim, quando uma determinada área do sistema já se encontra exposta ao perigo, medidas estruturais para reorganização dos padrões de inundação, para minimização de alagamentos e para diminuição da susceptibilidade a dano dos elementos expostos são as ferramentas adotadas.

c) **Preparação:** a fase de Preparação contempla a estruturação do Sistema de Proteção e Defesa Civil e define as ações emergenciais a serem adotadas na iminência de um desastre, incluindo a preparação institucional e operacional, a definição de planos de contingência, ações de monitoramento e alerta.

d) **Resposta:** a fase de Resposta se inicia com o alarme disparado a partir do alerta e continua após a ocorrência dos desastres, compreendendo atividades gerais de socorro às populações em risco, assistência às populações afetadas, e avaliação de danos e ações básicas de recuperação funcional dos sistemas afetados.

e) **Recuperação:** essa fase tem por finalidade restabelecer em sua plenitude: os serviços públicos essenciais, a economia da área, o bem-estar da população, o moral social.

Na maior parte das aplicações, **mapas de risco** orientam ações para áreas mais críticas da cidade, ou seja, aquelas que sofrem mais danos, **mapas de perigo** permitem analisar ações que diminuam (ou evitem) a exposição dos diversos elementos às inundações e **mapas de vulnerabilidade** permitem diminuir a susceptibilidade aos danos, diminuir o valor exposto e aumentar a resiliência dos elementos que ainda vierem a ser afetados pelo evento perigoso (que não puderam ser retirados da mancha de alagamentos e que, portanto, continuam expostos).

Pode-se perceber que o mapa de risco, consolidado, não tem a mesma utilidade para todas as atividades e atores, de modo que, dependendo da fase da gestão de risco, o mapa mais útil pode ser o de um dos componentes do risco.

A escala e o grau de detalhamento também representam aspectos relevantes nos mapas, e serão abordadas oportunamente nos capítulos subsequentes. Considerando esses aspectos, Coutinho e Bandeira (2012) apontam que o mapeamento dos riscos pode ser realizado de duas maneiras:

- **Zoneamento de risco**, em que são delimitados setores nos quais, em geral, encontram-se instaladas várias moradias. Nesses setores são identificados os processos destrutivos atuantes, as características representativas da área como um todo e finalmente é avaliado o grau de risco. Pode-se considerar que, nesse caso, há certa generalização e este tipo de abordagem seria útil para direcionar medidas de proteção para toda a área.

- **Cadastramento de risco**, no qual o risco é avaliado de forma pontual, moradia por moradia, e são fornecidas informações específicas de cada moradia. No mapa de risco, os pontos são plotados e a eles correspondem informações sobre a vulnerabilidade e o risco de cada elemento (número de moradores, tipologia de construção, grau de risco da moradia etc.). Esse enfoque seria útil para direcionar medidas de proteção pontuais, tal como a adaptação das edificações para aumento da resiliência.

Ao elaborar mapas, busca-se o conhecimento e o esclarecimento acerca de questões do mundo real que se tem interesse em compreender e desvendar, havendo necessidade de iniciar um levantamento de dados que podem ser de três tipos: de natureza qualitativa (respondendo à questão "o quê?"), sequencial (em que a questão-chave é "em que ordem?") ou quantitativa (responde à questão "quanto?"); de expressão estática ou dinâmica; e em nível analítico ou de síntese (MARTINELLI, 2014). Este autor observa ainda que, sendo meios de comunicação, os mapas devem desempenhar a tríplice função de registrar os dados, tratá-los para descobrir a maneira como se organizam e comunicar a informação desejada de forma clara aos usuários.

7.2 APLICABILIDADE DOS MAPAS DE PERIGO

Em termos gerais, os mapas de perigo acabam sendo utilizados em todas as fases da gestão de risco, direta (como perigo propriamente dito, em seu aspecto original) ou indiretamente (combinados com a vulnerabilidade, para se chegar ao risco). Os esquemas conceituais das Figuras 7.1 e 7.2 ilustram o arranjo entre perigo, vulnerabilidade e risco, no contexto das fases da gestão de risco.

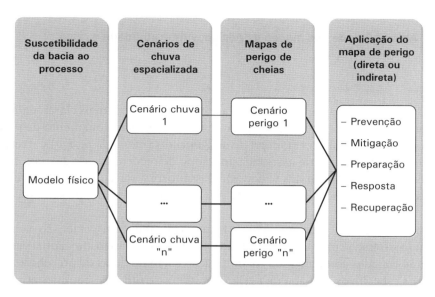

FIGURA 7.1: Esquema de construção dos mapas de perigo de uma bacia a partir dos cenários de chuva e as fases da gestão de risco em que são utilizados.

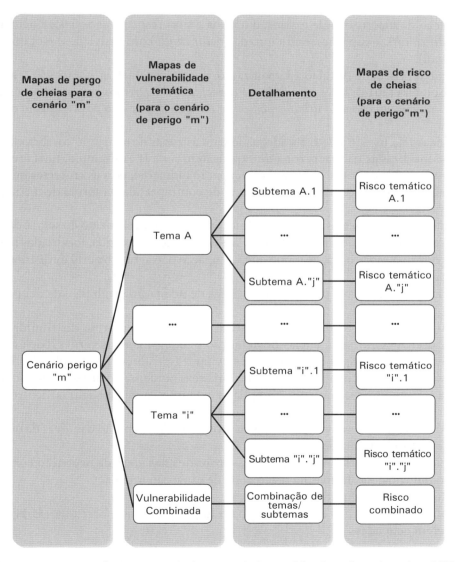

FIGURA 7.2: Esquema de construção dos mapas de risco a partir dos cenários de perigo e das vulnerabilidades temáticas de um determinado sistema exposto.

Prevenção

Para atender ao objetivo de evitar que o perigo acesse o sistema, ou, mais claramente exemplificando, para evitar que uma determinada condição de inundação afete o funcionamento de uma cidade e gere prejuízos diversos, deve-se conhecer o *mapa de alagamentos* (*mapa de perigo*) correspondente a esta condição que se quer evitar (em geral associada ao tempo de recorrência de 25 anos, para o cenário de projeto, por sugestão do Ministério das Cidades). Dessa forma, seria possível identificar as áreas que ficariam expostas a esta inundação e assim nortear o crescimento da cidade sem que esta ocupe áreas perigosas.

Na abordagem conceitual adotada, medidas estruturais que reduzam a extensão da mancha de perigo em um determinado sistema já instalado (e, portanto, evitem que o perigo atinja uma parte dos elementos desse sistema) serão tratadas como medidas de mitigação e não medidas de prevenção.

Em termos mais específicos, o mapa de perigo apresenta-se útil nas seguintes atividades principais da fase de Prevenção, considerando como referência o cenário de projeto (algumas possuem certo grau de redundância, mas foram mencionadas mesmo assim, visando facilitar o entendimento de leitores diversos):

- Delimitação da macrozona de expansão urbana e suas respectivas zonas de ocupação proibida (*non aedificandi*), ocupação condicionada (*aedificandi* com restrições) e ocupação induzida (*aedificandi*).
- Elaboração da Carta de Aptidão à Urbanização, preconizada na Lei 12.608/2012, a qual, segundo Souza e Sobreira (2014), *serve para definir a capacidade dos terrenos para suportar os diferentes usos e práticas da engenharia e do urbanismo, com o mínimo de impacto possível e com o maior nível de segurança.*
- Determinação do uso do solo mais adequado para as zonas de ocupação condicionada e ocupação induzida, localizadas na macrozona de expansão urbana (por exemplo, uma área de ocupação condicionada pode estar associada a uma ocupação industrial, pois as empresas que lá irão se instalar tendem a possuir condições para aporte de contrapartida na forma de medidas estruturais preventivas).
- Determinação de parâmetros urbanísticos (incluindo os de parcelamento do solo) e edilícios adequados para as zonas de ocupação condicionada e de ocupação induzida, localizadas nas macrozonas urbana e de expansão urbana, de modo que a ocupação não agrave o perfil de distribuição do perigo na bacia.
- Monitoramento e controle preventivo das áreas de ocupação proibida e de ocupação condicionada.
- Definição e projeto de medidas estruturais de prevenção, de forma distribuída (captação das águas de drenagem urbana, bacias de detenção e retenção, áreas verdes, bacias de infiltração, dentre outras), em áreas já ocupadas, para evitar a transferência e ampliação de alagamentos para áreas a jusante (ocupadas ou não), ou em áreas ainda não ocupadas, de modo a organizar de forma segura seus escoamentos e ampliar a extensão das áreas seguras, dentro do cenário de projeto.
- Escolha de vetores de desenvolvimento para promoção da ocupação das áreas de ocupação condicionada e ocupação induzida.
- Direcionamento de investimentos públicos e privados nas áreas de ocupação condicionada e de ocupação induzida, localizadas na macrozona de expansão urbana.
- Valoração do solo para fins de desapropriação.
- Valoração do solo para fins de precificação do Imposto Predial e Territorial Urbano (IPTU) nas áreas a serem ocupadas.

- Definição das alíquotas de cobrança do Imposto sobre Serviço de Qualquer Natureza (ISSQN), que é um tributo municipal, em função do interesse em induzir ou condicionar a ocupação por empresas nas áreas de expansão.
- Atualização do Plano Diretor, a partir do zoneamento obtido com o mapa de perigo.

Observa-se que, nessa fase, o zoneamento assume importância ímpar, pois se constitui numa forma de planejamento físico territorial, um dispositivo legal que a cidade possui para a implantação dos planos de uso do solo, assegurando a distribuição adequada da ocupação em uma área urbana, com padrões urbanísticos que garantam condições mínimas de habitabilidade e sustentação de necessidades básicas (FAZANO, 2001).

Ressalta-se que, ultrapassado o cenário de projeto, as medidas não mais serão tratadas como medidas de prevenção, mas sim como de mitigação, uma vez que o impacto do perigo nos elementos vulneráveis (instalados ou não) não poderá ser evitado, mas somente reduzido.

Mitigação

Para a fase de Mitigação, mapas de perigo continuam sendo úteis, pois a atuação sobre a redução de lâminas d'água ajuda a reduzir impactos sobre as áreas construídas que seriam afetadas pelo alagamento. Entretanto, como aqui já há uma parte da cidade exposta, é necessário ter a avaliação do risco, como indicativo de locais prioritários de atuação.

O mapa de perigo, quando simplesmente superposto à mancha de ocupação urbana, pode fornecer uma informação genérica do risco, baseado apenas no aspecto da exposição simples (mancha de ocupação urbana, sem quantificação de nenhum parâmetro) e não da vulnerabilidade propriamente dita. Ou seja, pode ser útil saber quais áreas já ocupadas estão sujeitas a alagamentos, sem necessariamente detalhar o viés desta análise. Esse mapa de "risco", portanto, não leva em consideração nenhum tipo de combinação entre o perigo e a vulnerabilidade, mas pode ser obtido pela operação de simples interseção entre os mapas de perigo e a mancha de ocupação urbana, de modo que o grau de risco em cada área corresponderá ao grau de perigo (esquema de construção ilustrado na Figura 7.3). Este tipo de mapa é bastante empregado pelos órgãos competentes, dada sua facilidade de elaboração e utilização, e aqui será denominado "perigo em áreas ocupadas" ou "risco simples" (não combinado); o termo "setorização de risco" também é empregado por alguns órgãos.

Tucci (2005) menciona que os mapas de inundação urbana podem ser de dois tipos: mapas de planejamento e mapas de alerta. Os primeiros definem as áreas atingidas por cheias de tempo de retorno

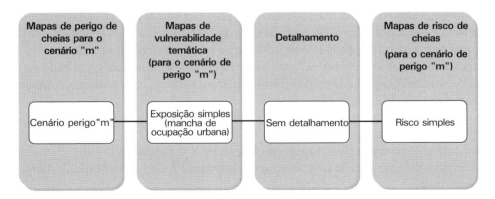

FIGURA 7.3: Esquema de construção do mapa de perigo em áreas ocupadas (também denominado risco simples).

definidos, enquanto os últimos são preparados com valores de cotas de inundação em cada esquina da área de risco, permitindo o acompanhamento da enchente por parte dos moradores, com o auxílio de réguas pintadas ou fixadas aos postes nesses pontos.

Em termos mais específicos, o mapa de perigo em áreas ocupadas (ou risco simples) apresenta-se útil nas seguintes atividades principais da fase de Mitigação, considerando como referência o cenário de projeto:

- Delimitação (caso não haja zoneamento) ou redefinição das zonas de ocupação proibida (*non aedificandi*), ocupação condicionada (*aedificandi* com restrições) e ocupação induzida (*aedificandi*), em áreas já ocupadas.
- Determinação (caso não haja zoneamento) ou redefinição do uso do solo mais adequado para as zonas de ocupação condicionada e ocupação induzida, em áreas já ocupadas.
- Determinação (caso não haja zoneamento) ou redefinição dos parâmetros urbanísticos e edilícios mais adequados para as zonas de ocupação condicionada e de ocupação induzida, de modo a que o adensamento nas áreas já ocupadas não agrave o perfil de distribuição do perigo na bacia.
- Definição e projeto de medidas estruturais de mitigação do perigo, de forma distribuída (captação das águas de drenagem urbana, bacias de detenção e retenção, recuperação de áreas verdes, bacias de infiltração, dentre outras), em áreas ocupadas, de modo a reduzir a exposição dos elementos vulneráveis ao perigo.
- Definição de mecanismos de incentivo ou de punição, via legislação, para promoção de medidas de mitigação do perigo, de forma distribuída (captação individualizada de água da chuva, reservatórios de detenção e retenção em nível da edificação, pavimentos permeáveis, dentre outras) em áreas já ocupadas.
- Definição de medidas estruturais de mitigação do perigo, a título de contrapartida, para fins de ocupação de zonas de ocupação condicionada, em áreas já ocupadas ou não.
- Escolha de vetores de desenvolvimento para redirecionamento da ocupação das áreas de ocupação condicionada e ocupação induzida.
- Identificação de áreas preferenciais de adensamento e introdução de limites de crescimento.
- Definição das áreas que deverão ser desocupadas de forma permanente.
- Realização da operação de mapeamento de risco pelos órgãos competentes, ou seja, a definição das áreas ocupadas que deverão ser objeto de monitoramento com fins à emissão de alertas antecipados de desastres e acionamento de alarme, em circunstâncias de desocupação tardia (emergencial e provisoriamente).
- Elaboração do Plano Municipal de Redução de Risco.
- Definição de áreas que deverão ser objeto de atenção pela Defesa Civil (normalmente as mesmas que foram definidas na avaliação do "risco simples", mais outras áreas que demandem proteção), especialmente nas ações que envolvam medidas não estruturais, como capacitação, conscientização, treinamentos, constituição de Núcleos de Proteção e Defesa Civil, dentre outras.
- Orientação de medidas para redução de vulnerabilidades individuais, atuando na definição de padrões construtivos capazes de conviver com o perigo (palafitas, muros-dique, comportas e válvulas de retenção em nível de lote/edificação).
- Direcionamento de investimentos públicos e privados nas áreas de ocupação condicionada e de ocupação induzida, já ocupadas.
- Valoração do solo para fins de desapropriação em áreas já ocupadas.
- Valoração do solo para fins de precificação do Imposto Predial e Territorial Urbano (IPTU), nas áreas já ocupadas.

- Definição das alíquotas de cobrança do Imposto Sobre Serviço de Qualquer Natureza (ISSQN), que é um tributo municipal, em função do interesse em adensar ou condicionar a ocupação por empresas nas áreas já ocupadas.
- Atualização do Plano Diretor a partir do zoneamento obtido com o mapa de perigo.

Preparação

Na fase de Preparação, **mapas de perigo** permitem identificar as áreas para desocupação, os locais seguros para rotas de fuga e as edificações para implantação e operação de pontos de apoio em emergências, os quais serão utilizados para socorro, atendimento e abrigo temporário da população. Esses são elementos fundamentais no plano de contingência.

Resposta

Na fase de Resposta os mapas de perigo podem ser usados como uma referência para fins de direcionar as ações de resposta, uma vez que tendem a apontar os locais onde o processo teria potencial de ocorrer com mais severidade.

Entretanto, nem sempre o processo hidrológico real evolui conforme previsto nos mapas de perigo, de modo que o alcance das ações de resposta deverá ser determinado pela abrangência da área efetivamente impactada pelo processo hidrológico, o que será verificado por monitoramento remoto ou por diligências de equipes de resposta ao local do incidente.

Recuperação

Nessa fase, todos os mapas são úteis, pois há locais que não devem ser reocupados, devendo parte da população se estabelecer em locais de menor perigo. Portanto, os mapas de perigo atualizados após o desastre ocorrido são úteis para balizar procedimentos de interdição e remoção, provisória ou permanente.

7.3 APLICABILIDADE DOS MAPAS DE VULNERABILIDADE

Enquanto a variável "perigo" relaciona-se com a prevalência e a magnitude dos fenômenos naturais adversos, a variável "vulnerabilidade" relaciona-se com o estudo dos sistemas receptores e dos corpos receptivos aos efeitos nocivos ou desfavoráveis desses eventos (BRASIL, 1999).

Os mapas de vulnerabilidade possuem a função de retratar o potencial dos elementos receptores localizados no sistema exposto de experimentarem danos e prejuízos durante um determinado cenário de alagamento, sendo, portanto, um conceito relativo, que depende do tipo e da quantidade dos elementos expostos, o tipo de dano/prejuízo, assim como dos aspectos da vulnerabilidade que se deseja retratar.

A escolha dos aspectos da vulnerabilidade que se deseja retratar determinará os parâmetros de análise e, consequentemente, o viés da vulnerabilidade que direcionará as ações de proteção e defesa civil, sendo de extrema importância entender e orientar tais ações (que muitas vezes se dirigem a públicos distintos) conforme o perfil de vulnerabilidade temática adequado a cada caso. Segundo a UNISDR (2012), os padrões do desenvolvimento social e ambiental podem ampliar a exposição e a vulnerabilidade e, então, também ampliar o risco.

A escolha do perfil de vulnerabilidade temática tem também impactos diretos no risco, que carregará o viés da vulnerabilidade utilizado em seu cálculo (que pode, então, ser chamado de risco temático), reforçando ainda mais a importância do entendimento da finalidade dos mapas de risco para assim compor o perfil de vulnerabilidade que será empregado, conforme diferentes demandas. Esse processo está ilustrado na Figura 7.4.

Para facilitar a construção/utilização dos mapas de acordo com as necessidades dos usuários, propõe-se empregar, como instrumento de orientação, a ferramenta da qualidade 5W + 3H, conforme apresentado na Tabela 7.1.

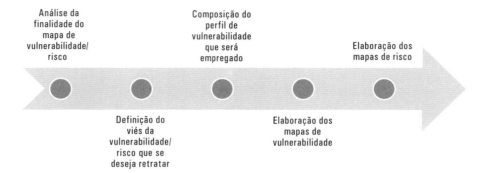

FIGURA 7.4: Sequência para construção dos mapas de risco/vulnerabilidade com foco na aplicação.

Tabela 7.1: Aplicação da ferramenta 5W + 3H para determinação do perfil de mapas mais adequado às necessidades dos usuários

ITEM	PERGUNTA	DESCRIÇÃO
WHY	Qual a finalidade do mapa?	Reflexão sobre a utilidade do mapa de vulnerabilidade/risco que se deseja obter; para que serve.
WHO	Quem são os elementos a serem protegidos?	Definição sobre quem são os entes vulneráveis (e seus elementos) que se busca proteger. *Nota: Ente será compreendido como um conjunto de elementos de um dado tipo.*
WHAT	O que se deseja proteger?	Definição sobre quais são os atributos dos entes que devem ser protegidos.
WHERE	Onde se deseja proteger?	Delimitação das manchas de perigo, que fornecem um recorte espacial sobre a distribuição dos elementos vulneráveis.
WHEN	Durante quanto tempo proteger?	Reflexão sobre o horizonte de tempo da proteção (curto prazo, médio prazo, longo prazo). Isto influenciará as variáveis que comporão os mapas, uma vez que parâmetros relevantes de longo prazo (por exemplo, para fins de planejamento urbano) podem não ser os mesmos no curto prazo (por exemplo, para fins de desocupação emergencial de áreas de risco).
HOW MANY	Quantos são os elementos a serem protegidos?	Consiste na quantificação dos elementos expostos, dentro das manchas de perigo que foram delimitadas.
HOW	Como proteger?	Esta pergunta está mais relacionada com ações de prevenção, mitigação, preparação, resposta, recuperação. Há mapas que trazem estas informações de forma complementar, como é o caso dos mapas do Plano Municipal de Redução de Risco – PMRR. Não aplicável a todos os tipos de mapa.
HOW MUCH	Quanto custará?	Assim como a pergunta anterior, há mapas que trazem a informação complementar da estimativa de custos das ações (em geral as estruturais), como é o caso dos mapas do PMRR. Também pode ser interpretado como quanto custará o dano provocado. Não aplicável a todos os tipos de mapa.

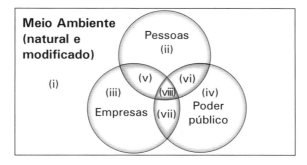

FIGURA 7.5: Representação da interação e interdependência entre os entes vulneráveis.

Para entender melhor os entes a serem protegidos, e seus elementos, propõe-se uma representação por meio do Diagrama de Venn da Figura 7.5, no qual foram alocados os principais atores mencionados no Estatuto da Cidade (BRASIL, 2001) e na Política Nacional de Proteção e Defesa Civil (BRASIL, 2012).

Analisando a Figura 7.5, pode-se perceber que os entes a serem protegidos constituem quatro grandes grupos de elementos, que possuem elevado grau de dependência entre si:

- As **pessoas**, individualmente ou em grupos (famílias, comunidades).
- As **empresas** privadas e outros entes economicamente produtivos, tais como cooperativas, sociedades de economia mista, empreendedores, produtores rurais, profissionais autônomos. Estes entes movimentam diretamente a economia e geram empregos.
- O **Poder Público**, constituído pela Administração Pública, direta (União, estados, Distrito Federal e municípios) e indireta (autarquias, fundações públicas, sociedades de economia mista e empresas públicas), que são responsáveis pelo funcionamento da máquina pública e pela provisão de serviços essenciais, com fins ao desenvolvimento econômico e ao bem-estar social.
- O **meio ambiente** natural/modificado, que não somente abriga os demais entes, como se constitui um ente com elementos próprios, que interagem de forma ativa com os elementos dos demais entes. O meio ambiente modificado, que também pode ser dito antropizado, contém elementos naturais que foram modificados pelo homem, assim como elementos construídos pelo homem, que fazem parte também de outros entes, que estão inseridos no meio ambiente, interagindo com ele, e que dão causa à sua modificação.

Dentro desse sistema complexo, pode-se observar como os elementos de um sistema estão distribuídos entre os entes:

- A região MEIO AMBIENTE (i) compreende os elementos pertencentes ao ambiente natural (i_N) e antropizado (i_A), além de abrigar os demais entes. O meio ambiente antropizado, ou seja, alterado pelo homem, pode ser o "recorte" da região (i) que se localiza em interseção com as regiões dos três outros entes (i_A = ii + iii + iv + v + vi + vii + viii). O meio ambiente natural possui interface direta com o ambiente antropizado e pode ser entendido como o conjunto complementar aos outros entes, ou seja, $i_N = i - i_A$ – na prática, esta separação acaba não sendo tão simples assim. De fato, o homem faz parte da natureza e o ambiente construído é seu "hábitat"; portanto, todo o ambiente está integrado e a divisão proposta apenas auxilia na discussão que aqui se desenvolve.
- A região (ii + v + vi + viii) compreende os elementos pertencentes ao ente PESSOAS no sistema analisado, com base nas sub-regiões:
  - (v) Pessoas vinculadas diretamente às organizações privadas economicamente produtivas (empresários, funcionários de empresas privadas, profissionais cooperados, produtores rurais, empreendedores, profissionais autônomos).

- (viii) Pessoas vinculadas diretamente às organizações públicas ou de economia mista, economicamente produtivas (funcionários de empresas públicas ou de economia mista, pesquisadores de instituições públicas que trabalham em parceria com empresas).
- (vi) Pessoas vinculadas diretamente às organizações públicas, economicamente não produtivas, ou que dependem diretamente do Estado (funcionários públicos, aposentados e pensionistas, pessoas dependentes de benefício de prestação continuada, de programas de assistência social, presidiários, dentre outras).
- (ii) Demais pessoas (crianças e adolescentes, pessoas que trabalham em organizações da sociedade civil sem fins lucrativos, desempregados que não usufruem de programas de assistência social, trabalhadores do lar, empregados domésticos, dentre outros).

- A região (iii + v + vii + viii) compreende os elementos pertencentes ao ente EMPRESAS (e outros entes produtivos, tais como cooperativas, empreendedores, produtores rurais, profissionais autônomos) no sistema analisado, com base nas sub-regiões:
  - (v) Funcionários de organizações privadas economicamente produtivas, conforme previamente definido.
  - (iii) Outros recursos que integram as organizações produtivas privadas, tais como capital, máquinas, equipamentos, instalações, tecnologia, estoques etc.
  - (viii) Funcionários de organizações públicas ou de economia mista, economicamente produtivas, conforme previamente definido.
  - (vii) Outros recursos que integram as organizações públicas ou de econômica mista, economicamente produtivas, tais como capital, máquinas, equipamentos, instalações, tecnologia, estoques etc.
- A região (iv + vi + vii + viii) compreende os elementos pertencentes ao ente PODER PÚBLICO no sistema analisado, com base nas sub-regiões:
  - (vi) Funcionários públicos ou outros dependentes diretos do Estado, conforme previamente definido.
  - (iii) Outros recursos que integram as organizações públicas, economicamente não produtivas, tais como equipamentos, instalações etc.
  - (viii) Funcionários de organizações públicas ou de economia mista, economicamente produtivas, conforme previamente definido.
  - (vii) Outros recursos que integram as organizações públicas ou de economia mista, economicamente produtivas, conforme previamente definido.

Por outro lado, cada ente (assim como seus elementos) possui mais de um atributo a ser protegido. Propõe-se que os atributos de proteção sejam classificados em cinco categorias principais, as quais são apresentadas acompanhadas das perguntas-chave que as representam:

- **Físicos (QUAL O "CORPUS" DO ENTE?):** Representam a estrutura física intrínseca aos elementos do ente, ou seja, a totalidade ou parte do sistema físico da qual o elemento depende diretamente para funcionar, possuindo o sentido de "corpo físico" ou "corpus". Quando elementos com atributos físicos são impactados por um evento adverso, podem ocorrer danos parciais ou totais à integridade física desses elementos, impactando diretamente nas funções desempenhadas por eles.
- **Funcionais (QUAIS SÃO AS FUNÇÕES DESEMPENHADAS PELO ENTE?):** Simbolizam a funcionalidade dos elementos que constituem o ente, ou seja, a capacidade de exercerem funções e desempenharem, simplificadamente, seu papel na sociedade. Perdas funcionais representam a principal consequência de impactos sobre este atributo, que se traduz em queda na eficiência ou impossibilidade de se desempenhar uma função.
- **Econômicos (QUAL A RELEVÂNCIA ECONÔMICA DO ENTE?):** Os atributos econômicos se referem à relevância econômica dos elementos que compõem o ente, ou seja, a capacidade do

elemento de movimentar a economia e gerar riqueza, para si e/ou para a sociedade, num determinado horizonte de tempo. Impactos nos atributos econômicos representam prejuízos financeiros relacionados com a queda no potencial econômico do ente.

- **Patrimoniais (QUAL O VALOR PATRIMONIAL DO ENTE?):** Correspondem ao valor do patrimônio do ente, ou seja, quanto valem os ativos, tangíveis ou intangíveis, dos elementos que compõem o ente. Nos entes que possuem atributos físicos, estes podem também ter um valor patrimonial. Impactos patrimoniais representam danos ao patrimônio, seguidos de prejuízos financeiros relacionados com o custo de reposição ou reparação do patrimônio afetado.
- **Socioculturais (O QUE COMPÕE O PERFIL SOCIOCULTURAL DO ENTE?):** Os atributos socioculturais dos elementos que compõem o ente referem-se a crenças, comportamentos, cultura, emoções, inteligência, relações, posicionamentos, enfim, todo o aparato psicológico-social-cultural que é característico ao ente. Impactos adversos no atributo sociocultural podem acarretar perda de identidade e/ou de motivação, ou o oposto, dependendo do grau de resiliência sociocultural dos elementos afetados, mas quase sempre implicam a reavaliação de valores e prioridades.

Conforme o viés que se deseje retratar, observa-se, portanto, que se pode compor um perfil de vulnerabilidade temática, a partir dos entes e atributos vulneráveis da Tabela 7.2. Essa composição, no entanto, não é única ou absoluta, servindo aos propósitos deste livro a título ilustrativo.

Tabela 7.2: **(a)** Objetos vulneráveis (ou objetos de proteção) correspondentes aos atributos dos entes a serem protegidos

ATRIBUTO	ENTES DO SISTEMA EXPOSTO			
	AS PESSOAS	AS EMPRESAS	O PODER PÚBLICO	O MEIO AMBIENTE
FÍSICO	A integridade física das pessoas.	Os elementos físicos que são essenciais à produção (por exemplo, uma fábrica), sejam de propriedade das empresas ou alugados.	Os equipamentos de administração e de serviço público (segurança pública, infraestrutura urbana, cemitérios, administrativos de uso comum e especial); os equipamentos comunitários e de serviço ao público (de lazer e cultura e de saúde pública); os equipamentos de circulação urbana e rede viária. Podem ser de propriedade do Estado ou de entes privados, desde que sejam utilizados a serviço do Estado.	O meio físico (biótopo) e seus seres vivos (biocenose); os recursos ambientais: a atmosfera, as águas interiores, superficiais e subterrâneas, os estuários, o mar territorial, o solo, o subsolo, os elementos da biosfera, a fauna e a flora (BRASIL, 1981; 1989).
FUNCIONAL	As habilidades e capacidades das pessoas para realizar tarefas e desempenhar funções no trabalho, individualmente ou em grupo.	A capacidade das empresas e outros entes produtivos para realizar suas funções produtivas, comercializar, inovar e desempenhar um papel responsável na sociedade. Está relacionada com a manutenção da capacidade produtiva.	A capacidade do Poder Público para realizar a administração da máquina pública, a prestação de serviços públicos essenciais, num nível satisfatório de qualidade, apoiar os entes economicamente produtivos em sua missão, além de garantir a ordem e as normas jurídicas para o harmônico funcionamento da sociedade.	A capacidade do meio ambiente para fornecer serviços ambientais, prover recursos para a produção, realizar a autodepuração, sustentar e proporcionar um ambiente adequado para a vida, abrigo da biocenose, além de permitir o desenvolvimento das potencialidades do ser humano.

(Continua)

Tabela 7.2: **(a)** Objetos vulneráveis (ou objetos de proteção) correspondentes aos atributos dos entes a serem protegidos *(Cont.)*

ATRIBUTO	ENTES DO SISTEMA EXPOSTO			
	AS PESSOAS	AS EMPRESAS	O PODER PÚBLICO	O MEIO AMBIENTE
ECONÔMICO	A capacidade das pessoas de consumir, pagar as contas, contratar, gerar riqueza e investir, individualmente ou em grupo.	A capacidade das empresas e outros entes produtivos para movimentar a economia e gerar riqueza, ou seja, em empreender, contratar pessoas e fornecedores, investir na ampliação da capacidade produtiva, serem rentáveis para investidores e acionistas. Está relacionada com a lucratividade do negócio e a rentabilidade do investimento.	A capacidade do Poder Público para garantir a estabilidade econômica, o ambiente propício para investimentos e operação das empresas, em cumprir de forma eficiente e eficaz a função de apoio aos entes economicamente produtivos, definir estratégias, realizar investimentos em infraestrutura, ciência e tecnologia, em manter enxuta a máquina pública, garantir a transparência na aplicação dos recursos e combater a corrupção.	A capacidade do meio ambiente para prover recursos para a produção e atuar como elemento integrante da economia.
PATRIMONIAL	O valor do patrimônio das pessoas, ou seja, bens móveis e imóveis, reservas financeiras, cotas de participação em empresas, dentre outros.	O valor do patrimônio das empresas e outros entes produtivos, ou seja, bens móveis e imóveis (incluindo prédios, terrenos, instalações, máquinas e equipamentos), reservas financeiras, cotas de participação em empresas, estoques, marca, dentre outros.	O valor patrimonial dos bens públicos ou ainda o valor de reposição/reparação dos bens públicos afetados, quais sejam, segundo o art. 99 do Código Civil (BRASIL, 2002): os de uso comum do povo, tais como rios, mares, o meio ambiente, estradas, ruas e praças; os de uso especial, tais como edifícios ou terrenos destinados a serviço ou estabelecimento da administração federal, estadual, territorial ou municipal, inclusive os de suas autarquias; os dominicais, que constituem o patrimônio das pessoas jurídicas de Direito Público, como objeto de direito pessoal, ou real, de cada uma dessas entidades.	Os recursos ambientais, a biodiversidade e o potencial energético. Por definição, o art. 225 da Constituição Federal de 1988 caracteriza o meio ambiente como um bem público de uso comum do povo, impondo ao Poder Público e à coletividade o dever de preservá-lo e defendê-lo.
SOCIOCULTURAL	As crenças, os comportamentos, os valores, as referências, a cultura, as emoções, a inteligência, as relações, a visão de mundo, os posicionamentos, enfim, todo o aparato psicológico-social-cultural relacionado com as pessoas, individual ou coletivamente.	A cultura corporativa, as regras e os valores, os comportamentos, a inteligência organizacional, as relações, os posicionamentos, enfim, todo o aparato sociocultural relacionado com as empresas e outros entes produtivos.	O patrimônio cultural, histórico, artístico, paisagístico e arqueológico, as normas jurídicas, organizacionais e sociais, a cultura corporativa e da própria sociedade, a inteligência organizacional, os valores, enfim, todo o aparato sociocultural relacionado com o Poder Público, que devem estar em sintonia com atributos socioculturais dos demais entes e da sociedade como um todo.	A significação do meio ambiente do ponto de vista ético e filosófico, assim como seu papel na interação com os aspectos econômicos e sociais da sociedade, com vista ao desenvolvimento sustentável.

Diferentes autores refletiram sobre os aspectos que deveriam ser levados em conta para se retratar determinado viés da vulnerabilidade, chegando a composições diferentes do perfil de vulnerabilidade e de suas variáveis condicionantes. O exemplo mais presente é o da vulnerabilidade social, que foi objeto de análise por alguns autores, dentre os quais:

- Busso (2002) entende que as dimensões mais importantes da vulnerabilidade social seriam: **habitat** (condições habitacionais e ambientais, como tipo de moradia, saneamento, infraestrutura urbana, equipamentos, riscos de origem ambiental); **capital humano** (variáveis como: anos de escolaridade, alfabetização, assistência escolar, saúde, desnutrição, ausência de capacidade, experiência de trabalho); **econômica** (inserção de trabalho e renda); **proteção social** (sistemas de cotização em geral, coberturas por programas sociais, aposentadoria, seguros sociais); e **capital social** (participação política, associativismo, inserção em redes de apoio).
- Para Kaztman (2000), a vulnerabilidade social deve ser avaliada a partir da existência, ou não, por parte dos indivíduos ou das famílias, de ativos disponíveis e capazes de enfrentar determinadas situações de risco.
- D'Ercole (1994) afirma que a análise da vulnerabilidade não pode deixar de contar com uma abordagem sistêmica que inclua fatores socioeconômicos, psicossociológicos, fatores ligados à cultura e à história das sociedades expostas, fatores técnicos, funcionais e institucionais.
- Segundo Deschamps (2004), Alves *et al.* (2008), Almeida (2010) e Saito (2011), a vulnerabilidade socioambiental urbana deve ser compreendida sob uma ótica que contempla a coexistência espacial dos processos de expansão urbana envolvendo tanto a dispersão espacial de grupos de risco social quanto a degradação ambiental e a falta de serviços de infraestrutura urbana.

Nota-se, nas definições anteriores, uma aproximação entre os conceitos de vulnerabilidade e de resiliência, em que aspectos de recuperação de uma situação adversa passam a ocupar um lugar de importância em uma avaliação relativa do valor exposto.

Ressalta-se que o objetivo do presente texto não é o de explorar todas as possibilidades de composições para diferentes perfis de vulnerabilidade temática, mas sim chamar a atenção dos leitores para a necessidade de refletir sobre esta questão antes de iniciar a construção dos mapas de vulnerabilidade ou risco, recomendando-se, para isso, que sejam seguidos os passos mencionados na Figura 7.4.

Prevenção

Na fase de Prevenção, não faz sentido falar de vulnerabilidade e risco, uma vez que as áreas em questão ainda não foram ocupadas e, portanto, não há elementos expostos, ao menos no meio ambiente. Entretanto, considera-se que a simples exposição do meio ambiente a processos hidrológicos não constitui uma vulnerabilidade ou risco em si mesmos, a menos que afete algum sistema socioeconômico de forma adversa.

Para considerar a vulnerabilidade e o risco, portanto, faz-se necessário que os elementos expostos sejam dotados de valor sociocultural ou econômico para um determinado grupo, o que ensejará medidas de proteção aos objetos vulneráveis (por exemplo, certas inundações com potencial de provocar danos ambientais podem afetar a qualidade de vida das pessoas ou os negócios de uma determinada comunidade localizada fora da zona de perigo e, portanto, pode mesmo assim demandar medidas de proteção).

Mitigação

Mapas de vulnerabilidade são úteis na fase de Mitigação, pois as ações direcionadas pela observação das áreas prioritárias para redução de risco podem recair tanto no meio físico, para redução da sua susceptibilidade à produção de alagamentos e inundações (atuação com foco no processo de materialização do perigo de inundação ou alagamento, a partir das chuvas que deflagram este processo), quanto podem recair na busca pelo aumento da resistência dos elementos individuais (reduzindo a susceptibilidade a dano destes) e da resiliência do sistema (aumentando a sua capacidade de reação).

Cabe distinguir aqui um tipo preliminar de mapa de vulnerabilidade que pode ser bastante útil nas fases de Mitigação, Preparação e Resposta: trata-se da **avaliação de vulnerabilidade simples**, na qual mapas de vulnerabilidade temática são simplesmente sobrepostos aos mapas de perigo. Nesse tipo de mapa, o que se deseja é enxergar a vulnerabilidade temática afetada pelas áreas delimitadas pelas manchas de inundação e não ainda exatamente o risco, uma vez que os parâmetros de vulnerabilidade e perigo não foram combinados (ou ponderados) para as áreas em questão.

Assim, podem-se citar as seguintes aplicações para os mapas de vulnerabilidade na fase de Mitigação:

- Identificar áreas conforme o grau de vulnerabilidade temática e delimitar as áreas que devem ser objeto de proteção e ações de assistência por parte do Poder Público em termos amplos, ou seja, não apenas em situação de risco de desastres.
- Dimensionamento e provisionamento de recursos a serem aplicados nessas áreas.
- Planejamento e implantação de ações específicas, com foco na redução da vulnerabilidade temática, a serem executadas não só pelo Poder Público como líder na missão de proteção e defesa civil, mas também por parte dos entes vulneráveis visando à autoproteção.

Preparação

Na fase de Preparação, mapas de vulnerabilidade ajudam a direcionar esforços para populações mais vulneráveis ou para serviços que não podem parar, tais como os de saúde, abastecimento de água etc. São exemplos dessas ações as medidas de capacitação, conscientização e treinamento nas comunidades, a constituição e a estruturação de Núcleos de Proteção e Defesa Civil (Nupdecs), a seleção de locais para instalação de sistemas de alarme (sirenes), dentre outras.

Os mapas de vulnerabilidade temática também podem ser utilizados quando se deseja o monitoramento, alerta e alarme temáticos, ou seja, com fins de proteger determinado aspecto do sistema exposto. Entretanto, se o objetivo for estimar os danos e prejuízos que devem ocorrer na área alertada, o mapa mais adequado será o de risco temático.

Resposta

A fase de Resposta usa basicamente o mesmo arcabouço da fase de Preparação, sendo esta uma fase basicamente operacional. As decisões neste caso são baseadas nas análises previamente desenvolvidas, sendo o **mapa de vulnerabilidade** ainda muito útil para as adaptações em tempo real que o evento hidrológico demandar.

Inundações e alagamentos, devido à grande diversidade do processo natural que lhes são causa, tanto em termos temporais como espaciais, podem não se desenvolver conforme mapeados nos mapas de perigo. Então, na fase de Resposta, prevalece a abrangência espacial do desastre de fato ocorrido.

Dessa forma, a necessidade de mudança de rumo nas tomadas de decisão em tempo real, em função de situações de inundação e alagamento não previstas, pode recorrer ao apoio dos mapas de vulnerabilidade, que continuam válidos, por serem característicos do sistema e não do evento hidrológico.

Recuperação

Assim como o mapa de perigo, os mapas de vulnerabilidade também são úteis na fase de Recuperação, uma vez que há a necessidade de se procurar diminuir a exposição daqueles que foram afetados e é preciso adotar medidas de redução de vulnerabilidade e aumento de resiliência. Valem, portanto, as mesmas observações da fase de mitigação.

Do mesmo modo que na fase de Resposta, a região a ser recuperada é muito influenciada pela área de abrangência espacial do desastre ocorrido, quando então os mapas de vulnerabilidade podem ajudar na priorização dos beneficiários e locais para serem contemplados com ações e recursos de recuperação.

A VALIDAÇÃO DOS MAPAS DE VULNERABILIDADE (VULNERABILIDADE REAL)

Assim como o mapa de vulnerabilidade é útil para ações de recuperação, as ações de recuperação são muito úteis para os mapas de vulnerabilidade. Isso porque o balanço das ações de recuperação fornece a medida real dos danos e prejuízos provocados pelo processo hidrológico no sistema afetado e, portanto, fornece uma oportunidade valiosa para se aferir a **vulnerabilidade real** do sistema e então comparar com a **vulnerabilidade estimada**, por meio de variáveis diversas, que foi objeto de estudo até aqui.

Para isso, deve-se resgatar a significação primeira de vulnerabilidade, em que esta seria um parâmetro que, ao ser combinado com o perigo, fornecerá o risco. Ora, sendo os danos e prejuízos ocorridos no sistema afetado nada mais do que a materialização do risco, pode-se extrair daí a relação inversa, ou seja, a vulnerabilidade é o coeficiente de proporcionalidade entre os danos/prejuízos aos elementos afetados e a magnitude do desastre ocorrido, sendo que a natureza dos danos/prejuízos determina o viés da vulnerabilidade temática. A Tabela 7.3 ilustra essa relação.

Por esse mecanismo, pode-se calibrar/ajustar a vulnerabilidade estimada, de forma a obter projeções mais precisas em avaliações futuras da vulnerabilidade e do risco.

Tabela 7.3: Matriz de vulnerabilidade real associada a um determinado ente afetado

CENÁRIOS DE DESASTRES EFETIVAMENTE OCORRIDOS	Parâmetros de vulnerabilidade real para um determinado ente afetado		
	Dano ou prejuízo tipo 1 (representado pelo parâmetro D_1)	...	Dano ou prejuízo tipo "M" (representado pelo parâmetro D_M)
Cenário de perigo 1 (representado pelo parâmetro P_1)	$V_{1,1} = D_1/P_1$	...	$V_{1,M} = D_M/P_1$
...	...	...	...
Cenário de perigo "N" (representado pelo parâmetro P_N)	$V_{N,1} = D_1/P_N$	...	$V_{N,M} = D_M/P_N$

7.4 APLICABILIDADE DOS MAPAS DE RISCO

De acordo com Tucci (2003), com a utilização dos mapas de inundação é possível definir o zoneamento das áreas de risco à inundação. Estes mapas devem apresentar, também, informações sobre o grau de risco de cada área e os seus critérios de ocupação, tanto quanto ao uso como quanto aos aspectos construtivos.

Os mapas de risco possuem aplicações nas fases de Mitigação, Preparação e Recuperação, sendo empregados de forma geral para priorizar recursos e ações que fazem parte desses macroprocessos. Deve-se ressaltar, no entanto, que a informação fornecida pelo mapa de risco é a estimativa do dano potencial do sistema que pode ser afetado por um perigo de certa magnitude, obtido por meio da combinação entre o perigo e a vulnerabilidade.

A partir da matriz de objetos vulneráveis (Tabela 7.2), pode-se montar um perfil de vulnerabilidade adequado ao viés que se deseja retratar no sistema exposto. A seguir, serão apresentados alguns exemplos esquemáticos da composição de diferentes perfis de vulnerabilidade e as respectivas aplicações esperadas de seus respectivos mapas de risco temático.

EXEMPLO 1: RISCO SOBRE O PATRIMÔNIO

Considerando o objetivo principal de **proteger o patrimônio**, buscou-se retratar o viés dos danos potenciais patrimoniais mais relevantes, compondo um perfil de vulnerabilidade temática patrimonial que envolveu os seguintes objetos vulneráveis, acompanhados de suas respectivas justificativas:

- **Redes de infraestrutura urbana** (abastecimento de água, energia elétrica, telecomunicações, gás canalizado, coleta de esgoto e águas pluviais), uma vez que se considerou que danos neste objeto podem provocar transtornos sociais elevados.
- **Vias e equipamentos de transporte**, considerados vitais para a circulação de mercadorias e pessoas. Este objeto foi apresentado em separado das redes de infraestrutura, pois se considerou que seus riscos podem ser gerenciados por gestores do sistema de transporte, diferentemente dos riscos de infraestrutura, que serão gerenciados por outros gestores.
- **Edificações públicas e seus conteúdos**, pois danos nesses elementos representam prejuízos diretos aos cofres públicos no curto prazo, além de ser um indicador indireto do grau de afetação das funções da Administração Pública.
- **Edificações privadas (empresas) e seus conteúdos**, pois impactos no patrimônio das empresas podem indicar o potencial de afetação na capacidade produtiva e na manutenção de empregos, além de certo grau de empobrecimento das empresas, caso seu patrimônio não esteja protegido por seguros.

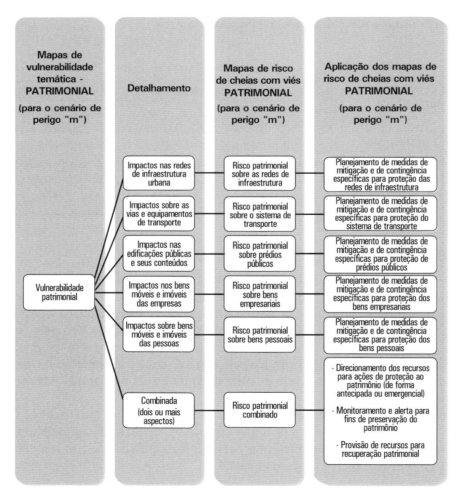

FIGURA 7.6: Obtenção de mapas de risco temático patrimonial a partir da combinação do perigo (cenário "m") com o perfil de vulnerabilidade temática escolhida, e suas respectivas aplicações gerais.

- **Edificações residenciais e seus conteúdos**, pois impactos no patrimônio pessoal podem ser um indicador do empobrecimento das pessoas, se este não estiver protegido por seguros.

Para obter o mapa de risco patrimonial combinado, é necessário combinar os parâmetros obtidos nos mapas de vulnerabilidade específicos de cada objeto vulnerável, ponderando-se cada um segundo a importância desse objeto para o viés mais amplo que se deseja retratar.

EXEMPLO 2: RISCO SOBRE A POPULAÇÃO

Considerando o objetivo principal de **proteger os grupos mais vulneráveis**, buscou-se construir um perfil de vulnerabilidade temática que refletisse o viés de bem-estar social para a população dependente de assistência pública, a partir dos seguintes objetos vulneráveis, acompanhados de suas respectivas justificativas:

- **Integridade física da população**, pois esse aspecto é o mais dramático do ponto de vista social e determinante para os demais aspectos que se deseja retratar.
- **Capacidade econômica das famílias**, pois as condições de subsistência familiar precisam ser garantidas para possibilitar uma recuperação consistente.
- **Patrimônio pessoal**, pois perdas parciais ou totais no patrimônio da família representam empobrecimento do grupo e aumentam consideravelmente sua vulnerabilidade.

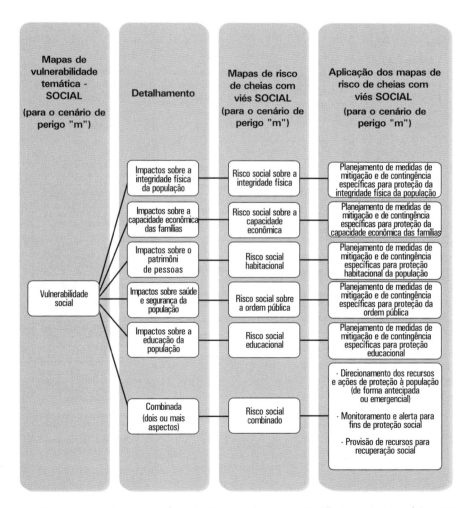

FIGURA 7.7: Obtenção de mapas de risco temático social a partir da combinação do perigo (cenário "m") com o perfil de vulnerabilidade temática escolhida, e suas respectivas aplicações gerais.

- **Saúde e segurança públicas**, pois as funções de saúde e segurança precisam ser garantidas pela Administração Pública mesmo em condições emergenciais, sob pena de provocar caos social.
- **Educação pública**, pois esta função pública representa no longo prazo um importante fator redutor na vulnerabilidade do grupo exposto.

Para obter o mapa de risco social combinado, é necessário combinar os parâmetros obtidos nos mapas de vulnerabilidade específicos de cada objeto vulnerável, ponderando-se cada um segundo a importância desse objeto para o viés mais amplo que se deseja retratar.

EXEMPLO 3: RISCO SOBRE A ECONOMIA

Considerando o objetivo principal de **proteger a economia**, buscou-se construir um perfil de vulnerabilidade temática que refletisse o viés econômico, a partir dos seguintes objetos vulneráveis, acompanhados de suas respectivas justificativas:

- **Faturamento das empresas do setor primário** (agropecuária, pesca e extrativismo), pois este aspecto pode ser entendido como um indicador direto da atividade econômica de entes produtivos do setor primário.

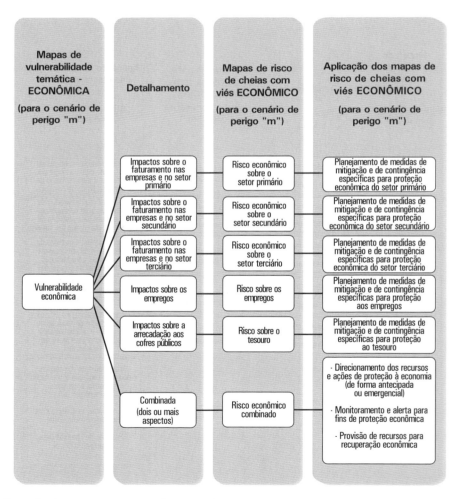

FIGURA 7.8: Obtenção de mapas de risco temático econômico a partir da combinação do perigo (cenário "m") com o perfil de vulnerabilidade temática escolhida, e suas respectivas aplicações gerais.

- **Faturamento das empresas do setor secundário** (indústrias), pois este aspecto pode ser entendido como um indicador direto da atividade econômica de entes produtivos do setor secundário.
- **Faturamento das empresas do setor terciário** (serviços e comércio), pois este aspecto pode ser entendido como um indicador direto da atividade econômica de entes produtivos do setor terciário.
- **Empregos** (em todos os setores produtivos), pois este foi considerado um indicador relevante da tendência de consumo na economia (desemprego tende a provocar redução do consumo, que por sua vez provoca queda na produção, que provoca desemprego, e assim sucessivamente, num ciclo vicioso).
- **Arrecadação aos cofres públicos** (União, estados e municípios), pois este foi considerado um indicador da capacidade de investimento do Poder Público e, consequentemente, de movimentação da economia.

Para obter o mapa de risco econômico combinado, é necessário combinar os parâmetros obtidos nos mapas de vulnerabilidade específicos de cada objeto vulnerável, ponderando-se cada um segundo a importância desse objeto para o viés mais amplo que se deseja retratar.

EXEMPLO 4: RISCO SOBRE A ADMINISTRAÇÃO PÚBLICA

Considerando o objetivo principal de **proteger as funções públicas**, buscou-se construir um perfil de vulnerabilidade temática que refletisse o viés de capacidade de operação da Administração Pública, a partir dos seguintes objetos vulneráveis, acompanhados de suas respectivas justificativas:

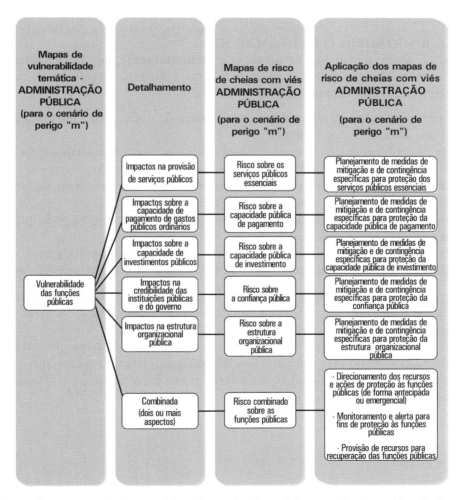

FIGURA 7.9: Obtenção de mapas de risco temático sobre as funções públicas a partir da combinação do perigo (cenário "m") com o perfil de vulnerabilidade temática escolhida, e suas respectivas aplicações gerais.

- **Provisão de serviços públicos essenciais** (saúde, educação, segurança, transporte etc.), uma vez que este é o indicador mais direto da capacidade operativa e eficácia da Administração Pública.
- **Capacidade de pagamento de gastos públicos ordinários** (salários dos servidores, fornecedores etc.), pois este aspecto revela as condições de manutenção do funcionamento da máquina pública, no curto prazo.
- **Capacidade de investimento público** (União, estados e municípios), pois este aspecto foi considerado um indicador da capacidade pública de incentivo à economia, especialmente por meio do investimento em infraestrutura e inovação; também pode ser considerado um indicativo da capacidade de caixa do Poder Público, no médio prazo.
- **Credibilidade das instituições públicas e do governo**, pois a confiança no governo e nas instituições públicas é determinante para um ambiente de negócios favorável e influencia diretamente nas condições de sucesso das atividades da Administração Pública.
- **Estrutura organizacional da Administração Pública**, pois é necessário que haja estabilidade e eficiência nos protocolos, processos, legislação e atribuição de responsabilidades nas instituições que compõem a Administração Pública.

Para obter o mapa de risco combinado sobre as funções públicas, é necessário combinar os parâmetros obtidos nos mapas de vulnerabilidade específicos de cada objeto vulnerável, ponderando-se cada um segundo a importância desse objeto para o viés mais amplo que se deseja retratar.

EXEMPLO 5: RISCO SOBRE O MEIO AMBIENTE

Considerando o objetivo principal de **proteger o meio ambiente**, buscou-se construir um perfil de vulnerabilidade temática que refletisse o viés ambiental, a partir dos seguintes objetos vulneráveis, acompanhados de suas respectivas justificativas:

- **Biótopo** (meio físico), pois alterações no meio físico de um ecossistema podem potencializar alterações nos demais objetos vulneráveis.
- **Biocenose** (seres vivos que habitam o biótopo), pois representam um aspecto da biodiversidade do ecossistema exposto, que é um aspecto importante a ser protegido.
- **Funções ambientais desempenhadas pelos ecossistemas**, pois representam uma interface importante com as funções sociais e econômicas do sistema exposto.
- **Alteração nas condições de suscetibilidade da bacia**, pois este aspecto pode intensificar a ação do perigo sobre os objetos vulneráveis.
- **Elementos potencialmente poluidores** (indústrias, aterros sanitários, dentre outros), pois a presença desses elementos pode intensificar os danos ambientais e seus respectivos prejuízos.

Para obter o mapa de risco combinado ambiental, é necessário combinar os parâmetros obtidos nos mapas de vulnerabilidade específicos de cada objeto vulnerável, ponderando-se cada um segundo a importância desse objeto para o viés mais amplo que se deseja retratar.

Deve-se notar que, além de compor perfis de vulnerabilidade temática, que podem fornecer informações de risco temático muito úteis para públicos diversos, com propósitos específicos, certamente os diversos temas podem ainda ser combinados, de forma ampla ou focando nos aspectos mais significativos de cada um, para compor um mapa de risco geral.

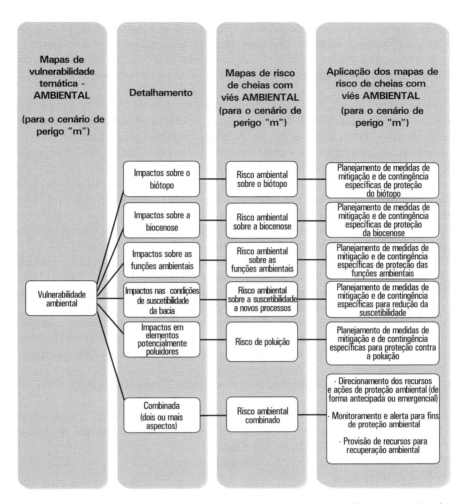

FIGURA 7.10: Obtenção de mapas de risco temático ambiental a partir da combinação do perigo (cenário "m") com o perfil de vulnerabilidade temática escolhida, e suas respectivas aplicações gerais.

REFERÊNCIAS

ALMEIDA, L.Q. (2010) Vulnerabilidade socioambiental de rios urbanos: bacia hidrográfica do Rio Maranguapinho Região Metropolitana de Fortaleza-Ceará. Tese de doutorado. Rio Claro, Universidade Estadual Paulista "Júlio de Mesquita Filho".

ALVES, C.D.; ALVES, H.; PEREIRA, M. N.; MONTEIRO, A. M. V. (2008) Análise dos processos de expansão urbana e das situações de vulnerabilidade socioambiental em escala intraurbana. In: IV Encontro Nacional da Anppas. Brasília, Anais.

BRASIL. (1981) Lei Federal nº 6.938, de 31 de agosto de 1981. Dispõe sobre a Política Nacional do Meio Ambiente, seus fins e mecanismos de formulação e aplicação, e dá outras providências.

BRASIL. (2012) Constituição da República Federativa do Brasil. Texto constitucional promulgado em 5 de outubro de 1988, com as alterações adotadas pelas Emendas Constitucionais nos 1/1992 a 68/2011, pelo Decreto Legislativo nº. 186/2008 e pelas Emendas Constitucionais de Revisão nos 1 a 6/1994. 35ª ed. Brasília: Centro de Documentação e Informação da Câmara dos Deputados.

BRASIL. (1989) Lei Federal nº 7.804, de 18 de julho de 1989. Altera a Lei nº 6.938, de 31 de agosto de 1981, que dispõe sobre a Política Nacional do Meio Ambiente, seus fins e mecanismos de formulação e aplicação, a Lei nº 7.735, de 22 de fevereiro de 1989, a Lei nº 6.803, de 2 de julho de 1980, e dá outras providências.

BRASIL. (1999) Ministério da Integração Nacional, Secretaria Nacional de Defesa Civil. Manual de Planejamento em Defesa Civil. Brasília, DF, v. 1.

BRASIL. (2001) Lei Federal nº. 10.257, de 10 de julho de 2001 (Estatuto da Cidade). Regulamenta os arts. 182 e 183 da Constituição Federal, estabelece as diretrizes gerais da política urbana e dá outras providências.

BRASIL. (2002) Lei Federal nº 10.406, de 10 de janeiro de 2002. Institui o Código Civil.

BRASIL. (2009) Ministério da Integração Nacional, Secretaria Nacional de Defesa Civil. Glossário de Defesa Civil - Estudos de Riscos e Medicina de Desastres. 5ª ed. Brasília, DF.

BRASIL. (2012) Lei Federal nº 12.608, de 10 de abril de 2012. Institui a Política Nacional de Proteção e Defesa Civil - PNPDEC, dispõe sobre o Sistema Nacional de Proteção e Defesa Civil - SINPDEC e o Conselho Nacional de Proteção e Defesa Civil - CONPDEC, autoriza a criação de sistema de informações e monitoramento de desastres.

BUSSO, C. (2002) Vulnerabilidad sociodemografica en Nicaragua: um desafio para el crescimiento económico y la reddución de la pobreza. Santiago de Chile, Nações Unidas.

COUTINHO, R.Q.; BANDEIRA, A.P.N. (2012). Processos de instabilização de encostas e avaliação do grau de risco: estudo de caso nas cidades de Recife e Camaragibe. In: LACERDA, W.A.; PALMEIRA, E.M.; NETTO, A.L.C.; EHRLICH, M. (orgs.). Desastres naturais: susceptibilidade e riscos, mitigação e prevenção, gestão e ações emergenciais. Cap. IV. Rio de Janeiro: Coppe/UFRJ. 211 p.

D'ALTÉRIO, C.F.V. (2004) Metodologia de cenários combinados para controle de cheias urbanas com aplicação à bacia do Rio Joana. Dissertação (Mestrado) em Engenharia Civil, Coppe/UFRJ, Rio de Janeiro.

D'ERCOLE, R. (1994) Les vulnérabilités des sociétés et des espaces urbanisés: concepts, typologie, modes d'analyse. Revue de Géographie Alpine, Paris, v. 82, nº 4, p. 87–96.

DESCHAMPS, M.V. (2004) Vulnerabilidade socioambiental na Região Metropolitana de Curitiba. Tese de doutorado. Paraná, Universidade Federal do Paraná.

DI GREGORIO, L.T.; SOARES, C.A.P.; FEITOSA, F.F.; NERY, T.; BODART, M. (2012) Aplicabilidade dos mapeamentos de suscetibilidade, perigo (hazard) e risco na redução de desastres naturais. In: Anais do I Congresso Brasileiro sobre Desastres Naturais. São Paulo, Rio Claro.

FAZANO, C.B. (2001) Proposta de zoneamento ambiental estudo de caso – bairro Cidade Aracy. São Carlos, Universidade Federal de São Carlos.

KAZTMAN, R. (2000) Notas sobre la medición de la vulnerabilidad social. México: BID-Birf-Cepal. Borrador para discusión. 5 Taller regional, la medición de la pobreza, métodos e aplicaciones.

MARTINELLI, M. (2014) Mapas, gráficos e redes: elabore você mesmo. São Paulo, Oficina de Textos.

MENDIONDO, E.M.; CUNHA, A.R. (2004) Experimento hidrológico para aproveitamento de águas de chuva usando coberturas verdes leves. USP/SHS – Processo Fapesp 03/06580-7. São Carlos.

SAITO, S.M. (2011) Dimensão socioambiental na gestão de riscos dos assentamentos precários do maciço do morro da Cruz, Florianópolis – SC. Tese de Doutorado. Universidade Federal de Santa Catarina, Florianópolis.

SOUZA, L.A.; SOBREIRA, F.G. (2014) Guia para elaboração de cartas geotécnicas de aptidão à urbanização frente aos desastres naturais. Brasília.

TUCCI, C.E.M. (2003) Drenagem urbana. Cienc. Cult., v. 55 nº 4, São Paulo out./dez.

TUCCI, C.E.M. (2005) Gestão das Águas Pluviais Urbanas: Saneamento para todos. Programa de Modernização do Setor Saneamento. Secretaria Nacional de Saneamento Ambiental. Brasília, Ministério das Cidades.

UNISDR. (2012) Como construir cidades mais resilientes – um guia para gestores públicos locais. Genebra, Nações Unidas.

PARTE

Gestão integral de riscos de desastres

CONCEITOS APRESENTADOS NA PARTE II

A Parte II deste livro procura descrever e discutir as etapas de gestão integral dos riscos hidrológicos. Essa segunda parte sucede e complementa a Parte I, que foi direcionada para a discussão conceitual do risco e seus componentes, chegando a alternativas para sua representação quantitativa e mapeamento. Portanto, essa Parte II utiliza os conceitos até aqui desenvolvidos para dar forma ao processo de gestão do risco, desde as etapas preliminares, de identificação dos perigos e planejamento para minimizar a exposição a esses perigos, até a etapa de recuperação pós-desastre.

Neste contexto, cinco capítulos serão apresentados. O primeiro, o Capítulo 8, busca dar uma introdução ao assunto, com uma visão integrada do processo de gestão, mostrando um breve painel ilustrativo internacional e focando no panorama nacional de gestão. Nessa discussão, o arcabouço legal que regula o processo de gestão de risco será também apresentado.

Na sequência, os Capítulos 9, 10, 11 e 12 discutirão, respectivamente, as seguintes etapas da gestão de risco:

- Prevenção
- Mitigação
- Preparação e Resposta
- Recuperação

Note o leitor que as etapas de "Preparação" e "Resposta" são diferentes e representam dois momentos distintos no processo de gestão, mas sua apresentação foi fundida devido à forte inter-relação entre ambas, sendo possível, de forma simplificada, dizer que a Resposta, em grande parte, é a materialização da fase de Preparação, na prática. Por esse motivo, elas estão apresentadas, com suas particularidades, no mesmo capítulo.

Nesta Parte II do livro, introduz-se um elemento adicional ao final de cada capítulo, que os autores chamaram de FAQ (Frequently Asked Questions). Nessa seção final, algumas perguntas e dúvidas correntes, associadas ao processo de gestão, serão respondidas de acordo com os temas abordados, em uma tentativa de antecipar questões pragmáticas que usualmente surgem, além de permitir ao leitor explorar discussões que permeiam esse assunto.

CAPÍTULO 8

Gestão integral de riscos de desastres no Brasil

Conceitos apresentados neste capítulo

Neste capítulo serão desenvolvidos os conceitos introdutórios relacionados com a gestão integral de riscos de desastres, o levantamento de um breve panorama internacional sobre gestão do risco de inundações, as consequências de grandes desastres relativamente recentes no cenário brasileiro e as peculiaridades da legislação e dos arranjos institucionais vigentes no Brasil. Serão também contextualizadas algumas ferramentas da gestão de riscos de desastres, buscando-se desenvolver uma visão prática de como o gestor público poderá empregá-las.

8.1 INTRODUÇÃO

O termo **gestão** muitas vezes é utilizado como sinônimo de gerenciamento, mas possui um sentido mais amplo que este último. O gerenciamento é comumente associado ao escopo da administração, enquanto a gestão vai além, definindo toda a estrutura sobre a qual o gerenciamento irá atuar, incluindo especificações de desempenho para diferentes aspectos.

O processo de gestão se inicia com o conhecimento da situação atual do sistema, desenvolve então uma visão estratégica de onde se deseja chegar, desmembra esta visão em políticas, objetivos e metas e, a partir daí, define todo o arcabouço de atividades, recursos, responsabilidades, padrões para referência e métricas de controle a serem aplicados ao sistema em questão. Desta forma, o conceito de gestão traz intrinsecamente a necessidade de caminhar em uma direção definida a partir das necessidades e expectativas das partes interessadas, sendo fundamental se ter clareza do(s) público(s) a ser(em) atendido(s).

A NBR ISO 31.000:2009 define como processo de **gestão de risco** a *aplicação sistemática de políticas, procedimentos e práticas de gestão para as atividades de comunicação, consulta, estabelecimento do contexto, e na identificação, análise, avaliação, tratamento, monitoramento e análise crítica dos riscos*, porém, o conceito de gestão do risco de desastres é ainda mais amplo.

A **gestão de riscos de desastres** compreende o conjunto de atividades e processos, recursos e capacidades, atores e responsabilidades necessários para que a redução dos desastres consiga efetivamente ser concretizada no tempo (redução da frequência com que os desastres acontecem) e no espaço (redução da abrangência espacial dos desastres), sendo fundamental para ambos a redução nos efeitos danosos sobre os elementos receptores. Trata-se de um tema transversal e não pode ser tratado apenas no âmbito das ações de defesa civil. Pode-se também adotar o termo **gestão do risco** de desastres, entendendo-se que neste último caso o sentido seja o de congregar sob um único guarda-chuva todos os riscos existentes no sistema exposto. Optou-se nesse texto por não se adotar de forma preferencial um termo em detrimento de outro, então as duas expressões serão aceitas como sinônimas.

O adjetivo **integral** refere-se à abrangência da atuação da gestão, que deve contemplar todos os processos presentes no ciclo de vida de um desastre, a saber: Prevenção, Mitigação, Preparação, Resposta e Recuperação (integralidade funcional), além de considerar todos os riscos aos quais o sistema esteja exposto (integralidade de escopo). Ou seja, a **gestão integral do risco de desastres** deve definir de forma completa a estrutura necessária de ações (de planejamento, implementação, monitoramento e melhoria contínua), em todas as fases (normalidade, pré-impacto, impacto, pós-impacto e restituição da normalidade, de forma mais resiliente do que antes da ocorrência do desastre), para todos os cenários de risco relevantes a um determinado sistema.

A **gestão integral do risco de desastres** também deve ser uma **gestão integrada**, de modo que seus elementos constituintes não sejam tratados de forma isolada e estanque, mas sim trabalhados sob uma ótica sistêmica e dinâmica em que o inter-relacionamento e a integração entre eles sejam levados em conta.

Na prática, a redução dos desastres no tempo e no espaço representa a evolução da resiliência de um sistema, que no curto prazo deve poder resistir aos impactos da melhor forma possível (resistência ao impacto, ou resistência de curto prazo), e no médio/longo prazo ter a capacidade de se recuperar dos danos e prejuízos sofridos e alcançar um nível de segurança superior ao que existia antes do desastre (resistência de longo prazo, ou resiliência propriamente dita). A resistência de curto prazo também contribui para a resistência de longo prazo, uma vez que os esforços e recursos necessários para a recuperação de um sistema afetado serão tanto menores quanto menores forem as consequências do impacto do evento adverso, de forma que um sistema resistente a impactos acaba sendo também um sistema resiliente inteligente.

Panorama Internacional

O relatório especial do Painel Intergovernamental para Mudanças Climáticas (Intergovernmental Panel on Climate Change) (IPCC, 2012) aponta a tendência de intensificação dos extremos climáticos, ou seja, o aumento em intensidade e frequência da ocorrência de eventos climáticos com potencial de provocar efeitos adversos sobre sistemas ocupados pelo homem.

Conforme destacado no capítulo de introdução a este livro, a relação entre as cidades e suas águas vem sofrendo desequilíbrios de consequências danosas, que se revertem em degradação do ambiente natural e potencialização de inundações, com perdas e novas degradações também do ambiente construído. A água, fundamental para o desenvolvimento de uma cidade e sempre presente na história das civilizações, aparece hoje como um problema, de grandes proporções, ocupando uma posição de destaque nas estatísticas negativas de prejuízos materiais e mortes por desastres de inundação. JHA *et al.* (2012), em publicação do Banco Mundial orientada para a gestão integrada de riscos de inundação urbana, destacam o aumento significativo no número de grandes inundações relatado nas últimas décadas. Sayers *et al.* (2013), adaptando o trabalho de Jonkman (2007), apresentam uma correlação empírica relativamente bem comportada entre o número de pessoas expostas e o número de fatalidades em grandes eventos de inundação (Figura 8.1).

Nesse contexto, buscando estimular a proatividade dos países em adotar ações de redução do risco de desastres, as Nações Unidas adotaram o Marco de Sendai, para a Redução do Risco de Desastres 2015-2030, a partir da Terceira Conferência Mundial das Nações Unidas, realizada em março de 2015 na cidade de Sendai, Japão. O Marco de Sendai é o instrumento sucessor do Marco de Hyogo para Ação 2005-2015, cujo tema central era *Construindo Resiliência de Nações e Comunidades aos Desastres.*

Segundo a Representante Especial das Nações Unidas do Secretário-Geral para Redução do Risco de Desastres, Margareta Wahlström (UNISDR, 2015), a ideia do Marco de Sendai é proporcionar continuidade às ações iniciadas pelo Marco de Hyogo, porém muda o foco da gestão de desastres para a gestão do risco de desastres, definindo metas globais com fins de redução do risco de desastres, prevenção de novos riscos e fortalecimento da resiliência. Além disso, o marco aponta a necessidade de entender o risco de desastres em todas as suas dimensões, incluindo: o fortalecimento da governança em gestão do

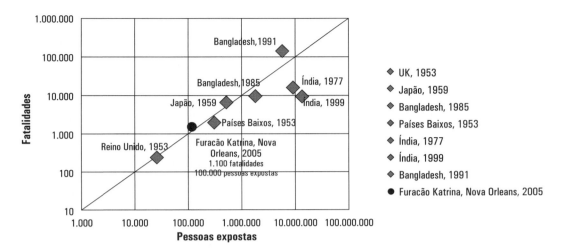

FIGURA 8.1: Pessoas expostas e fatalidades dos principais eventos de inundação, em nível mundial. Fonte: *Sayers* et al. *(2013). Adaptado de Jonkman (2007).*

risco de desastres; a prestação de contas e transparência; o reconhecimento dos atores e dos papéis que desempenham; a mobilização de investimentos; a preparação para resposta efetiva e para recuperação resiliente ("recuperação para melhor"); a consideração de aspectos culturais e de resiliência da infraestrutura (especialmente em saúde); a cooperação internacional e parceria global.

Os sete objetivos globais que foram apontados pelo Marco de Sendai são:

- Reduzir substancialmente a mortalidade global por desastres, visando abaixar a taxa média de mortalidade global por 100.000 habitantes na década de 2020-2030, em comparação com o período 2005-2015.
- Reduzir substancialmente o número de pessoas afetadas globalmente por desastres, visando abaixar a média por 100.000 habitantes na década de 2020-2030, comparação com o período 2005-2015.
- Reduzir as perdas econômicas diretas por desastres em relação ao Produto Global Bruto (soma do Produto Interno Bruto [PIB] de todos os países), até 2030.
- Reduzir substancialmente os danos de desastres em infraestruturas críticas e a interrupção de serviços básicos, dentre eles serviços de educação e saúde, por meio do desenvolvimento da resiliência nesses setores, até 2030.
- Aumentar substancialmente o número de países com estratégias locais e nacionais de redução do risco de desastres, até 2020.
- Incrementar substancialmente a cooperação internacional a países em desenvolvimento por meio de suporte adequado e sustentável para complementar suas ações nacionais de implementação do Marco de Sendai, até 2030.
- Aumentar substancialmente a disponibilização e o acesso das pessoas a sistemas de alerta antecipado para múltiplas ameaças, assim como a informações e análises técnicas, até 2030.

A prática da gestão do risco de inundações no mundo vem, historicamente, passando por um processo evolutivo, conforme descrito por Sayers *et al.* (2013) e representado na Figura 8.2, passando da disposição em conviver com as inundações sazonais impostas pela natureza até a necessidade contemporânea de gerenciamento do risco de inundações em sistemas urbanos cada vez mais complexos, em alinhamento com estratégias internacionais e o Marco de Sendai.

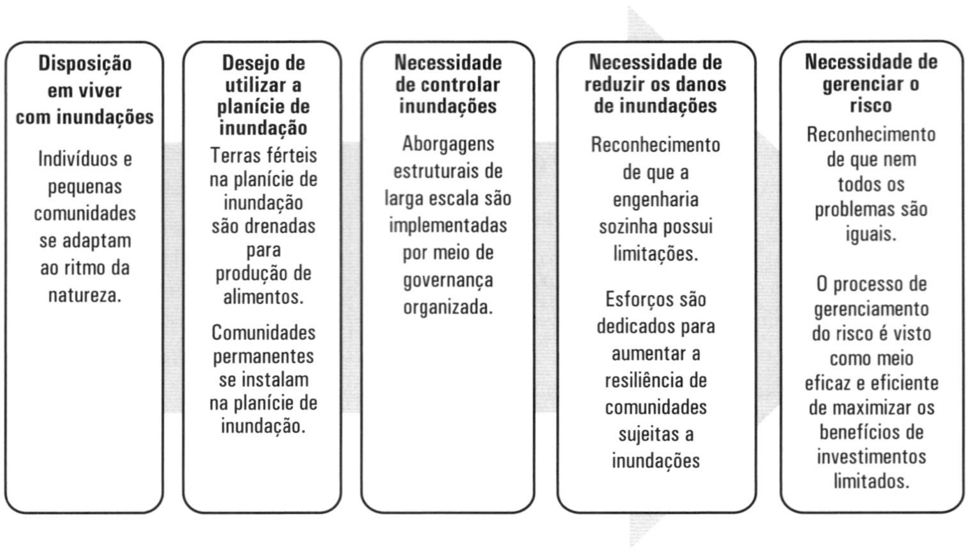

Disposição em viver com inundações	Desejo de utilizar a planície de inundação	Necessidade de controlar inundações	Necessidade de reduzir os danos de inundações	Necessidade de gerenciar o risco
Indivíduos e pequenas comunidades se adaptam ao ritmo da natureza.	Terras férteis na planície de inundação são drenadas para produção de alimentos. Comunidades permanentes se instalam na planície de inundação.	Aborgagens estruturais de larga escala são implementadas por meio de governança organizada.	Reconhecimento de que a engenharia sozinha possui limitações. Esforços são dedicados para aumentar a resiliência de comunidades sujeitas a inundações	Reconhecimento de que nem todos os problemas são iguais. O processo de gerenciamento do risco é visto como meio eficaz e eficiente de maximizar os benefícios de investimentos limitados.

FIGURA 8.2: Evolução da prática de gerenciamento do risco de inundações. Fonte: *Sayers* et al. *(2013).*

8.2 MACROPROCESSOS DA GESTÃO DE RISCOS DE DESASTRES

A Unesco (SAYERS *et al.*, 2013) aponta a gestão do risco de inundações como sendo um processo transversal que perpassa outras áreas de gerenciamento, tais como: uso do solo, zonas costeiras, ambiental, recursos hídricos, além da consideração da interface com outras ameaças. Também apresenta nove regras de ouro para o bom gerenciamento do risco de inundações:

- aceitar que proteção absoluta não é possível e planejar para a excelência;
- promover alguma inundação de acordo com o desejado;
- basear as decisões na compreensão do risco e suas incertezas;
- reconhecer que o futuro será diferente do passado;
- não confiar em apenas uma medida, mas implementar um portfólio de respostas;
- utilizar recursos limitados de forma eficiente e justa visando reduzir o risco;
- ser claro nas responsabilidades para governança e ação;
- comunicar o risco e suas incertezas de forma efetiva e ampla;
- refletir o contexto local e integrar com outros processos de planejamento.

Em termos gerais, a gestão integral do risco de desastres pode ser organizada nos seguintes macroprocessos, representados de forma resumida na Figura 8.3:

- **Prevenção:** O macroprocesso de Prevenção trata de atividades voltadas para evitar a instalação do risco, ou seja, busca atuar de forma a evitar a exposição física de elementos vulneráveis (pessoas, edificações, bens móveis, outros) ao perigo. Para tanto, torna-se necessário conhecer as áreas suscetíveis aos processos capazes de provocar desastres, o que pode ser alcançado por meio da Carta de Aptidão à Urbanização. A partir do conhecimento desses locais, pode-se valer de medidas estruturais (obras de engenharia que tornem os locais seguros para ocupação dentro de certos limites) e não estruturais (zoneamento restritivo/condicionado, monitoramento e controle da ocupação, ações de educação ambiental e conscientização da população, disseminação da informação sobre prevenção de forma efetiva), para evitar que sejam ocupados locais potencialmente perigosos.

- **Mitigação:** Esse macroprocesso refere-se a atividades cujo objetivo é reduzir o risco já instalado, seja por meio da redução do perigo (pertinente na discussão de inundações que se formam pela chuva que cai sobre uma dada bacia que gera escoamentos) e/ou da vulnerabilidade, e para isso precisa-se conhecer a distribuição do risco, pelo mapeamento, que é considerada uma atividade de mitigação. A redução do perigo pode ser alcançada por meio de medidas estruturais (barramentos, reservatórios de detenção e de retenção, dentre outras) e não estruturais (legislação que restrinja a taxa de impermeabilização da superfície, preservação da cobertura vegetal e das matas ciliares etc.). A redução da vulnerabilidade pode ser realizada por meio da atuação sobre um ou mais de seus componentes, ou seja, via redução da exposição (remoção de pessoas de forma emergencial ou permanente das áreas de risco, remoção/interdição de moradias em risco), redução da suscetibilidade aos danos e do aumento da resiliência do sistema (adaptação do ambiente e das residências para convivência com o perigo, capacitação e treinamento das pessoas para auto-organização em situações emergenciais, tratamento diferenciado para grupos mais vulneráveis, ações educacionais para melhoria da percepção de risco, proteção financeira por meio de seguros e financiamentos, treinamento em autoconstrução resiliente, dentre outras).
- **Monitoramento e alerta (destaque opcional):** Consiste no conjunto de atividades voltadas para o monitoramento permanente das áreas de risco e eventual emissão de alerta diante da possibilidade de ocorrência de eventos meteorológicos deflagradores de processos com potencial de provocar desastres. Na prática, a operação de monitoramento e alerta consiste em fazer o cruzamento e a análise de informações das áreas de risco (localização e vulnerabilidade de seus elementos expostos), as observações provenientes da rede de instrumentação (pluviômetros, radares, estações hidrológicas, sensores de umidade do solo etc.) e a previsão meteorológica. Esse processo pode ser considerado em separado ou dentro de outro macroprocesso, uma vez que possui interface tanto com a mitigação (já que é uma medida não estrutural que visa reduzir as consequências de um desastre potencial) quanto com a preparação (uma vez que é uma ferramenta que dispara uma série de ações de desocupação e preparação para a resposta). Entende-se que a incorporação do processo de monitoramento e alerta dentro do macroprocesso de preparação seja mais adequada, porém, faz-se aqui esse destaque, dada a importância do tema dentro do escopo da gestão de risco.
- **Preparação:** O macroprocesso de Preparação contempla atividades cujo objetivo é a estruturação do Sistema de Proteção e Defesa Civil, a preparação do sistema em risco para o impacto, assim como a preparação do Sistema de Defesa Civil para a resposta a desastres. As ações desse macroprocesso devem se dar de forma antecipada e contemplam medidas como: estruturação da Defesa Civil, planos de desocupação de áreas de risco, plano de contingências, treinamento de agentes comunitários e de todos os envolvidos numa eventual resposta (simulados), estruturação de pontos de apoio etc.
- **Resposta:** Com início no alarme disparado a partir de um alerta, o macroprocesso de Resposta consiste nos processos de socorro às populações em risco (na fase pré-impacto, durante o impacto e logo após ele; na fase de limitação de danos ou período de rescaldo, quando os efeitos do evento adverso iniciam o processo de atenuação); assistência às populações afetadas (atividades logísticas, assistenciais e de promoção da saúde); e reabilitação dos cenários dos desastres (avaliação de danos, vistorias, remoção de entulhos, sepultamento, limpeza do ambiente, descontaminação, desinfecção e desinfestação, reabilitação dos serviços essenciais) (BRASIL, 1999). É basicamente uma atribuição de Defesa Civil, que normalmente assume o papel de coordenação de instituições e voluntários que participam do processo.
- **Recuperação:** A recuperação após desastres exige uma abordagem multidisciplinar integrada para fazer frente a um espectro variado de providências no curto, médio e longo prazos, endereçando questões relacionadas com recuperação dos meios de subsistência, recursos naturais e culturais, saúde e serviços sociais, economia, habitação e infraestrutura. O objetivo de uma recuperação não deve se restringir apenas à restituição das condições de "normalidade" do sistema afetado, mas sim avançar na direção da estruturação física e socioeconômica dos grupos afetados, agregando valor e

resiliência em relação à situação original pré-desastre (DI GREGORIO, 2013b). De certa forma, aqui se configura a visão de uma espiral decrescente no processo de gestão: as atividades de prevenção e mitigação são resgatadas, reavaliadas e aprimoradas, de modo a garantir uma recuperação que agrega resiliência ao novo sistema, preparando-o de forma mais efetiva para o enfrentamento de novos perigos e iniciando novo ciclo do processo de gestão.

Na realidade, os macroprocessos de Prevenção, Mitigação, Monitoramento e Alerta e Preparação são permanentes, enquanto os de Resposta e Recuperação são ocasionais, dependendo da ocorrência e magnitude do desastre. Na medida em que o tempo passe e os processos de gestão do risco sejam executados de forma efetiva, espera-se que o sistema torne-se mais resiliente e os efeitos dos desastres futuros sejam minimizados.

FIGURA 8.3: Ciclo representativo da gestão integral do risco de desastres socionaturais. Fonte: *Di Gregorio (2015)*.

Entretanto, sabe-se que existem forças contrárias aos esforços de redução dos desastres, dentre as quais o aumento da ocupação urbana, a intensificação dos extremos climáticos, o agravamento das desigualdades sociais, a escassez de recursos financeiros e humanos qualificados e comprometidos, entre outros, de modo que o gestor público deve ser incansável em seus esforços para perseguir as metas de redução do risco de desastres.

Processos de apoio

Os macroprocessos mencionados até o momento referem-se à missão da gestão integral do risco de desastres, ou seja, representam um conjunto de processos que são a razão de ser do Sistema Nacional de Proteção e Defesa Civil. Esses processos dizem respeito diretamente ao objeto da prestação de serviços de proteção e defesa civil para a sociedade e, portanto, agregam valor a ela. Fazendo uma analogia com uma indústria, esses processos estariam associados ao setor de produção, que é onde se desenvolve a atividade-fim da organização e, por isso, estariam inseridos na "cadeia de valor ao cliente".

Justamente por isso, é necessário que sejam incorporados aos processos de proteção e defesa civil os assim denominados "processos de apoio", que basicamente consistem nos processos de gestão e nos processos de provisão de recursos. Tais processos visam proporcionar mais eficiência e organização administrativa-funcional aos processos missionais, e são baseados no conceito de melhoria contínua expresso no ciclo PDCA (também denominado ciclo de Shewhart, Figura 8.4), que é uma ferramenta de Gestão da Qualidade que retrata de forma simples o modelo global de um sistema de gestão baseado em melhoria contínua.

→ P (PLAN): planeje o que deve ser feito, estabelecendo os padrões e os resultados esperados.

→ D (DO): faça o que deve ser feito, conforme planejado.

→ C (CHECK): verifique se o que está sendo feito está conforme o planejado.

→ A (ACT): analise criticamente os resultados, corrija os problemas e suas causas, atue preventivamente e verifique onde o sistema pode melhorar, tornando a

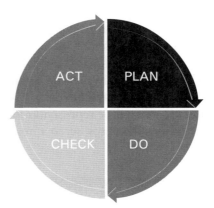

FIGURA 8.4: Ciclo PDCA.

O ciclo PDCA deve ser aplicado a todos os processos da organização, em todos os níveis de responsabilidade e de forma contínua. Também podem ser considerados processos de apoio:

- gestão das comunicações;
- provisão e gestão de recursos (humanos, infraestrutura e ambiente de trabalho);
- monitoramento da satisfação do cliente (no caso, a população);
- medições e controle de seus respectivos registros;
- controle de documentos;
- controle de mudanças.

Segundo a NBR ISO 31.000: 2009, os processos de monitoramento e análise crítica assumem grande importância para a melhoria contínua, e devem abranger todos os aspectos da gestão de riscos, com a finalidade de:

- garantir que os controles sejam eficazes e eficientes no planejamento e na operação;
- obter informações complementares para melhorar o processo de avaliação dos riscos;
- analisar os eventos (incluindo os "quase incidentes" ou situações de alertas emitidos sem ocorrências posteriores do desastre – "falso positivo"), mudanças, tendências, sucessos e fracassos e aprender com eles;
- detectar mudanças no contexto externo e interno à organização, incluindo alterações nos critérios de risco e no próprio risco, as quais podem requerer revisão dos tratamentos dos riscos e suas prioridades;
- identificar os riscos emergentes.

Para aqueles que desejarem aprofundamento do tema "sistemas integrados de gestão", recomenda-se a leitura adicional dos seguintes instrumentos normativos, cujas abordagens também têm interface com a gestão de riscos:

- NBR ISO 9001: 2015. Sistemas de Gestão da Qualidade – Requisitos.
- NBR ISO 14001: 2015. Sistemas de Gestão Ambiental – Requisitos com Orientações para Uso.

8.3 GRANDES DESASTRES E SUAS CONSEQUÊNCIAS NO CONTEXTO NACIONAL

Num passado relativamente recente, no contexto da combinação entre eventos naturais extremos e urbanização pouco resiliente, o Brasil tem vivenciado a ocorrência de desastres associados a processos hidrológicos, acompanhados ou não de processos de movimentos de massa, destacando-se três casos: o desastre do Vale do Itajaí (SC), em 2008, as inundações em Pernambuco, em 2010, e o desastre da Região Serrana do Estado do Rio de Janeiro, em 2011. Juntos, esses desastres resultaram em danos e prejuízos de quase R$ 13 bilhões, afetaram mais de 500 mil pessoas e provocaram uma comoção social a ponto de motivar uma reforma estruturante no então Sistema Nacional de Defesa Civil.

Com a finalidade de melhor representar os impactos desses eventos adversos no sistema afetado e dada a relevância desses desastres, serão apresentadas nos Quadros 8.1 a 8.3 as descrições resumidas de cada um deles.

QUADRO 8.1 RESUMO SOBRE O DESASTRE DO VALE DO ITAJAÍ, SANTA CATARINA, 2008

Enxurrada e desastres de sedimentos, Santa Catarina, Brasil, 2008 (BANCO MUNDIAL, 2012a)
Resumo

Segundo o Banco Mundial (2008), seguindo uma série histórica de quase 40 anos, o Estado de Santa Catarina foi afetado por chuvas torrenciais entre o final do mês de novembro de 2008 e início do mês de janeiro de 2009, deixando mais de 80 mil pessoas desalojadas e desabrigadas, 60 municípios em situação de emergência e 14 em estado de calamidade pública. As perdas e danos foram significativos para o estado: R$ 4,75 bilhões, distribuídos nos setores de infraestrutura, social e produtivo.

Para a infraestrutura, os impactos se concentraram no setor de transportes, enquanto as perdas sociais e produtivas foram decorrentes da destruição total de mais de 6 mil unidades habitacionais e redução ou paralisação nas atividades de indústria e comércio.

O setor social contabilizou perdas e danos da ordem de R$ 1,74 bilhão, dentre os quais se destaca o setor de habitação. Mais de 73 mil unidades habitacionais foram afetadas (totalmente destruídas ou danificadas), sendo deste montante 40 mil pertencentes a classes de baixa renda. Mais de 55 mil pessoas demandaram moradia temporária, incorrendo em perdas subsequentes ao Poder Público.

As perdas e danos estimados para o setor habitacional foram da ordem de R$ 1,42 bilhão, dos quais aproximadamente 15% (R$ 227 milhões) são relativos a unidades populares destruídas e danificadas. Apesar de serem contabilizados como danos privados, estes acabaram por recair sobre o setor público de forma indireta quando da reconstrução. Os danos em unidades habitacionais não populares também são representativos (R$ 447 milhões).

Com relação às perdas, grande proporção está voltada ao setor público devido à necessidade de financiamento de moradias temporárias e obras de adaptação de infraestruturas de contenção e redução de vulnerabilidades. Já as perdas de propriedade do setor privado que foram contabilizadas se referem ao valor dos aluguéis associados aos imóveis destruídos.

Do custo total estimado, 78% estão relacionados com danos (impactos diretos) e 22% com perdas, ou seja, impactos indiretos. Os danos compreendem destruição e danificação das unidades habitacionais, bem como uma estimativa dos impactos nos mobiliários, segundo a atribuição de um valor médio para unidades populares e não populares. Já os efeitos indiretos do desastre se relacionam com a aquisição de terrenos, as perdas de receitas com aluguel e os custos das obras de adequação e redução de vulnerabilidade.

Se tratando dos diferentes extratos sociais, os danos foram de maior monta no segmento popular, com aproximadamente 52% do total. Isso está relacionado com o número de residências populares destruídas: mais de 6 mil casas

Gestão de Riscos e Desastres Hidrológicos

populares foram completamente destruídas, enquanto apenas 780 dos demais segmentos sofreram impactos dessa ordem.

A dimensão dos impactos na Região Metropolitana de Blumenau se reflete nos custos indiretos de locação de galpões e obras de instalações, para adaptação de galpões para moradia provisória. Segundo informações do Grupo de Reação, foram desembolsados mais de R$ 5 milhões (R$1 milhão para locação e R$ 4 milhões para obras de adaptação) com o propósito de acolher parte dos 30.209 habitantes desalojados e desabrigados, que correspondem a 10% da população da cidade.

O estudo do Banco Mundial deixa de considerar os seguintes itens: custos de demolição e remoção de escombros, custos de elaboração de laudos de vistoria e custos de obras de contenção de encostas.

Fonte: Di Gregorio (2013b).

QUADRO 8.2 RESUMO SOBRE O DESASTRE DAS INUNDAÇÕES EM PERNAMBUCO, 2010

Enxurrada e desastres de sedimentos, Pernambuco, Brasil, 2010 (BANCO MUNDIAL, 2012b)

Resumo

Em junho de 2010, Pernambuco enfrentou a pior temporada de chuvas dos últimos anos, quando uma forte chuva nas cabeceiras dos rios causou enxurradas violentas ao longo das margens dos rios Una e Jaboatão e a força das águas destruiu cidades inteiras como os municípios de Palmares e Barreiros. Sessenta e sete municípios foram afetados, dentre os quais 12 decretaram situação de calamidade pública e 30 entraram em situação de emergência. As perdas e os danos estimados, no entanto, foram significativos: R$ 3,4 bilhões, concentrados principalmente no setor social. Apenas no setor habitacional, com mais de 16 mil casas populares destruídas, as perdas e os danos foram estimados em R$ 2 bilhões, o que representa 62% do custo total do desastre.

Segundo o Banco Mundial, no setor habitacional, além dos danos, as perdas também são elevadas em função das necessárias medidas de redução de vulnerabilidade, como a construção de barragens e mudanças para locais seguros. É importante destacar que, embora a maior parte do impacto seja de propriedade privada, o Estado assume uma parcela relevante dos custos de reconstrução das moradias populares e oferece auxílio-aluguel para as famílias atingidas. Com isso, em termos financeiros, o impacto sobre o setor público tende a superar aquele sobre o setor privado.

O setor habitacional concentra mais de 60% das perdas e danos e é composto principalmente pelo custo de reconstrução das moradias populares destruídas e as obras de redução de vulnerabilidade, o que revela a elevada exposição dos extratos sociais de renda mais baixa ao desastre e sugere que as implicações em termos de bem-estar são relevantes tanto pela importância da habitação para a qualidade de vida das famílias como pelo prazo de reconstrução tradicionalmente prolongado, que pode chegar a anos. Além disso, embora os danos no setor habitacional sejam de propriedade privada, o esforço de reconstrução e a gestão de moradias temporárias recaem principalmente sobre o Estado (que oferece abrigos e paga auxílios financeiros aos desabrigados).

O autor estima as perdas em R$ 1,4 bilhão, correspondem a 40% dos custos totais. O alto custo das obras de readequação e redução de vulnerabilidade, principalmente no setor habitacional, é o principal canal de impacto indireto identificado em Pernambuco. As perdas e os danos foram significativos: R$ 3,4 bilhões, valor que corresponde a mais de 4% do PIB (Produto Interno Bruto) do estado. Os custos diretos foram estimados em aproximadamente R$ 2 bilhões (60%), enquanto os custos indiretos somaram cerca de R$ 1,4 bilhão (40%).

Os setores sociais foram os mais severamente afetados pelas chuvas, concentrando 75% do impacto total. Apenas no setor habitacional os custos totais superaram R$ 2 bilhões. Dos danos estimados nesse segmento, mais de 90% estão associados às populações de baixa renda. Do custo total do setor habitacional (acima de R$ 2 bilhões), pouco mais de R$ 1 bilhão corresponde às perdas, isto é, custos decorrentes de efeitos indiretos do desastre como, por exemplo,

(Continua)

QUADRO 8.2 RESUMO SOBRE O DESASTRE DAS INUNDAÇÕES EM PERNAMBUCO, 2010 *(Cont.)*

os de aquisição de terrenos, as perdas de receitas com aluguel e os custos das obras de adequação e redução de vulnerabilidade. Com isso, as perdas no setor habitacional somam mais de 50% do custo calculado total.

Os danos, por sua vez, superaram R$ 900 milhões, sendo que a população de baixa renda sofreu a maior parte dos danos calculados, mais de 90%. Ao todo, seria necessária a reconstrução de 16.962 unidades habitacionais populares nos 42 municípios que entraram em estado de calamidade pública ou situação de emergência. Sem considerar os custos de aquisição e preparação de terrenos ou de expansão das redes de infraestrutura, o custo estimado de reposição dessas unidades habitacionais é de quase R$ 700 milhões.

Além disso, mais de 9 mil domicílios populares foram danificados, o que causou um prejuízo estimado em aproximadamente R$ 95 milhões às famílias atingidas. Esse número, entretanto, não considera os danos aos imóveis nos municípios afetados que não decretaram situação de emergência ou calamidade pública, já que essas prefeituras não precisaram preencher formulários de avaliação de danos. Dentro desse contexto, a principal linha de ação no setor habitacional é a construção de domicílios para as famílias de baixa renda afetadas, de acordo com a demanda identificada pelo Estado de Pernambuco.

Além dos custos de reconstrução, consequentemente a região afetada sofre perdas indiretas como, por exemplo, os custos de moradia temporária, e o setor público absorve grande parte dessas perdas ao oferecer abrigos e auxílio-aluguel para a população desabrigada e desalojada. Até março de 2012, o Estado distribuiu quase R$ 80 milhões em benefícios, além dos custos operacionais dos abrigos, estimados em aproximadamente R$ 37 milhões no período. O estudo do Banco Mundial não considerou: custos de demolição e remoção dos escombros; custos de elaboração de laudos de vistoria de mais de 27 mil imóveis avaliados; custos de obras de contenção de encostas.

Fonte: Di Gregorio (2013b).

QUADRO 8.3 RESUMO SOBRE O DESASTRE DA REGIÃO SERRANA DO RIO DE JANEIRO, 2011

Enxurrada e desastres de sedimentos, Região Serrana do Rio de Janeiro, Brasil, 2011
Resumo
O Banco Mundial (2012c) destaca que os eventos de 11 e 12 de janeiro de 2011 no Estado do Rio de Janeiro configuraram o que viria a ser o pior desastre na história brasileira, quando chuvas torrenciais em sete municípios da Região Serrana do Estado causaram a morte de mais de 900 pessoas e afetaram mais de 300 mil pessoas. Entre os municípios afetados, Areal, Bom Jardim, Nova Friburgo, São José do Vale do Rio Preto, Sumidouro, Petrópolis e Teresópolis decretaram estado de calamidade pública.

Com relação a perdas e danos, estimativas do Banco Mundial apontam para custos totais da ordem de R$ 4,78 bilhões, dos quais aproximadamente R$ 3,15 bilhões correspondem ao setor público e R$ 1,62 bilhão são de propriedade privada; chama a atenção o fato de a recuperação das unidades residenciais populares (assim como outros danos nos demais setores) tender a ser absorvida pelo setor público, de modo que o impacto fiscal das inundações e deslizamentos pode ser reforçado por diversos canais de propriedade privada.

O autor aponta que os setores sociais foram os que mais sustentaram perdas e danos, com um custo total estimado de R$ 2,69 bilhões, enquanto o setor de infraestrutura foi impactado em cerca de R$ 1 bilhão e os setores produtivos tiveram custos diretos e indiretos estimados em R$ 896 milhões; os impactos ambientais foram estimados em R$ 71,4 milhões. Com perdas (impactos diretos) superiores aos danos (impactos indiretos), destaca-se o setor de habitação, com perdas de quase R$ 2 bilhões em função dos elevados custos das obras de contenção de encostas, orçadas em aproximadamente R$ 1,3 bilhão.

O Banco Mundial aponta que as perdas e os danos no setor habitacional foram estimados em R$ 2,6 bilhões e explica que, embora mais de 8 mil unidades habitacionais tenham sido destruídas, o impacto no setor habitacional foi principalmente indireto em função do alto custo das obras de redução de vulnerabilidade e readequação necessárias na região: apenas as obras de contenção de encostas têm custo estimado em cerca de 1,3 bilhão.

O Banco Mundial estima quase R$ 2 bilhões em perdas, sendo aproximadamente R$ 1,7 bilhão referente aos custos do programa de readequação das margens, das obras de contenção de encostas e das obras de dragagem dos rios e canais da região. Logo, no setor habitacional, 75% dos custos do desastre foram indiretos. Os danos, por sua vez, somaram R$ 645 milhões e refletem principalmente os custos de reconstrução das unidades habitacionais populares destruídas durante as inundações e deslizamentos. De fato, 91% dos danos estimados se referem aos prejuízos sofridos pela população de baixa renda. Ao todo, a demanda por unidades habitacionais populares prevista nos sete municípios em Estado de Calamidade Pública (ECP) é de 7.602 casas, cujo custo de reconstrução é estimado em R$ 479 milhões, sem considerar, por exemplo, a aquisição e preparação de terrenos e a expansão das redes de infraestrutura de energia e saneamento básico até os novos conjuntos habitacionais.

O autor menciona que, dentro do programa de reassentamento da população afetada, é possível optar por diferentes formas de assistência (indenização, unidade habitacional em conjunto popular ou aquisição de unidade habitacional assistida), mas o custo de reposição desses ativos teve como referência a tabela do Programa Minha Casa Minha Vida para o Rio de Janeiro. Além disso, estima-se que outros 5.634 domicílios populares foram danificados e que o custo de recuperação ficou em cerca de R$ 89 milhões. Mas não apenas a população de baixa renda foi afetada pelo desastre: 310 casas não populares foram destruídas e outras 987 foram danificadas, com custo de recuperação total estimado em cerca de 54 milhões. Enquanto o programa de reassentamento está em andamento, as famílias afetadas recebem do governo aluguel social para custearem as despesas de moradia provisória, e os custos deste programa foram estimados em R$ 44 milhões (com base em informações parciais).

E analisa também que, em específico, o padrão de impactos dos desastres de 2011 remete à grande vulnerabilidade do setor habitacional que, de forma individual, responde por quase a metade das perdas e danos totais estimados (R$ 2,6 bilhões). Quando segmentado nos sete municípios afetados pelo evento, pode-se concluir que os impactos são extremamente representativos para as economias de cada cidade. Além disso, parte relevante dos custos é proveniente de destruição e danificação de habitações populares que, de forma indireta, são arcados pelo Poder Público. O estudo do Banco Mundial omite os seguintes itens: custos de elaboração de laudos de vistoria; custos de obras de terraplanagem; e preparação dos terrenos dos novos conjuntos habitacionais.

Peixoto (2013) aponta que em 12/1/2013, exatamente dois anos após o megadesastre da Região Serrana do Rio de Janeiro, os moradores ainda esperavam pela reconstrução das cidades atingidas pela tempestade. Segundo o autor, 5 mil casas populares foram prometidas há 2 anos e nenhuma delas foi entregue, tendo o subsecretário do estado encarregado da reconstrução da região feito nova promessa de entrega até o segundo trimestre de 2013.

Segundo Vieira (2013), o Governo Federal repassou R$ 106 milhões para obras de reconstrução no Estado do Rio de Janeiro. Pouco mais da metade foi liberada e R$ 47 milhões permanecem empenhados, segundo dados do Ministério da Integração Nacional.

Fonte: Di Gregorio (2013b).

Historicamente, o Brasil tem demonstrado um comportamento reativo diante de grandes desastres, ou seja, o aprimoramento do Sistema Nacional de Defesa Civil acabou sendo pressionado pela comoção gerada por calamidades e a consequente indignação da opinião pública.

Nesse sentido, o megadesastre da Região Serrana do Rio de Janeiro, ocorrido em janeiro de 2011, pode ser considerado um divisor de águas na gestão de riscos de desastres no Brasil, tendo motivado uma série de medidas para fortalecimento, aprimoramento e integração do então Sistema Nacional de Defesa Civil, o qual passou a se chamar Sistema Nacional de Proteção e Defesa Civil (SINPDEC), a partir da promulgação da Lei Federal 12.608/2012, a Política Nacional de Proteção e Defesa Civil (PNPDEC).

8.4 ARRANJO INSTITUCIONAL E DISTRIBUIÇÃO DE COMPETÊNCIAS
Pacto federativo

Para entender melhor o arranjo institucional brasileiro e a distribuição de competências no escopo das atividades de proteção e defesa civil, é necessário analisar a questão à luz do instituto jurídico-constitucional do **pacto federativo**, que consiste no conjunto de normas constitucionais que regulam a relação entre os entes que constituem a República Federativa do Brasil, ou seja, a União, os estados, o Distrito Federal e os municípios.

Do ponto de vista da forma como é feita a distribuição das receitas provenientes dos tributos entre os entes federativos, o pacto federativo é também denominado "federalismo fiscal", e está previsto nos artigos 145 a 162 da Constituição Federal de 1988 (FERNANDES, 2013). Entretanto, o enfoque que desejamos abordar no presente texto não é o fiscal, mas sim o político-administrativo, uma vez que é este último que condiciona as características operacionais e a distribuição de responsabilidades nos arranjos institucionais entre os órgãos/instituições que compõem o SINPDEC.

Segundo o artigo 18 da Constituição Federal, a organização político-administrativa da República Federativa do Brasil compreende a União, os estados, o Distrito Federal e os municípios, na qualidade de entes federativos autônomos. Isso, na prática, implica a descentralização político-administrativa e, uma relativa autonomia entre os entes, os quais devem atuar de forma cooperativa, porém sem relação de subordinação entre si (um ente federativo não tem o poder de intervir sobre outro, a não ser em casos extremos previstos na Constituição Federal).

Entretanto, isso não quer dizer que inexista certa ascendência ou influência política de um ente federativo sobre outro. A União, por exemplo, possui instrumentos que permitem repasse de recursos diretamente a estados e municípios, sendo esses últimos, no entanto, os responsáveis pela implementação das ações em suas respectivas competências. A legislação também é um instrumento poderoso que possibilita a criação de regras e atribuição de responsabilidades necessárias nesse cenário de colaboração interfederativa.

Segundo o art. 23 da Constituição Federal, parágrafo único, *as leis complementares fixarão normas para a cooperação entre a União e os estados, o Distrito Federal e os municípios, tendo em vista o equilíbrio do desenvolvimento e do bem-estar em âmbito nacional (redação dada pela Emenda Constitucional nº 53, de 2006).* O art. 24 define que compete à União, aos estados e ao Distrito Federal legislar concorrentemente sobre:

> *I direito tributário, financeiro, penitenciário, econômico e urbanístico;*
>
> *II orçamento;*
>
> *...*
>
> *§ 1º. No âmbito da legislação concorrente, a competência da União limitar-se-á a estabelecer normas gerais.*
>
> *§ 2º. A competência da União para legislar sobre normas gerais não exclui a competência suplementar dos estados.*
>
> *§ 3º. Inexistindo lei federal sobre normas gerais, os estados exercerão a competência legislativa plena, para atender a suas peculiaridades.*
>
> *§ 4º. A superveniência de lei federal sobre normas gerais suspende a eficácia da lei estadual, no que lhe for contrário.*

Arranjos e competências

A Política Nacional de Proteção e Defesa Civil (Lei 12.608/2012), portanto, exerce não somente a prerrogativa da União em legislar sobre normas gerais relacionadas com a proteção e defesa civil, mas também define de forma muito clara as responsabilidades individuais e compartilhadas entre os entes federativos no âmbito do tema proteção e defesa civil. Também chama para o Governo Federal responsabilidades de suporte a um conjunto de municípios considerados prioritários do ponto de vista do histórico de desastres, tanto na parte de mapeamento, monitoramento e alerta como também no suporte à resposta a desastres. Essas responsabilidades, no entanto, não se apresentam conflitantes com as atribuições dos estados, que devem atuar de forma redundante nessas tarefas, de maneira integrada com a União e os municípios. Na letra da lei, a PNPDEC estabelece as seguintes competências aos entes federativos:

Art. 6º. Compete à União:

I – expedir normas para implementação e execução da PNPDEC;

II – coordenar o SINPDEC, em articulação com os estados, o Distrito Federal e os municípios;

III – promover estudos referentes às causas e possibilidades de ocorrência de desastres de qualquer origem, sua incidência, extensão e consequência;

IV – apoiar os estados, o Distrito Federal e os municípios no mapeamento das áreas de risco, nos estudos de identificação de ameaças, suscetibilidades, vulnerabilidades e risco de desastre e nas demais ações de prevenção, mitigação, preparação, resposta e recuperação;

V – instituir e manter sistema de informações e monitoramento de desastres;

VI – instituir e manter cadastro nacional de municípios com áreas suscetíveis à ocorrência de deslizamentos de grande impacto, inundações bruscas ou processos geológicos ou hidrológicos correlatos;

VII – instituir e manter sistema para declaração e reconhecimento de situação de emergência ou de estado de calamidade pública;

VIII – instituir o Plano Nacional de Proteção e Defesa Civil;

IX – realizar o monitoramento meteorológico, hidrológico e geológico das áreas de risco, bem como dos riscos biológicos, nucleares e químicos, e produzir alertas sobre a possibilidade de ocorrência de desastres, em articulação com os estados, o Distrito Federal e os municípios;

X – estabelecer critérios e condições para a declaração e o reconhecimento de situações de emergência e estado de calamidade pública;

XI – incentivar a instalação de centros universitários de ensino e pesquisa sobre desastres e de núcleos multidisciplinares de ensino permanente e a distância, destinados a pesquisa, extensão e capacitação de recursos humanos, com vistas no gerenciamento e na execução de atividades de proteção e defesa civil;

XII – fomentar a pesquisa sobre os eventos deflagradores de desastres; e

XIII – apoiar a comunidade docente no desenvolvimento de material didático-pedagógico relacionado com o desenvolvimento da cultura de prevenção de desastres.

Art. 7º. Compete aos estados:

I – executar a PNPDEC em seu âmbito territorial;

II – coordenar as ações do SINPDEC em articulação com a União e os municípios;

III – instituir o Plano Estadual de Proteção e Defesa Civil;

IV – identificar e mapear as áreas de risco e realizar estudos de identificação de ameaças, suscetibilidades e vulnerabilidades, em articulação com a União e os municípios;

V – realizar o monitoramento meteorológico, hidrológico e geológico das áreas de risco, em articulação com a União e os municípios;

VI – apoiar a União, quando solicitado, no reconhecimento de situação de emergência e estado de calamidade pública;

VII – declarar, quando for o caso, estado de calamidade pública ou situação de emergência; e

VIII – apoiar, sempre que necessário, os municípios no levantamento das áreas de risco, na elaboração dos Planos de Contingência de Proteção e Defesa Civil e na divulgação de protocolos de prevenção e alerta e de ações emergenciais.

Art. 8º. Compete aos municípios:

I – executar a PNPDEC em âmbito local;

II – coordenar as ações do SINPDEC no âmbito local, em articulação com a União e os estados;

III – incorporar as ações de proteção e defesa civil no planejamento municipal;

IV – identificar e mapear as áreas de risco de desastres;

V – promover a fiscalização das áreas de risco de desastre e vedar novas ocupações nessas áreas;

VI – declarar situação de emergência e estado de calamidade pública;

VII – vistoriar edificações e áreas de risco e promover, quando for o caso, a intervenção preventiva e a evacuação da população das áreas de alto risco ou das edificações vulneráveis;

VIII – organizar e administrar abrigos provisórios para assistência à população em situação de desastre, em condições adequadas de higiene e segurança;

IX – manter a população informada sobre áreas de risco e ocorrência de eventos extremos, bem como sobre protocolos de prevenção e alerta e sobre as ações emergenciais em circunstâncias de desastres;

X – mobilizar e capacitar os radioamadores para atuação na ocorrência de desastre;

XI – realizar regularmente exercícios simulados, conforme Plano de Contingência de Proteção e Defesa Civil;

XII – promover a coleta, a distribuição e o controle de suprimentos em situações de desastre;

XIII – proceder à avaliação de danos e prejuízos das áreas atingidas por desastres;

XIV – manter a União e o estado informados sobre a ocorrência de desastres e as atividades de proteção civil no município;

XV – estimular a participação de entidades privadas, associações de voluntários, clubes de serviços, organizações não governamentais e associações de classe e comunitárias nas ações do SINPDEC e promover o treinamento de associações de voluntários para atuação conjunta com as comunidades apoiadas; e

XVI – prover solução de moradia temporária às famílias atingidas por desastres.

Art. 9º. Compete à União, aos estados e aos municípios:

I – desenvolver cultura nacional de prevenção de desastres, destinada ao desenvolvimento da consciência nacional acerca dos riscos de desastre no País;

II – estimular comportamentos de prevenção capazes de evitar ou minimizar a ocorrência de desastres;

III – estimular a reorganização do setor produtivo e a reestruturação econômica das áreas atingidas por desastres;

IV – estabelecer medidas preventivas de segurança contra desastres em escolas e hospitais situados em áreas de risco;

V – oferecer capacitação de recursos humanos para as ações de proteção e defesa civil; e

VI – fornecer dados e informações para o Sistema Nacional de Informações e Monitoramento de Desastres.

Para dar cumprimento às competências estabelecidas na PNPDEC foi criado um arranjo em nível federal, que deve atuar em harmonia e de forma integrada com órgãos/instituições estaduais e municipais. Esse arranjo foi constituído com base em quatro eixos interdependentes, cada qual sob responsabilidade de órgãos/instituições com missões específicas, conforme descrito a seguir e representado na Figura 8.5:

- **Gestão da ocupação urbana.** Esse eixo é responsável por questões relacionadas com o planejamento, o monitoramento e o controle da ocupação urbana, sendo liderado pelo Ministério das Cidades, especialmente pela Secretaria Nacional de Acessibilidade e Programas Urbanos.
- **Mapeamento.** O Serviço Geológico do Brasil (CPRM, subordinado ao Ministério de Minas e Energia – MME) e a Agência Nacional de Águas (ANA, subordinada ao Ministério do Meio Ambiente – MMA) foram encarregados do mapeamento de áreas de risco hidrológico e geológico em regiões e municípios considerados prioritários do ponto de vista do histórico de desastres a partir da década de 1990.
- **Monitoramento e alerta.** Em 2011 foi criado o Centro Nacional de Monitoramento e Alerta de Desastres Naturais (Cemaden, subordinado ao Ministério da Ciência, Tecnologia, Inovação e Comunicação – MCTIC), com a missão de *realizar o monitoramento das ameaças naturais em áreas de riscos em municípios brasileiros suscetíveis à ocorrência de desastres naturais, além de realizar pesquisas e inovações tecnológicas que possam contribuir para a melhoria de seu sistema de alerta antecipado, com o objetivo final de reduzir o número de vítimas fatais e prejuízos materiais em todo o país* (BRASIL, 2016a).
- **Resposta a desastres.** Esse eixo trata das questões relacionadas com a preparação e a resposta a desastres, sendo basicamente atribuição de defesa civil, e por isso é liderado pela Secretaria Nacional de Defesa Civil (Sedec), em conjunto com o Centro Nacional de Gerenciamento de Riscos e Desastres (Cenad), ambos subordinados ao Ministério da Integração Nacional – MI.

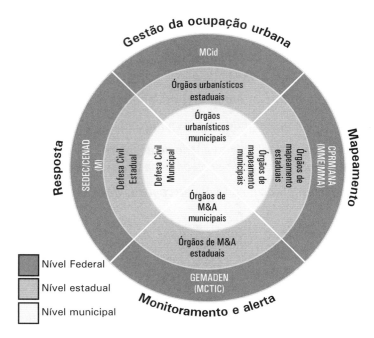

FIGURA 8.5: Modelo representativo do arranjo institucional interfederativo do Sistema Nacional de Proteção e Defesa Civil brasileiro.

Em termos mais específicos, buscou-se listar ações e programas de cada eixo temático a partir de informações extraídas do site Observatório das Chuvas (BRASIL, 2016b). **As informações não estão atualizadas para a data em que foi escrito este texto (a última atualização parece ter sido feita em janeiro de 2015),** porém considera-se que uma visão geral delas pode ajudar o leitor a ter uma razoável dimensão das ações de proteção e defesa civil previstas em âmbito federal e como podem ser acessadas por municípios e estados:

- Prevenção
  - Obras de contenção de encostas: Financiamento de *medidas estruturais de contenção de encostas em áreas classificadas como risco alto e muito alto.*
  - Obras de drenagem: Financiamento de *medidas estruturais para controle de inundações e enxurradas, tais como construção de reservatórios de detenção, canalização de córregos, galerias pluviais, desassoreamento de rios, construção de parques fluviais e recuperação ambiental de áreas de risco.*
  - Obras de barragem: Financiamento de *obras estruturais que objetivam principalmente a regularização da vazão em cursos d'água com a finalidade de minimizar as inundações em áreas recorrentemente afetadas. As ações constituem-se principalmente em construção de barragens, diques, estruturas extravasoras, revestimento das margens de rios, contenção de erosão fluvial e ainda a elaboração de plano diretor de drenagem e estudos hidráulicos e hidrológicos que subsidiarão futuras obras.*
- Mapeamento
  - Risco geológico: *Elaboração de mapas de setorização de risco geológico dos municípios pertencentes ao cadastro nacional de municípios com áreas suscetíveis à ocorrência de deslizamentos de grande impacto, inundações bruscas ou processos geológicos ou hidrológicos correlatos,* o qual contava inicialmente com 821 municípios e no ano de 2016 com 957 (BRASIL, 2016a).
  - Risco hidrológico: *Constitui-se em um sistema de informações de abrangência nacional, que agrupa e consolida, em um único padrão, as informações dos estados, Distrito Federal e da União, permitindo a formulação de ações e políticas públicas para a prevenção e minimização desses impactos. Foram elaborados os mapas de Vulnerabilidade a Inundações de todas as*

Unidades da Federação, com a participação dos respectivos órgãos gestores de recursos hídricos e órgãos estaduais de defesa civil, totalizando 27 mapas. Além disso, foram confeccionados 5 mapas integrando as informações das Unidades da Federação das 5 regiões geográficas brasileiras: Norte, Nordeste, Centro-Oeste, Sudeste e Sul.

- Análise de risco e plano de intervenções: *O projeto mapeia e levanta informações necessárias ao gerenciamento do risco de desastres relacionados com deslizamentos e inundações. A partir da análise das vulnerabilidades locais, o trabalho proporcionará a elaboração de propostas de intervenções, ou seja, ações para diminuição do risco de deslizamentos e inundações nos municípios.*
- Susceptibilidade: *As Cartas Municipais de Suscetibilidade a Movimentos de Massa e Inundações tem por objetivo indicar no território de 286 municípios as áreas mais suscetíveis a processos de deslizamento, enchentes e inundações nos seus mais diferentes níveis. Os dados fornecem importantes informações para a execução de cartas geotécnicas de planejamento do uso e ocupação do solo, bem como a execução de mapeamento de riscos.*
- Carta geotécnica de aptidão: *São elaboradas cartas geotécnicas de prevenção de desastres para 106 municípios com histórico de grandes desastres naturais e elevadas taxas de crescimento populacional, localizados em 12 estados da Federação.*

- Monitoramento e alerta
  - Radares: *O Centro Nacional de Monitoramentos e Alertas de Desastres Naturais (Cemaden) utiliza dados de natureza meteorológica de 27 radares em operação no Brasil. Além desses equipamentos foram instalados nove novos radares meteorológicos em regiões do território brasileiro que possuem riscos de inundações e deslizamentos.*
  - Pluviômetros automáticos: *Dados de aproximadamente 1.400 pluviômetros automáticos situados em localidades próximas a áreas de risco de desastres naturais, que registram e transmitem, de forma automática, dados contínuos de chuva, são utilizados para a análise e emissão de alertas de risco de desastres naturais associados a enchentes, inundações, enxurradas e deslizamentos.*
  - Pluviômetros nas comunidades: *O projeto prevê a distribuição de pluviômetros para serem instalados em áreas de risco e operados pela comunidade local, promovendo o engajamento dos moradores e aumentando a sua percepção de risco e preparação para a possibilidade de ocorrência de desastres naturais.*
  - Estações hidrológicas: *Para aumentar a capacidade de monitoramento das cheias dos rios está prevista a compra e instalação de estações hidrológicas para a transmissão de dados remotos de áreas com risco de enchentes e inundações.*
  - Equipamentos geotécnicos: *O Cemaden irá operar diversos tipos de equipamentos geotécnicos (sensores de umidade e estações totais) para melhorar a capacidade de previsão de deslizamentos de terra com dados diretos de movimentação das encostas em algumas localidades. Esta ação será conduzida pelo Cemaden em parceria com o Serviço Geológico do Brasil (CPRM), universidades, municípios e outras instituições da área e geologia e geotecnia.*
  - Salas de situação: *As Salas de Situação Estaduais, integradas à Sala de Situação da Agência Nacional de Águas (ANA), funcionam como centros de gestão de situações críticas para identificar ocorrências e subsidiar a tomada de decisão para a adoção antecipada de medidas mitigadoras dos efeitos de secas e inundações.*

- Resposta
  - Recursos para resposta a desastres: *Os recursos disponibilizados para ações de resposta aos desastres naturais são repassados aos estados e municípios em situação de emergência ou estado de calamidade pública.*
  - Cartão de pagamento da defesa civil: *A partir de 2012 o CPDC foi universalizado, configurando forma exclusiva de execução de recursos para ações de resposta. Assim, previamente ao desastre, o*

ente – estado e/ou município – deve aderir ao CPDC e abrir a conta, para que no caso de eventos adversos, tendo o reconhecimento federal da situação de emergência, possa receber recursos da União para ações de resposta.

- Kits de assistência humanitária: *Os Kits de Assistência Humanitária são materiais destinados à população diretamente afetada por desastres. A solicitação de Kits de Assistência Humanitária é feita pelo município ou estado afetado para a Secretaria Nacional de Defesa Civil do Ministério da Integração. A demanda deve ser precedida pelo reconhecimento federal de situação de emergência ou estado de calamidade pública resultante dos danos causados pelo desastre.*
- Força Nacional de Emergência: *Conforme a magnitude e as características do desastre, a Secretaria Nacional de Defesa Civil, através do Centro Nacional de Gerenciamento de Riscos e Desastres – Cenad, mobiliza representantes do GADE (Grupo de Apoio a Desastres) e profissionais de órgãos como CPRM, ANA, Ministério da Saúde, Forças Armadas, dentre outros, para o local do desastre, de forma a apoiar complementarmente as instituições locais nas ações de socorro, assistência e restabelecimento.*
- Força Nacional do SUS: *A Força Nacional do SUS poderá ser acionada em ocorrências de Emergência em Saúde Pública de Importância Nacional (ESPIN), que demandem o emprego urgente de medidas de prevenção, controle e contenção de riscos, danos e agravos à saúde pública.*
- Kits de medicamentos: *O Ministério da Saúde (MS) dispõe de kits de medicamentos e insumos para atendimento aos municípios atingidos por desastres naturais, associados a chuvas, ventos e granizo. O kit é composto por 30 medicamentos e 18 insumos estratégicos para o atendimento de até 500 pessoas desabrigadas e desalojadas por um período de três meses.*
- Fortalecimento das Forças Armadas: *O emprego das Forças Armadas em apoio ao SINPDEC, no caso de ocorrência de um desastre que requeira uma resposta imediata, poderá ser realizado em cooperação direta com os governos municipais e/ou estaduais, com os meios de pessoal e material existentes nas Organizações Militares mais próximas do local de ocorrência do desastre, dentro das possibilidades e disponibilidades existentes e de acordo com as solicitações formuladas pela Defesa Civil local.*
- Fortalecimento das Defesas Civis: *O projeto foi desenvolvido buscando propiciar aos municípios prioritários equipamentos mínimos considerados indispensáveis para a estruturação de uma defesa civil municipal. Foram selecionados dentre os 286 municípios prioritários, 106 municípios segundo critérios que levassem em conta sua população e arrecadação.*
- Capacitações de agentes: *A Oficina de Capacitação para Desastres é um curso oferecido pela Secretaria Nacional de Defesa Civil em parceria com os Órgãos Estaduais de Proteção e Defesa Civil. A Oficina tem por objetivo preparar técnicos e gestores em proteção e defesa civil para o desenvolvimento de ações de redução de desastres em todo o país. No simulado o objetivo é capacitar técnicos e gestores em Defesa Civil a trabalhar na comunidade residente em áreas de risco para atuar preventivamente em situação de desastre e consolidar procedimentos e conteúdos visando a criação de um sistema permanente de monitoramento, alerta e alarme.*

O projeto GIDES

O projeto Gides (Fortalecimento da Estratégia Nacional de Gestão Integrada de Riscos em Desastres Naturais) merece destaque dentre as ações de proteção e defesa civil com potencial de alto impacto no SINPDEC. O projeto consiste numa cooperação entre o Governo do Brasil e o governo do Japão, tendo iniciado em 2013, com duração de quatro anos, com os objetivos de (BRASIL, 2016c):

- *Fortalecer a capacidade de avaliação de riscos em desastres de movimentos de massa incluindo a identificação de perigos, análise de vulnerabilidade e mapeamento (MI, MCidades, MCTIC, CPRM).*

- *Reforçar a capacidade de planejamento e implementação de medidas de redução de riscos em áreas suscetíveis aos desastres de movimento de massa (MCidades, MI, CPRM);*
- *Aprimorar o protocolo de alerta antecipado, a divulgação das informações de risco e o método de revisão dos dados de desastres (MCTIC, MI).*
- *Aprimorar o sistema de monitoramento e prevenção para a mitigação de desastres de movimentos de massa (MCTIC, MI).*

Cabe ressaltar que a distribuição de responsabilidades nas atividades do projeto Gides não só reflete o arranjo institucional de proteção e defesa civil brasileiro, mas também busca aprimorá-lo por meio do compartilhamento de atribuições entre diferentes atores.

Na prática, o projeto contribui fortemente não apenas para o avanço nas questões técnicas, por meio de discussões com especialistas japoneses, técnicos do governo nos três níveis federativos e membros da academia, mas, principalmente, para a construção de articulações interinstitucionais, o desenvolvimento de uma cultura de trabalho colaborativa entre diferentes atores, a definição de protocolos compartilhados e, sobretudo, ao apontar o foco das ações interinstitucionais para que sejam alcançados resultados concretos em âmbito local, ou seja, em nível municipal, que é o palco onde se desenvolvem os cenários de risco e os desastres propriamente ditos.

Para conseguir os resultados desejados, o projeto Gides prevê a implementação-teste das metodologias, arranjos de trabalho e protocolos em três municípios-piloto, selecionados a partir da representatividade dos cenários de risco e do histórico de desastres, bem como das condições estruturantes de Defesa Civil capazes de viabilizar a execução das ações previstas no escopo do projeto. Os municípios-piloto são Nova Friburgo e Petrópolis, localizados na Região Serrana do Estado do Rio de Janeiro, e Blumenau, localizado no Estado de Santa Catarina.

Após a implementação-piloto, o projeto pretende consolidar manuais para cada tema relacionado com ele, os quais servirão como guia de orientação e conterão diretrizes que poderão ser disponibilizadas pelos ministérios envolvidos aos demais membros da Federação e a outros entes interessados (BRASIL, 2016c).

8.5 A GESTÃO DE RISCOS COMO FERRAMENTA DE DESENVOLVIMENTO MUNICIPAL

Arcabouço legal

Antes da Lei 12.608/2012, a temática de prevenção e defesa contra desastres já permeava a legislação, porém de forma pouco sistêmica. Serão apresentados a seguir alguns instrumentos legais em nível federal, uma vez que as legislações estaduais e municipais devem obedecer a peculiaridades locais e regionais que fogem ao escopo deste texto:

- A Constituição Federal de 1988 estabelece, no inciso XVIII do artigo 21, que compete à União *planejar e promover a defesa permanente contra as calamidades públicas, especialmente as secas e inundações.*
- A Lei 9.433/2007 (Política Nacional de Recursos Hídricos), no inciso III do artigo 2° dispõe, dentre os objetivos da Política Nacional de Recursos Hídricos, *a prevenção e a defesa contra eventos hidrológicos críticos de origem natural ou decorrentes do uso inadequado dos recursos naturais.*
- A Lei 6.766/1979, que dispõe sobre o parcelamento do solo urbano, em seu artigo 3º, determina que não será permitido o parcelamento do solo nas seguintes situações:
  - *em terrenos alagadiços e sujeitos a inundações, antes de tomadas as providências para assegurar o escoamento das águas;*
  - *em terrenos com declividade igual ou superior a 30% (trinta por cento), salvo se atendidas exigências específicas das autoridades competentes;*

- *em terrenos onde as condições geológicas não aconselham a edificação;*
- *em áreas de preservação ecológica ou naquelas onde a poluição impeça condições sanitárias suportáveis, até a sua correção.*

■ A Lei 12.651/2012 (Código Florestal), em seu art. 4º, determina que se considere Área de Preservação Permanente, em zonas rurais ou urbanas, as faixas marginais de quaisquer cursos d'água naturais, desde a borda da calha do leito regular, predefinindo valores de larguras mínimas em função da largura da calha do curso d'água.

O próprio Estatuto da Cidade (Lei 10.257/2001), considerado o principal instrumento legal para gestão da ocupação urbana e que *estabelece normas de ordem pública e interesse social que regulam o uso da propriedade urbana em prol do bem coletivo, da segurança e do bem-estar dos cidadãos, bem como do equilíbrio ambiental*, só contemplou questões específicas do tema após as alterações dadas pela Lei 12.608/2012, incorporando definitivamente a gestão do risco de desastres ao planejamento e controle do uso do solo urbano, por meio dos itens:

Art. 2º. A política urbana tem por objetivo ordenar o pleno desenvolvimento das funções sociais da cidade e da propriedade urbana, mediante as seguintes diretrizes gerais:

...

VI – ordenação e controle do uso do solo, de forma a evitar:

...

h) a exposição da população a riscos de desastres.

Art. 40. O plano diretor, aprovado por lei municipal, é o instrumento básico da política de desenvolvimento e expansão urbana.

Art. 41. O plano diretor é obrigatório para cidades:

...

VI – incluídas no cadastro nacional de municípios com áreas suscetíveis à ocorrência de deslizamentos de grande impacto, inundações bruscas ou processos geológicos ou hidrológicos correlatos.

Art. 42-A. Além do conteúdo previsto no art. 42, o plano diretor dos municípios incluídos no cadastro nacional de municípios com áreas suscetíveis à ocorrência de deslizamentos de grande impacto, inundações bruscas ou processos geológicos ou hidrológicos correlatos deverá conter:

I – parâmetros de parcelamento, uso e ocupação do solo, de modo a promover a diversidade de usos e a contribuir para a geração de emprego e renda;

II – mapeamento contendo as áreas suscetíveis à ocorrência de deslizamentos de grande impacto, inundações bruscas ou processos geológicos ou hidrológicos correlatos;

III – planejamento de ações de intervenção preventiva e realocação de população de áreas de risco de desastre;

IV – medidas de drenagem urbana necessárias à prevenção e à mitigação de impactos de desastres; e

V – diretrizes para a regularização fundiária de assentamentos urbanos irregulares, se houver, observadas a Lei nº 11.977, de 7 de julho de 2009, e demais normas federais e estaduais pertinentes, e previsão de áreas para habitação de interesse social por meio da demarcação de zonas especiais de interesse social e de outros instrumentos de política urbana, onde o uso habitacional for permitido.

Art. 42-B. Os municípios que pretendam ampliar o seu perímetro urbano após a data de publicação desta Lei deverão elaborar projeto específico que contenha, no mínimo:

I – demarcação do novo perímetro urbano;

II – delimitação dos trechos com restrições à urbanização e dos trechos sujeitos a controle especial em função de ameaça de desastres naturais;

III – definição de diretrizes específicas e de áreas que serão utilizadas para infraestrutura, sistema viário, equipamentos e instalações públicas, urbanas e sociais;

IV – definição de parâmetros de parcelamento, uso e ocupação do solo, de modo a promover a diversidade de usos e contribuir para a geração de emprego e renda;

V – a previsão de áreas para habitação de interesse social por meio da demarcação de zonas especiais de interesse social e de outros instrumentos de política urbana, quando o uso habitacional for permitido;

VI – definição de diretrizes e instrumentos específicos para proteção ambiental e do patrimônio histórico e cultural.

A Lei 12.608/2012 autoriza, em seu art. 12, *a criação de sistema de informações de monitoramento de desastres, em ambiente informatizado, que atuará por meio de base de dados compartilhada entre os integrantes do SINPDEC visando ao oferecimento de informações atualizadas para prevenção, mitigação, alerta, resposta e recuperação em situações de desastre em todo o território nacional.* Esse sistema informatizado de gestão integral de riscos de desastres ainda não existe de forma completa, mas sua arquitetura foi proposta por Di Gregorio *et al.* (2013a), considerando as necessidades dos atores envolvidos e o aspecto interfederativo de sua operação. Atualmente, no entanto, existem sistemas independentes que cumprem finalidades específicas relacionadas com a missão das instituições que os coordenam, como o Sistema de Monitoramento e Alerta – Salvar, do Cemaden, o Sistema Integrado de Informações sobre Desastres – S2ID, do Cenad, e o Banco de Dados de Informações Geocientíficas – Geobank, da CPRM. A integração entre eles, no entanto, ainda precisa ser trabalhada, assim como seu desenvolvimento precisa ser complementado, de modo a preencher lacunas operacionais porventura existentes.

O art. 22 da Lei 12.608/2012 ainda modifica a Lei 12.340/2010 (a qual *dispõe sobre as transferências de recursos da União aos órgãos e entidades dos estados, Distrito Federal e municípios para a execução de ações de prevenção em áreas de risco de desastres e de resposta e de recuperação em áreas atingidas por desastres e sobre o Fundo Nacional para Calamidades Públicas, Proteção e Defesa Civil*), nos seguintes itens:

Art. 3º-A. O Governo Federal instituirá cadastro nacional de municípios com áreas suscetíveis à ocorrência de deslizamentos de grande impacto, inundações bruscas ou processos geológicos ou hidrológicos correlatos, conforme regulamento.

§ 1º. A inscrição no cadastro previsto no caput dar-se-á por iniciativa do município ou mediante indicação dos demais entes federados, observados os critérios e procedimentos previstos em regulamento.

§ 2º. Os municípios incluídos no cadastro deverão:

I – elaborar mapeamento contendo as áreas suscetíveis à ocorrência de deslizamentos de grande impacto, inundações bruscas ou processos geológicos ou hidrológicos correlatos;

178 **CAPÍTULO 8: Gestão integral de riscos de desastres no Brasil** ELSEVIER

II – elaborar Plano de Contingência de Proteção e Defesa Civil e instituir órgãos municipais de defesa civil, de acordo com os procedimentos estabelecidos pelo órgão central do Sistema Nacional de Proteção e Defesa Civil SINPDEC;

III – elaborar plano de implantação de obras e serviços para a redução de riscos de desastre;

IV – criar mecanismos de controle e fiscalização para evitar a edificação em áreas suscetíveis à ocorrência de deslizamentos de grande impacto, inundações bruscas ou processos geológicos ou hidrológicos correlatos; e

V – elaborar carta geotécnica de aptidão à urbanização, estabelecendo diretrizes urbanísticas voltadas para a segurança dos novos parcelamentos do solo e para o aproveitamento de agregados para a construção civil.

§ 3º. A União e os estados, no âmbito de suas competências, apoiarão os municípios na efetivação das medidas previstas no § 2º.

§ 4º. Sem prejuízo das ações de monitoramento desenvolvidas pelos estados e municípios, o Governo Federal publicará, periodicamente, informações sobre a evolução das ocupações em áreas suscetíveis à ocorrência de deslizamentos de grande impacto, inundações bruscas ou processos geológicos ou hidrológicos correlatos nos municípios constantes do cadastro.

§ 5º. As informações de que trata o § 4º serão encaminhadas, para conhecimento e providências, aos Poderes Executivo e Legislativo dos respectivos estados e municípios e ao Ministério Público.

§ 6º. O Plano de Contingência de Proteção e Defesa Civil será elaborado no prazo de 1 (um) ano, sendo submetido a avaliação e prestação de contas anual, por meio de audiência pública, com ampla divulgação."

Art. 3º B. Verificada a existência de ocupações em áreas suscetíveis à ocorrência de deslizamentos de grande impacto, inundações bruscas ou processos geológicos ou hidrológicos correlatos, o município adotará as providências para redução do risco, dentre as quais, a execução de plano de contingência e de obras de segurança e, quando necessário, a remoção de edificações e o reassentamento dos ocupantes em local seguro.

§ 1º. A efetivação da remoção somente se dará mediante a prévia observância dos seguintes procedimentos:

I realização de vistoria no local e elaboração de laudo técnico que demonstre os riscos da ocupação para a integridade física dos ocupantes ou de terceiros; e

II notificação da remoção aos ocupantes acompanhada de cópia do laudo técnico e, quando for o caso, de informações sobre as alternativas oferecidas pelo poder público para assegurar seu direito à moradia.

§ 2º. Na hipótese de remoção de edificações, deverão ser adotadas medidas que impeçam a reocupação da área.

§ 3º. Aqueles que tiverem suas moradias removidas deverão ser abrigados, quando necessário, e cadastrados pelo município para garantia de atendimento habitacional em caráter definitivo, de acordo com os critérios dos programas públicos de habitação de interesse social.

Art. 5º.A. Constatada, a qualquer tempo, a presença de vícios nos documentos apresentados, ou a inexistência do estado de calamidade pública ou da situação de emergência

declarados, o ato administrativo que tenha autorizado a realização da transferência obrigatória perderá seus efeitos, ficando o ente beneficiário obrigado a devolver os valores repassados, devidamente atualizados.

Parágrafo único. Sem prejuízo do disposto no caput, ocorrendo indícios de falsificação de documentos pelo ente federado, deverão ser notificados o Ministério Público Federal e o Ministério Público Estadual respectivo, para adoção das providências cabíveis.

O cadastro mencionado no art. 3º da Lei 12.340/2010 refere-se a um cadastro de municípios prioritários para fins de recebimento de ações e recursos voltados para a redução de desastres. Como já mencionado, esses municípios foram selecionados com base no histórico de desastres relacionados com processos hidrológicos e/ou movimentos de massa a partir da década de 1990, constituindo uma lista que contava inicialmente com 821 municípios e, na ocasião em que este texto foi escrito, possuía 957, segundo informações do Cemaden (BRASIL, 2016a).

Na medida em que um município ingressar na lista, ele terá suas áreas de riscos hidrológico e geodinâmico mapeadas e, em seguida, será encaminhado para inclusão na base do Sistema Nacional de Monitoramento e Alerta. A partir de então, ele passará a ser monitorado 24 horas por dia, 7 dias por semana, e poderá receber alertas de desastres dos órgãos competentes a qualquer momento. Após o alerta, a Defesa Civil pode acionar o alarme, que normalmente está associado a ações de desocupação de áreas de risco e proteção da população, de modo que, a partir desse momento, as defesas civis federal, estadual e municipal voltam sua atenção ao município alertado, visando acompanhar a evolução da situação que motivou o alerta e atuar de forma colaborativa na resposta, caso necessário. Na fase de prevenção e mitigação, os municípios do cadastro também possuem prioridade na liberação de recursos para ações estruturais e não estruturais de redução do risco de desastres.

Em contrapartida, os municípios do cadastro deverão cumprir uma série de obrigações que demonstrem na prática sua disposição em reduzir os desastres, tais como a elaboração do Plano Municipal de Redução de Risco, da Carta Geotécnica de Aptidão à Urbanização, do Plano de Contingência, a elaboração/atualização do Plano Diretor, além de garantir mecanismos de controle e fiscalização da ocupação urbana de modo a coibir a ocupação de áreas suscetíveis à ocorrência de processos hidrológicos e geodinâmicos.

O Plano Municipal de Redução de Risco

O Estatuto da Cidade estabelece, em seu art. 4º, o Plano Diretor e os planos, programas e projetos setoriais como instrumentos da Política Urbana, cabendo destacar a importância do Plano Municipal de Redução de Risco (PMRR) na temática dos desastres, que pode ser entendido como equivalente a um plano setorial, na medida em que busca entender e propor soluções para a ocupação urbana por meio de um viés temático específico, no caso, a redução do risco de desastres. A Lei 12.340/2010, em seu art. 3ºA, § 2º, item III, com redação dada pela Lei 12.608/2012, também estabelece que os municípios incluídos no cadastro deverão *elaborar plano de implantação de obras e serviços para a redução de riscos de desastre.*

Segundo Alheiros (BRASIL, 2006), o PMRR é uma ferramenta de planejamento para o conhecimento e diagnóstico do risco e a proposição de medidas estruturais para sua redução, e deve ser desenvolvido nas seguintes etapas:

- elaboração da metodologia detalhada sobre a qual está sendo desenvolvido o plano;
- atualização do mapeamento de risco em escala de detalhe;
- proposição de intervenções estruturais para a redução do risco;
- estimativa de custos das intervenções;
- definição de critérios para hierarquização (priorização) das intervenções;
- identificação de programas e fontes de recursos para investimentos;

CAPÍTULO 8: Gestão integral de riscos de desastres no Brasil

- sugestões de medidas não estruturais para a atuação da Defesa Civil (tais como remoção de famílias, interdição de imóveis, implantação de sistemas de alerta, formação de agentes comunitários de defesa civil, dentre outras);
- realização de audiência pública.

O PMRR, portanto, é um instrumento utilizado na mitigação do risco de desastres, ou seja, na redução do risco nos locais onde ele já está instalado, predominantemente por meio de medidas estruturais. Com base nas recomendações e concepções do PMRR, a Prefeitura tem condições de tomar decisões de priorização orçamentária e assim contratar projetos básicos e/ou executivos, os quais, por sua vez, permitirão licitar as obras de intervenção.

A Carta de Aptidão à Urbanização

Nos locais onde o risco ainda não está instalado, isto é, em locais que permeiam a malha urbana e que ainda não foram ocupados, ou em áreas destinadas à expansão urbana, torna-se necessário um instrumento que permita evitar que se aprovem loteamentos em áreas potencialmente suscetíveis a perigos naturais.

Para Souza e Sobreira (2014), a aptidão à urbanização pode ser definida como a capacidade dos terrenos de suportar a ocupação urbana, com o mínimo de impacto possível e o maior nível de segurança. Os autores defendem que essa análise parte do mapeamento, a caracterização e a integração de atributos do meio físico que condicionam o comportamento do terreno frente às solicitações impostas pelo uso a que se pretende.

A Carta Geotécnica de Aptidão à Urbanização é uma ferramenta que, apesar do nome específico dado na legislação (o qual sugere uma aplicação voltada apenas para perigos geodinâmicos, os quais estão mais diretamente relacionados com a abordagem da engenharia geotécnica), também vem sendo usada para separar áreas que não devem ser ocupadas por conta de perigos hidrológicos, e por este motivo faremos referência a este documento utilizando a nomenclatura geral de Carta de Aptidão à Urbanização. Essa ferramenta, portanto, é um instrumento de planejamento urbano criado pela Lei 12.608/2012, *que estabelece diretrizes para que os novos loteamentos sejam construídos de forma equilibrada com as condições de suporte do meio físico, definindo as áreas que não devem ser ocupadas, as áreas em que a ocupação deve seguir cuidados especiais e as áreas sem restrição à ocupação urbana* (BRASIL, 2016b).

A Carta de Aptidão à Urbanização serve de subsídio para que o planejador urbano possa definir as zonas *non-aedificandi* (ocupação proibida), as zonas de ocupação condicionada (pode-se ocupar, desde que se cumpram determinadas exigências) e as zonas *aedificandi* (sem restrições à ocupação), as quais deverão integrar a Lei de Zoneamento do município e o Plano Diretor, assim como auxiliar na determinação dos requisitos de ocupação nos locais em que é permitida. O IPT (BITAR, 2015) recomenda que este documento seja elaborado na escala 1:10.000 ou maior, e sugere as seguintes etapas básicas para sua elaboração:

- coleta de informações sobre o meio físico;
- elaboração e integração de mapas temáticos (geologia, geomorfologia, hidrologia, uso e ocupação do solo);
- elaboração da carta-síntese preliminar;
- levantamentos de campo e análises de laboratório;
- integração e discussão dos resultados;
- edição e publicação da carta geotécnica final.

O Plano de Contingências de Proteção e Defesa Civil

A Lei 12.340/2010, em seu art. 3ºA, § 2º, item II, com redação dada pela Lei 12.608/2012, também estabelece que os municípios incluídos no cadastro deverão *elaborar Plano de Contingência de Proteção e Defesa Civil e instituir órgãos municipais de defesa civil, de acordo com os procedimentos estabelecidos pelo órgão central do Sistema Nacional de Proteção e Defesa Civil – SINPDEC*, e no mesmo artigo, § 6º, estabelece que *o Plano de Contingência de Proteção e Defesa Civil será elaborado no prazo de 1 (um) ano, sendo submetido a avaliação e prestação de contas anual, por meio de audiência pública, com ampla divulgação.*

O Plano de Contingências é uma ferramenta que permite ao gestor municipal se preparar para diversos cenários de emergências, assim como define todos os aspectos necessários das ações a serem tomadas em caso de ocorrência de desastres. Trata basicamente das ações de preparação e resposta, até que seja reabilitado o cenário do desastre. O plano também deve contemplar a definição de responsabilidades de todas as instituições envolvidas (mesmo em diferentes níveis federativos), assim como os protocolos de operação e comunicação que devem ser seguidos de forma integrada.

Macedo *et al.* (BRASIL, 2006) apontam que o Plano de Contingências também poderia ser denominado Plano Preventivo de Defesa Civil (PPDC), e que ele se constituiria em um instrumento de convivência com o risco, devendo utilizar conhecimentos técnico-científicos de forma associada aos procedimentos operacionais de defesa civil, visando a proteção da vida, o atendimento das populações e a diminuição das perdas e prejuízos. O plano também deve contemplar interface com os processos de monitoramento e alerta, podendo contar com verificações de campo para subsidiar a alteração de níveis de alerta.

Ressalta-se que o Plano de Contingência deve ser elaborado com grande antecipação ao desastre e, portanto, deve ser adaptado de forma rápida e sucinta quando da ocorrência de um desastre real, convertendo-se no Plano de Operações. Para isso, é importante que o Plano de Contingências contemple diversos cenários de desastre, tanto do ponto de vista da combinação de diferentes ameaças quanto de suas magnitudes e abrangência espacial.

Segundo Castro (BRASIL, 1999), o Plano de Contingências (e consequentemente o Plano de Operações) deve ser desenvolvido conforme as seguintes etapas:

- designação do grupo de trabalho;
- interpretação da missão;
- caracterização dos riscos;
- necessidades de monitorização;
- definição das ações de preparação e resposta a realizar;
- atribuição de responsabilidades aos órgãos e instituições envolvidos;
- estabelecimento de mecanismos de coordenação e comunicação;
- detalhamento do planejamento;
- difusão do plano, treinamento e aperfeiçoamento.

O Plano de Recuperação

O Plano de Recuperação de Desastres não é uma ferramenta prevista na legislação brasileira, mas, assim como os demais planos já abordados, possui função relevante no contexto da gestão integral de riscos.

Assim como o Plano de Contingências, o Plano de Recuperação também deve ser desenvolvido com grande antecedência ao desastre (Plano Pré-Desastre) e, portanto, deve contemplar diversos cenários de combinação de ameaças e suas respectivas magnitudes. Após o período de resposta ao desastre, espera-se que o Plano de Recuperação Pré-Desastre seja minimamente adaptado, convertendo-se em Plano de Recuperação Pós-Desastre.

Em relação ao processo de planejamento da recuperação pré-desastre, o UNDP e o IRP (2012) sugerem que seja desenvolvido nas seguintes etapas:

- Início do pré-planejamento
  - construir suporte político;
  - assegurar ampla representação das partes interessadas;
  - criar e organizar uma equipe de planejamento com forte participação da comunidade/público.

- Coleta de informações preliminares
  - criar cenários de desastre a partir de dados disponíveis sobre todos os perigos relevantes e vulnerabilidades potenciais;
  - analisar planos existentes que levem em consideração questões relacionadas com a recuperação;
  - determinar as áreas-chave de intervenção.
- Estabelecer a organização da recuperação pós-desastre
- Formular princípios e metas de recuperação
  - construir uma visão compartilhada do futuro no pós-desastre;
  - identificar princípios para guiar a recuperação.
- Definir estratégias e ações
  - identificar questões da recuperação e priorizá-las, trabalhando em subgrupos;
  - planejar estratégias e ações.
- Avaliação e manutenção do plano
  - exercitar o plano;
  - revisar e atualizar o plano.

Espera-se que este capítulo tenha conseguido comunicar ao leitor uma visão geral da gestão do risco de desastres socionaturais, tanto do ponto de vista conceitual como do ponto de vista de arranjo técnico-legal-institucional no cenário brasileiro. Nos próximos capítulos serão explorados aspectos específicos de cada macroprocesso da gestão de risco.

FAQ

1. *O município é, de fato, o responsável pela gestão do solo e, portanto, em última análise, é ele que sofre o risco (e, eventualmente, por falta de planejamento adequado, se coloca em risco). Como fazer para que pequenos municípios, com limitações técnicas e de recursos, sejam capazes de produzir e implantar de forma efetiva o Plano Municipal de Redução de Riscos?*
   - **RESPOSTA:** O município pode elaborar o Plano Municipal de Redução de Riscos internamente ou com o apoio de profissionais externos a seu quadro, tendo em mente que é desejável que essa tarefa seja conduzida por uma equipe multidisciplinar. Caso considere que a expertise de seu corpo técnico é insuficiente para a elaboração do documento, o município deve buscar mecanismos alternativos para complementação das competências exigidas, tais como:
     - a capacitação do corpo técnico da Prefeitura, por meio de cursos/treinamentos internos ou externos, presenciais ou à distância – recomenda-se consulta ao Portal Capacidades do Ministério das Cidades, ao site da Secretaria Nacional de Proteção e Defesa Civil e ao site do Centro Nacional de Monitoramento e Alertas de Desastres Naturais (Cemaden);
     - a contratação temporária de profissionais com a expertise necessária;
     - a contratação de empresas prestadoras desse tipo de serviço (o que, no entanto, não exime o envolvimento ativo de técnicos da Prefeitura no processo);
     - a parceria com outras instituições (ONGs, universidades, agências governamentais estaduais e federais, outros municípios etc.) que possam colaborar no fornecimento de profissionais capacitados. Algumas instituições com expertise para elaboração de mapas de risco de movimentos de massa são: o Serviço Geológico do Brasil (CPRM), o Instituto Geológico (IG-SP), o Instituto de Pesquisas Tecnológicas (IPT), o Departamento de Recursos Minerais do Estado do Rio de Janeiro (DRM-RJ), a GEO-RIO, dentre outros. Já em relação à expertise para o mapeamento de riscos hidrológicos podem ser citados a Agência Nacional de Águas (ANA), o Instituto Estadual do Ambiente (Inea-RJ), o Instituto Mineiro de Gestão das Águas (Igam), dentre outros.

Em caso de escassez de recursos financeiros para a elaboração do PMRR, o município pode tentar buscá-los junto ao governo do estado e ao Governo Federal. Esse último, por exemplo, apoia a elaboração dos PMRRs via Secretaria Nacional de Desenvolvimento Urbano do Ministério das Cidades por meio da ação *Apoio ao Planejamento e Monitoramento da Ocupação Urbana em Áreas Suscetíveis a Inundações, Enxurradas e Deslizamentos* do Programa de Gestão de Riscos e Resposta a Desastres. Os projetos e a execução das obras dessa categoria também fazem parte do escopo do programa, especialmente os que sejam relacionados com as etapas de prevenção e mitigação.

2. *E os recursos para apoio nas fases de resposta e na recuperação, como podem ser obtidos?*
   - **RESPOSTA:** Em relação aos recursos para ações de resposta (socorro, assistência às vítimas e restabelecimento de serviços essenciais), o repasse de recursos federais a estados e/ou municípios atende aos entes de forma complementar e possui caráter obrigatório, sendo realizado a partir do Ministério da Integração Nacional (via Secretaria Nacional de Proteção e Defesa Civil), mediante reconhecimento da decretação de Situação de Emergência ou Estado de Calamidade Pública. O Sistema Integrado de Informações sobre Desastres – S2ID visa informatizar o processo de transferência de recursos em virtude de desastres, sendo que esta é realizada exclusivamente por meio do Cartão de Pagamento de Defesa Civil/CPDC. Não se enquadram como ações de resposta da Secretaria Nacional de Proteção e Defesa Civil: as que não possuem nexo causal direto com o desastre; aquisições de materiais ou bens para equiparar órgãos públicos e instituições privadas; e ações para prevenção e recuperação.

   As ações de recuperação apoiadas pela Secretaria Nacional de Proteção e Defesa Civil compreendem a reconstrução das áreas destruídas por desastres. Para o recebimento desse tipo de recurso é exigido, além do reconhecimento federal da Situação de Emergência ou Estado de Calamidade Pública, a apresentação de plano de trabalho no prazo de 90 dias contados da ocorrência do desastre, conforme o disposto na Lei 12.608, de 10 de abril de 2012. A Portaria MI 384, de 23 de outubro de 2014, define todas as fases, rotinas e procedimentos de transferências obrigatórias de recursos para ações de recuperação em áreas atingidas por desastres. Já os convênios ou transferências voluntárias são formalizados exclusivamente com orçamento oriundo de emendas parlamentares e são realizados por meio do Portal de Convênios/Siconv, conforme disciplinado na Portaria Interministerial 424, de 30 de dezembro de 2016.

3. *O que leva um município a ser incluído no cadastro de municípios prioritários para fins de recebimento de ações e recursos voltados para redução de desastres?*
   - **RESPOSTA:** Basicamente o que condiciona a inclusão de um município no cadastro de municípios prioritários é seu histórico de desastres, fundamentado principalmente pelo número de mortos e pessoas afetadas. Os prejuízos econômicos também podem ser utilizados como argumentação para o pleito de inclusão na lista, mas os danos humanos normalmente acabam sendo mais relevantes para fins de priorização. Além disso, a articulação política do prefeito é um fator importante que pode funcionar como catalizador do processo.

4. *Como faço para saber se meu município está classificado como prioritário e, portanto, sujeito a riscos mais frequentes/importantes?*
   - **RESPOSTA:** Como quem coordena a lista de municípios prioritários é o Governo Federal, num primeiro momento a lista atualizada pode ser obtida no Ministério da Integração Nacional, via Centro Nacional de Gerenciamento de Riscos e Desastres – Cenad – ou por meio da Secretaria Nacional de Proteção e Defesa Civil. O site do Centro Nacional de Monitoramento e Alertas de Desastres Naturais (Cemaden) possui a lista dos municípios monitorados, mas o município só entra nessa lista se tiver fornecido os mapas de risco a esse órgão. Dessa forma, é possível

que um município esteja na lista de prioritários, mas ainda não tenha sido incluído na lista de monitorados. Além disso, as informações dos sites podem não estar atualizadas, de modo que um contato direto (telefônico, e-mail ou presencial) é recomendado para a obtenção de informações mais precisas.

REFERÊNCIAS

ABNT. ASSOCIAÇÃO BRASILEIRA DE NORMAS TÉCNICAS. NBR ISO 31.000 (2009) Gestão de Riscos – Princípios e Diretrizes. Rio de Janeiro: ABNT.

BANCO MUNDIAL. (2012a) Avaliação de Perdas e Danos: Inundações Bruscas em Santa Catarina, novembro de 2008. Brasília, Banco Mundial.

BANCO MUNDIAL. (2012b) Avaliação de Perdas e Danos: Inundações Bruscas em Pernambuco, junho de 2010. Brasília, Banco Mundial.

BANCO MUNDIAL. (2012c) Avaliação de Perdas e Danos: Inundações e Deslizamentos na Região Serrana do Rio de Janeiro, janeiro de 2011. Brasília, Banco Mundial.

BITAR, O.Y. (2015) Guia Cartas geotécnicas [livro eletrônico]: orientações básicas aos municípios. BITAR, O.Y.; FREITAS, C.G.L.; MACEDO, E.S. (orgs.) São Paulo: IPT – Instituto de Pesquisas Tecnológicas do Estado de São Paulo.

BRASIL. (1979) Lei Federal nº 6.766, de 19 de dezembro de 1979. Dispõe sobre o parcelamento do solo urbano e dá outras providências. Diário Oficial da União, Brasília, DF, 19 de dezembro.

BRASIL. (1997) Lei Federal nº 9.433, de 8 de janeiro de 1997. Institui a Política Nacional de Recursos Hídricos, cria o Sistema Nacional de Gerenciamento de Recursos Hídricos, regulamenta o inciso XIX do art. 21 da Constituição Federal, e altera o art. 1º da Lei nº 8.001, de 13 de março de 1990, que modificou a Lei nº 7.990, de 28 de dezembro de 1989. Diário Oficial da União, Brasília, DF, 8 de janeiro.

BRASIL. (1999) Ministério da Integração Nacional, Secretaria Nacional de Defesa Civil. Manual de Planejamento em Defesa Civil. Brasília, DF, v. 2.

BRASIL. (2001) Lei Federal nº 10.257, de 10 de julho de 2001. Regulamenta os arts. 182 e 183 da Constituição Federal, estabelece diretrizes gerais da política urbana e dá outras providências. Diário Oficial da União, Brasília, DF, 10 de julho.

BRASIL. (2006) Ministério das Cidades/Cities Alliance Prevenção de Riscos de Deslizamentos em Encostas: Guia para Elaboração de Políticas Municipais/Celso Santos Carvalho e Thiago Galvão, organizadores. Brasília: Ministério das Cidades, Cities Alliance.

BRASIL. (2010) Lei Federal nº 12.340, de 1º de dezembro de 2010. Dispõe sobre as transferências de recursos da União aos órgãos e entidades dos Estados, Distrito Federal e Municípios para a execução de ações de prevenção em áreas de risco de desastres e de resposta e de recuperação em áreas atingidas por desastres e sobre o Fundo Nacional para Calamidades Públicas, Proteção e Defesa Civil; e dá outras providências. Diário Oficial da União, Brasília, DF, 1 de dez.

BRASIL. (2012) Lei Federal nº 12.651, de 25 de maio de 2012. Dispõe sobre a proteção da vegetação nativa; altera as Leis nºs 6.938, de 31 de agosto de 1981, 9.393, de 19 de dezembro de 1996, e 11.428, de 22 de dezembro de 2006; revoga as Leis nºs 4.771, de 15 de setembro de 1965, e 7.754, de 14 de abril de 1989, e a Medida Provisória nº 2.166-67, de 24 de agosto de 2001; e dá outras providências. Diário Oficial da União, Brasília, DF, 25 de maio.

BRASIL. (2012) Lei Federal nº 12.608, de 10 de abril de 2012. Institui a Política Nacional de Proteção e Defesa Civil – PNPDEC, dispõe sobre o Sistema Nacional de Proteção e Defesa Civil – SINPDEC e o Conselho Nacional de Proteção e Defesa Civil – CONPDEC, autoriza a criação de sistema de informações e monitoramento de desastres. Diário Oficial da União, Brasília, DF, 11 de abr.

BRASIL. (2016a) Cemaden – Centro Nacional de Monitoramento e Alertas de Desastres Naturais. Site institucional. Disponível em:<http://www.cemaden.gov.br/> Acesso em: julho 2016.

BRASIL. (2016b) Observatório das Chuvas. Site institucional. Disponível em:<http://www.brasil.gov.br/observatoriodaschuvas/index.html> Acesso em: julho 2016.

BRASIL. (2016c) Projeto Gides. Site Institucional. Disponível em: http://www.cidades.gov.br/gides/. Acesso em: julho 2016.

DI GREGORIO, L.T.; SOARES, C.A.P.; SAITO, S.M.; SORIANO, E.; LONDE, L.R.; COUTINHO, M.P. (2013a) Proposta para a construção um Sistema Informatizado para Gestão Integral de Riscos de Desastres Naturais (Sigrid) no cenário brasileiro. Revista do Departamento de Geografia da USP, v. 26, p. 95-117.

DI GREGORIO, L.T. (2013b) Proposta de ferramentas para gestão da recuperação habitacional pós-desastre no Brasil com foco na população atingida. Tese (Doutorado em Engenharia Civil), Universidade Federal Fluminense. Niterói, Rio de Janeiro.

DI GREGORIO, L.T. (2015) Uma visão sobre a gestão de riscos (de desastres naturais) baseada na dinâmica de sistemas urbanos. Palestra realizada no 30º Colóquio Brasileiro de Matemática. Rio de Janeiro: Instituto Nacional de Matemática Pura e Aplicada. Disponível em:<https://www.youtube.com/watch?v=ns6VjsoWG-s>. Acesso em: julho 2016.

FERNANDES, H. (2016) O significado do Pacto Federativo. Blog Tribuna da Imprensa. Disponível em:<https://www.sindifisconacional.org.br/index.php?option=com_content&view=article&id=21382:o-significado-do-pacto-federativo&catid=45&Itemid=73>. Acesso em: julho 2016.

IPCC. (2012) Summary for Policymakers. In : FIELD, C.B.V., BARROS, T.F., STOCKER, D., Q.I.N., D.J., DOKKEN, K.L., E.B.I., M.D., MASTRANDREA, K.J., M.A.C.H., G.-K., PLATTNER, S.K., ALLEN, M.T., MIDGLEY, P.M., (eds.). Managing the Risks of Extreme Events and Disasters to Advance Climate Change Adaptation. A Special Report of Working Groups I and II of the Intergovernmental Panel on Climate Change. Cambridge, UK, New York, USA: Cambridge University Press, p. 1-19.

JHA, A.K.; BLOCH, R.; LAMOND, J. (2012) Cities and Flooding. A Guide to Integrated Urban Flood Risk Management for the 21st Century. Washington, D.C.: The World Bank.

JONKMAN, S. (2007) Loss of Life Estimation in Flood Risk Assessment: Theory and Applications. PhD thesis. Technical University of Delft.

PEIXOTO, G. (2013) Moradores da Região Serrana do RJ aguardam reconstrução de cidades. G1, Rio de Janeiro, 12 de janeiro de 2013. Disponível em:<http://g1.globo.com/jornal-hoje/noticia/2013/01/moradores-da-regiao-serrana-do-rj-aguardam-reconstrucao-de-cidades.html > Acesso em: julho 2016.

SAYERS, P.; L.I, Y.; GALLOWAY, G.; PENNING-ROWSELL, E.; SHEN, F.; WEN, K.; CHEN, Y.; LE QUESNE, T. (2013) Flood Risk Management: A Strategic Approach. Paris: Unesco.

SOUZA, L.A.; SOBREIRA, F.G. (2014) Guia para elaboração de cartas geotécnicas de aptidão à urbanização frente aos desastres naturais. Brasília.

VIEIRA, I. (2013) Dois anos após tragédia das chuvas no Rio, obras andam devagar, avaliam especialistas. Agência Brasil. Empresa Brasil de Comunicação, 12 de janeiro de 2013. Disponível em:<http://agenciabrasil.ebc.com.br/noticia/2013-01-12/dois-anos-apos-tragedia-das-chuvas-no-rio-obras-andam-devagar-avaliam-especialistas> Acesso em: julho 2016.

UNITED NATIONS DEVELOPMENT PROGRAMME; INTERNATION RECOVERY PLATAFORM. (2012) Guidance Note on Recovery: Pre-Disaster Recovery Planning.

UN-ISDR. (2015) Sendai Framework for Disaster Risk Reduction 2015-2030.

CAPÍTULO 9

Prevenção

Conceitos apresentados neste capítulo

Este capítulo discorre sobre a fase de prevenção na gestão de risco, em uma interpretação que distingue a prevenção propriamente dita da mitigação, que será vista em capítulo próprio, posterior a esse. Aqui, as medidas de prevenção consideradas no processo de gestão de risco ganham um caráter de antecipação ao risco, evitando que situações de perigo possam, efetivamente, ameaçar o sistema. Nesse contexto, medidas de zoneamento do perigo e de convívio harmônico com a dinâmica fluvial surgem como alternativas de destaque.

9.1 INTRODUÇÃO

Este Capítulo 9, juntamente com o Capítulo 10, trata das etapas da gestão de risco que antecipam a possibilidade de desastres e buscam evitar ou mitigar os riscos associados. Destaca-se que a prevenção e a mitigação são etapas preliminares do processo da gestão, para minimização e controle das condições que compõem o risco.

Em muitas referências, a etapa de prevenção inclui também a mitigação. Porém, como destacado na introdução deste livro e, também, no capítulo anterior, que abriu a sua Parte II, prevenção e mitigação serão separadas em dois capítulos.

A **Prevenção**, propriamente dita, assume o significado de evitar o risco e, cronologicamente, antecede a mitigação, dado que atua no sentido de **reduzir a exposição** e conviver de forma mais harmônica com os processos naturais. A mitigação, por sua vez, busca reduzir riscos já existentes, ou seja, reduzir danos a sistemas já expostos a um determinado nível de perigo. Assim, a **Mitigação** atua na **susceptibilidade do meio físico** à geração de inundações e alagamentos, na redução da **vulnerabilidade** do sistema e/ou no aumento da **Resiliência**.

Esta interpretação de prevenção e mitigação aproxima estas etapas da gestão de risco de ações e medidas no campo do Planejamento Urbano e da Engenharia. As etapas seguintes, de preparação e resposta, principalmente, são mais híbridas e multidisciplinares, com um forte viés logístico e institucional.

No contexto da prevenção, portanto, pode-se dizer que esta está mais associada a ações não estruturais, de modo que se evita entrar em contato com o perigo, não expondo o sistema, e, dessa forma, previne-se a materialização do risco. Eventualmente, porém, apesar de não usual, também é possível conjugar medidas estruturais na fase de prevenção, mas com o objetivo de controlar a ocupação e não de agir sobre o perigo. Por exemplo, é possível fazer uma obra de engenharia para poder ocupar de forma não susceptível a dano uma área perigosa que ainda não foi ocupada – por exemplo, formalizando um parque, em uma área baixa, marginal a um rio, com a introdução de uma ciclovia que separa a área de armazenamento temporário da área de transição para o tecido urbano.

Assim, a prevenção de desastres compreende:

- o mapeamento de perigos e susceptibilidades espaciais – essas informações são cruciais para que a atividade de planejamento urbano permita evitar situações de risco, através do zoneamento da ocupação urbana;
- a integração do crescimento urbano com medidas de baixo impacto hidrológico, para prevenir a ampliação das cheias e, portanto, evitar a expansão das áreas afetadas pelo perigo de inundação, que poderiam atingir a cidade já formalizada e que hoje não sofre com riscos de inundação/alagamento;
- a adoção de práticas de requalificação/restauração/revitalização fluvial, como forma de:
  - minimizar a degradação do ambiente fluvial;
  - manter os rios funcionando da forma mais natural possível (com menos intervenções e menores custos);
  - recuperar características e funções hidrológicas perdidas no processo de urbanização (como a conexão com planícies de inundação e capacidade de retenção e amortecimento dos escoamentos); e
  - aprender a conviver harmonicamente com as cheias.

9.2 ZONEAMENTO DE INUNDAÇÕES

O zoneamento de inundações talvez seja o mais simples, direto e efetivo mecanismo de prevenção de risco. Ao mapear o perigo, para diferentes tempos de recorrência do evento de inundação (ou da chuva, se esta estiver sendo utilizada como referência para aproximação da inundação), pode-se planejar a ocupação do solo para evitar exposições em áreas que configurariam risco e regular o crescimento da cidade de forma harmônica, convivendo com as cheias naturais, sem sofrer consequências danosas importantes.

Sob o ponto de vista de controle de inundações, o zoneamento de passagem das cheias é uma medida não estrutural e, talvez, seja a mais importante dentre estas medidas, permitindo ao setor de planejamento urbano municipal evitar a ocupação de planícies de inundação.

A inundação periódica das áreas ribeirinhas é um fenômeno natural e que tem uma importante relevância ambiental, sendo um processo que fertiliza campos e mantém o equilíbrio de sedimentos no curso d'água. Em áreas urbanas, porém, a ocupação desordenada das planícies de inundação (ou de parte delas) se constitui em sério problema. A ocupação destas áreas pode ocorrer de maneira formal, especialmente em áreas planas, onde a falta de um mapeamento pode dificultar a percepção de onde termina a área vinculada ao rio e o município pode acabar por lotear áreas impróprias. Porém, mais frequentemente, pressões sociais acabam forçando uma população sem alternativas a ocupar essas áreas, expondo justamente a população mais carente, com menor capacidade de reação. Se não existem registros recentes de inundação, e a memória da cidade sobre esse assunto se perde, essa situação se torna ainda mais crítica.

Conceitualmente, a regulação das planícies de inundação, portanto, deve ser baseada no mapeamento das inundações, na identificação de áreas propensas à inundação e no estabelecimento de critérios para o uso do solo, integrando limites definidos pela bacia, como sistema natural, no processo de planejamento urbano e produção do ambiente construído. Na verdade, é extremamente desejável que os planos diretores urbanos e a lei de zoneamento considerem os aspectos relacionados com a regulação da terra ribeirinha.

É comum dividir a planície de inundação em, pelo menos, duas zonas diferentes. A primeira é chamada de "zona de passagem da cheia" (*floodway*) e está associada com áreas sujeitas a inundações frequentes. A outra é a chamada "franja de inundação" (*flood fringe*), que constitui áreas que podem ser inundadas durante tempestades mais severas, embora apresentando apenas efeitos de armazenamento. Em geral, os limites destas zonas são definidos com a finalidade de planejamento, a partir do mapeamento da inundação. Cada um desses limites é determinado de acordo com as inundações de um determinado período de retorno. Muitas vezes, *a zona de passagem da cheia* está relacionada com um período de retorno de 25 anos, representando uma zona que deve ser mantida livre, para não limitar a passagem da cheia e não gerar inundações adicionais. Além disso, é uma zona com efeitos dinâmicos, que podem ser danosos às próprias estruturas, configurando uma situação de risco não aceitável. A franja de inundação, por sua vez, representa o limite da própria planície de inundação para eventos mais raros, por exemplo, com 50 ou 100 anos de tempo de recorrência.

Assim, nas áreas de maior risco, não deve ser permitida a habitação, podendo estas serem utilizadas para recreação, por exemplo, desde que o projeto preveja a possibilidade de alagamento. Paisagens multifuncionais, como parques fluviais inundáveis, contendo áreas vegetadas e campos de esportes (que não se danifiquem, preservando os investimentos) podem ser utilizadas nestas áreas. Para áreas com cotas de terreno com menores riscos são permitidas construções, mas com precauções especiais. Além disso, devem ser efetuadas recomendações quanto aos sistemas de esgoto sanitário, pluvial e viário. As áreas com restrição podem, ainda, ser destinadas à recuperação de faixas marginais de proteção, com revegetação ciliar e a instalação de caminhos verdes (*greenways*) ao longo do rio.

Na construção de obras como ruas e pontes deve ser verificado se estas produzem obstruções ao escoamento. Naquelas já existentes deve-se calcular o efeito da obstrução e verificar as medidas que podem ser adotadas para a correção. Não deve ser permitida a construção de aterro que obstrua o escoamento (TUCCI, 2003). Casas já existentes nessa faixa devem ter seus moradores informados do risco; as casas devem ser adaptadas ou, se possível, relocadas. A Prefeitura pode, por exemplo, usar seu direito de preempção, como previsto no Estatuto da Cidade (BRASIL, 2001) para, paulatinamente, retirar as pessoas da área de risco. Novas construções não devem ser permitidas.

As zonas com restrição sofrem inundações com tempos de recorrência medianos (entre 5 e 25 anos, por exemplo). Devido às baixas velocidades, não contribui muito para a drenagem da enchente, configurando-se principalmente como área de armazenagem. Os usos nessa faixa podem ser (WRIGHT-MCLAUGH-LIN ENGINEERS CONSULTANTS, 1969):

- parques e atividades recreativas ou esportivas cuja manutenção, após cada inundação, seja simples e de baixo custo, nas áreas de cota mais baixa (limite com a área de passagem da enchente);
- habitação com mais de um piso, onde o piso superior ficará situado, no mínimo, no nível da enchente, e estruturalmente protegida da enchente – o térreo pode ser usado para fins menos nobres e sem bens móveis de maior valor expostos;
- industrial-comercial, como áreas de carregamento, estacionamento, áreas de armazenamento de equipamento ou maquinaria facilmente removível ou não sujeito a danos pelo contato com a água;
- serviços básicos: linhas de transmissão, ruas e pontes, desde que corretamente projetados.

Nas zonas de baixo risco, há pequena probabilidade de ocorrência de inundações, sendo atingidas apenas em cheias excepcionais, com tempo de recorrência de 50 a 100 anos, com pequenas lâminas d'água (em virtude da distância da calha) e baixas velocidades. Nesta faixa, podem-se dispensar medidas individuais de proteção para as habitações, nos moldes exigidos na faixa anterior, mas deve-se manter alertada a população da eventual possibilidade de inundação.

Plano Diretor de Drenagem Urbana

Planos Diretores de Manejo de Águas Pluviais Urbanas consistem em um conjunto de estratégias, medidas e políticas organizadas, a fim de gerir o risco de inundações e orientar o desenvolvimento de sistemas de drenagem.

Um conceito básico em matéria de drenagem e controle de cheias é que o planejamento (e também o projeto) deve considerar o funcionamento da bacia do rio como um todo. Além disso, este plano deve ser realizado de forma integrada e harmônica com outros planos urbanos e instrumentos de gestão, regulamentos e leis conexas. O Plano de Manejo de Águas Pluviais urbanas deve prover o município com mapas de inundação, que devem ser integrados às cartas de aptidão à urbanização, como balizadores do planejamento estratégico de desenvolvimento da cidade. A drenagem, por seu papel de articulação entre ambiente natural (e seus limitantes) e ambiente construído, pode assumir o papel de elemento estruturante da paisagem.

Basicamente, um Plano de Manejo de Águas Urbanas inclui coleta de dados diversos, estudos, modelos e simulações de cenários, definição de diretrizes e programas, tais como (adaptado de ANDJELKO-VIC, 2001):

- definição de metas e objetivos factíveis num futuro previsível e definido;
- inventário de toda infraestrutura de drenagem e controle de cheias;
- coleta de dados hidrológicos sobre chuva e comportamento fluvial (pluviométricos e fluviométricos), bem como registros de inundações passadas;
- diagnóstico dos problemas presentes de inundação e suas causas;
- análise das práticas de manejo de águas pluviais em curso e suas insuficiências existentes;
- estudos e simulações para zoneamento de inundações, a fim de determinar a restrição do uso do solo;
- proposta de medidas estruturais e não estruturais viáveis;
- concepção e estimativa de custos de obras e medidas propostas;
- análise benefício/custo e avaliação comparativa de soluções alternativas;
- definição de critérios de projeto para instalações de drenagem;
- programa de poluição da água e controle de erosão do solo;
- programa de recuperação de áreas verdes e manutenção de percentuais mínimos de área permeável em novos desenvolvimentos;
- programas de educação ambiental;
- programas de monitoramento;
- e outros.

9.3 DESENVOLVIMENTO DE BAIXO IMPACTO HIDROLÓGICO

A urbanização é um processo que modifica o ciclo hidrológico natural, alterando suas parcelas, com potencialização dos escoamentos superficiais, aumento de volumes e de vazões de pico. A cidade oferece o caminho de trasformação da chuva em vazão, sendo, nesse processo, o agente de materialização do perigo. Quanto maior a capacidade de conversão de chuva em vazão, pela presença de superfícies impermeáveis e regulares, sem oportunidades de infiltração e armazenamento, maiores as consequências sobre o agravamento de inundações e alagamentos. Portanto, o processo de urbanização agrava inundações e alagamentos e sofre as consequências dessa situação.

Assim, no contexto da prevenção, como etapa da gestão de risco, é fundamental que o processo de urbanização seja feito de forma a não ampliar as cheias naturais. A bacia deve ser tomada como unidade básica de planejamento e projeto e medidas distribuídas podem atuar no controle de geração de escoamento, prevenindo a ampliação das cheias. A adoção de uma abordagem sustentável para o manejo de águas pluviais é um desafio presente, que precisa ser equacionado adequadamente para prover desdobramentos futuros de menores riscos e maior resiliência. Nesse aspecto, o conceito de desenvolvimento de baixo impacto hidrológico, conhecido como LID (*Low Impact Development*), introduz a possibilidade de prevenir que os escoamentos gerados por novos desenvolvimentos acabem ampliando a abrangência do perigo e induzindo novas situações de risco.

O projeto de um sistema de drenagem, integrado com o desenvolvimento da cidade, deve buscar reduzir os impactos identificados sobre o ciclo hidrológico, atuando na facilitação dos processos de infiltração e permitindo a detenção em reservatórios urbanos artificiais, em escala local, distribuída na paisagem, com vistas a resultados globais. É nesse contexto que se enquadra a proposta de desenvolvimento de baixo impacto (LID), que tem como princípio básico: *captar, conduzir de forma controlada*, compatível com tempos de concentração naturais, e, antes de descarregar, tanto quanto possível, criar condições de *infiltrar e armazenar* as águas pluviais, em uma mímica do ciclo natural original.

O termo LID vem sendo utilizado com mais frequência nos Estados Unidos e na Nova Zelândia. Segundo Fletcher *et al.* (2015), os primeiros a utilizarem o termo podem ter sido Barlow *et al.* (1977), em um artigo sobre planejamento do uso do solo em Vermont (Estados Unidos). Entretanto, ainda de acordo com os mesmos autores, a publicação que teve mais importância, em termos de difusão do termo, foi, provavelmente, o manual publicado pelo Departamento de Recursos do Meio Ambiente, em Maryland (Estados Unidos) (PRINCE GEORGE'S COUNTY DEPARTMENT OF ENVIROMENTAL RESOURCES, 1993). Na sequência, outras publicações ajudaram a difundir o termo a partir da década de 2000: Shaver (2000); Coffman (2000); NC State University (2009); Credit Valley Conservation Authority & Toronto Region Conservation Authority (2010); Ontario Ministry of the Environment (2003).

O LID considera a drenagem urbana de forma integrada, tentando resgatar as características naturais do ciclo hidrológico, enquanto agrega valor à própria cidade. Para tanto, adota um conjunto de procedimentos que tentam compreender e reproduzir o comportamento hidrológico anterior à urbanização, considerando o balanço hídrico da fase pré-desenvolvimento. O LID, portanto, não se restringe apenas ao contexto da prevenção, podendo ser concebido como referência de projeto para readequação do espaço e, assim, atuando também na mitigação, como será visto mais adiante (Capítulo 10). Neste contexto, o uso de paisagens multifuncionais aparece como elemento útil na malha urbana, de modo a permitir a preservação ou recuperação das características de infiltração e retenção da bacia natural, procurando manter ou recuperar (ainda que aproximadamente e com recursos artificiais) as funções hidrológicas da bacia natural, envolvendo a reposição de volumes de armazenagem, o controle de vazões de pico, a recarga do lençol subterrâneo e os tempos de concentração naturais.

Desenvolvimento de Baixo Impacto Hidrológico – Conceitos

"O conceito de desenvolvimento de baixo impacto tem como objetivo primário *imitar a hidrologia local de pré-desenvolvimento* pelo uso de técnicas que armazenam, infiltram, evaporam e detêm o escoamento" (traduzido pelos autores a partir de Prince George's County, Dept. of Env. Resources, 1999).

É definido como "uma estratégia de gestão de águas pluviais preocupada em *manter ou restaurar as funções hidrológicas naturais* de um local para atingir objetivos de proteção dos recursos naturais e cumprir os requisitos ambientais regulamentares" (US EPA, 2004).

"Consiste na *preservação do ciclo hidrológico natural,* a partir da redução do escoamento superficial adicional gerado pelas alterações da superfície do solo decorrentes do desenvolvimento urbano." (MINISTÉRIO DAS CIDADES, 2012).

Os projetos baseados no conceito de desenvolvimento de baixo impacto hidrológico buscam manter as funções hidrológicas naturais, de armazenagem, infiltração e recarga de águas subterrâneas, assim como o volume e a velocidade do escoamento superficial, utilizando, para isso, técnicas integradas e distribuídas de retenção e detenção de águas pluviais e de redução de superfícies impermeáveis aplicadas em microescala, além do aumento da extensão e do tempo de percurso do escoamento.

Alguns princípios básicos são apresentados em USDoD (2004) para o desenvolvimento de projetos com foco no desenvolvimento de baixo impacto:

- conservar os caminhos naturais de drenagem, através da preservação do solo e condições da vegetação antes de urbanização, e minimizar superfícies impermeáveis;
- utilizar a capacidade natural de infiltração e tratamento de águas pluviais em áreas vegetadas, promovendo também a recarga de água subterrânea;
- respeitar os aspectos naturais do local, evitando a regularização excessiva do terreno na elaboração do projeto; e
- reduzir os impactos do desenvolvimento no ciclo hidrológico, estabelecendo medidas compensatórias de gestão de águas pluviais para reduzir a geração de escoamento adicional.

A Figura 9.1 ilustra os elementos-chave do desenvolvimento de baixo impacto (LID).

No Brasil, o conceito de *Desenvolvimento Urbano de Baixo Impacto* é tido como o fundamento dos princípios do manejo sustentável das águas pluviais urbanas. Para que se possam requerer recursos da União para a realização das melhorias no sistema, o município deve apresentar um *Plano de Manejo de Águas Pluviais* (MINISTÉRIO DAS CIDADES, 2012) para o seu território, assegurando, assim, que as ações pretendidas foram previamente planejadas dentro de um contexto mais amplo.

O *Plano de Manejo de Águas Pluviais* tem como finalidade dotar o município de um programa de medidas de controle estruturais e não estruturais com os seguintes objetivos básicos, conforme previsto pelo Ministério das Cidades (2012):

- reduzir prejuízos recorrentes das inundações;
- melhorar as condições de saúde da população e do meio urbano;
- planejar a distribuição da água pluvial no tempo e no espaço;
- ordenar a ocupação de áreas de risco, através da regulamentação;
- restituir parcialmente o ciclo hidrológico natural, mitigando os impactos da urbanização; e
- formatar um programa de investimento de curto, médio e longo prazos.

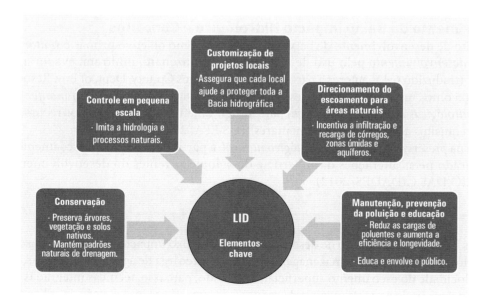

FIGURA 9.1: Elementos-chave do LID. Fonte: *Bahiense (2013)*.

Além disso, a comunidade deve participar da elaboração do plano para que possa compreender seu funcionamento, perceber seus benefícios e colaborar com sugestões. Também é recomendável que seja desenvolvido um trabalho de educação ambiental junto à sociedade, com o intuito de torná-lo viável e eficaz, com boa aceitação. A falta de informação e percepção negativa da comunidade em relação às medidas de desenvolvimento de baixo impacto hidrológico são fatores que podem impedir a sua implementação.

Apesar da abordagem do Ministério das Cidades, que exige, para os projetos relacionados com drenagem urbana, apoiados pela União, que sejam atendidos os Princípios de Manejo Sustentável das Águas Pluviais Urbanas, ainda **não** há, no Brasil, legislação específica para o emprego de técnicas voltadas ao desenvolvimento urbano de baixo impacto. Entretanto, vale citar que há legislações que podem alavancar o emprego de tais técnicas, como por exemplo:

- *Lei Federal 10.257 de 2001 (BRASIL, 2001)*, que apresenta o Estatuto da Cidade e contém instrumentos de política urbana com potencial para serem usados no controle dos impactos da urbanização sobre o ciclo hidrológico e os recursos hídricos, como os planos de ordenação territorial, o estudo de impacto de vizinhança, para novos empreendimentos urbanos, a possibilidade de instituição de unidades de conservação ou o direito de preempção.
- *Lei Federal 11.445 de 2007 (BRASIL, 2007)*, que estabelece diretrizes nacionais para o saneamento básico e abre novas perspectivas institucionais para a concepção e gestão de águas pluviais.

Existem, ainda, leis municipais específicas que obrigam um percentual mínimo de áreas permeáveis nos lotes e outras que definem a adoção de reservatórios de detenção de águas pluviais em determinados empreendimentos (em geral associados a um valor de áreas impermeáveis, com finalidade de preservação da vazão de pico de saída do lote em conformidade com o seu valor anterior, de pré-ocupação). No município do Rio de Janeiro, o Decreto 23.940 de 30 de janeiro de 2004 (RIO DE JANEIRO, 2004) torna obrigatória, nos casos previstos, a adoção de reservatórios que permitam o retardo do escoamento das águas pluviais para a rede de drenagem. No ano seguinte, foi publicada a Resolução Conjunta SMG/SMO/SMU 001 de 27 de janeiro de 2005 (RIO DE JANEIRO, 2005), que disciplina os procedimentos a serem observados no âmbito dessas secretarias para o cumprimento do Decreto 23.940 de 30/01/2004. Assim, a partir dessa Resolução:

Art. 1º. Fica obrigatória, nos empreendimentos novos, Públicos e Privados, que tenham área impermeabilizada igual ou superior a quinhentos metros quadrados e nos demais casos previstos no Decreto nº 23.940 de 2004, a construção de um reservatório de retardo destinado ao acúmulo das águas pluviais e posterior descarga para a rede de drenagem e de outro reservatório de acumulação das águas pluviais para fins não potáveis, quando couber.

Art. 2º. No caso de novas edificações residenciais multifamiliares, industriais, comerciais ou mistas, públicas ou privadas, que apresentem área do pavimento do telhado igual ou superior a quinhentos metros quadrados, e no caso de residências multifamiliares com cinquenta ou mais unidades, será obrigatória a existência do reservatório de acumulação de águas pluviais para fins não potáveis e, pelo menos, um ponto de água destinado a essa finalidade, sendo a capacidade mínima do reservatório calculada somente em relação às águas captadas do telhado.

De acordo com US EPA (2000), o uso de práticas de desenvolvimento de baixo impacto proporciona tanto benefícios econômicos quanto ambientais, uma vez que provoca menores perturbações na área urbanizada, conserva os recursos naturais e pode ter menor custo quando comparada aos mecanismos tradicionais de controle do escoamento. No entanto, devem ser consideradas as despesas com implantação e manutenção dos dispositivos utilizados.

A crescente expansão urbana tende a ampliar ainda mais a taxa de impermeabilização, o que acaba pressionando áreas ambientalmente sensíveis. O planejamento de novas áreas baseado no conceito de desenvolvimento de baixo impacto passa por um processo diferenciado, considerando as características naturais do terreno de forma a minimizar os impactos causados pela urbanização. Reconhecem-se os limites naturais e, assim, procura-se configurar o desenho urbano adotando princípios ecológicos e sociais mais eficientes, lançando mão de técnicas aplicadas em pequena escala, descentralizadas e que controlam o escoamento na fonte, tais como pavimentos permeáveis, trincheiras de infiltração, telhados verdes, jardins de chuva, dentre outros, conhecidas no Brasil como técnicas compensatórias (BAPTISTA *et al.*, 2005). O princípio básico das técnicas compensatórias é realizar a ocupação de uma nova área mantendo as características hidrológicas o mais próximo possível do existente antes da urbanização. Este conceito está alinhado com o do desenvolvimento de baixo impacto hidrológico.

De acordo com Baptista *et al.* (2005), a integração das soluções de drenagem urbana ao planejamento urbano é essencial para o bom funcionamento da drenagem e para o sucesso da adoção das técnicas compensatórias. Tal fato permite, também, que a adoção de tais medidas seja uma oportunidade de valorização do espaço, já considerando na fase de projeto as possíveis restrições associadas. A valorização do espaço urbano, a aproximação do ambiente construído ao ambiente natural, o aumento da biodiversidade, por sua vez, são objetivos também compatíveis com os conceitos de drenagem urbana sustentável. Percebe-se, mais uma vez, que a discussão de sustentabilidade, minimização de riscos e aumento de resiliência caminham juntas.

As técnicas compensatórias disponíveis abrangem uma grande variedade de possibilidades de controle do escoamento. Dessa forma, os projetos de desenvolvimento de baixo impacto hidrológico podem ser personalizados de acordo com as limitações e a regulamentação local, não sendo restrição o tamanho do lote. Entretanto, as condições do terreno precisam ser avaliadas: devem ser consideradas, por exemplo, a permeabilidade do solo, a declividade do terreno e a profundidade do lençol freático (US EPA, 2000).

A regulamentação urbana local, porém, como destacado no parágrafo anterior, pode introduzir algumas dificuldades e restringir essas práticas. Em alguns casos, a legislação urbana determina, nos projetos de estruturação do espaço, o alargamento de ruas, a implantação de estacionamentos e a subdivisão da gleba em um grande número de lotes pequenos, o que reduz as áreas permeáveis e compromete o ambiente. Além disso, são limitações difíceis de serem contornadas *a posteriori*. Por isso é importante integrar o desenvolvimento urbano com os limites impostos pela bacia natural, para fins de controle efetivo do risco e configuração de desenhos urbanos mais sustentáveis e resilientes.

A seguir, são apresentadas as principais técnicas compensatórias aplicadas ao desenvolvimento de baixo impacto hidrológico. Segundo Dietz (2007), técnicas como pavimentos permeáveis, telhados verdes e biorretenção são eficientes na retenção e infiltração de volumes de águas pluviais e de poluentes. Telhados verdes seriam capazes de reter, em média, 63% do volume precipitado. Essa apresentação não pretende esgotar todas as possibilidades, mas abre as portas de uma discussão ampla, introduzindo medidas que podem prevenir o agravamento do perigo no desenvolvimento das cidades.

Pavimentos permeáveis

A crescente densificação das cidades faz com que a população urbana utilize cada espaço ao máximo. Tal fato leva a um aumento das superfícies impermeáveis e, consequentemente, a um decréscimo na permeabilidade de todo e qualquer espaço aberto deixado livre após a construção das edificações (JHA *et al.*, 2012). Um exemplo recorrente é a pavimentação de áreas de estacionamentos abertas em shoppings e supermercados. A criação de áreas para lazer e usos recreacionais, em muitos casos, também acaba por envolver a utilização de superfícies impermeáveis. A utilização de pavimentos permeáveis cria uma superfície que permite a infiltração para um reservatório localizado sob a superfície do terreno antes de infiltrar, de fato, no solo. Assim, possibilita a diminuição das áreas impermeabilizadas e, por conseguinte, o aumento da infiltração e a diminuição das cheias.

Urbonas e Stahre (1993) definem pavimentos permeáveis como dispositivos de infiltração onde o escoamento superficial é desviado, através de uma superfície permeável, para um reservatório de pedras localizado sob a superfície do terreno. A capacidade de armazenamento dos pavimentos porosos é determinada pela profundidade do reservatório de pedras subterrâneo.

Em US EPA (2000), os pavimentos permeáveis são definidos como coberturas que permitem a infiltração das águas pluviais em solos subjacentes, reduzindo, portanto, o escoamento superficial e promovendo a remoção de poluentes e a recarga de água subterrânea.

Segundo Baptista *et al.* (2005), os pavimentos permeáveis começaram a ser utilizados a partir da década de 1980, na Europa e América do Norte, com emprego restrito a áreas de estacionamento, vias de pedestres e de pequeno tráfego. Os mesmos autores (*ibid*) afirmam que, atualmente, com base em seus resultados satisfatórios, já são empregados até mesmo em vias com tráfego mais intenso. Além disso, devido ao aumento da adoção de pavimentos permeáveis, seus custos de implantação já se assemelham aos de pavimentos clássicos. Há ainda a vantagem de que os pavimentos permeáveis resultam em diminuição das dimensões dos sistemas de drenagem tradicional, reduzindo, portanto, seus custos.

Considerando que em áreas densamente ocupadas, os estacionamentos e o sistema viário podem ocupar até 30% de toda a área da bacia de drenagem, entende-se que essa estimativa representa uma região significativa passível de implantação de pavimentos permeáveis (BAPTISTA *et al.*, 2005).

Urbonas e Stahre (1993) classificam os pavimentos permeáveis como:

- pavimento de asfalto poroso;
- pavimento de concreto poroso;
- pavimento de blocos de concreto vazado preenchido com material granular (areia, grama) ou assentados com espaço entre os blocos para permitir a infiltração da água.

A Figura 9.2 apresenta uma imagem esquemática com os tipos de pavimentos permeáveis.

Dietz (2007) afirma que a utilização de bloquetes na pavimentação leva a um volume de escoamento superficial significativamente menor do que com asfalto comum. O autor verificou casos de estudos com infiltração variando de 72% a, até mesmo, 100% dos volumes precipitados com este tipo de pavimento. Segundo Ahiablame *et al.* (2012), a redução média de *runoff* devido aos pavimentos permeáveis é de 50 a 93%. Quanto maior o volume precipitado, menor seria o percentual de diminuição do *runoff*, em virtude da capacidade limitada de armazenamento.

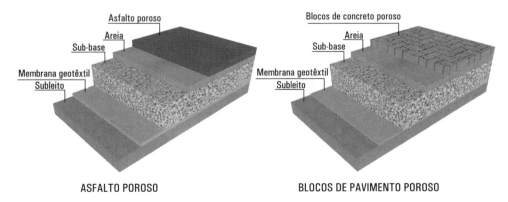

FIGURA 9.2: Imagem esquemática dos tipos de pavimentos permeáveis.

A sequência com as etapas do funcionamento dos pavimentos permeáveis está apresentada, de forma esquemática, na Figura 9.3.

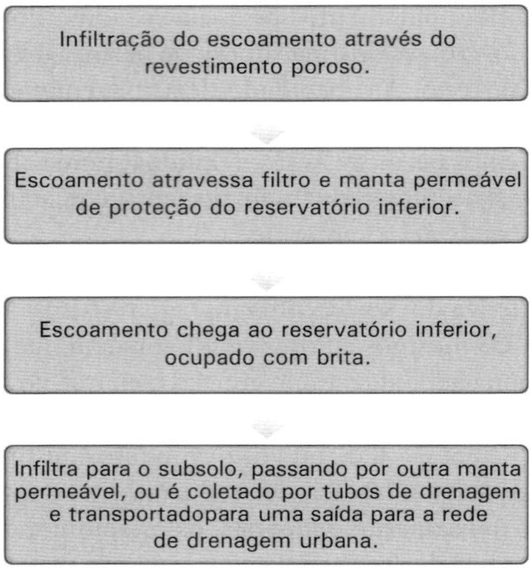

Infiltração do escoamento através do revestimento poroso.

Escoamento atravessa filtro e manta permeável de proteção do reservatório inferior.

Escoamento chega ao reservatório inferior, ocupado com brita.

Infiltra para o subsolo, passando por outra manta permeável, ou é coletado por tubos de drenagem e transportadopara uma saída para a rede de drenagem urbana.

FIGURA 9.3: Etapas do funcionamento dos pavimentos permeáveis.

A Tabela 9.1 apresenta, de forma resumida, algumas das vantagens e desvantagens dos pavimentos permeáveis, com informações compiladas a partir de Azzout *et al.* (1994), Baptista *et al.* (2005), US EPA (2000).

Tabela 9.1: Vantagens e desvantagens dos pavimentos permeáveis

Vantagens	Desvantagens
Recarga de reservas subterrâneas de água. Redução dos volumes de escoamento. Amortecimento de vazões. Rearranjo temporal dos hidrogramas. Melhoria da segurança e conforto da circulação viária (redução da formação de poças de água e melhoria da aderência; além da redução do ruído). Redução das dimensões do sistema de drenagem de jusante. Melhoria da qualidade das águas infiltradas ou lançadas após filtração no corpo do pavimento.	Dependência do nível do lençol freático. Dependência do tipo de solo. Necessidade de manutenção (risco de colmatação). Risco de poluição do lençol freático. Fragilidade de revestimentos asfálticos permeáveis em áreas sujeitas a esforços de cisalhamento significativos.

Fonte: *Azzout et al. (1994); Baptista et al. (2005) e US EPA (2000).*

Telhado verde

Segundo Rowe (2011), telhado verde pode ser definido como uma cobertura parcial ou completamente composta de vegetação sobre substrato e membranas à prova d'água, a fim de reduzir a taxa de impermeabilidade do lote, cujo objetivo, quando utilizado como técnica compensatória, é o de compensar a remoção de vegetação realizada para a construção da edificação. Com isso, reduz o percentual de superfícies impermeáveis, diminuindo o escoamento superficial das águas pluviais.

Aihablame *et al.* (2012) afirmam que a retenção do escoamento pelos telhados verdes varia de cerca de 20% a, até mesmo, 100%. Entretanto, cabe ressaltar que, com o aumento da chuva, esse desempenho tende a diminuir. Assim, uma vez que a capacidade de retenção do telhado verde seja alcançada, a água excedente será convertida em escoamento superficial.

Os telhados verdes podem ser classificados em intensivos ou extensivos, dependendo da espesura da camada da cobertura e do nível de manutenção requerido.

Segundo o "Manual de Drenagem e Manejo de Águas Pluviais: Aspectos Tecnológicos; Fundamentos", publicado pela Secretaria Municipal de Desenvolvimento Urbano de São Paulo (2012), esta técnica pode ser utilizada de forma isolada ou se estender ao planejamento de uma área. Podem ser utilizados telhados planos ou com declividade inferior a 5%. O uso da técnica de telhados verdes pode ser, também, uma boa opção para as áreas urbanas densamente ocupadas, uma vez que não requer área extra para sua implantação (BERNDTSSON, 2010).

A Figura 9.4 apresenta, de forma esquemática, o perfil de um telhado verde, onde observam-se suas camadas típicas constituintes: camada impermeabilizante, sistema de drenagem, material filtrante, substrato (meio de crescimento da vegetação) e a vegetação propriamente dita.

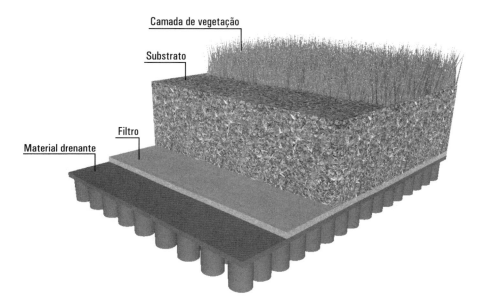

FIGURA 9.4: Camadas típicas de um telhado verde.

Tabela 9.2: Vantagens e desvantagens dos telhados verdes

Vantagens	Desvantagens
Redução do escoamento superficial, minimizando os riscos de inundação. Aumento das áreas verdes. Boa integração em ambientes urbanos. Valor estético da construção. Redução dos custos com energia e conforto térmico. Economia pela redução das dimensões das tubulações a jusante. Investimento relativamente baixo. Para a sua construção não são observadas diferenças técnicas em relação aos telhados convencionais. Redução da poluição sonora. Redução da poluição atmosférica. Disponibiliza hábitat, o que favorece o aumento da biodiversidade.	Não podem ser instalados em telhados que suportam instalações como: aquecedores, condicionadores de ar, sala de máquinas etc. Necessidade de verificação da estabilidade estrutural, quando da implantação em telhados já existentes. Dificuldade de utilização em telhados de elevada declividade.

Fonte: São Paulo (2012); Prince George's County, Dept. of Env. Resources (1999) e Berndtsson (2010).

A Tabela 9.2 apresenta as vantagens e as desvantagens dos telhados verdes, relacionadas a partir de São Paulo (2012), Prince George's County, Dept. of Env. Resources (1999) e Berndtsson (2010).

Jardins de chuva

De acordo com US EPA (2000), os jardins de chuva são pequenas áreas de armazenagem cobertas com vegetação, cuja função é reduzir o volume de escoamento superficial de águas pluviais, promovendo a

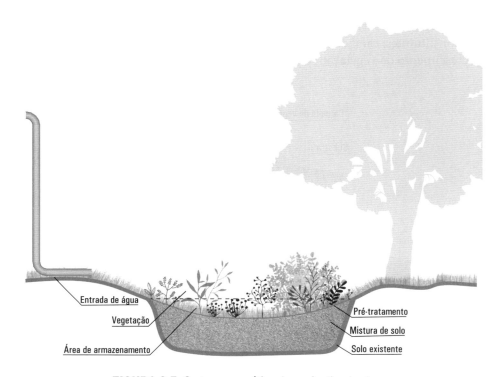

FIGURA 9.5: Corte esquemático de um jardim de chuva.

infiltração no solo. Os jardins de chuva são um tipo de biorretenção e resultam em melhoria da qualidade da água. São utilizados em áreas residenciais e comerciais, mas também encontram utilização na melhoria da qualidade da água de uso na agricultura. A Figura 9.5 apresenta o corte esquemático de um jardim de chuva.

Uma variação dos jardins de chuva podem ser os jardins rebaixados, que se resumem ao aproveitamento das áreas de jardins de um lote ou área pública para armazenar e infiltrar as águas pluviais em um rebaixo construído propositadamente. Em termos práticos, pode-se dizer que os resultados da implantação deste segundo tipo de jardim se assemelham aos de um reservatório de lote comum, sendo que a saída de água preferencial é a infiltração. Eles têm como vantagem principal o fato de não demandarem área extra para sua implantação, dado que aproveitam a área permeável do lote, muitas vezes garantida por lei, para armazenamento.

O jardim rebaixado representa custos muito baixos de implantação, pois é necessário apenas criar um desnível na área ajardinada do lote. Já os jardins de chuva representam custos um pouco maiores de implantação, devido à escavação necessária e ao preparo do substrato do leito granular. No entanto, a manutenção de ambas as técnicas tende a ser simples.

A Tabela 9.3 apresenta as vantagens e desvantagens dos jardins de chuva

Tabela 9.3: Vantagens e desvantagens dos jardins de chuva

Vantagens	Desvantagens
Recarga de reservas subterrâneas de água. Redução dos volumes de escoamento. Redução das dimensões do sistema de drenagem de jusante. Melhoria da qualidade das águas infiltradas ou lançadas após filtração no corpo do jardim de chuva. Aumento das áreas verdes. Paisagismo. Investimento relativamente baixo. Manutenção simples. Não costumam demandar área extra para sua implantação, dado que podem aproveitar a área permeável do lote.	Dependência do nível do lençol freático. Dependência do tipo de solo. Risco de poluição do lençol freático.

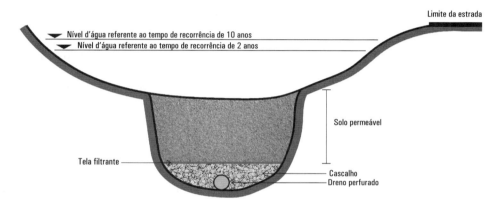

FIGURA 9.6: Corte esquemático de vala de infiltração.

Vala de infiltração

As valas de infiltração são pequenas depressões escavadas no solo que possibilitam a armazenagem e a infiltração das águas pluviais (BAPTISTA *et al.*, 2005). Além disso, podem contribuir para a redução da velocidade do escoamento superficial, para o aumento do tempo de concentração e, também, para a redução da quantidade de poluição transportada a jusante. As valas de infiltração podem receber um revestimento vegetal, bem como a introdução de dispositivos no fundo, para facilitar o escoamento (SÃO PAULO, 2012). A Figura 9.6 apresenta o corte esquemático de uma vala de infiltração. São chamadas de valas por possuírem dimensões longitudinais maiores que as transversais. Quando as dimensões longitudinais não são muito diferentes das transversais, mantendo profundidades reduzidas, têm-se os planos de infiltração. São adaptáveis a diferentes condições locais, podem ter projeto e traçado flexíveis, e são relativamente de baixo custo (USDOT, 1996). No entanto, áreas com declividade baixa ou média são mais apropriadas para a implantação desta técnica, considerando que permitem escoamento mais lento e maior capacidade de infiltração (CENTER FOR WATERSHED PROTECTION, 1998).

As valas de infiltração têm como aplicação mais tradicional o transporte do escoamento superficial ao longo de vias. Atualmente, os projetistas já preveem o uso desses canais em outras áreas, como jardins, terrenos esportivos e áreas verdes, em geral, procurando aperfeiçoar seu desempenho segundo diversos fatores hidrológicos.

A Tabela 9.4 apresenta as vantagens e as desvantagens das valas de infiltração, relacionadas a partir de São Paulo (2012) e de Prince George's County, Dept. of Env. Resources (1999).

Tabela 9.4: Vantagens e desvantagens das valas de infiltração

Vantagens	Desvantagens
Detenção temporária das águas, amortecendo as vazões afluentes e provocando um rearranjo temporal dos hidrogramas. Evapotranspiração e infiltração, que reduzem os volumes de escoamento superficial. Baixo custo de construção e manutenção. Benefício financeiro, com a redução das dimensões do sistema de drenagem a jusante, ou mesmo sua completa eliminação. Ganhos paisagísticos, com a possibilidade de valorização do espaço urbano com a integração da estrutura ao projeto paisagístico. Benefícios ambientais, com a possibilidade de recarga do lençol freático e melhoria da qualidade da água, pois estas estruturas exercem uma função de pré-tratamento, na qual os poluentes podem ser removidos por sedimentação, filtração e adsorção.	Exigência de espaço físico para sua implantação. Necessidade de manutenção periódica. Restrições de eficiência em áreas com declividades acentuadas, pela: perda do potencial de deposição dos sedimentos; perda do volume de detenção, obrigando o emprego de compartimentalização; possibilidade de erosão das estruturas. Possibilidade de estagnação das águas. Risco de poluição do lençol freático.

Fonte: *São Paulo (2012); Prince George's County, Dept. of Env. Resources (1999).*

Trincheiras de infiltração

Trincheiras de infiltração são valas permeáveis preenchidas com pedras, formando uma área de armazenamento para posterior infiltração das águas pluviais (USDoD, 2004). Possuem largura e profundidade reduzidas, em contraposição às suas dimensões longitudinais. O escoamento superficial é desviado para a trincheira e é armazenado até que possa ser infiltrado no solo, geralmente por um período de diversos dias. As trincheiras de infiltração são técnicas facilmente adaptáveis aos locais de instalação, permitindo propor uma variedade de configurações, o que as torna indicadas para pequenas áreas urbanas (PRINCE GEORGE'S COUNTY, 1999).

A Figura 9.7 apresenta o corte esquemático de uma trincheira de infiltração.

As trincheiras recolhem as águas pluviais de afluência perpendicular a seu comprimento, o que pode ser feito diretamente, através da superfície do dispositivo, ou por meio de um sistema de drenagem, que efetua a coleta e sua introdução na trincheira. É indicada sua implantação em canteiros centrais e pas-

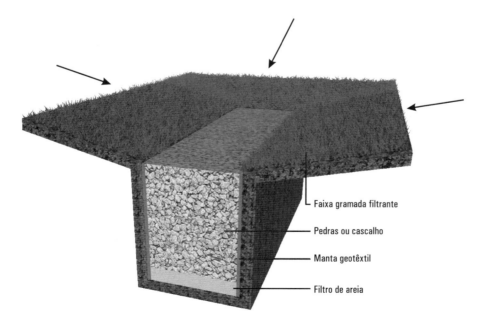

FIGURA 9.7: Corte esquemático de trincheira de infiltração.

Tabela 9.5: Vantagens e desvantagens das trincheiras de infiltração

Vantagens	Desvantagens
A infiltração possibilita uma redução do volume de escoamento superficial, aliviando o sistema de drenagem a jusante. A detenção temporária proporciona um rearranjo temporal dos hidrogramas. Ganho financeiro com a redução das dimensões do sistema de drenagem a jusante. Ganho paisagístico com a possibilidade de valorização do espaço urbano, ressaltando a pequena demanda por espaço desse tipo de estrutura. Ganho ambiental com a possibilidade de recarga do lençol freático e melhoria da qualidade da água.	Necessidade de manutenção periódica para o controle da colmatação. Restrições de eficiência em áreas com declividades acentuadas, não havendo, entretanto, o impedimento do emprego nessas áreas. Risco de poluição do lençol freático.

Fonte: *São Paulo (2012)*.

seios, ao longo do sistema viário, ou ainda junto a estacionamentos, jardins, terrenos esportivos e áreas verdes em geral (SÃO PAULO, 2012).

A Tabela 9.5 apresenta, de forma resumida, algumas vantagens e desvantagens das trincheiras de infiltração, compilados a partir de São Paulo (2012).

Reservatórios de lote

Os reservatórios de lote são medidas de armazenamento aplicadas no lote. Consistem em "pequenos" reservatórios de detenção instalados em lotes urbanizados, que, em conjunto, buscam restaurar a capacidade que a bacia tinha antes de seu desenvolvimento, de armazenar parte da chuva e retardar seu escoamento (Duarte, 2003). O armazenamento no lote pode ser feito nos telhados ou em pequenos reservatórios superficiais, ou ainda enterrados, antes da saída do lote para a drenagem. Vasconcelos (2014) afirma que esses reservatórios podem ser implantados adaptados para uso em terraços, ou no nível do chão, para captação da água dos telhados, ou ainda, enterrados, antes da saída da água do lote, podendo captar os escoamentos gerados por toda a superfície do lote (Figura 9.8) Os reservatórios de lote também podem ser encontrados, na literatura, com a nomenclatura "barris de chuva", como apresentado em USDoD (2004).

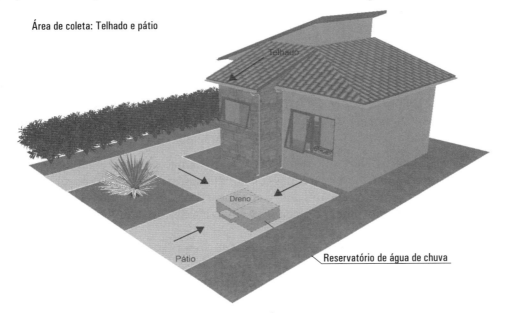

FIGURA 9.8: Reservatório de lote.

O funcionamento dos reservatórios de lote tem como finalidade o controle de escoamentos na fonte, para monitoramento de cheias urbanas de forma distribuída na bacia. A sua eficiência depende da abrangência espacial e dos volumes individuais.

A água captada no reservatório pode ser devolvida ao sistema público de microdrenagem pluvial após o pico da chuva, ou pode ser aproveitada pelo proprietário do lote para fins não potáveis, como limpeza de pisos e rega de jardins, por exemplo. Nesse caso, além de representar um acréscimo na oferta de recursos hídricos no sistema de abastecimento urbano, ajuda a diminuir problemas de estresse hídrico na bacia. Entretanto, deve-se ressaltar que esses são usos conflitantes: o reservatório precisa estar vazio, para amortecer cheias, e precisa estar cheio para atender ao uso não potável pretendido. Isso implica uma operação que precisa ser controlada e, usualmente, leva a um sistema composto por dois reservatórios. Um deles recebe os escoamentos e atua no controle das cheias. A partir desse reservatório, o volume acumulado é bombeado para um segundo reservatório destinado ao aproveitamento de água de chuva. Assim, o primeiro reservatório permanece disponível para receber novas chuvas.

A utilização de reservatórios de lote se justifica pelos motivos apresentados a seguir (DUARTE, 2003, adaptado por VASCONCELOS, 2014):

- Os reservatórios de lote recuperam o armazenamento natural do terreno, perdido com a ocupação.
- O impacto da urbanização não é transferido para jusante nas precipitações de baixa intensidade.
- Descentralização da responsabilidade pelo controle dos efeitos adversos da urbanização, acionando o indivíduo que se beneficia da edificação, ou seja, o proprietário de lote, a agir em prol da minimização dos danos causados.
- Os controles de volume e qualidade da água são feitos na fonte, diminuindo os investimentos públicos necessários com grandes sistemas de transporte e tratamento de água pluvial.

No Brasil, o uso de reservatórios para armazenamento de águas pluviais já é obrigatório em alguns locais, como os municípios de São Paulo e Rio de Janeiro. Destaca-se que as leis são obrigatórias apenas para novos empreendimentos, conforme previsão de atuação preventiva, associada ao conceito LID. No entanto, onde o problema de alagamentos já está estabelecido pela urbanização consolidada, demandando ações de mitigação, a atuação desses decretos é limitada, por concentrar-se nos novos desenvolvimentos. Os decretos municipais, por sua vez, focam principalmente no controle da quantidade de água produzida pelo lote para redução de vazões na rede de drenagem. No Rio de Janeiro, como já mencionado anteriormente, desde 2004 é obrigatório a previsão de reservatórios de retardo e de acumulação de águas pluviais, dependendo do tamanho da área impermeabilizada do empreendimento, e da área do pavimento de telhado.

A norma NBR 15.527:2007 – *Água de chuva – Aproveitamento de coberturas em áreas urbanas para fins não potáveis – Requisitos* (ABNT, 2007) é a referência brasileira para projetos de aproveitamento de água de chuva. Esta norma trata apenas da captação de coberturas para aproveitamento; ela sugere uma qualidade mínima da água para aproveitamento.

Os reservatórios de lote, devido a suas pequenas dimensões, não são capazes de amenizar significativamente os picos de grandes cheias. Mascarenhas *et al.* (2005) afirmam que, para precipitações frequentes, com tempo de recorrência menor que um ano, a eficiência da redução de picos de vazão efluentes pode chegar a 80%. No entanto, para eventos de precipitação mais intensa, esta diminuição cai significativamente, havendo relatos de ser de cerca de apenas 10%.

A tabela 9.6 apresenta as vantagens e desvantagens dos reservatórios de lote, compiladas a partir de Duarte (2003) e Vasconcelos (2014).

A Tabela 9.7 mostra, de forma compilada, algumas recomendações de projeto para as técnicas compensatórias apresentadas neste capítulo, elaboradas com base em informações disponibilizadas por Vasconcelos (2014) e Prince George's County (1999).

Tabela 9.6: Vantagens e desvantagens dos reservatórios de lote, compiladas a partir de Duarte (2003) e Vasconcelos (2014)

Vantagens	Desvantagens
Amortecimento de vazões. Rearranjo temporal dos hidrogramas. Redução das dimensões do sistema de drenagem de jusante. Possibilidade de aproveitamento da água reservada para fins não potáveis, representando um acréscimo na oferta de recursos hídricos no sistema de abastecimento urbano. Redução dos volumes de escoamento (quando se prevê o aproveitamento de água de chuva para outros fins). Recuperam o armazenamento natural do terreno, perdido com a ocupação. O impacto da urbanização não é transferido para jusante nas precipitações de baixa intensidade. Descentralização da responsabilidade pelo controle dos efeitos adversos da urbanização, acionando o indivíduo que se beneficia da edificação, ou seja, o proprietário de lote, a agir em prol da minimização dos danos causados. O controle de volume da água é feito na fonte, diminuindo os investimentos públicos necessários com grandes sistemas de água pluvial.	Exigência de espaço físico para sua implantação dentro do lote - para fazer efeito na escala da macrodrenagem, este tipo de reservatório precisa ser relativamente grande, quando comparados com a escala do lote. Pode ser inefetivo, se "inundado de fora para dentro", ou seja, se a rua alaga e permite o avanço das águas pluviais sobre o lote, atingindo o reservatório, este perde sua função. Necessidade de manutenção periódica. Possibilidade de estagnação das águas.

Fonte: Vasconcelos (2014) e Duarte (2003)

Tabela 9.7: Recomendações de projeto para algumas técnicas compensatórias

Pavimentos permeáveis	Coeficiente de escoamento superficial de pavimentos permeáveis varia de 0,0 a 0,28. Os blocos intertravados devem ter de 5 a 15% da área total pavimentada composta por juntas ou aberturas específicas para a passagem da água. A camada de assentamento deve ter 5 cm de espessura e a de base, 10 cm. Para determinação da capacidade de infiltração no solo, pode ser usada a condutividade hidráulica do solo saturado. Pode ser adotado um coeficiente de segurança de 0,8 para a infiltrabilidade do solo, considerando, assim, uma eventual colmatação futura, apesar de esta necessidade não ser unânime na literatura. Deve ser realizada limpeza periódica da área de entorno do pavimento permeável, de modo a evitar a entrada de partículas finas na estrutura. Pode ser implantada uma manta geotêxtil na superfície da base granular, para evitar a entrada de partículas finas e facilitar a sua manutenção. Não é recomendada a adoção de técnicas de infiltração em locais onde o solo tenha taxa final de infiltração maior que $1,67 \times 10^{-5}$ m/s ou menor que 10^{-7} m/s (algumas publicações sugerem uma faixa de 10^{-3} m/s a 10^{-6} m/s – por exemplo, Baptista *et al.* [2005]). Sistema de descarga do dispositivo pode ser por infiltração total, parcial ou sem infiltração. O tempo máximo de armazenamento de água na sub-base deve ser de 72 horas, para evitar a perda de suporte do pavimento.
Telhados verdes	A estrutura deve suportar o peso do substrato saturado e da vegetação, além da sua própria estrutura e das cargas necessárias para uso o pretendido. Deve ser garantido o acesso ao telhado verde, pelo menos para manutenção. A impermeabilização e o sistema de drenagem do telhado devem ser cuidadosamente projetados, para que sejam eficientes. Escolher plantas que necessitem de pouca manutenção, irrigação e fertilização, além de serem resistentes a secas, insolação direta e solos rasos. Diversos materiais podem ser utilizados na composição do substrato, como, por exemplo, materiais reciclados. Deve ser implantada uma camada filtrante entre o substrato e o sistema de drenagem. Sistema de drenagem pode ser composto por materiais granulares, tubos perfurados, estruturas de plástico pré-fabricadas, ou mesmo geotêxteis. Deve ser implantada uma camada de proteção contra raízes e contra danos mecânicos, para evitar prejuízos à impermeabilização do telhado. Estas camadas devem ser protegidas contra raios UV. Para minimizar os custos do telhado verde, a sua inclinação máxima deve ser de 3%. Para combater as ervas daninhas, podem ser adicionados minerais ao substrato. Caso não seja suficiente, podas eventuais serão necessárias. A vegetação deve ser mantida íntegra, de modo a preservar a umidade do solo, evitar a erosão e a perda de matéria orgânica.

(Continua)

Tabela 9.7: Recomendações de projeto para algumas técnicas compensatórias—*(Cont.)*

Jardins rebaixados	Cálculo de volume pode ser realizado da mesma forma que para os reservatórios de lote, ou seja, se baseia essencialmente na aplicação da equação da continuidade para avaliação do balanço de massa (e suas diversas variações que aparecem na literatura). A altura do rebaixo não deve ser muito grande (máximo de um degrau comum), para evitar acidentes com os ocupantes. Pode também ser executado um talude, ou em patamares, para atenuar um desnível brusco. A base da estrutura deve estar no mínimo 0,6 m acima do limite superior do lençol freático. Pode ser considerado um pré-tratamento da água antes da entrada no jardim, para evitar a colmatação da estrutura. Para determinação da capacidade de infiltração no solo, pode ser usada a condutividade hidráulica do solo saturado. Pode ser adotado um coeficiente de segurança de 0,8 para a infiltrabilidade do solo, considerando, assim, uma eventual colmatação futura, apesar de esta necessidade não ser unânime na literatura. Não é recomendada a adoção de técnicas de infiltração em locais onde o solo tenha taxa final de infiltração maior que $1,67 \times 10^{-5}$ m/s ou menor que 10^{-7} m/s (algumas publicações sugerem uma faixa de 10^{-3} m/s a 10^{-6} m/s – por exemplo, Baptista *et al.* [2005]). Deve-se verificar se o tempo de esvaziamento da estrutura é razoável. Os jardins devem ser instalados a uma distância mínima de 3 m de fundações de construções. Os jardins não devem ser instalados acima de fossas sépticas e nem em áreas sombreadas.
Jardins de chuva	Cálculo de volume pode ser realizado da mesma forma que para os reservatórios de lote, ou seja, o dimensionamento se baseia basicamente na aplicação da equação da continuidade para avaliação do balanço de massa (e suas diversas variações que aparecem na literatura). A altura do rebaixo não deve ser muito grande (máximo de um degrau comum), para evitar acidentes com os ocupantes. Pode também ser executado um talude, para atenuar o desnível brusco. Volume de armazenamento é resultado da soma da capacidade de armazenamento do rebaixo e do leito granular. Leito granular deve ser composto de uma mistura de solo, areia e, eventualmente, brita, de modo a ser apto ao crescimento vegetal e, ao mesmo tempo, possuir o maior volume de vazios e capacidade de infiltração possíveis. Leito granular também pode ser composto por camadas horizontais de diferentes materiais, como areia e brita. A altura máxima do leito granular deve ser definida com base nas interferências locais e nos custos de escavação e preparo do solo. Dependendo da infiltrabilidade do solo local e da altura máxima possível para o leito granular, pode ser necessária a instalação de um dreno auxiliar. A base da estrutura deve estar no mínimo 0,6 m acima do limite superior do lençol freático. Pode ser considerado um pré-tratamento da água antes da entrada no jardim, para evitar a colmatação da estrutura. Para determinação da capacidade de infiltração no solo, pode ser usada a condutividade hidráulica do solo saturado. Pode ser adotado um coeficiente de segurança de 0,8 para a infiltrabilidade do solo, considerando, assim, uma eventual colmatação futura, apesar de esta necessidade não ser unânime na literatura. Não é recomendada a adoção de técnicas de infiltração em locais onde o solo tenha taxa final de infiltração maior que $1,67 \times 10\text{-}5$ m/s ou menor que $10\text{-}7$ m/s (algumas publicações sugerem uma faixa de 10^{-3}m/s a 10^{-6}m/s – por exemplo, Baptista *et al.* [2005]). Deve-se verificar se o tempo de esvaziamento da estrutura é razoável. Os jardins devem ser instalados a uma distância mínima de 3 m de fundações de construções. Os jardins não devem ser instalados acima de fossas sépticas nem em áreas sombreadas.
Valas de infiltração	Capacidade do canal: o canal deve ser capaz de suportar a chuva de projeto, para posterior infiltração. Solo: para valas secas, o solo deve possuir taxa de infiltração mínima entre 0,69 e 1,27 cm/h. Forma do canal: é recomendado que os canais sejam trapezoidais ou parabólicos. Largura da parte superior: a largura superior usualmente entre 0,6 e 1,8 m. Declividade do Canal: a declividade do canal deve ficar entre 1 e 6%. Manutenção: é importante que haja manutenção periódica para evitar a deposição de grande quantidade de sedimentos erodidos da parede da vala.

Tabela 9.7: Recomendações de projeto para algumas técnicas compensatórias—*(Cont.)*

Trincheiras de infiltração	A permeabilidade do solo deve estar compreendida no mínimo na faixa 0,69-1,27 cm/h. A profundidade das trincheiras de infiltração deve estar compreendida entre 0,9 m e 3,6m. Devem ser revestidas internamente com uma manta geotêxtil, cheias com material granular graúdo, que cria espaço para armazenamento subterrâneo temporário para infiltração das águas pluviais. Recomenda-se a instalação de dispositivos de filtragem, que pode ser uma faixa gramada, para reter sedimentos e resíduos presentes nas precipitações que se encaminhariam para a trincheira melhorando seu desempenho e aumentando sua vida útil. Devido à facilidade de colmatação, adotam-se várias hipóteses de dimensionamento para a área de infiltração (saída de vazão da trincheira), podendo se considerar desde metade das paredes laterais (desconsiderando o fundo, que se colmata com mais facilidade) até toda a área da superfície interna da trincheira. Deve ser previsto tempo de armazenamento máximo da água de três dias. Dispositivos de saída: deve ser instalado um sistema de extravasamento que encaminhe o excesso de água a uma galeria, canal ou curso d'água. Deve ser previsto um poço de visita. Manutenção: é importante que haja manutenção periódica; durante o primeiro ano, sugere-se manutenção trimestral, posteriormente, pode ser anual.
Reservatórios de lote	Podem ser implantados sobre o telhado, ao nível do chão ou enterrados. Podem ser usados com fim exclusivo de controle de enchentes ou combinados com o aproveitamento das águas pluviais para fins não potáveis. Os lotes de montante tendem a apresentar melhores resultados em termos de controle de enchentes na escala da bacia hidrográfica. Deve-se realizar um estudo hidrológico da bacia hidrográfica, propondo um zoneamento para otimização do funcionamento dos reservatórios de lote na escala da bacia. A operação e a manutenção do reservatório devem ser simples, de modo que dependam o mínimo possível da atuação do proprietário. Para aproveitamento da água de chuva, o volume do escoamento inicial deve ser descartado e deve ser realizado um gradeamento na entrada da água no reservatório. Deve ser realizada limpeza no reservatório ao menos uma vez ao ano. As entradas e saídas do reservatório devem possuir grades, para evitar a entrada de pequenos animais. Pode ser adicionada solução de hipoclorito de sódio a 10% para combater a contaminação da água armazenada para uso posterior. Em caso de aproveitamento da água armazenada, o reservatório deve ser protegido contra a luz. Volume a ser armazenado depende da área de captação, do coeficiente de escoamento superficial, da chuva de projeto e da área e do custo de implantação do reservatório. Com foco em redução de vazões de pico, o dimensionamento se baseia basicamente na aplicação da equação da continuidade para avaliação do balanço de massa (e suas diversas variações que aparecem na literatura). A vazão de saída do reservatório deve ser determinada de acordo com diversos fatores, como: regulamentação específica, capacidade da rede de drenagem, tempo de esvaziamento do reservatório e recuperação da vazão natural.

Fonte: *Vasconcelos (2014) e Prince George's County (1999)*.

Orientações para novos loteamentos

Algumas orientações para o estabelecimento de um loteamento urbano sustentável, seguindo os conceitos de desenvolvimento de baixo impacto hidrológico, são apresentadas a seguir, com base em Bahiense (2013), Souza *et al.* (2005) e Coffman *et al.* (1998).

- Identificação de regulamentação de zoneamento urbano, uso do solo, índices urbanísticos e outras leis aplicáveis ao projeto, inclusive leis ambientais pertinentes.
- Avaliação preliminar do empreendimento, considerando a densidade construtiva proposta, as taxas de ocupação (e, eventualmente, de impermeabilização), a hierarquia, as dimensões mínimas de vias, entre outras características urbanísticas, estimando a possibilidade de geração de escoamentos superficiais e produção de sedimentos, que precisarão ser controlados e cujo resultado precisa ser objeto de manejo, para não causar impactos com potencial de agravar inundações.

- Identificação de limites aceitáveis de modificações a serem introduzidas no ambiente natural, para materialização do ambiente construído, ou seja, avaliar a bacia natural, como unidade de projeto e identificar os limites impostos por esta.
- Definição das áreas a serem protegidas e as condições que guiarão os desenvolvimentos futuros.
- Redução de modificações da superfície do solo.
- Utilização de características naturais do terreno (caminhos preferenciais de escoamento), ao invés de propor drenos artificiais, minimizando a remoção de vegetação e desconectando áreas impermeáveis do sistema de drenagem, de forma a favorecer todas as oportunidades de infiltração.
- Minimização da impermeabilização do solo, por meio do uso de técnicas como telhados verdes, pavimentos permeáveis e jardins de chuva, por exemplo.
- Utilização de aspectos hidrológicos como um elemento de projeto, mantendo, sempre que possível, a preservação de características hidrológicas naturais, controlando a geração de excesso de escoamento e aumentando o caminho dos escoamentos superficiais excedentes, assim como integrando esses aspectos hidrológicos com as paisagens urbanas.
- Definição de locais favoráveis para parques, praças e áreas verdes que possam atuar como paisagens multifuncionais agregando funções de armazenamento, integrando funções hidrológicas nas paisagens urbanas.
- Desenvolvimento de práticas de gestão integrada para tornar o desenvolvimento de baixo impacto efetivo.
- Monitoramento e comparação entre as situações de pré e pós-desenvolvimento, com avaliação das alterações hidrológicas e quantificação do nível de controle obtido pelo processo de planejamento.

A Figura 9.9 apresenta um exemplo de lote que mantém as funções hidrológicas do terreno, empregando técnicas de baixo impacto hidrológico em pequena escala.

Bahiense (2013) propôs soluções urbanísticas e ambientalmente adequadas de manejo de águas pluviais, baseadas no conceito de desenvolvimento de baixo impacto. Seu intuito era avaliar o efeito de medidas compensatórias de caráter distribuído aplicadas ao projeto de uma nova área de loteamento, localizada em Guaratiba, bairro da Zona Oeste do município do Rio de Janeiro, visando à redução do impacto da urbanização sobre o sistema de drenagem. A gleba escolhida para o estudo de caso possui cerca de 320.000 m² e foi dividida em 197 lotes agrupados em 13 quadras e 20 novos logradouros, além de áreas livres mantidas públicas. A maior parte dos lotes possui o tamanho padrão de 648 m². O estudo desenvolvido por Bahiense (2013) está apresentado, com mais detalhes sobre a sua concepção, a modelagem matemática desenvolvida e os resultados obtidos, em Miguez *et al.* (2015).

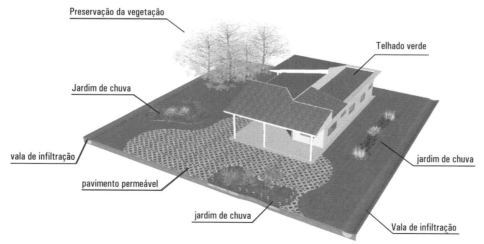

FIGURA 9.9: Lote urbano com emprego de técnicas de baixo desenvolvimento hidrológico.

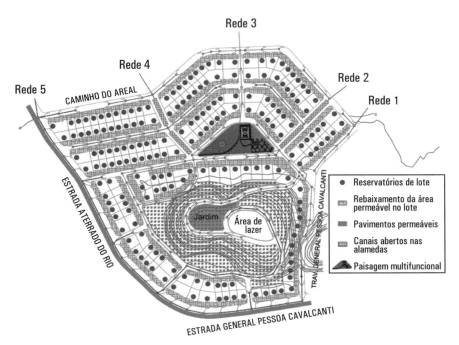

FIGURA 9.10: Indicação de todas as medidas de desenvolvimento de baixo impacto hidrológico aplicadas na gleba estudada por Bahiense (2013).

A Figura 9.10 mostra a indicação de todas as medidas de desenvolvimento de baixo impacto hidrológico adotadas, quais sejam: reservatórios de detenção de águas pluviais nos lotes, rebaixo de 15 cm da área permeável dos lotes, pavimentos permeáveis nas áreas de estacionamento, canais sinuosos abertos nas alamedas e a utilização da praça como reservatório de detenção. O hidrograma que compara a implantação destas medidas, com duas outras situações, a condição de pré-urbanização (Cenário 0) e a implantação de um sistema de drenagem tradicional (Cenário 1), está apresentado na Figura 9.11. O cenário com as medidas de desenvolvimento de baixo impacto hidrológico está representado como Cenário C. Uma chuva com 10 anos de tempo de recorrência foi considerada nessas simulações.

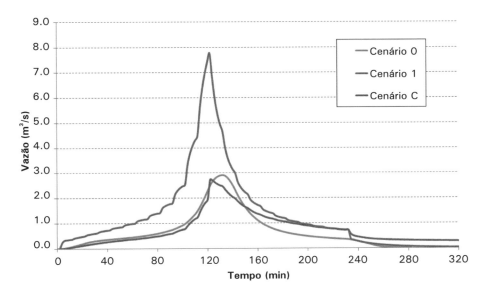

FIGURA 9.11: Hidrogramas totais da área urbanizada para TR de 10 anos. Fonte: *Bahiense (2013)*.

A atuação conjunta das medidas de desenvolvimento de baixo impacto hidrológico propostas para o loteamento estudado foi capaz de recuperar as vazões naturais no local, inclusive reduzindo seu valor máximo em 6%, quando comparado à condição de pré-urbanização.

Bahiense (2013) afirma que a implementação do conceito de desenvolvimento de baixo impacto nos projetos de loteamento, como uma alternativa para novos processos de urbanização, produz impactos positivos quando comparado com os sistemas de drenagem urbanos tradicionais. As intervenções LID foram capazes de preservar ou recuperar grande parte da capacidade de armazenamento e infiltração naturais do terreno, reduzindo os impactos do crescimento urbano no ciclo hidrológico, além de permitir uma melhoria no paisagismo do local, com o uso de canais vegetados nas alamedas e paisagens multifuncionais.

Vasconcelos *et al.* (2016) apresenta os resultados hidrológicos, resultantes de modelagem computacional, da adoção de técnicas compensatórias na escala do lote em diferentes configurações. A área de

Tabela 9.8: Resumo dos resultados considerados em Vasconcelos *et al.* (2016)

Descrição da alternativa de projeto	Características das estruturas	Proporção entre a vazão de pico efluente da alternativa de projeto (coluna 1) e a vazão da urbanização convencional (referência)
Pré-urbanização	–	0,46
Urbanização convencional	–	1,00
Reservatório de lote para recuperar a vazão natural	Volume do reservatório: 11,5 a 14,2 m³	0,43 a 0,44
Reservatório de lote da legislação municipal	Volume do reservatório: 4,4 m³	1,00
Reservatório de lote e jardim rebaixado em série	Volume do reservatório: 1,4 a 12,7 m³ Rebaixo do jardim: 0,10 m	0,47
Reservatório de lote da legislação municipal e jardim rebaixado em paralelo	Volume do reservatório: 4,4 m³ Rebaixo do jardim: 0,05 a 0,07m	0,28 a 0,33
Reservatório de lote e telhado verde intensivo em 20% do telhado	Volume do reservatório: 9,9 a 12,4 m³	0,44
Reservatório de lote e telhado verde intensivo em 50% do telhado	Volume do reservatório: 7,8 a 9,5 m³	0,44
Reservatório de lote da legislação municipal e telhado verde intensivo em 50% do telhado	Volume do reservatório: 4,4 m³	0,85
Jardim rebaixado na área permeável do lote para recuperar a vazão natural	Rebaixo do jardim: 0,12 a 0,26m	0,31
Jardim rebaixado em 0,10 m na área permeável do lote	Rebaixo do jardim: 0,10 m	0,58 a 1,00
Telhado verde extensivo	Ocupação de 20% do telhado	0,96
Telhado verde extensivo	Ocupação de 50% do telhado	0,90
Telhado verde intensivo	Ocupação de 20% do telhado	0,94
Telhado verde intensivo	Ocupação de 50% do telhado	0,85
Pavimento permeável drena a própria área	Altura do leito granular: 0,10 a 0,13 m	0,36
Pavimento permeável na calçada drena a própria área e a do lote adjacente	Altura do leito granular: 1,06 a 1,34 m	0,41
Pavimento permeável na calçada drena a própria área e a do lote adjacente, que possui jardim rebaixado em 0,10 m em sua área permeável	Altura do leito granular: 0,15 a 1,27 m Rebaixo do jardim: 0,10 m	0,41

estudo escolhida foi um lote padrão de 600 m², da gleba apresentada na Figura 9.10, em estudo realizado anteriormente por Bahiense (2013).

Neste novo loteamento, foram avaliados os resultados da adoção de técnicas compensatórias como telhado verde, reservatório de lote e jardim rebaixado, de forma individual e com as técnicas combinadas entre si. Além disso, foram estudadas possibilidades de adoção de pavimentos permeáveis na calçada na frente do lote, também individualmente ou em conjunto com outras técnicas. A Tabela 9.6 apresenta, de forma resumida, os resultados dos diferentes cenários de técnicas compensatórias estudadas por Vasconcelos *et al.* (2016). Foram utilizados, nas simulações, parâmetros empíricos, oriundos da literatura corrente disponível.

Os resultados obtidos comprovaram os benefícios da adoção das técnicas compensatórias na escala do lote, considerando a recuperação da capacidade de armazenamento e infiltração naturais do terreno. Com a variedade de estruturas e configurações analisadas através da modelagem, foi possível estabelecer o balizamento de parâmetros e a orientação de combinações possíveis para contribuir com a elaboração de projetos reais. As chuvas de projeto estudadas variaram em sua duração (1, 3, 6 e 12 horas) e intensidade (TR de 10 e 25 anos); assim, também disponibilizam dados para a extrapolação dos resultados obtidos para bacias hidrográficas de diferentes escalas.

Por fim, Vasconcelos *et al.* (2016) afirmam que cada uma das técnicas utilizadas apresentou vantagens e desvantagens em diferentes configurações de aplicação, de modo que é necessário avaliar, caso a caso, quando da elaboração do projeto de implantação.

9.4 REQUALIFICAÇÃO FLUVIAL

A visão da requalificação fluvial, muito discutida nas últimas décadas em função do aumento da preocupação ecológica com os ecossistemas fluviais, começa, com a premissa de se procurar cessar os processos de artificialização, evitando dar continuidade a ações de degradação, e buscando melhorar o rio, dentro do possível, até um estado mais natural, obtendo um melhor compromisso socioeconômico e ambiental, principalmente nos casos de bacias urbanas. A Figura 9.12 apresenta de modo esquemático essa perspectiva.

Uma das ideias-chave da requalificação fluvial é que a restauração de rios para um estado mais natural é desejável, não só por razões puramente ambientais, mas também para reduzir o risco de inundações e de modificações morfológicas importantes (que podem dar causa a perdas de infraestrutura e de valor ambiental). Ou seja, o que se discute quando se trabalha com o conceito de requalificação de um rio é a melhoria ambiental do sistema fluvial, mas esse não é um objetivo utópico: de fato, o que se percebe (e justifica essa ação de requalificação) é que rios em condições mais naturais, com suas funções hidromorfológicas preservadas, demandam menos ações de manutenção e são menos propensos a inundações sem controle, que podem afetar os sistemas socioeconômicos, com as cidades.

Nardini e Pavan (2013), por exemplo, estudando o Rio Chiese, que é um afluente do Rio Pó, na Itália, propuseram avaliar a relação entre a economia obtida pela não implementação de novas obras de proteção contra inundação, pela remoção de parte das obras de proteção existentes e pelo não gasto com as manutenções necessárias a estas obras ao longo do tempo, com os danos esperados pelo incremento dos riscos hidromorfológico e de inundações. Os resultados mostram que a alternativa de requalificação fluvial provê um caminho viável para melhoria da qualidade ambiental do rio, enquanto não incorrendo em custos adicionais associados ao clássico conceito de gestão do risco de inundação, com a implantação de mais e mais obras físicas de proteção. Em linhas gerais, o estudo mostra que é mais viável desfazer algumas obras e devolver espaço ao rio, do que arcar com custos crescentes de proteção, que acabam sendo maiores que o valor do sistema exposto ao risco. Assim, o estudo afirma que a proposta de projetar com a natureza, mais do que contra ela, precisa ser considerada para que se tenham cidades mais sustentáveis, resistentes e resilientes (ZHOU *et al.*, 2011; ZHAO *et al.*, 2013; SCHLEE *et al.*, 2012; GÓMEZ *et al.*, 2011).

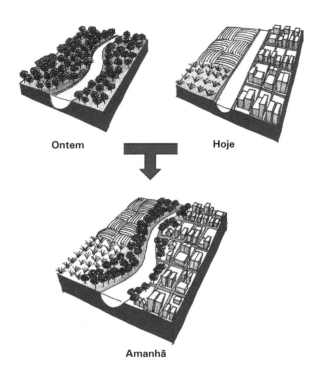

FIGURA 9.12: Proposta conceitual da requalificação fluvial. Fonte: *Nardini (2012)*.

Essa interpretação abre espaço para uma discussão interessante, que permite rever a ocupação de uma área e refazer o zoneamento de forma adequada, considerando que a relocação de uma população/comunidade em risco pode ser mais viável, sob o ponto de vista econômico, do que projetar medidas de controle de inundação e redução do risco instalado. Certamente, essa discussão deve vir acompanhada também de um viés social – relocações não podem ser discutidas apenas com base em uma maior viabilidade econômica. Porém, ao se discutir soluções que pretendem ser sustentáveis, por outro lado, o pilar de sustentação econômica não pode ser ignorado, sob pena de todo um projeto se perder ao longo do tempo, por incapacidade de manutenção.

Há vários trabalhos desenvolvidos que mostram que, na medida em que mais e mais áreas são urbanizadas, não apenas ocorre uma tendência de piora progressiva da qualidade ambiental, como aumentam também os riscos de inundação, devido a falhas em um sistema mais artificializado. Cabe aqui um comentário sobre o conceito de risco residual. Quando uma determinada área recebe obras de controle de inundação com a expectativa de redução do risco atual, pode ocorrer um efeito reverso, quando não há um efetivo zoneamento de risco, pela ocupação das áreas protegidas. Deve-se ter em mente, que obras de engenharia oferecem uma proteção para um dado horizonte de projeto. Além disso, no caso de obras de controle de inundação, há uma componente estatística, associada às chuvas que lhe dão causa. Portanto, não há proteção definitiva (pois ela é limitada pelo horizonte de projeto) e não há segurança garantida, pois eventos com baixa probabilidade de ocorrência (e grande magnitude) podem ainda ocorrer. Assim, se uma obra falha (por falta de manutenção, por modificação das condições de projeto, pela ocorrência de um evento excepcional, por falência estrutural, ou por qualquer outro motivo) e a inundação atinge uma área que se esperava protegida e em que foi permitida a ocupação e a densificação urbana, os prejuízos decorrentes podem ser muito mais altos do que aqueles da ocupação original, que, de certa forma, era limitada pelo próprio processo de inundações frequentes.

O conceito de requalificação fluvial, entretanto, evita intervenções clássicas e estruturais de engenharia, apostando em configurações mais naturais, no sentido da preservação funcional do sistema fluvial. O maior desafio associado a este conceito é, provavelmente, demonstrar que rios mais naturais, em um ambiente em que se exerça um planejamento de uso do solo mais responsável e compatível com as restrições impostas pelas bacias naturais, são socialmente desejáveis e compensadores, não apenas por razões ambientais, mas também porque eles são (possivelmente) a única resposta econômica e financeiramente sustentável contra o problema de riscos crescentes (ECRR, 2008).

Nos próximos itens, o conceito de requalificação fluvial será discutido em detalhes, bem como será apresentado um painel amplo, mas não exclusivo, de casos internacionais e nacionais de destaque, como exemplo de aplicação desta metodologia e sua relação com o controle do risco de inundações.

Conceitos básicos – requalificação fluvial

Rios em condições naturais sofrem variações de vazão, que levam à renovação de sua morfologia típica e das áreas inundáveis. É verdade que é muito difícil definir o que é, de fato, um rio em condições naturais, uma vez que áreas realmente pristinas são exceção (HOUGH, 2004; RILEY, 1998). Entretanto, rios em condições naturais, aqui serão considerados aqueles que apresentam liberdade de mobilidade do leito, mantêm um corredor fluvial associado e desempenham as funções ecossistêmicas que lhes são pertinentes.

Assim, a variabilidade no curso d'água natural é, portanto, normal, saudável e esperada. Nos cursos d'água urbanos, ela também tenderia a ocorrer; entretanto, na configuração de "rio urbanizado", muitas vezes o rio se encontra confinado e, assim, as variações naturais são limitadas ou inexistentes.

No passado, a retificação dos rios era muito empregada, com o objetivo de aproveitamento de áreas para agricultura, urbanizações, construção de rodovias e ferrovias e a minimização do efeito local das cheias. Os efeitos decorrentes desse tipo de intervenção, entretanto, usualmente logo se manifestavam nos trechos de jusante, com ampliação das inundações, que procuravam novos espaços para ocupar e criavam novas condições de perigo e, eventualmente, risco, quando afetavam áreas já ocupadas.

De acordo com Vieira da Silva e Wilson Jr. (2005), a retificação do leito de um rio implica que, para uma mesma energia potencial, o rio tenha um menor percurso. Assim, muitos efeitos são percebidos, com destaque para:

- diminuição da frequência de extravasamento de cheias pequenas e médias;
- aumento das vazões das áreas de jusante;
- diminuição da biota aquática e terrestre, gerando empobrecimento do ecossistema;
- erosão das áreas de jusante;
- redução do perfil com encurtamento do rio e aprofundamento do leito;
- interrupção da conexão entre margens.

Historicamente, atividades como a retificação e a dragagem dos rios ou, em casos extremos, o seu capeamento e afastamento do convívio humano foram utilizadas numa tentativa de "solucionar" problemas de drenagem. Entretanto, estas soluções acabam por introduzir um viés de degradação progressiva nos sistemas fluviais, com transferência de inundação, perda de biodiversidade, enfraquecimento de relações culturais com o rio e, consequentemente, demandas por novas obras de ampliação da proteção contra inundações, em uma espiral de gastos crescentes. A dragagem, em particular, é uma solução de engenharia convencional, que consiste na retirada se sedimentos e outros materiais depositados no leito do rio ou em suas margens e é usada em intervenções que exigem respostas de curto prazo. É uma opção cara, pois exige equipamentos específicos, muito movimento de terra e transporte do material retirado, estudo e licença para o bota-fora (sem contaminação da área de destino e entorno), além de ter caráter cíclico. As soluções de engenharia mais comuns se traduzem em obras que, na maioria das vezes, buscam resolver o problema localmente e em curto prazo, sem levar em consideração os aspectos relacionados com a sustentabilidade e os problemas que estas mesmas soluções poderão gerar em longo prazo.

Os processos de degradação e/ou desequilíbrio fluvial afetam também o ambiente construído e as atividades econômicas que se desenvolvem em seu entorno – a perda de naturalidade e a redução da

CAPÍTULO 9: Prevenção

qualidade do ambiente fluvial parecem vir acompanhadas, quase sempre, de maiores custos de manutenção e de maiores prejuízos, especialmente com as cheias.

Tendo em vista estas questões, percebe-se a necessidade da proposição de soluções que resgatem a dinâmica fluvial, favorecendo a contínua renovação da morfologia e dos biótipos, mantendo funções hidrológicas, reduzindo o risco de inundações e de escassez hídrica e otimizando custos. Nesse sentido, o foco deve recair na capacidade natural de autossustentabilidade do rio e torna-se uma alternativa tanto mais efetiva, quanto mais natural é o rio: é mais econômico e mais simples preservar do que recuperar. As condições mais naturais dos ecossistemas fluviais estão fortemente associadas com um alto grau de saúde ecológica (DUFOUR e PIÉGAY, 2009). É nesse contexto que recai o conceito de requalificação fluvial.

Já há alguns anos, o conceito de recuperação de rios vem ganhando força, principalmente em países europeus. De acordo com González del Tánago e García de Jalón (2007), pode-se dizer que os primeiros trabalhos nessa área datam da década de 1960, com as políticas de melhora da qualidade das águas. Nas décadas seguintes, de 1970 e 1980, houve uma melhor compreensão sobre os efeitos negativos do desenvolvimento sobre os ecossistemas (GREGORY, 2006) – essas também são décadas marcadas pelo despertar de uma maior consciência ambiental. Assim, o foco recaiu em estudos sobre os efeitos das vazões e das canalizações e da importância de recuperar o regime de vazões, a conectividade do rio com suas margens e o intercâmbio entre as águas superficiais e subterrâneas para manter a produtividade e a diversidade dos corredores fluviais (WARD, 1989).

Nos anos seguintes, inúmeros trabalhos que buscavam a recuperação dos rios se iniciaram, como o de Larsen (1994), na Alemanha, e em outros países europeus, como Reino Unido e Holanda (BOON *et al.*, 1992).

A partir da década de 1990 se generaliza o reconhecimento da necessidade de aproveitamento dos recursos naturais de forma sustentável e a proteção da biodiversidade, e se estende o interesse da restauração e conservação de rios de forma mais notável em âmbito científico e tecnológico.

Na Europa, uma Diretiva publicada no ano 2000, a Diretiva Marco da Água, determinava que os rios europeus deveriam apresentar melhoria de suas condições ecológicas até o ano 2015. Com isso, uma diversidade de estudos e projetos foi desenvolvida, desde então, ganhando ainda mais força nos últimos anos.

Nos Estados Unidos, Canadá e Austrália, o interesse pela restauração de rios seguiu uma trajetória similar. Em 1992, o National Research Council – NRC, dos Estados Unidos, publicou um tratado sobre restauração de ecossistemas aquáticos que inclui numerosos exemplos práticos e é uma referência internacional sobre muitos conceitos de restauração (NRC, 1992).

Na Austrália, têm destaque os programas de avaliação das funções ripárias e seu estado ecológico, de integração de usos agrícolas, de técnicas de restauração e de reabilitação, cujos princípios e muitas de suas metodologias são aplicáveis a outros âmbitos geográficos (GONZÁLEZ DEL TÁNAGO e GARCÍA DE JALÓN, 2007).

No Brasil, o tema ainda é relativamente novo, em termos de difusão, embora existam publicações na área desde o final dos anos 1990. A principal referência sobre o tema de requalificação de rios é o manual publicado e distribuído pelo governo do Estado do Rio de Janeiro, fruto do Projeto Planágua – Semads/GTZ de Cooperação Técnica Brasil – Alemanha (BINDER, 1998). Com o título "Rios e Córregos: Preservar – Conservar – Renaturalizar", este documento teve sua primeira edição datada de 1998. Mesmo tendo sido lançado em uma época em que o assunto ainda não estava tão em voga como nos dias atuais, o manual aborda o tema de forma pertinente e mantém a sua atualidade. Posteriormente, em 2001, foi publicado um novo manual, fruto do mesmo acordo técnico que o anterior, com o título "Revitalização de Rios: Orientação Técnica" (SELLES *et al.*, 2001), dando continuidade à mesma série de trabalhos. Resultado de novos conhecimentos assimilados, este trabalho apresentava orientações sobre procedimentos para conservação e revitalização de rios e córregos fluminenses, indicando caminhos que possibilitassem a adoção de novas técnicas de engenharia ambiental, que contribuíssem para a preservação e o desenvolvimento da biodiversidade e para que se obtivesse uma integração mais saudável das atividades humanas com o rio. Ambos os documentos, escritos entre o final da década de 1990 e o início dos anos 2000, já traziam conceitos e visões que continuam atuais.

Quando se fala de recuperação de rios, é comum ouvir definições que discutem projetos de restauração, reparação, renaturalização, entre outros conceitos. De forma comum a todas essas definições está o reconhecimento da degradação dos rios e que é necessária e conveniente a melhora de seu funcionamento, tratando de recuperar um estado mais natural, inclusive sob o ponto de vista funcional, conforme tiveram em tempos passados. A recente atenção à melhoria dos rios, com uma notável gama de abordagens e aplicações, produziu uma variedade de neologismos. Somente no Brasil, foram encontrados termos como revitalização, renaturalização, recuperação e restauração, por exemplo. Em outros países, mais termos foram encontrados. Em 1998, a publicação desenvolvida no âmbito do Projeto Planágua-SEMADS/GTZ e previamente citada (BINDER, 1998) apresentava o termo "renaturalização". A publicação posterior, da mesma coleção (SELLES *et al.*, 2001), já defendia o termo "revitalização". A seguir, a publicação de Costa e Teuber (2001), também da mesma série, mas que tratava especificamente da questão de cheias no Estado do Rio de Janeiro, admitia que a engenharia de recursos hídricos ainda não havia estabelecido um termo técnico que pudesse ser adotado para caracterizar esse tipo de intervenção, embora "revitalização" fosse a palavra mais empregada. Nesse contexto, embora pudesse ser desejável em alguns casos, a renaturalização traz um conceito "forte" demais, pois é difícil estabelecer uma referência para o que deveria ser o rio natural, uma vez que a própria natureza está em contínua evolução e não seria fácil prever como estaria o rio se não tivesse sofrido intervenções. Sobre essa discussão, os autores deste livro tiveram a oportunidade de visitar um projeto de recuperação de um rio no norte da Itália, na província de Bolzano, em que o objetivo era a melhoria ambiental, atrelada à recuperação de planícies de inundação, a montante, para evitar a inundação de cidades a jusante. As definições de projeto, porém, não podiam adotar como referência uma condição natural prévia, pois o rio havia sido canalizado 2000 anos antes pelos romanos – seria virtualmente impossível definir o estado natural hoje, a partir de uma evolução natural interrompida há tanto tempo. O conceito de revitalização, por sua vez, tem muitos adeptos e a sua adoção implica trazer de volta a vida aos rios (que é um objetivo muito pertinente em casos de grandes alterações e degradação ambiental). Atualmente, porém, muitas vezes se vê o conceito de "revitalização" associado a projetos de valorização urbana, sem uma preocupação maior com o ambiente natural ou com a saúde ecológica. É relativamente comum associar o termo "revitalização fluvial" ao uso dos rios como elementos de referência para a revitalização urbana, através de parques, áreas de lazer e pistas de caminhada, não englobando, necessariamente, aumento do valor ambiental do próprio rio. Na Europa, o termo restauração ganhou destaque e é largamente utilizado nas versões em inglês dos documentos de referência, com a grafia *river restoration*. Portugal e Itália, porém, usam o termo requalificação fluvial, como referência para suas ações. A requalificação, que também será o termo preferencialmente utilizado neste livro, traz um conceito de recuperação ambiental, similar ao da restauração, mas reconhecendo a necessidade de compatibilizar usos sociais de forma sustentável e economicamente viável.

Uma pesquisa realizada por Veról (2013), compilada na Tabela 9.7, apresenta, para a melhor compreensão do leitor, a variedade de termos encontrados e suas definições correspondentes, organizadas a partir das mais diversas referências, desde manuais práticos até artigos científicos. A partir da leitura Tabela 9.7, é possível perceber que muitos dos termos não possuem um significado unívoco, outros possuem pontos em comum e, por vezes, se confundem.

A requalificação fluvial, conforme definida por CIRF (2006), aborda uma multiplicidade de aspectos e surge como uma proposta de, tanto quanto possível, recuperar a qualidade ambiental dos ecossistemas fluviais, buscando resgatar valores naturais, articulando esse processo com as comunidades que vivem em torno do rio e com as atividades econômicas ali desenvolvidas, de uma forma harmônica e sistêmica. A requalificação se inicia com o ato de interromper os vetores de degradação e usa um conjunto integrado e sinérgico de ações e técnicas de variados tipos (do jurídico-administrativo-financeiro até o estrutural), que permite que tanto o curso d'água quanto o seu território mais estreitamente conectado voltem a possuir um estado mais natural, capaz de desempenhar suas funções diversas (hidrológicas, hidrodinâmicas, geomorfológicas, físico-químicas e biológicas), sendo dotado de maior valor ambiental e procurando também satisfazer objetivos socioeconômicos.

Essa definição, intrinsecamente, propõe a ideia de que rios melhores ecologicamente irão satisfazer melhor também outros objetivos. Requalificar, então, caracteriza-se como um objetivo ambiental e assume o senso de que um melhor estado geral dos corpos d'água é desejável, por proporcionar benefícios para uso recreativo ou lazer (aspectos que agregam valor para a sociedade) e permitir a preservação da natureza e da biodiversidade. A requalificação pretende que rios mais naturais demandem menos intervenções e sejam também economicamente mais viáveis, além de proverem soluções mais sustentáveis, ao longo do tempo, para importantes problemas das bacias hidrográficas, como o controle de cheias e a redução do risco hidráulico. Rios com planícies de inundação preservadas (ou recuperadas) e com estas áreas zoneadas e não ocupadas auxiliam na prevenção do risco de inundação, por restringir a exposição da população.

TABELA 9.7: Definições pesquisadas no contexto da requalificação fluvial

Termo	Definição	Fonte
Restauração / Renaturalização (*Restoration*)	Tem como objetivo recuperar os rios e córregos de modo a regenerar o mais próximo possível a biota natural, através de manejo regular ou de programas de renaturalização, preservar as áreas naturais de inundação e impedir usos que inviabilizem tal função.	Binder (1998)
	Consiste no retorno do rio às condições originais a partir do alcance de cinco objetivos pré-definidos: o restabelecimento do nível natural da qualidade da água; o restabelecimento da dinâmica sedimentar e do regime de fluxo natural; o restabelecimento da geometria natural do canal e da sua estabilidade; o restabelecimento da comunidade de plantas ribeirinhas naturais e o restabelecimento das plantas e animais aquáticos nativos (se não houver colonização/repovoamento espontâneos).	Rutherfurd *et al.* (2000)
	Consiste no restabelecimento das funções aquáticas e das características físicas, químicas e biológicas próximas às existentes antes do distúrbio; é um processo holístico que não é alcançado através da manipulação de elementos individuais. Frequentemente, a restauração requer um ou mais dos seguintes processos: reconstrução das condições físicas, hidrológicas e morfológicas antecedentes; ajuste químico do solo e da água; manipulação biológica, incluindo revegetação e reintrodução de espécies nativas ausentes ou daquelas que se tornaram inviáveis pelos distúrbios ecológicos. Nesta forma de manejo, os danos ecológicos aos recursos são reparados, a estrutura e as funções do ecossistema são recriadas, constituindo-se no ato de retornar o ecossistema a uma condição mais próxima daquela anterior ao distúrbio.	NRC (1992)
	Retorno, a partir de uma condição disturbada ou totalmente alterada, para uma condição natural ou modificada por alguma ação humana previamente existente; ou seja, a restauração refere-se ao retorno a uma condição pré-existente, não havendo a necessidade de ter completo conhecimento de como esta condição era, nem de que o sistema retorne a um perfeito estado. Por exemplo: quando uma zona úmida alterada e posteriormente danificada retornar à sua anterior condição de alteração, é considerada uma restauração.	Lewis e Roy (1989)
	Consiste no completo retorno do rio ao estado estrutural e funcional existente antes do distúrbio (Restauração Total).	Brookes *et al.* (1996)
	O retorno completo da estrutura e do funcionamento do rio ao estado prévio a sua perturbação.	Cairns (1991)
	Tem a finalidade de recuperar o funcionamento ecológico do rio e suas margens, alcançando uma estrutura mais natural.	Directiva 2000/60/CE
	Promover a recuperação, com o retorno do ecossistema a um estado que se assemelhe a sistemas adjacentes não perturbados.	Gore (1985)
	Processo de reparação do dano causado pelo homem à diversidade e dinâmica dos ecossistemas primitivos.	Jordan *et al.* (1987)

(Continua)

Gestão de Riscos e Desastres Hidrológicos   215

Tabela 9.9: Definições pesquisadas no contexto da requalificação fluvial—*(Cont.)*

Termo	Definição	Fonte
	Pretende-se alcançar um estado do rio próximo ao natural e que entendemos como um bom estado ecológico, onde só se admitem baixos níveis de distorção por atividades humanas, dando ênfase no resultado final que se conhece ou se define baseado em referências concretas. Objetivos particulares: Recuperar os processos fluviais para que o rio possa reconstruir sua dinâmica e um funcionamento mais próximo do natural ou de referência; fazer com que o rio aumente sua resiliência diante das perturbações naturais e antrópicas; criar uma estrutura sustentável e compatível com os usos do território e dos recursos fluviais; recuperar a beleza dos rios e suas margens, assim como a relação afetiva do homem com seu território e paisagem natural; cumprir com os requisitos da Diretiva Marco da Água.	González del Tánago e García de Jalón (2007)
	O processo de assistência à recuperação de um ecossistema que foi degradado ou destruído.	SER (2002)
Reabilitação (*Rehabilitation*)	Consiste em melhorar os aspectos mais importantes do ambiente do rio, tomando como referência as condições degradadas. Trata-se de uma ação para retornar, artificialmente, as características dos elementos fundamentais do corpo hídrico original, por intervenção direta ou acelerando-se o processo de recuperação.	Rutherfurd *et al.* (2000)
	É empregado primariamente no sentido de devolver boas condições ou o funcionamento de um corpo hídrico; na sua aplicação mais elementar, destina-se à obtenção de melhorias de natureza visual de um recurso natural.	NRC (1992)
	É o retorno parcial do rio à estrutura ou função anterior ao distúrbio.	Brookes *et al.* (1996)
	Retorno a uma condição saudável ou a uma condição melhor. Pode ser: por método passivo – nele o distúrbio é reduzido ou removido e opta-se por não fazer nada, ou seja, deixa-se o curso de água autocurar-se; por método ativo – se dá através da aplicação de procedimentos específicos de reparo, sendo separados em duas categorias: modificações no canal e modificações estruturais dentro do canal, as quais visam restaurar a diversidade do hábitat físico no curso de água que tenha sido modificado ou degradado.	Gordon *et al.* (1992)
	Implica na recuperação de um funcionamento mais natural do rio, com a tendência de conseguir que o rio reabilitado vá ficando cada vez mais similar ao rio que era antes de sua degradação, reconhecendo nele certas limitações impostas pelas pressões existentes.	González del Tánago e García de Jalón (2007)
Revitalização (*Revitalization*)	Recuperação, melhoria dos atributos estruturais ou funcionais eventualmente não presentes no sistema natural.	Cirf (2006)
	Consiste em melhorar a situação ecológica do rio com um conjunto de medidas envolvendo: o desenvolvimento de um curso mais natural para o rio; a recuperação de uma morfologia mais natural; o manejo da mata ciliar; a eliminação dos impactos ao ambiente fluvial; educação ambiental; saneamento básico; valorização e aproveitamento da paisagem fluvial.	Selles *et al.* (2001)
Remediação (*Remediation*)	É o tratamento nos casos em que mudanças irreparáveis no fluxo de água tornam impossível a sua reabilitação, e sendo o estado original não mais um objetivo apropriado. Esta forma de manejo visa melhorar as condições ecológicas do fluxo de água, mas ao final esta melhora não se assemelhará necessariamente ao estado original do rio. A aplicação desta forma de manejo reconhece que o rio mudou tanto que a condição original não é mais relevante, mesmo assim ela visa uma condição inteiramente nova.	Rutherfurd *et al.* (2000)
	Remediação significa a aplicação de um "remédio" para a melhora da situação atual (de um rio muito doente) e que se emprega com mais frequência em casos em que se parte de um nível de degradação muito intenso, quando se reconhece que se inicia o processo de recuperação com poucas possibilidades de ganhos em curto prazo, dando mais importância ao processo em si (ou seja ao fato de se desejar caminhar em direção a uma recuperação), mais que aos resultados que se vão alcançando paulatinamente, que são incertos e não permitem prever o estado futuro, que é desconhecido.	González del Tánago e García de Jalón (2007)

(Continua)

CAPÍTULO 9: Prevenção

Tabela 9.9: Definições pesquisadas no contexto da requalificação fluvial—*(Cont.)*

Termo	Definição	Fonte
Recuperação	Processo destinado a adaptar um recurso "selvagem" ou "natural" para servir a propósito utilitário humano, dispondo um recurso natural para um novo uso ou um uso modificado. Frequentemente, é empregado para referir-se a processos que destroem ecossistemas nativos e os convertem para uso urbano ou agrícola.	NRC (1992)
	Conceitua como o manejo de um rio ou do ecossistema fluvial que implica o retorno deste às condições anteriores ao distúrbio, consistindo na estabilização do desenvolvimento de hábitat e colonização a uma taxa mais rápida que a dos processos naturais físicos e biológicos. A recuperação considera aspectos hidrológico e ecológico, qualidade da água, estética, além de uma visão integradora do projeto sustentável de recuperação.	Cunha (2003)
Preservação	É a manutenção de um ecossistema aquático, envolvendo mais do que a prevenção de alterações explícitas. Também implica gerenciamento do ecossistema aquático para manter suas funções e características naturais.	NRC (1992)
Prevenção	A primeira regra da reabilitação é para evitar o dano. É fácil, rápido e barato danificar rios naturais. Porém, é difícil, lento e caro devolvê-los ao seu original estado. Por esta razão, a mais alta prioridade para os reabilitadores é evitar mais danos aos córregos, especialmente córregos que permanecem em boas condições.	Rutherfurd *et al.* (2000)
Adequação	O condicionamento dos rios implica um enfoque destinado a potenciar um determinado uso do rio, sendo muito frequente neste sentido a adequação recreativa das margens ou o condicionamento do canal para melhorar seu acesso aos diferentes usos, entre eles o banho, a pesca, a canoagem, a prática de esportes etc.	González del Tánago e García de Jalón (2007)
Criação (*Creation*)	Refere-se à criação de um ecossistema que não existia previamente no local.	NRC (1992)
	Conversão ou mudança de uma condição para outra diferente, aplicada, no caso deste estudo, a conversão de uma área alagada não permanente em uma área alagada permanente, através de alguma atividade humana.	Lewis e Roy (1989)
	Compreende o desenvolvimento de um recurso que não existia previamente no local.	Brookes *et al.* (1996)
Melhoria / Melhora	Aumento em um ou mais valores relativos a alguma característica ambiental de toda ou de parte de uma área alagada existente, em decorrência das atividades humanas. A alteração intencional de uma área alagada existente para prover condições que previamente não existiam, ao aumentar um ou mais valores destas características (variáveis) é considerada melhora.	Lewis e Roy (1989)
	É definido como sendo qualquer melhora na qualidade ambiental do rio.	Brookes *et al.* (1996)
	Significa um aumento do valor do rio, não necessariamente de acordo com a recuperação de seu funcionamento ecológico, mas sim focado na melhora de seu aspecto estético, no aumento de sua estrutura ou diversidade física, sem que os elementos melhorados desta estrutura sejam uma consequência do funcionamento do próprio rio.	González del Tánago e García de Jalón (2007)
Mitigação	Ações tomadas para evitar, reduzir ou compensar os efeitos dos danos ambientais. Entre as ações possíveis, são aquelas que restauram, melhoram, criam ou substituem ecossistemas danificados.	NRC (1992)
	Realiza-se no âmbito da restauração ecológica e representa a moderação ou diminuição da intensidade dos efeitos que se consideram nocivos para os ecossistemas e que são causados por determinadas ações humanas. A mitigação de tais efeitos implica muitas vezes a substituição de um ecossistema por outro, o que significa a criação ou promoção de um ecossistema equivalente, mas distinto, que substitui o primitivo aceitando que este último já não poderá se manter ou alcançar com as atividades humanas existentes.	González del Tánago e García de Jalón (2007)

Nesse sentido, estabelece-se que a requalificação fluvial está articulada com a **hidrologia e a avaliação do comportamento hidráulico do canal,** a **morfologia,** a **qualidade da água** e a **presença de ecossistemas fluviais saudáveis,** sendo estes últimos, uma consequência dos outros itens. Com isso, podem ser fixados quatro pilares fundamentais que sustentam sua lógica, os quais se apresentam na Figura 9.13.

Para que os projetos de requalificação fluvial possam ser colocados em prática, é preciso ter em mente quais ações podem ser realizadas, o que é possível reverter, quanto espaço é necessário resgatar. Muitas vezes, objetivos ambientais são viabilizados por serviços ecossistêmicos de controle de cheias e redução de riscos de inundação, quando então os prejuízos evitados justificam ações desse tipo.

FIGURA 9.13: Proposta da requalificação fluvial. Fonte: *Adaptado de Cirf (2006).*

Requalificação Fluvial Urbana (RFU)

Sabe-se que os sistemas fluviais autossustentáveis fornecem importantes bens ecológicos e sociais e serviços para a vida humana (POSTEL E RICHTER, 2003 *apud* PALMER *et al.*, 2005). A requalificação fluvial é uma questão que vem como uma necessidade para enfrentar a progressiva deterioração dos ecossistemas de rios em todo o mundo, como discutido no item anterior. Os resultados podem aumentar a quantidade e a qualidade dos recursos fluviais e seu uso potencial para a população ribeirinha (GONZÁLEZ DEL TÁNAGO e GARCÍA DE JALÓN, 2007).

Em áreas urbanas, a requalificação fluvial é mais complexa, por conta das grandes modificações sofridas não só pelas áreas ribeirinhas, mas também pela própria bacia, que tornam mais difícil obter o espaço necessário para recuperar os processos naturais do leito do rio e de suas margens (*ibid.*), uma vez que o ambiente construído e suas redes de infraestrutura ocupam fortemente este espaço. Assim, o processo de requalificação fluvial precisa ser discutido em uma forma particular: uma solução de consenso entre paisagem natural e ambiente construído precisa ser encontrada.

Ainda que as áreas ripárias de rios urbanos pudessem ser restauradas à sua condição natural original (se esta fosse também conhecida), as modificações pesadas que a bacia sofreu ao longo do tempo, provavelmente contribuiriam para que as cheias continuassem acontecendo. Ou seja, o espaço necessário para recuperar as funções do rio, hoje, seria maior do que na situação natural, exatamente pelas modificações introduzidas na bacia. Por isso, é preciso que ações na bacia sejam consideradas, com o objetivo de diminuir a impermeabilidade e prover retenções superficiais, com o uso de reservatórios. Essa demanda caminha no sentido de encontrar com as medidas de controle de escoamento na fonte, distribuídas pela bacia, que são típicas da discussão sobre drenagem urbana sustentável.

Loernthal (1964) *apud* Dufour e Piégay (2009) defende que o homem é parte da natureza e não há razão para preferir o estado natural em detrimento do atual. De fato, o homem é parte da evolução do ecossistema fluvial e, em muitos contextos, retornar ao passado seria impossível ou, no mínimo, difícil, além de ser, eventualmente, indesejável e economicamente inviável. Entretanto, a capacidade para manter e recuperar os processos hidrológicos, morfológicos e ecológicos deve ser levada em consideração, para garantir um ambiente mais saudável, mesmo que não igual ao natural. Ou seja, em ambientes urbanos, uma requalificação fluvial deve levar em conta, necessariamente, a presença e os anseios do sistema socioeconômico representado pela cidade.

Dufour e Piégay (2009), por sua vez, defendem que condições passadas não devam ser usadas como referência porque nenhum estado histórico anterior pode ser justificado em detrimento de outro, uma vez que a maioria dos sistemas já foi influenciada pelo homem em todos os estados anteriormente conhecidos. Em ambientes urbanos, isso se torna ainda mais palpável. Os mesmos autores também defendem que cada um de nós está integrado em nossa própria cultura, o que, inevitavelmente, influencia a forma como percebemos o papel da natureza e da sociedade.

A Requalificação Fluvial Urbana (RFU), portanto, é um desafio para gestores, pesquisadores, especialistas e cidadãos. Para torná-la algo viável, é preciso integrá-la nos processos de planejamento urbanístico, permitindo a participação ativa de todos os interessados, incluindo aí desde entes políticos e privados até a população residente na área em questão. A recuperação da memória do rio entre os cidadãos e sua adoção pela comunidade, observando aspectos tanto históricos quanto socioeconômicos, é um pré-requisito importante para o sucesso de um projeto de RFU. A valorização e a reintegração do rio como parte da paisagem urbana são fundamentais neste processo. É preciso identificar um conjunto de medidas de requalificação ambiental aplicável ao limitado contexto de ação sobre rios urbanos, capazes de integrar, ou pelo menos permitir o convívio, dos múltiplos interesses da cidade, como a exigência de segurança hidráulica (associada ao risco de inundações), a recuperação de áreas degradadas, a necessidade de espaços para o lazer, dentre outros.

Em ambientes urbanos, com todas as dificuldades impostas, o foco principal pode recair na restauração da conectividade lateral com as margens do rio e seus afluentes, no aumento dos graus de liberdade do rio, na restauração do seu regime de escoamento natural, no reequilíbrio das dinâmicas geomorfológicas, na redução da poluição da água e a descontaminação dos solos e na reativação das áreas pertencentes ao rio. A combinação de conceitos de gestão de riscos de inundações com medidas de requalificação do rio pode ser uma solução de aplicabilidade eficiente em rios urbanos, em comparação com as soluções tradicionais e localizadas de drenagem (JORMOLA, 2008). Nesse contexto, uma abordagem sustentável para o sistema de drenagem pode também considerar a requalificação fluvial como uma das ferramentas alinhadas com o objetivo maior de gestão sustentável das águas urbanas.

Assim, o que é esperado, em geral, como resultado mais provável de uma RFU, é a criação de um sistema fluvial autossustentável, não necessariamente similar ao natural, de forma a agregar valor ambiental ao rio e suas áreas circunvizinhas, além de manter a função de controle de cheias, após a restauração dos padrões de escoamento para níveis desejados. No entanto, vale notar que, mesmo quando as medidas adotadas configurarem apenas uma requalificação parcial, elas são importantes. Além de caracterizar claramente o espaço fluvial, incorporando-o à paisagem urbana com valor ambiental, e reduzir o pico das cheias, elas ajudam na divulgação deste tipo de técnicas e proporcionam uma nova percepção sobre a existência do rio para a comunidade envolvida. Tal resultado pode ser importante indutor de não ocupação de áreas inundáveis em novos desenvolvimentos da cidade, através de novos loteamentos em áreas de perigo, que configurariam novas áreas de risco.

Findlay e Taylor (2006) destacam que mesmo que um rio não possa retornar para uma situação anterior, na maioria das vezes, surgem boas oportunidades para melhorar o funcionamento ecológico de uma rede fluvial urbana. No entanto, é conveniente que, na tomada de decisão, sejam desenvolvidas análises econômicas apropriadas para considerar alternativas viáveis. Dufour e Piégay (2009) acreditam que os objetivos de determinado projeto de RFU devem resultar de uma combinação do estado desejado (o que se quer) com o potencial de funcionamento (o que é possível ter).

Em relação a áreas em fase inicial de urbanização, é importante cuidar para que as faixas fluviais sejam protegidas, garantindo a integridade dos recursos e das opções para o futuro da paisagem. É uma medida praticamente sem custo (exceto pelo custo de não utilização da área que deve ser preservada). Os esforços devem se concentrar na proteção das planícies de alagamento como corredores verdes, mantendo a urbanização distante dos cursos d'água, e integrando o trecho como um recurso valorizado na paisagem, com trilhas, parques e acessos. Medidas para gerir a erosão, a produção de sedimentos e a geração de escoamentos a partir da água das chuvas devem ser postas em prática (RILEY, 1998) conjuntamente.

Binder (1998) já se destacava no início das discussões sobre o tema de requalificação fluvial de áreas urbanas no Brasil, por fazer menção específica a este ambiente, colocando como requisitos:

- acesso à água;
- ampliação do leito do rio;
- recuperação da continuidade do curso d'água;
- aplicação de técnicas de bioengenharia;
- recuperação das faixas marginais de proteção e da mata ciliar;
- reconstituição das estruturas morfológicas;
- promoção de biotas especiais;
- propiciação de elementos favoráveis ao lazer.

Gusmaroli *et al.* (2011) afirmam que a motivação para a RFU não é somente ligada ao valor do rio em si, mas pode constituir uma oportunidade para a cidade, em termos de valorização imobiliária dos quarteirões ribeirinhos, de revitalização econômica de bairros depreciados por enchentes ou pela proximidade com um rio degradado, de melhoramento da qualidade da vida dos habitantes e de redução do risco hidráulico (geralmente presente em rios urbanos).

Por fim, cabe destacar alguns pontos importantes, sinalizados por Binder (1998), em relação a projetos de RFU:

- os custos para manter a evolução natural do rio são baixos quando comparados às obras tradicionais;
- o processo de recuperação das feições naturais do rio pode levar anos ou décadas;
- exige acompanhamento de pessoal técnico qualificado;
- depende da possibilidade de evitar prejuízo para a população, oferecendo compensações para determinado uso;
- possui restrições econômica, financeira e social, como deslocamento de população ribeirinha e remanejamento de áreas agrícolas.

Trabalhos recentes têm focado em projetos de requalificação em áreas urbanas. Para conhecimento do leitor, alguns são citados a seguir.

Em Cirf (2006), González del Tánago e García de Jalón (2007), Selles *et al.* (2001) e Riley (1998) são apresentadas diversas formas de atuação em rios urbanos, no âmbito da RFU, como: melhoria da qualidade e da distribuição da quantidade de água, reordenação do espaço fluvial, melhoria da continuidade fluvial, diminuição do revestimento dos leitos, introdução de vegetação, dentre outras medidas. Também são apresentados, nessas referências, exemplos de casos bem-sucedidos para cada uma das intervenções realizadas. Outros trabalhos recentes abordam a RFU; alguns destes são mencionados a seguir.

Findlay e Taylor (2006) discutem por que reabilitar rios urbanos, considerando o contexto australiano. O trabalho analisa os fatores econômicos, sociais e ambientais que influenciam a tomada de decisões com respeito à reabilitação e gestão de rios urbanos e considera sua importância e valores relativos.

Kibel (2007) discute os esforços para projetos de restauração fluvial nos Estados Unidos, compilando uma série de estudos de caso em Los Angeles, Washington D.C., Portland, Oregon, Chicago, Salt Lake City e San Jose. Também analisa o papel do Governo Federal (em particular, do U.S. Army Corps of Engineers) e a atuação da população nas questões políticas referentes a rios urbanos.

Vieira *et al.* (2008) sugerem metodologia para a realização de estudos necessários à definição de projeto de requalificação na cidade de Guimarães, Portugal. A Ribeira da Costa/Couras é o curso d'água escolhido como caso de estudo.

Costa (2008) avaliou a degradação ambiental no Córrego Grande, curso d'água em meio urbano no Estado de Santa Catarina, visando a definição de medidas de revitalização em situação consolidada de ocupação urbana na zona de proteção legal daquele curso d'água, empregando metodologia de avaliação de impactos ambientais como *checklist* e matriz de interação.

Castro *et al.* (2009) apresentaram metodologia consolidada para a avaliação dos efeitos da urbanização na quantidade, qualidade e regime dos corpos de água. Sua metodologia era fundada no uso de indicadores e métodos de análise multicritério, objetivando proporcionar a análise global do desenvolvimento urbano.

Kenney *et al.* (2012) utilizaram métodos econômicos padronizados para comprovar que projetos com foco em qualidade da água e proteção e melhora de infraestrutura poderiam ser quantificados e avaliados em termos de custos. Assim, o trabalho pretendia avaliar o custo x benefício de projetos de requalificação fluvial.

Gorski (2010) pesquisou um conjunto de planos e projetos paisagísticos de recuperação de cursos d'água urbanos, desenvolvidos e/ou implementados entre 1990 e 2006, tratando de investigar as especificidades por eles estabelecidas, de acordo com o sítio, aspectos socioculturais e aspectos políticos e de gestão e, então, extraiu referências de projeto passíveis de orientar a abordagem técnica e sociopolítica de planos de recuperação de rios urbanos.

Macedo *et al.* (2011) avaliaram o emprego de projetos de restauração de cursos d'água em áreas urbanizadas, apresentando um panorama sobre a restauração de rios urbanos no mundo e, através de um estudo de caso em Belo Horizonte (MG), apontou a viabilidade técnica e ambiental do emprego desta abordagem nas grandes cidades brasileiras.

Cardoso (2012) propôs uma sistemática voltada para a orientação de processos de intervenção em cursos d'água urbanos – considerando etapas de concepção, análise, comparação e seleção de alternativas – tendo por base o estado de degradação dos sistemas fluviais e as condições urbanas da sua área de inserção, assim como aspectos relacionados com desempenho, impacto e custos das soluções.

Rico *et al.* (2013) apresentaram um caso de estudo na cidade de Bogotá, utilizando metodologia de auxílio à decisão baseada em análise multicritério para priorização de intervenções em cursos de água fundamentada em uma avaliação que considerava os impactos sofridos pelo curso de água e a pressão por ocupação antrópica que este sofria. Assim, visavam auxiliar os tomadores de decisão quanto à priorização de intervenções em trechos de cursos d'água.

Existe, na Europa, um projeto chamado *Restore* (RESTORE, 2013), cuja proposta inclui a divulgação das melhores práticas em requalificação de rios europeus. Com centenas de casos de estudo cadastrados até o momento, distribuídos entre dezenas de países, o site é uma fonte de informações interativas na área em questão. A página de casos do projeto (https://www.restorerivers.eu/) conta também com o auxílio do *Google Maps* para apresentá-los e localizá-los. O banco de dados conta com informações sobre: mitigação, adaptação e técnicas de compensação; informações sobre valores e serviços ecossistêmicos; e participação de *stakeholders*.

É importante destacar, por fim, que o conceito de requalificação fluvial, com a prioridade dada à preservação e ao funcionamento mais natural do rio, se encaixa de forma adequada no conceito de prevenção de riscos. Há uma vertente de atuação em projetos de requalificação que prega: parar de degradar, devolver o espaço ao rio e esperar a recuperação natural. Porém, muitos dos projetos de requalificação, de fato, geram intervenções para reversão de quadros de degradação, com obras de restauração de características funcionais do rio, entre elas, por exemplo, obras para reconexão do rio à sua planície de inundação, provendo uma capacidade de armazenamento que, embora originalmente natural, já havia sido perdida. Nesses casos, esse tipo de ação ultrapassa o limiar da prevenção e se alinha como uma ação de mitigação, que é o tema principal do próximo capítulo. Ou seja, ao propor alterações morfológicas no rio, com atuações típicas voltadas para a redução do risco (já estabelecido, pela existência de relação entre evento perigoso e sistema exposto), tem-se uma ação típica de mitigação. Prevenção e mitigação, muitas vezes, andam juntas, em uma realidade mais complexa do que a divisão conceitual aqui proposta, e buscam, em conjunto, diminuir riscos preliminarmente à ocorrência de possíveis eventos danosos. Entretanto, por uma questão conceitual, associada aos princípios que dão sustentação à requalificação e pregam a manutenção de rios em bom estado ecológico, essa importante linha de ação ficou ancorada neste capítulo de prevenção.

FAQ

1. *A Prevenção é uma fase preliminar da gestão, que trata de evitar a configuração do risco e, para isso, precisa de mapas de perigo – neste caso, por exemplo, de mapas de inundação para diferentes tempos de recorrência, como forma de introduzir a probabilidade de ocorrência. Esses mapas, em geral, resultam da aplicação de um modelo matemático. Como é possível confiar nesses modelos?*

RESPOSTA: Modelos matemáticos são representações matemáticas da realidade física. Porém, e principalmente quando se tratam de fenômenos naturais, a realidade tende a ser muito complexa e variada, levando os modelos a adotarem hipóteses simplificadoras, que representam apenas os principais efeitos envolvidos no processo. Além disso, muitas vezes, como no caso da representação de inundações, os modelos matemáticos resultantes da interpretação física não são resolvíveis de forma analítica. Assim, mais uma simplificação precisa ser introduzida, com o uso de soluções numéricas.

Nesse contexto, para que um modelo seja representativo e confiável, primeiro é necessário que ele seja capaz de interpretar corretamente os principais efeitos físicos que governam o processo. As equações precisam ser coerentes e consistentes com a representação do fenômeno. Além disso, as aproximações numéricas devem ser aceitáveis na discretização do fenômeno. Porém, ainda assim, ajustes devem ser feitos no modelo proposto a partir da comparação de dados medidos com os calculados. Esse é o processo de calibração. Nesse processo, os parâmetros do modelo são ajustados para representar fielmente os fenômenos medidos. Após a fase de ajuste, uma fase complementar, chamada validação, determina a confiabilidade do modelo: nesta fase, um evento, não utilizado para a calibração, é simulado e os resultados devem ser capazes de reproduzir os dados medidos de forma adequada.

2. *E se não houver dados medidos para a calibração do modelo, o que faço para representar o fenômeno e trabalhar com mapeamento de perigos para planejar a ocupação em uma nova área de expansão urbana?*

RESPOSTA: Quando não existem dados medidos, o resultado da modelagem deixa dúvidas. As etapas de escolha das equações, estabelecimento das hipóteses e representação física se tornam mais importantes ainda, pois todo o cuidado precisa ser tomado. Porém, é ainda importante fazer alguma verificação do modelo contra dados reais. Visitas de campo em busca de marcas de inundação históricas e entrevistas com moradores antigos destas áreas de expansão (eventualmente ainda de ocupação rural) devem ajudar a reconstruir eventos históricos, ao menos parcialmente, com informações de picos de alagamento e tempo de permanência alagado associado à chuva de uma determinada data. Esse processo pode subsidiar uma calibração mais expedita, mas que aumenta a segurança das previsões.

3. *Não sei se entendi direito... mas como é mesmo que medidas de desenvolvimento urbano de baixo impacto hidrológico se encaixam na discussão sobre prevenção no processo de gestão de riscos?*

RESPOSTA: A prevenção se dá, principalmente, pela eliminação da exposição. Assim, a ação de prevenção que naturalmente vem à mente se refere ao zoneamento de inundações, para evitar que novos desenvolvimentos urbanos sejam efetuados em áreas de perigo (ou mesmo evitar que uma ocupação já existente, equivocada, seja adensada em um local perigoso). Porém, note que o conceito de prevenção, na verdade, pode se referir a algo um pouco mais amplo, que implica que o desenvolvimento urbano não deve avançar para áreas de perigo, como já indicado, mas, reciprocamente, não se deve permitir que o perigo avance sobre áreas urbanizadas. Ou seja, ações de urbanização, que modificam a bacia e, usualmente, tendem a remover vegetação, incrementar áreas impermeáveis e introduzir redes de drenagem artificiais, tendo como consequência maiores volumes de água, com maiores picos de vazão e maiores velocidades de escoamento, devem ser repensadas. Ou seja, se a própria urbanização tem potencial para agravar inundações, pode ocorrer uma expansão das manchas de alagamento, passando a atingir áreas até então não afetadas para uma recorrência. Nesse sentido, o perigo se expande e atinge novas áreas, introduzindo novos riscos.

É nesse contexto que o desenvolvimento urbano de baixo impacto hidrológico surge como medida de prevenção de risco, evitando que novos loteamentos, ou o adensamento de áreas periurbanas, sejam capazes de ampliar a extensão das áreas originalmente perigosas, abarcando novas áreas até então fora do risco de projeto mapeado.

Assim, tem-se a eliminação da exposição, não de forma direta (ou seja, não pela observação direta de quais seriam as áreas perigosas hoje), mas sim pela eliminação do aumento do perigo, que exporia casas já existentes ao perigo ampliado.

4. *E a requalificação fluvial? Esse caso também é confuso, pois requalificar significa recuperar uma qualidade perdida. Isso não seria uma ação de mitigação?*

RESPOSTA: Sim, é verdade. Se tomado no sentido literal, **re**qualificar um rio significaria recuperar qualidades ambientais perdidas, aproximando o curso d'água de uma configuração mais natural, com melhor saúde ecossistêmica e funções originais restabelecidas.

Porém, a maior parte dos manuais de requalificação fluvial (ou restauração fluvial, como muito frequentemente aparece na literatura europeia) indica que a primeira ação de requalificação está associada a parar o processo de degradação e preservar as áreas ainda possíveis de serem preservadas. Isso implica uma ação de não ampliação do perigo e de reserva de áreas destinadas a compor o chamado espaço fluvial (sobre o qual não se deve introduzir qualquer desenvolvimento).

Além disso, na ótica rural ou periurbana, em que ainda há espaço livre para atuar na área ribeirinha, medidas de requalificação têm uma função hidráulica importante de controle de cheias, reduzindo o perigo e atuando preventivamente quanto à possibilidade de ampliação de inundações.

Por fim, embora correndo o risco de incorrer em uma imprecisão e, de fato, misturando o conceito de preservação com o de mitigação, mesmo onde as ações de requalificação acabam por modificar uma dada situação, recuperando condições anteriores de funcionamento do rio e, portanto, mitigando efeitos negativos, o resultado final busca um ganho ambiental, mais próximo do natural, com espaço dedicado ao cumprimento das funções fluviais, com menor necessidade de manutenção e menor artificialidade, levando a uma condição original que reproduz (dentro do possível) a condição natural que deveria ter sido "preservada". Essa particularidade foi um dos motivos que levou à organização deste item do capítulo conforme apresentado ao leitor.

5. *Prevenção e Mitigação aparecem juntas em várias publicações. Aqui essas fases estão separadas. Por quê?*

RESPOSTA: De fato, muitas vezes o termo prevenção assume um caráter mais geral e engloba a mitigação. Ambas as fases têm semelhanças – elas são prévias ao desastre, se desenvolvem em um momento de tranquilidade e têm por objetivo minimizar as possíveis consequências de um evento perigoso, reduzindo riscos. No entanto, como explicado na introdução do livro, essa separação foi uma escolha consciente dos autores, para dar uma temporalidade mais bem marcada a todas as etapas de gestão de risco, com esforços sequenciais, escalonados, para reduzir as consequências negativas de um desastre. Assim, reproduzindo o texto do item 1.4:

> *Na visão deste livro, a fase de prevenção vai se desdobrar, na verdade, em duas, distinguindo-se ações que têm função de prevenir, de fato, resultados danosos do desastre, mas que ocorrem em*

momentos diferentes, ainda que ambos se desenvolvam previamente ao desastre. A primeira dessas ações de gestão de risco é a prevenção propriamente dita, ou seja, aquele conjunto de atividades que procura avaliar quais são as áreas perigosas para evitar (prevenir) a ocupação e uso destas áreas, sendo uma ação de zoneamento e planejamento, de caráter não estrutural. A segunda ação associada a essa etapa preliminar da gestão de risco se refere à fase de mitigação, quando uma determinada área da cidade (sistema socioeconômico) já se encontra exposta ao perigo e são propostas medidas estruturais de reorganização dos padrões de inundação, minimização de alagamentos e diminuição da susceptibilidade a dano dos elementos expostos.

REFERÊNCIAS

AHIABLAME, L.M.; ENGEL, B.A.; CHAUBEY, I. (2012) Effectiveness of Low Impact Development Practices: literature review and suggestions for future research. Water Air Soil Pollut, n. 223, p. 4253-73, jun.

ANDJELKOVIC, I. (2001) Guidelines on Non-structural Measures in Urban Flood Management. Technical Documents in Hydrology. Paris: Unesco.

AZZOUT, Y.; BARRAUD, S.; ALFAKIH, E. (1994) Techniques Alternatives en Assainissement Pluvial. Choix, Conception, Réalisation et Entretien. (Alternative Stormwater Managements Techniques: selection, design, construction and maintenance). Paris, France: Collection Tec & Doc, Lavoisier.

BAHIENSE, J.M. (2013) Avaliação de técnicas compensatórias em drenagem urbana baseadas no conceito de desenvolvimento de baixo impacto, com o apoio de modelagem matemática. Dissertação (mestrado), UFRJ/ Coppe/Programa de Engenharia Civil. Rio de Janeiro. 135 p.

BAPTISTA, M.; NASCIMENTO, N.; BARRAUD, S. (2005) Técnicas Compensatórias em drenagem urbana, 1 ed. Porto Alegre: ABRH – Associação Brasileira de Recursos Hídricos.

BARLOW, D.; BURRILL, G.; NOLFI, J. (1977) Research report on developing a community level natural resource inventory system: Center for Studies in Food Self-Suficiency. Retrieved from http://vtpeakoil.net/docs/NR_inventory.pdf.

BERNDTSSON, J.C. (2010) Green Roof Performance Towards Management of Runoffwater Quantity and Quality: a review. Ecological Engineering, n. 36, p. 351-60.

BINDER, W. (1998) Rios e córregos, preservar - conservar – renaturalizar. A recuperação de rios, possibilidades e limites da engenharia ambiental. Rio de Janeiro: Semads, 41 p.

BOON, P.J.; CALOW, P.; PETTS, G.E. (eds.) (1992) River Conservation and Management. John Wiley & Sons, Chichester.

BRASIL. (1979) Lei Federal 11.445, de 5 de janeiro de 2007. Estabelece diretrizes nacionais para o saneamento básico; altera as Leis n. 6.766, de 19 de dezembro de 1979, 8.036, de 11 de maio de 1990, 8.666, de 21 de junho de 1993, 8.987, de 13 de fevereiro de 1995; revoga a Lei n. 6.528, de 11 de maio de 1978; e dá outras providências.

BRASIL. (2001) Lei Federal n. 10.257, de 10 de julho de 2001. Regulamenta os arts. 182 e 183 da Constituição Federal, estabelece diretrizes gerais da política urbana e dá outras providências.

BROOKES, A.; KNIGHT, S.S.; SHIELDS, F.D. (1996) Habitat Enhancement. In : BROOKERS, A., SHIELDS, F.D., (eds.) River Channel Restoration: Guiding Principles for Sustainable Projects. Chichester: John Wiley & Sons, p. 149-79.

CAIRNS, J. (1991) The status of the theoretical and applied science of restoration ecology. The Environmental Professional, v. 13, p. 186-94.

CARDOSO, A.S. (2012) Proposta de sistemática para orientação de processos decisórios relativos a intervenções em cursos de água em áreas urbanas. Tese de D. Sc. UFMG, Belo Horizonte, MG, Brasil.

CASTRO, L.M.A.; BAPTISTA, M.B.; BARRAUD, S. (2009) Proposição de Metodologia para a Avaliação dos Efeitos da Urbanização nos Corpos de Água. Revista Brasileira de Recursos Hídricos, v. 14, n. 4, p. 113-23.

CIRF – CENTRO ITALIANO PER LA RIQUALIFICAZIONE FLUVIALE (2006) La riqualificazione fluviale in Italia: linee guida, strumenti ed esperienze per gestire i corsi d'a cqua e il territorio. NARDINI, A.; SANSONI, G. (eds.) Venezia: Mazzanti.

COFFMAN, L.S.; CHENG, M.; WEINSTEIN, N.; CLAR, M. (1998) Low-Impact Development Hydrologic Analysis and Design. In: Proceedings of the 25th Annual Conference on Water Resources Planning and Management, Asce – American Society of Civil Engineering, p. 1-8, Chicago-Illinois, USA.

COFFMAN, L.S. (2000). Low-impact Development Design: a New Paradigm For Stormwater Management Mimicking and Restoring the Natural Hydrologic Regime; an Alternative Stormwater Management Technology. Maryland County, USA: Prince George's County Department of Environmental Resources.

COSTA, H.; TEUBER, W. (2001) Enchentes no Estado do Rio de Janeiro – Uma Abordagem Geral. Rio de Janeiro: Semads. 160 p.

COSTA, S.D. (2008) Estudo da viabilidade de revitalização de curso d'água em área urbana: estudo de caso no rio córrego grande em Florianópolis, Santa Catarina. Dissertação de Mestrado. UFSC, Florianópolis, SC, Brasil.

CREDIT VALLEY CONSERVATION AUTHORITY & TORONTO REGION CONSERVATION AUTHORITY (2010). Low Impact Development Stormwater Management Planning and Design Guide. Toronto, Canada: Credit Valley Conservation Authority & Toronto Region Conservation Authority.

CUNHA, S.B. (2003) Geomorfologia Fluvial. In: CUNHA, S.B.; GUERRA, A.J.T. (orgs.) Geomorfologia – uma atualização de bases e conceitos. Rio de Janeiro: Bertrand Brasil, p. 211-52.

DIETZ, M.E. (2007) Low ImpactDevelopment Practices: a review of current research and recommendations for future directions. Water Air Soil Pollut, n. 186, p. 351-63, set.

DIRETIVA 2000/60/CE do Parlamento Europeu e do Conselho de 23 de outubro de 2000, que estabelece um quadro de ação comunitária no domínio da política da água.

DUARTE, R.X.M. (2003) Reservatórios de lote para drenagem urbana. 86 f. Trabalho de final de curso. Projeto de graduação (Graduação em Engenharia Civil) – Escola Politécnica, Universidade Federal do Rio de Janeiro, Rio de Janeiro.

DUFOUR, S.; PIÉGAY, H. (2009) From the Myth of a Lost Paradise to Targeted River Restoration: Forget Natural References and Focus on Human Benefits. River Research and Applications, v. 25, p. 568-81.

ECRR (2008) IVth ECRR International Conference on River Restoration 2008. GUMIERO B.; RINALDI M.; FOKKENS, B. (eds.). Centro Italiano per la Riqualificazione Fluviale – Cirf. (http://www.cirf.org).

FLETCHER, T.D.; SHUSTER, W.; HUNT, W.F.; ASHLEY, R.; BUTLER, R.; ARTHUR, S.; TRWSDALE, S.; BARRAUD, S.; SEMADENI-DAVIES, A.; BERTRAND-KRAJEWSKI, J.; MIKKELSEN, P.S.; RIVARD, G.; UHL, M.; DAGENAIS, D.; VIKLANDER, M. (2014). SUDS, LID, BMPs, WSUD and More – The Evolution and Application of Terminology Surrounding Urban Drainage. Urban Water Journal, DOI:10.1080/1573062X. 2014.916314.

FINDLAY, S.J.; TAYLOR, M.P. (2006) Why Rehabilitate Urban River Systems?". Area, v. 38, p. 312-25.

GÓMEZ, F.; JABALOYES, J.; MONTERO, L.; DE VICENTE, V.; VALCUENDE, M. (2011) Green Areas, the Most Significant Indicator of the Sustainability of Cities: Research on Their Utility for Urban Planning. J. Urban Plan. Dev., v. 137, 311–328.

GONZÁLEZ DEL TÁNAGO, M.; GARCÍA DE JALÓN, D. (2007) Restauración de ríos. Guía metodológica para la elaboración de proyectos. Ministerio de Medio Ambiente, Madrid, España.

GORDON, N.D.; MCMAHON, T.A.; FINLAYSON, B.L. (1992) Stream Hydrology: An Introduction for Ecologists. Centre for Environmental Applied Hydrology – University of Melbourne. John Wiley & Sons, p. 447-73.

GORE, J.A. (1985) Introduction. The Restoration of Rivers and Streams, vii-xi. Boston: Butterworth Publishers.

GORSKI, M. C. B. (2010) Rios e Cidades: Ruptura e Conciliação. São Paulo, Editora Senac.

GREGORY, K.J. (2006) The human role in changing river channels. Geomorphology. v. 79, n. 3-4, p. 172-91.

GUSMAROLI, G.; BIZZI, S.; LAFRATTA, R. (2011) L'approccio della Riqualificazione Fluviale in Ambito Urbano: Esperienze e Opportunittà. In: Acqua e Città - 4(Convegno Nazionale di Idraulica Urbana, Venezia, Italia, June 2011.

HOUGH, M. (2004) Cities and Natural Process: A basis for sustainability (2nd ed.). Londres, Nova York, Routledge.

JHA, A.K.; BLOCH, R.; LAMOND, J. (2012) Cities and Flooding. A Guide to Integrated Urban Flood Risk Management for the 21st Century. Washington, D.C.: The World Bank.

JORDAN, W.R.; GILPIN, M.E.; ABER, J.D. (1987) Restoration ecology: Ecological Restoration as a Technique for Basic Research. In : JORDAN, W.R., GILPIN, M.E., A.B.E.R., J.D., (eds.). Restoration Ecology. Cambridge: Cambridge University Press, 3-21.

JORMOLA, J. (2008) Urban Rivers. In: Proceedings of the 4th ECRR Conference on River Restoration, Venice, S. Servolo Island, Itália, Junho.

KENNEY, M.A.; WILCOCK, P.R.; HOBBS, B.F.; FLORES, N.E.; MARTÍNEZ, D.C. (2012) Is Urban Stream Restoration Worth It?. Journal of the American Water Resources Association. (JAWRA) 1-13. DOI: 10.1111/j.175 2-1688.2011.00635.x.

KIBEL, P.S. (2007) Rivertown: Rethinking Urban Rivers. Massachusetts: The MIT Press Cambridge, 219 p.

LARSEN, P. (1994) Restoration of River Corridors: German experiences. In :, P., CALOW, P., PETTS, G.E., (eds.) The Rivers Handbook. Oxford: Blackwell Scientific Publications, v. 2, 419-40.

LEWIS, R.; ROY III. (1989) Wetlands Restoration/Creation/Enhancement Terminology: Suggestions for Standardization. In: Wetland Creation and Restoration: The Status of Science, v. II: Perspectives. Jon A. Kusler. Ed. US Environmental Protection Agency. 1989. p. 1-3. Disponível em: <http://nepis.epa.gov>. Acesso em: 10 Fev. 2013.

MACEDO, D.R.; CALLISTO, M.; MAGALHÃES JR, A.P. (2011) Restauração de Cursos D'água em Áreas Urbanizadas: Perspectivas para a Realidade Brasileira. Revista Brasileira de Recursos Hídricos, v. 16, n. 3, p. 127-39.

MASCARENHAS, F.C.B.; MIGUEZ, M.G.; MAGALHÃES, L.P.C.; PRODANOFF, J.H.A. (2005) On-site Stormwater Detention as an Alternative Flood Control Measure in Ultra-Urban Environments in Developing Countries. IAHS-AISH, Red Book Publication, v. 293, p. 196-202.

MIGUEZ, M,G; VERÓL, A.P.; REZENDE, O.M. (2015). Drenagem urbana: do projeto tradicional à sustentabilidade. Rio de Janeiro: Elsevier.

MINISTÉRIO DAS CIDADES (2012) Manual para apresentação de propostas para sistemas de drenagem urbana sustentável e de manejo de águas pluviais. Programa 2040 – Gestão de riscos e resposta a desastres. Disponível em: <www.cidades.gov.br>. Acesso em: 12 mar. 2014.

NARDINI, A.; PAVAN, S. (2012) River Restoration: not only for the sake of nature but also for saving money while addressing flood risk. A decision-making framework applied to the Chiese River (Po basin, Italy). Journal of Flood Risk Management, v. 5, issue 2, p. 111-33, June.

NBR 15.527:2007 – Água de chuva – Aproveitamento de coberturas em áreas urbanas para fins não potáveis – Requisitos.

NC STATE UNIVERSITY (2009) NORTH CAROLINA Low Impact Development Guidebook. Raleigh, NC: NCSU.

NRC – NATIONAL RESEARCH COUNCIL (1992) Restoration of Aquatic Ecosystems: science, tecnology, and public policy. Washington, USA: National Academy Press.

ONTARIO MINISTRY OF THE ENVIRONMENT (2003). Stormwater Management Planning and Design Manual. Ontario, Canada: Ontario Ministry of the Environment.

PALMER, M.A.; BERNHARDT, E.S.; ALLAN, J.D.; LAKE, P.S.; ALEXANDER, G.; BROOKS, S.; CARR J.; CLAYTON, S.; DAHM, C.N.; FOLLSTAD SHAH, J.; GALAT, D.L.; LOSS, S.G.; GOODWIN, P.; HART, D.D.; HASSETT, B.; JENKINSON, R.; KONDOLF, G.M.; LAVE, R.; MEYER, J.L.; O'DONNEL, T.K.; PAGANO, L.; SUDDUTH, E. (2005) Standards for ecologically successful river restoration. Journal of Applied Ecology, v. 42, n. 2, p. 208-17.

PRINCE GEORGE'S COUNTY DEPARTMENT OF ENVIRONMENTAL RESOURCES (1993) Design Manual for Use of Bioretention in Stormwater Management. Prince George's County, Maryland. Maryland, USA: Division of Environmental Management, Watershed Protection Branch.

PRINCE GEORGE'S COUNTY (1999) Maryland, Low-impact Development Design Strategies: an integrated design approach. Maryland: Department of Environmental Resources, Prince George's County.

RESTORE (2013) Rivers by Design-Rethinking Development and River Restoration. Environment Agency, Horizon House, Bristol, UK.

RICO, E.A.; MOURA, P.M.; BAPTISTA, M.B. (2013) Estudo para priorização de intervenções na torrente Bolonia, Bogotá – Colômbia. In: Anais do XX Simpósio Brasileiro de Recursos Hídricos. Bento Gonçalves (RS), Novembro de 2013.

RILEY, A.L. (1998) Restoring Streams in Cities, a Guide for Planners, Policymakers, and Citizens. Washington D.C.: Island Press.

RIO DE JANEIRO. (2004) Lei Municipal nº 23.940, de 30 de janeiro de 2004. Torna obrigatório, nos casos previstos, a adoção de reservatórios que permitam o retardo do escoamento das águas pluviais para a rede de drenagem. Diário Oficial, Rio, 2 de fevereiro.

RIO DE JANEIRO. (2004) Resolução Conjunta SMG/SMO/SMU nº 001, de 27 de janeiro de 2005. Disciplina os procedimentos a serem observados no âmbito dessas secretarias para o cumprimento do Decreto nº 23.940, de 30 de janeiro de 2004.

ROWE, D.B. (2011) Green Roofs as a Means of Pollution Abatement. Environmental Pollution, v. 159, I. 8-9, p. 2100-110. Elsevier, USA.

RUTHERFURD, I.D.; JERIE, K.; MARSH, N. (2000) A Rehabilitation Manual for Australian Streams Volume I. Land and Water Resources Research and Development Corporation: Canberra.

SÃO PAULO (cidade) (2012) Secretaria Municipal de Desenvolvimento Urbano. Manual de drenagem e manejo de águas pluviais: aspectos tecnológicos; fundamentos. São Paulo: SMDU, 2012.

SCHLEE, M.B.; TAMMINGA, K.R.; TANGARI, V.R. (2012) A Method for Gauging Landscape Change as a Prelude to Urban Watershed Regeneration: The Case of the Carioca River, Rio de Janeiro. Sustainability, 4, 2054-98.

SELLES, I.M.; VARGAS, A.V.; RIKER, F.; BAHIENSE, G.; PAES RIOS, J.; CUNHA, L.; CAMPAGNANI, S.; MATTA, V.; BINDER, W.; ARAÚJO, Z. (2001) Revitalização de rios – orientação técnica. Rio de Janeiro: Semads. 78 p.

SER – SOCIETY FOR ECOLOGICAL RESTORATION (2002) SER Primer on Ecological Restoration. Working Group. Disponível em: <www.ser.org>. Acesso em: 3 Julho 2012.

SHAVER, E. (2000). Low Impact Design Manual for the Auckland Region. Auckland. New Zeland: Auckland Regional Council Technical Publication, n. 10.

SOUZA, F.C., TUCCI, C.E.M., POMPÊO, C.A. (2005) Diretrizes para o estabelecimento de loteamentos urbanos sustentáveis. VI Encontro Nacional de Águas Urbanas. Belo Horizonte, Brasil.

TUCCI, C.E.M. (2003) Inundações e drenagem urbana. In: Inundações Urbanas na América do Sul, Editora da ABRH.

URBONAS, B.; STAHRE, P. (1993) Best Management Practices and Detention for Water Quality, Drainage and CSO Management. New Jersey: Prentice Hall, 449 p.

USDoD – UNITED STATES DEPARTMENT OF DEFENSE (2004) Unified Facilities Criteria (UFC) Design: Low Impact Development Manual, USA.

US EPA – UNITED STATES ENVIRONMENTAL PROTECTION AGENCY (2000) Low Impact Development – A Literature Review, EPA-841-B-00-005. Washington, DC: Office of Water.

VASCONCELOS, A.F. (2014). Estudo e proposição de critérios de projeto para implantação de técnicas compensatórias em drenagem urbana para controle de escoamentos na fonte. Dissertação de Mestrado. UFRJ/Coppe/Programa de Engenharia Civil. Rio de Janeiro.

VASCONCELOS, A.F.; MIGUEZ, M.G.; VAZQUEZ, E.G. (2016). Critérios de projeto e benefícios esperados da implantação de técnicas compensatórias em drenagem urbana para controle de escoamentos na fonte, com base em modelagem computacional aplicada a um estudo de caso na Zona Oeste do Rio de Janeiro. Revista Engenharia Sanitária e Ambiental. No prelo.

VERÓL, A.P. (2013) Requalificação fluvial integrada ao manejo de águas urbanas para cidades mais resilientes. Tese de Doutorado. Programa de Engenharia Civil-Coppe/UFRJ, RJ.

VIEIRA, J.M.; RAMÍSIO, P.J.; DUARTE, A.L.S.; PINHO, J.L.S. (2008) Reabilitação de Meios Hídricos em Ambiente Urbano. O Caso da Ribeira da Costa/Couros, em Guimarães. In: Engenharia Civil/Civil Engineering, 33. Universidade do Minho, Portugal.

VIEIRA DA SILVA, R.C.; WILSON JR., G. (2005) Hidráulica Fluvial II. Coppe/UFRJ, RJ.

WARD, J.V. (1989) The four-dimensional nature of lotic ecosystems. J. North Am. Benthol. Soc., v. 8, p. 2-8.

WRIGHT-McLAUGHLIN ENGINEERS CONSULTANTS (1969) Urban Strom Drainage Criteria Manual. Denver Regional Council of Governments.

ZHOU, H.; SHI, P.; WANG, J.; YU, D.; GAO, L. (2011) Rapid Urbanization and Implications for River Ecological Services Restoration: Case Study in Shenzhen. China. J. Urban Plan. Dev., v. 137, 121–132.

ZHAO, P.; CHAPMAN, R.; RANDAL, E.; HOWDEN-CHAPMAN, P. (2013) Understanding Resilient Urban Futures: A Systemic Modelling Approach. Sustainability, v. 5, 3202–3223.

CAPÍTULO 10

Mitigação

Conceitos apresentados neste capítulo

Este capítulo dá sequência ao processo de gestão de risco, discutindo a etapa de mitigação e completando a fase de atuação antecipada, em que, conjuntamente com a etapa de prevenção, se busca reduzir o risco antes da iminência de sua materialização. No caso da mitigação, diferentemente da prevenção, porém, já existem elementos expostos e é necessário atuar nos componentes do risco para evitar seus efeitos danosos. Assim, pode-se buscar reduzir as inundações reduzindo a susceptibilidade do meio físico, por meio de medidas de controle dos escoamentos gerados; pode-se também atuar na redução das vulnerabilidades do sistema socioeconômico ou no aumento de sua resiliência. Essas ações constituem o núcleo central deste capítulo.

10.1 INTRODUÇÃO

Este Capítulo 10 complementa o Capítulo 9, na construção do arcabouço que trata das etapas da gestão de risco que buscam se antecipar aos desastres hidrológicos, reduzindo os riscos associados à ocorrência de um evento perigoso.

Como já destacado antes e frisado novamente aqui, muitas referências tratam a etapa de prevenção e mitigação como um mesmo processo, preliminar às etapas de preparação, resposta e recuperação. Neste livro, porém, prevenção e mitigação aparecem separadas em dois capítulos, para distinguir momentos diferentes da gestão do risco, que têm uma forte correlação, mas que se diferenciam conceitualmente.

Conforme destacado no Capítulo 9, a etapa de prevenção ocorre cronologicamente no primeiro momento, antecipando riscos e evitando a exposição. É uma etapa que está muito associada ao planejamento de desenvolvimento da cidade e do uso do solo. Já a mitigação, foco deste capítulo, atua quando a prevenção falha e parte da cidade se vê exposta ao risco, seja, por exemplo, porque o crescimento não foi controlado, ou porque ocorreram mudanças climáticas e os eventos de chuva tornaram-se mais intensos e frequentes.

Assim, quando uma situação de risco já está instalada e o mapeamento de risco mostra áreas sujeitas a danos, medidas prévias de mitigação do risco podem e devem ser implementadas. Portanto, as medidas de mitigação podem atuar sobre a geração de escoamento ou sobre a organização espaço-temporal de escoamentos, na escala da bacia (dessa forma reduzindo o perigo), podem atuar sobre o sistema econômico (a cidade), reduzindo sua vulnerabilidade para proporcionar menos perdas e criar condições de convívio, ou podem atuar sobre o ambiente construído, em escala local, para adaptá-lo, gerando respostas mais elásticas, aumentando a resiliência do sistema.

10.2 MEDIDAS DE CONTROLE DE CHEIA NA ESCALA DA BACIA

No grupo de medidas de controle de cheias na escala da bacia talvez se encontrem as mais tradicionais formas de intervenção. Nessa categoria, a principal atuação se refere à reorganização dos escoamentos, recompondo-os no espaço e/ou no tempo, de forma a diminuir o perigo que ameaça a cidade, como sistema socioeconômico. Conforme discutido na Parte I deste livro, a chuva é um gatilho natural que dispara o processo que, de fato, ameaça os sistemas socioeconômicos, na avaliação do risco hidrológico. Esse processo é o das inundações e alagamentos, em geral, associados a falhas na micro e macrodrenagem e dependentes da susceptibilidade do meio físico (bacia natural mais modificações introduzidas pelo processo de urbanização) à geração de escoamentos. Assim, diferentemente de perigos naturais que são diretamente relacionados com a ameaça ao sistema (como terremotos ou furacões, por exemplo), a inundação pode ser modificada, pela atuação sobre a bacia hidrográfica, por onde passa a chuva na geração dos escoamentos, minimizando efeitos de lâminas de alagamentos, velocidades de escoamento e tempos de permanência.

As ações estruturais para controle de cheias, que modificam as relações de escoamento e se caracterizam como medidas de mitigação das próprias inundações e, consequentemente, do risco associado, podem ser divididas em dois grupos: um tradicional, que cumpre o papel básico de drenar as águas rapidamente; outro alternativo, mais sustentável, às vezes chamado de preservacionista, que tem por objetivo recuperar funções básicas do ciclo hidrológico, com destaque para o armazenamento e, também, para a infiltração.

A abordagem tradicional de projeto de sistemas de drenagem urbana e controle de cheias teve sua origem na necessidade de sanear a cidade, que, como consequência da Revolução Industrial, teve uma forte concentração de migrantes no seu centro antigo, sem infraestrutura suficiente e sofrendo com precárias condições sanitárias, que reverteram em problemas de saúde pública e graves epidemias. Essa abordagem se constitui, basicamente, em medidas de canalização e afastamento rápido dos escoamentos, o que representa uma ação sobre as consequências da urbanização e os escoamentos decorrentes produzidos. Rios, canais e galerias são dimensionados e/ou remodelados para se adaptarem às novas vazões resultantes do ciclo hidrológico alterado.

Essas medidas têm potencial para causar problemas a jusante, transferindo problemas de inundação de um local para outro. Como não há, aqui, a preocupação de resgatar características do ciclo hidrológico que foram modificadas pela urbanização, o excedente de água escoado rapidamente pode causar novos transtornos e alagamentos em áreas antes não afetadas, resultando em riscos similares ou até maiores do que aqueles da situação que motivou as intervenções.

Mais recentemente, em função de uma preocupação ambiental crescente e da necessidade de reequacionar a distribuição de escoamentos no espaço urbano, que não comporta mais transferências de alagamentos, as medidas estruturais para controle de cheias passam a tratar o problema em sua causa, recuperando funções hidrológicas, notadamente a retenção e a infiltração, buscando reduzir e retardar picos de cheia. Uma questão importante a se destacar nesse conjunto de medidas de mitigação é que os reservatórios desempenham um papel primordial. As medidas que favorecem a infiltração são desejáveis, mas a velocidade de infiltração, em geral, limita este tipo de solução, pois os volumes das águas superficiais, ampliados pela própria urbanização, são muito mais velozes e precisam ser controlados em um intervalo de tempo limitado.

Assim, os reservatórios temporários de acumulação assumem uma posição de destaque nos projetos de mitigação de inundações. Além disso, podem assumir várias escalas, da bacia ao lote, permitindo que se integrem ao ambiente urbano, harmoniosamente, na medida em que podem ser projetados como áreas de lazer em tempo seco, compondo paisagens multifuncionais. Estas soluções conjuntas constituem um mosaico integrado que trata a bacia como um sistema, fugindo do eixo linear gerado pela ação direta na rede de canais e a consequente tendência de escoar grandes volumes de água com rapidez, com foco em resultados locais.

É importante destacar que as novas tendências de projeto de drenagem, em um contexto mais sustentável, vêm predominando na discussão técnica, mas as medidas tradicionais podem ainda ser úteis, especialmente em composições de projeto nas quais seja possível acelerar parte dos escoamentos e descarregar com segurança.

As medidas de controle podem ainda ser organizadas de acordo com a sua ação sobre o hidrograma da bacia hidrográfica:

- aumento da eficiência do escoamento: retificações e/ou canalizações, drenando áreas alagadas;
- medidas de armazenamento: reservatórios atuando na detenção ou retenção de parte do volume da cheia, reduzindo e retardando o seu pico e redistribuindo as vazões no tempo;
- medidas de infiltração: criando condições para uma maior infiltração das águas pluviais, redirecionando-as para lençóis subterrâneos e recompondo este escoamento subterrâneo e as vazões de base, diminuindo o escoamento superficial;
- diques e estações de bombeamento: conformação de áreas marginais protegidas, em geral em áreas planas e baixas, evitando o extravasamento do rio e sua comunicação com a planície de inundação.

Na sequência, serão destacadas ações tradicionais (canalização, diques e pôlderes, obras de desvio) e obras de armazenamento (reservatórios de detenção e retenção) como alternativas para controle de cheias na escala da bacia, com finalidade de mitigação do risco de inundações.

Canalização

A canalização de um rio é uma medida estrutural tradicional, que busca regularizar a seção de escoamento e aumentar sua capacidade de condução de vazões. De forma geral, uma canalização implica a retificação de um rio (ou de um trecho de rio), na definição de uma seção de geometria regular, para a passagem de uma vazão de referência de projeto, e a regularização ou revestimento de margens e fundo. As retificações encurtam distâncias e permitem a implementação de maiores declividades, que favorecem as velocidades de escoamento. A regularização ou o revestimento das superfícies de margens e fundo diminuem o efeito do atrito, atuando na redução da rugosidade, e, portanto, aumentando a capacidade de descarga da seção. Muitas vezes o canal original é também rebaixado e/ou alargado, para garantir uma geometria de seção transversal capaz de escoar as águas da cheia, sem gerar extravasamentos.

Assim, o projeto de um canal implica definir a geometria de sua seção transversal de escoamento, o material desta seção (seção natural cortada em terra, fundo natural, com margens gramadas ou revestidas, canal em concreto...) e a declividade do canal, para fazer passar a vazão de pico do hidrograma de projeto, calculado para um tempo de recorrência de referência, usualmente adotado como 25 anos, por recomendação do Ministério das Cidades, para fins de projeto de obras de macrodrenagem.

A canalização tende, portanto, a providenciar o rápido escoamento das águas pluviais coletadas, drenando uma determinada área e transferindo para jusante as vazões que ocupariam as planícies de inundação (e que eventualmente causariam prejuízo a um sistema socioeconômico lá implantado). Porém, deve-se ter cuidado com este efeito, pela possibilidade de se transferir inundações para jusante, afetando áreas antes não alagáveis e apenas modificando o prejuízo de lugar. Uma análise sistêmica da bacia, com a avaliação de consequências também para jusante é fundamental para que o projeto não acabe gerando novos (e difíceis) problemas.

Entretanto, cabe também destacar que esta medida pode ser ineficaz se houver restrição a jusante e estes efeitos se fizerem sentir a montante. É importante não projetar canais com uma visão local, destinados a fazer passar uma vazão de pico, sem a compreensão de como funciona a bacia e quais são as possíveis limitações. Efeitos de jusante podem incluir, por exemplo: o deságue no mar, com a presença da ação de variação de níveis, pela ocorrência de marés, gerando restrições de descarga; ou a presença de obstruções parciais na rede de drenagem, como assoreamentos ou acúmulo de resíduos sólidos e lixo, por degradação de áreas vegetadas da bacia ou por deficiência do sistema de coleta de resíduos sólidos urbanos; podem ainda ocorrer a existência de obras que geram singularidades no caminho do escoamento, limitando a capacidade da rede, como a presença de pontes estreitas ou baixas, com pilares lançados na calha, travessias de adutoras, casas/construções irregulares nas margens, entre outras interferências.

Também é importante destacar que o canal projetado para um determinado tempo de recorrência, com uma condição de bacia predefinida, para um certo horizonte, não oferece proteção para tempos de recorrência maiores e pode falhar significativamente se as condições de projeto forem superadas, por exemplo, se ocorrer uma urbanização imprevista, com excesso de impermeabilização, ou se ocorrerem mudanças climáticas que intensifiquem as chuvas. Há pouca margem de resiliência, nestes casos.

A Figura 10.1 mostra exemplos de rios canalizados em áreas urbanas.

FIGURA 10.1: Rio Tibre, em Roma, Itália (acima), correndo na calha principal, com margens em concreto, deixando visível o espaço reservado para sua calha secundária; canal do Anil (abaixo), canalizado em seção de terra, com uma das margens ocupadas, afluindo ao Rio Grande, na Baixada de Jacarepaguá, Rio de Janeiro. Fonte: *Miguez (2011; 2007)*.

Diques marginais e pôlderes

Diques são barramentos que margeiam o rio evitando o seu transbordamento e o consequente alagamento das várzeas de inundação, isolando a zona ribeirinha do canal principal. Do ponto de vista hidráulico, a drenagem das áreas internas, protegidas pelos diques, é garantida pela implementação de canais e lagoas locais, com espaço para armazenamento temporário das vazões geradas na parte interna protegida e dispositivos de descarga para devolução destas águas ao rio principal, após a redução de seus níveis de cheia. Assim, a água armazenada é conduzida para o rio principal, em geral, em um momento posterior à passagem da cheia por ele, através de comportas do tipo *flap*, quando o canal deste permite. Alternativamente, estações de bombeamento podem ser usadas como dispositivos de descarga (ou de forma complementar) nas situações em que os volumes internos de armazenamento são limitados. Os sistemas compostos por um canal auxiliar e reservatórios temporários, conectados ao rio por meio de comportas *flap* e/ou bombas, também são conhecidos como pôlderes (Seed *et al.*, 2011). *Polder* é uma palavra holandesa, que é frequentemente associada com a proteção do mar. A Figura 10.2 mostra, de forma esquemática, a composição de um pôlder. A Figura 10.3 apresenta imagens do pôlder do Pilar, localizado na Baixada Fluminense (RJ).

Desde os tempos antigos, diques têm sido usados para proteger as áreas de várzea ao longo dos principais cursos de água – há registros de diques construídos pelos romanos em tempos remotos, por exemplo. Nos tempos atuais, alguns diques em importantes rios podem ser citados como exemplo: nos Estados Unidos, os rios Mississippi e Sacramento; na Europa, os rios Pó, Reno, Meuse, Rhone, Loire, Vístula e Danúbio.

Os pôlderes são muito utilizados para proteger as cidades ribeirinhas das inundações, mas geralmente afetam a qualidade do ambiente, impedindo a conectividade lateral do rio com sua planície, interrompendo padrões paisagísticos e apresentando a tendência de segregar áreas da cidade. Nesse caso, o conflito por espaço entre o ambiente natural e urbano acaba sendo resolvido pelo corte artificial dos espaços fluviais, adicionando-os ao tecido urbano. Entretanto, muitas vezes não há realmente alternativas possíveis, uma vez que, depois que uma cidade se expande para áreas baixas, planas e alagáveis, e considerando que o controle de cheias é um processo relacionado com a alocação de espaço para as águas das cheias, pode ser praticamente impossível alocar espaços seguros, de forma adequada, para toda a água que precisaria ocupar a planície de inundação. Tal fato leva, então, à alternativa de isolamento da planície urbanizada pelo dique.

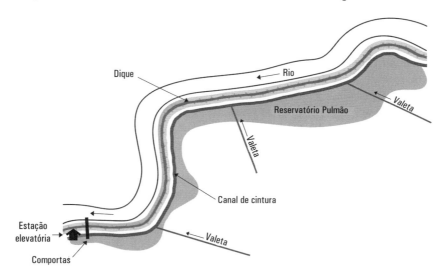

FIGURA 10.2: Figura esquemática de um pôlder. Fonte: Adaptado de Semads (2001).

FIGURA 10.3: Pôlder do Pilar, Duque de Caxias (RJ). Fonte: Veról (2011).

Como consequência, o uso de diques limita o acesso da inundação às áreas ocupadas, mas o estreitamento das várzeas pode tornar-se uma questão crítica. Quanto mais diques são construídos, mais as zonas ribeirinhas ficam isoladas e o escoamento torna-se confinado ao canal principal. Como os rios perdem o extravasamento natural sobre suas planícies de inundação, a construção de diques longitudinais, portanto, tende a transferir os problemas de inundação para as áreas de jusante, levando estas áreas a precisarem de novos diques – ou diques ainda mais elevados, caso eles já existam (Plate, 2002; Mekong River Commission, 2013).

Além disso, o desenvolvimento desordenado também pode levar a diversos tipos de problemas, com efeitos críticos nos próprios pôlderes. Problemas podem surgir com o avanço da expansão urbana para a área reservada para o reservatório temporário dentro deles, o que limita a sua capacidade. Particularmente, nos países em desenvolvimento, as favelas podem, em alguns casos, ocupar as cristas dos diques e mudar sua configuração, baixando suas cotas de topo e aumentando os riscos associados a galgamentos. Estas áreas menos atraentes acabam sendo uma alternativa para uma parcela da comunidade, que se estabelece em assentamentos irregulares, devido à pobreza e à falta de um sistema de provimento habitacional adequado.

Nesse contexto, a alternativa de implantar pôlderes traz uma discussão complementar. É importante lembrar que os pôlderes são projetados para proporcionar determinado nível de proteção, considerando certo evento de projeto predefinido, conforme um tempo de recorrência fixo. A sensação de segurança trazida após a criação dos diques e a relativa baixa probabilidade de ocorrência de cheia faz com que, em muitos casos, os habitantes dessas áreas protegidas esqueçam de que ali ainda existe o perigo de inundações, o que tende a atrair mais pessoas para as áreas "protegidas", perto do rio. No entanto, a possibilidade de ocorrência de um evento de inundação de magnitude ainda maior do que aquele considerado em projeto, eventualmente levando a uma falha inesperada, é conhecido como "risco residual", e pode colocar mais pessoas, bens e edifícios em alto risco (Plate, 2002). Algumas vezes, os prejuízos decorrentes das inundações associadas a grandes eventos podem ser muito maiores do que se o dique não tivesse sido construído (FEMA, 2013).

Essa abordagem, portanto, requer ações complementares, geralmente não estruturais, envolvendo zoneamento de uso do solo para regular a ocupação de áreas sujeitas a possíveis perdas em caso de eventos maiores. O mapeamento do perigo deveria impor restrições urbanas para uso do solo, mesmo neste caso de mitigação. A proteção oferecida pela obra, para mitigar o efeito danoso da inundação sobre as casas já instaladas, não deveria servir de incentivo para a densificação de uma área naturalmente frágil, e que se torna muito vulnerável no caso de falha da obra de proteção, seja essa falha funcional (pela ocorrência de um evento maior que o de projeto) ou estrutural (em casos de acidentes).

As intervenções tradicionais de drenagem urbana (como barragens, diques e canalizações) não parecem ser eficazes em longo prazo. De modo geral, essa redução na eficiência se deve à má gestão do uso do solo. Como exemplo dessa situação, é possível destacar um relato na bacia do Rio Pó, na Itália. O Rio Pó corre cercado por diques ao longo de seu trecho de jusante, até a foz, no Mar Adriático. A cidade de Ferrara, que está localizada nesta região, possui um antigo palácio em seu centro histórico, que apresenta, em um de seus pilares, registros de cheias do Rio Pó, desde 1700, aproximadamente. É notável como o nível de cheia vem crescendo ao longo do tempo. A marca da cheia de 1705 está registrada em um nível um pouco maior do que a altura média de um homem. A partir dessa marca inicial, registros de cheias subsequentes sempre aumentaram ao longo do tempo. A cheia de 1951 atinge o topo do pilar, na altura do pórtico do palácio, enquanto a cheia mais recente não pôde ser registrada, uma vez que ultrapassava a altura do pilar. Destaca-se que a bacia do Rio Pó veio, ao longo deste mesmo tempo, recebendo diques de proteção até estar praticamente todo confinado. As obras, porém, não aumentaram o nível de proteção na cidade.

De acordo com Wesselink *et al.*, 2013, a perda de vidas é praticamente certa nos casos em que as construções para a defesa das cheias, como os diques, por exemplo, rompem e sua área interna é inundada. Alguns exemplos podem ser encontrados na literatura: grandes cheias que afetaram o Centro-Oeste americano ao longo dos rios Mississipi e Missouri e seus tributários, em 1993 e 1995, causaram o rompimento dos diques; a desastrosa inundação de New Orleans provocada pelo furacão Katrina em 2005, também associada ao rompimento de um dique; e dois eventos importantes que ocorreram em 1993 e

1995, na Holanda, que possui aproximadamente 20% de sua área abaixo do nível do mar, onde grandes pôlderes foram construídos para proteger o país contra as inundações. Estes dois últimos eventos são geralmente considerados o alarme que desencadeou a abordagem conhecida como "Espaço para o rio" (*Room for the River*), que mudou as estratégias de gestão dos riscos de inundações holandesas.

Abrir espaço para os rios é uma alternativa para colocar o território em condições mais seguras e está geralmente relacionada com as premissas da requalificação fluvial, conforme visto no Capítulo 9. Na escala do corredor fluvial, um projeto de requalificação fluvial deve tentar devolver espaço ao rio, pela reconexão de suas planícies de alagamento e remoção de diques e de outras obras de proteção das margens. Plate (2002) menciona que na Alemanha já estão considerando a remoção de algumas obras de proteção contra as cheias, como, por exemplo, barragens existentes, como uma forma de devolver espaço à natureza e também pela possibilidade de uma eventual ruptura dessas barragens. Alternativas interessantes para materializar ações como essas podem incluir a compra de áreas pelo governo ou o estabelecimento de acordos com proprietários de terras, de modo que os serviços ambientais que eles fornecem sejam reconhecidos e remunerados (Nardini e Pavan, 2011). A redução do risco de cheias é um desses serviços.

Obras de desvio (canais extravasores)

Obras de desvio são transposições que têm como objetivo derivar parte do escoamento de um curso d'água, em algum ponto, para a proteção de uma região a jusante (Figura 10.4). Esta solução pode ser combinada com diques marginais, como obra complementar.

Na prática, a obra de desvio é um novo canal. Embora conceitualmente simples, é uma obra muito delicada e com potencial para várias consequências ambientais negativas, com impactos na biodiversidade e ecossistemas. O desvio da vazão de cheia de um determinado trecho de rio provavelmente afetará o comportamento morfológico desse trecho e modificará os ecossistemas fluviais ali instalados. Poderão ocorrer efeitos de sedimentação. Desequilíbrios também tenderão a ocorrer no trecho de rio que recebe o desvio, aumentando a possibilidade de erosões.

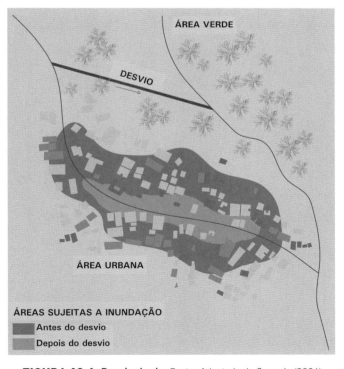

FIGURA 10.4: Desvio de rio. Fonte: *Adaptado de Semads (2001).*

Reservatórios de detenção e retenção

Reservatórios, de forma geral, são estruturas que têm certo volume disponível, capaz de prover armazenamento temporário de água, atuando no amortecimento de vazões, que descarregam de forma controlada, em geral, por um orifício de saída, dimensionado para controlar a vazão a jusante. Portanto, o amortecimento de vazões no reservatório propicia uma redistribuição temporal dos escoamentos e é responsável pela diminuição da vazão de pico. Este armazenamento artificial vem substituir o armazenamento que ocorria naturalmente na bacia, pela interceptação vegetal e pela retenção em irregularidades do terreno, após infiltração, e que foi eliminado ou muito diminuído pelo processo de urbanização (Miguez *et al.*, 2015; São Paulo (cidade), 2012; Baptista *et al.*, 2005).

A utilização de reservatórios pode se dar tanto na macrodrenagem como na microdrenagem, com a diferença entre as aplicações marcadas pelas suas dimensões. Portanto, reservatórios podem ser utilizados em várias escalas, desde a escala da bacia até a escala do próprio lote. Na escala do lote, o uso de reservatórios foi discutido no Capítulo 9, item 9.3, e volta a ser uma alternativa, também, aqui no contexto de mitigação, aumentando a resiliência do sistema pela aplicação em edificações já existentes, conforme será discutido no item 10.4, mais adiante.

No contexto das medidas em escala de bacia (foco deste item 10.2), os reservatórios podem aparecer nos talvegues, em linha (*on-line*) com os rios ou nas partes médio-altas da bacia, como reservatórios tradicionais (CIRIA, 2015; Kennard *et al.*, 1996). A Figura 10.5 mostra um exemplo de reservatório proposto para a bacia do Rio Guerenguê/Arroio Pavuna, no bairro de Jacarepaguá, Rio de Janeiro, que se localiza na transição da parte alta para a média da bacia, a montante da urbanização, na própria calha do rio, gerando um grande amortecimento das vazões que seguem para jusante. Cabe ressaltar que há inúmeras possibilidades de concepção e utilização de reservatórios.

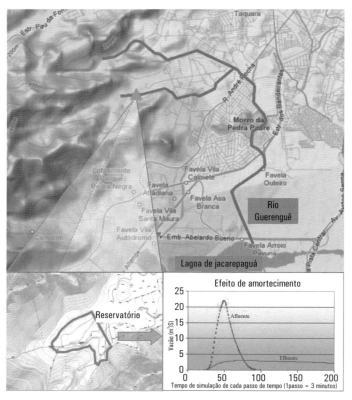

FIGURA 10.5: Reservatório de detenção no trecho médio-alto do Rio Guerenguê/Arroio Pavuna, no Rio de Janeiro.

Parques públicos e praças, por exemplo, são locais que geralmente dispõem de espaço e tendem a não ser utilizados durante a chuva. São, portanto, locais possíveis para a implantação de reservatórios de amortecimento, podendo, ainda, conjugar lagos pertencentes à própria conformação do parque e ter os reservatórios integrados à paisagem (CIRIA, 2015; Miguez *et al.*, 2015).

Nesse caso, os reservatórios podem atuar em linha com redes de micro ou mesodrenagem, com as redes passando dentro dos parques e praças e se abrindo nas áreas de armazenagem, atenuando seus picos, ou podem estar fora de linha (*off-line*), com a rede (ou um canal) extravasando para o parque apenas quando a vazão atinge determinado valor, que gera níveis para passar sobre um vertedouro (ou outra estrutura de desvio), direcionando parte da vazão, que poderia causar alagamentos na malha urbana, para dentro do reservatório da praça ou parque.

A configuração fora de linha é mais recomendada para a utilização de praças e parques como paisagens multifuncionais, ou seja, paisagens urbanas que assumem diversas funções; neste caso, por exemplo, associadas ao lazer, paisagismo, amenização de temperaturas, contemplação, biodiversidade e *controle de cheias*. Estando fora de linha, o reservatório só é acionado quando ele realmente é necessário para evitar alagamentos, não recebendo todas as chuvas que geram escoamentos, pois, nesse caso, as superfícies do parque destinadas ao amortecimento seriam frequentemente alagadas e sujas, dificultando o seu uso multifuncional. De qualquer forma, torna-se necessário que o Poder Público tenha um plano de operação e um processo de gestão ágil, para devolver o parque ou a praça à comunidade, em condições seguras de uso, sempre que sua função hidráulica de amortecimento for solicitada. A Figura 10.6 mostra uma proposta hipotética de uso da Praça Edmundo Rego, no bairro Grajaú, Rio de Janeiro, para auxiliar no controle de vazões que aportam no Rio Joana.

Convém destacar que os reservatórios de amortecimento que funcionam a seco, com um volume de espera integral, são chamados de reservatório de detenção (Miguez *et al.*, 2015). Estes reservatórios têm, usualmente, como dispositivo de saída, um orifício de fundo. Já os reservatórios que possuem um lago permanente, e que oferecem volumes para amortecimento de vazões pela variação de nível d'água, são chamados reservatórios de retenção (Miguez *et al.*, 2015). Nesse caso, o dispositivo de saída tende a ser um vertedor em uma cota tal que mantenha o nível desejado para o lago, em condições normais, sem chuva.

Além da função paisagística, os reservatórios de retenção também cumprem um papel de melhoria da qualidade da água pela possibilidade de deposição de poluentes e sedimentos. O tempo de retenção, que é a diferença entre o centro de gravidade do hidrograma de entrada e o de saída, é um dos indicadores utilizados para avaliar a capacidade de depuração do reservatório. A presença de água ocupando parte de seu volume, porém, diminui a sua capacidade de amortecimento. Assim, pode-se dizer que reservatórios de detenção são mais adequados para o tratamento da quantidade da água, enquanto os reservatórios de retenção são mais vocacionados para o tratamento da qualidade.

É importante destacar que a utilização de espaços livres no meio da malha urbana, associados, principalmente, a áreas de praças e parques, permite uma atuação distribuída na bacia, dando maior capacidade de manejar os escoamentos próximos dos locais onde são gerados, reorganizando-os e buscando reproduzir de forma aproximada as condições naturais de retenção que foram perdidas durante o processo de urbanização. Essa é uma ação que, além de mitigar riscos, tende a ser mais resiliente.

Na discussão travada até aqui, considerou-se que, durante a ocorrência das cheias, as vazões afluentes ao reservatório têm parte do seu volume retido, sendo descarregada gradativamente por um dispositivo de saída que limita estas vazões, de modo que as vazões de entrada, sendo maiores do que aquelas permitidas na saída, geram o acúmulo e a elevação do nível d'água dentro do reservatório – esse é o processo de amortecimento. Entretanto, podem-se ter reservatórios em que se faz a retenção total das vazões afluentes, para posterior restituição destas ao sistema, após a passagem da cheia. Essa concepção leva a

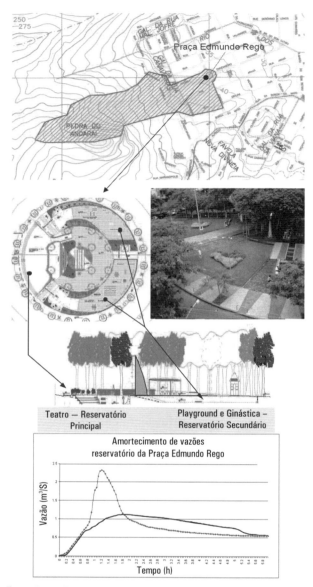

FIGURA 10.6: Bacia de detenção na Praça Edmundo Rego, na bacia do Rio Joana, Rio de Janeiro. Fonte: *Miguez e Magalhães (2010)*.

um reservatório de "exclusão", que não atua como uma obra de amortecimento de vazões. Neste caso, todo o volume é guardado e excluído da passagem do evento de cheia. Este tipo de reservatório, em geral, apresenta volumes maiores, uma vez que não há descargas de saída enquanto ele enche. Normalmente, são drenados por bombas.

Na escala da bacia, esta alternativa pode estar relacionada com o acúmulo de vazões combinadas de águas pluviais e esgotos, para posterior tratamento de qualidade, antes de sua descarga no corpo receptor. É o caso, por exemplo, do sistema de drenagem de Madri, Espanha, como pode ser visto no exemplo da Figura 10.7, que mostra um dos reservatórios de exclusão desse sistema, utilizado a jusante da rede de drenagem e antes do seu lançamento no Rio Manzanares, para a acumulação de todas as águas pluviais que chegam a este reservatório.

FIGURA 10.7: Madri – reservatório de acumulação, com capacidade de 400.000 m³, a jusante da rede de drenagem urbana, antes de descarregar no Rio Manzanares. Fonte: *Miguez (2011)*.

Já na escala do lote, um reservatório de exclusão pode ser utilizado para auxiliar no controle de inundações, mas com previsão de aproveitamento da água de chuva para abastecimento de usos não potáveis da edificação, conforme discutido no capítulo anterior, item 9.3.

As Figuras 10.8 e 10.9 mostram exemplos de aplicação de reservatórios na paisagem urbana, em diferentes concepções, respectivamente nas cidades de Barcelona (Espanha) e Santiago do Chile (Chile).

10.3 MEDIDAS PARA REDUÇÃO DA VULNERABILIDADE DO SISTEMA SOCIOECONÔMICO

A vulnerabilidade, como já discutido anteriormente, é uma medida da fragilidade do sistema socioeconômico exposto e, portanto, acaba refletindo o potencial de perdas e danos que esse sistema pode sofrer, quando submetido a um evento perigoso. Nesse contexto, são consideradas, neste tópico, as medidas que podem ser aplicadas ao sistema "Cidade", de forma a minimizar suas perdas.

Essa abordagem é apenas conceitual, sendo, na prática, difícil discernir entre medidas que reduzem a vulnerabilidade e aquelas que aumentam a resiliência, dado que o aumento da resiliência tende a reduzir a vulnerabilidade ao longo do tempo. Ou seja, a manutenção da resistência do sistema, a manutenção de seu funcionamento e o aumento da sua capacidade de recuperação são fatores associados ao aumento da resiliência e, ao mesmo tempo, resultam na redução das fragilidades da cidade, diminuindo a sua integral de perdas e, portanto, também reduzindo a sua vulnerabilidade.

FIGURA 10.8: Barcelona – reservatório sob o Parc Joan Mirò, com 70.000 m³, dos quais 14.800 m³ ficam em uma câmara superior e podem escoar por gravidade; o restante escoa por bombeamento. O reservatório conta com retenção de água em pequenos compartimentos, em um dos lados, que é liberada por comportas, após o evento, para lavagem do seu fundo, que é inclinado. A água é recolhida na outra ponta, em um canal. Fonte: *Miguez (2009)*.

Considerando essa situação, neste texto optou-se por definir as medidas de redução de vulnerabilidade como aquelas aplicadas ao sistema para reduzir diretamente as perdas, enquanto as medidas de aumento de resiliência serão aquelas que atuarão no sistema, com vistas a reduzir o perigo, modificando as relações de geração de escoamento e garantindo um sistema mais equilibrado e, portanto, mais capaz de se adaptar aos desafios impostos pelos eventos de inundação.

Nesse contexto, as medidas destacadas como responsáveis pela redução de vulnerabilidade são medidas de reforço do sistema "Cidade", com destaque para: medidas de previsão e alerta; seguros contra inundação; construções à prova de inundação; limpeza urbana e educação ambiental.

Medidas de previsão de inundações e sistemas de alerta

Alertas precoces podem salvar vidas e reduzir significativamente as perdas tangíveis e intangíveis, no contexto dos riscos socionaturais. Os sistemas de alerta não modificam o perigo e não atuam sobre a geração de alagamentos ou inundações. As chuvas intensas vão ocorrer e os alagamentos e inundações decorrentes, também. Porém, neste cenário, se um alerta antecipado é capaz de prever consequências

FIGURA 10.9: Série de reservatórios de detenção, abertos, interconectados e funcionando exclusivamente por gravidade, instalados a jusante de loteamento em Santiago do Chile, para compensar o efeito da nova urbanização. Fonte: *Miguez (2009)*.

danosas, é possível remover pessoas de áreas de risco e abrigá-las temporariamente em locais seguros predefinidos. Além disso, se não há risco às estruturas, a população avisada antecipadamente pode remover bens mais valiosos e minimizar perdas, desde que haja tempo hábil para isso. Se o sistema de alerta é apenas uma das medidas disponibilizadas e, de fato, há um mapeamento de risco, que indica restrições de construção e determina medidas adaptativas no nível da edificação, como a construção sobre pilotis ou a indicação de que o térreo deve ser utilizado apenas para finalidades menos nobres, a população pode mover seus bens para o segundo andar, por exemplo, e minimizar perdas de estrutura e conteúdo.

Nos países desenvolvidos, o uso de sistemas de previsão de inundações e alerta, tais como aqueles implementados para as bacias dos rios Danúbio e Mississippi, representam uma das principais ações em termos de medidas não estruturais de redução de risco de cheias e têm se mostrado altamente eficazes na redução das perdas por inundação, conforme destacado por Smith (1996), que estima ainda que um terço dos danos causados com inundações pode ser evitado com este tipo de medida.

Sistemas de previsão e alerta, para serem efetivos, dependem de uma série de fatores, entre os quais se destacam a capacidade de previsão (que depende de monitoramento e modelagem matemática), da antecedência do aviso e do nível de preparo e treinamento da comunidade, para responder ao aviso.

Aqui se tem mais um ponto que pode gerar dúvidas. Os alertas são parte importante da etapa de Preparação, na gestão de riscos. Entretanto, é possível distinguir três atividades nesse contexto: (1) projetar um sistema de alerta, (2) definir e implantar a rede de monitoramento e (3) preparar os modelos que farão a previsão. Estas são etapas preliminares que podem ser consideradas parte de uma estratégia de Mitigação. Porém, operar o sistema de previsão e alerta, emitir os diferentes níveis de alarme e correlacionar esses níveis com ações de contingência que preparam a população e a própria cidade para a iminência da inundação/desastre são ações típicas da fase de Preparação e Resposta, que será objeto do próximo capítulo.

A previsão de inundações em grandes bacias é muito mais simples do que nas pequenas bacias. Grandes bacias, com cheias lentas e graduais representam fenômenos mais previsíveis e oferecem mais tempo para a previsão e maior antecedência para o alerta. Em bacias pequenas (que muitas vezes representam o problema de áreas urbanas), há dificuldades e incerteza sobre a previsão de tempestades com curta duração e concentrada em pequenas áreas. No caso de grandes bacias, as chuvas frontais, relacionadas com o movimento de massas de ar, são provavelmente as chuvas críticas, enquanto no segundo caso, de pequenas bacias, são provavelmente as chuvas convectivas aquelas mais críticas.

Seguros

A implantação de seguro contra inundações depende de um zoneamento dos perigos, para elencar categorias aceitáveis de risco, definição de prêmios e compensações pertinentes. Essa medida, equacionada antecipadamente e com objetivo de reduzir prejuízos, permite aos indivíduos ou empresas a obtenção de uma proteção econômica para as perdas eventuais. Aqui, porém, tem-se outro ponto de dúvida: embora o seguro tenha toda uma sistematização e equacionamento anterior, cujo objetivo é a mitigação do risco, os seus resultados (ou seja, o pagamento das compensações previstas) se materializam na etapa de gestão de risco relativa à Recuperação. Essa observação (tal como já feito no item anterior, em que as medidas de alerta podem ser vistas como medidas de mitigação, mas atuam, na prática, na etapa de gestão de preparação e resposta) mostra como o processo de gestão deve ser integrado, para uma materialização efetiva de redução de riscos.

No Brasil, o sistema de seguros contra inundações é ainda incipiente. Nos Estados Unidos, a título de exemplo, onde o uso deste tipo de seguro é usual, foi instituído em 1968, pelo Congresso Nacional, o Fundo Nacional de Seguro contra Inundações (NFIP), como resposta ao aumento dos prejuízos causados pelas inundações, que já determinavam, naquela época, um gasto significativo de dinheiro público, com ações de emergência e alívio dos impactos sobre as vítimas. As comunidades que participam do NFIP adotam medidas de gerenciamento da bacia urbana, buscando a redução, no longo prazo, dos prejuízos com inundação. Em contrapartida, o NFIP torna disponível para os proprietários de imóveis das comunidades participantes um seguro federal contra inundações.

Deve-se destacar ainda que o zoneamento do perigo e a expectativa de certo nível de inundação (com uma dada frequência aceitável) determinam normas específicas de construção de acordo com o NFIP, permitindo que as edificações reduzam em aproximadamente 80% os prejuízos anuais.

O NFIP é autossustentável para o prejuízo esperado médio anual associado às inundações, o que significa que os custos operacionais e os valores pagos em indenização são pagos por meio de prêmios arrecadados com políticas de seguros contra inundação, evitando o uso de dinheiro público arrecadado com imposto. O fundo, por vezes, toma empréstimos do Tesouro Nacional, quando os prejuízos são de grande monta, contudo, esses empréstimos pagam juros de mercado, sem vantagens outras.

Construções à prova de inundações

As chamadas construções à prova de inundação consistem no uso de técnicas permanentes, contingenciais ou de emergência para evitar que a água da inundação alcance edifícios e seu conteúdo, bem como infraestruturas, para minimizar os danos causados pelas inundações (Andjelkovic, 2001). Segundo Sheafer (1967), o qualificativo "à prova de inundação" consiste na realização de mudanças em estruturas e ajustamento das partes de prédios com vistas à redução dos danos decorrentes de alagamentos.

A alternativa de implantar projetos de construções à prova de inundações pode ser uma solução acoplada ao zoneamento (determinando níveis necessários de proteção, para locais que eventualmente alagam, mas cujo planejamento assumiu ser possível lotear; pode estar associada a estratégias de seguros), ou pode ser utilizada em situações em que apenas algumas propriedades isoladas estão ameaçadas por inundações e que, portanto, podem ser protegidas individualmente. Deve-se destacar, porém, que áreas de *inundação frequente* **não** devem ser ocupadas nem devem ter seu adensamento incentivado (no caso em que a ocupação já exista e não tenha identificado previamente o perigo a que está exposta), mesmo com a previsão de medidas de construção à prova de inundação. Essas medidas de mitigação devem ser vistas como correções ou adaptações do sistema urbano para um convívio aceitável com inundações; em casos em que *eventualmente* elas poderiam provocar dano, elas não são destinadas a enfrentar áreas de perigo. É importante lembrar que a exposição de estruturas e seus conteúdos representa apenas uma das facetas de materialização do risco. A limitação da mobilidade, a inviabilização de acessos a serviços e a contração de doenças de veiculação hídrica, por exemplo, são efeitos ainda possíveis (e deletérios) sobre a população que ocupa casas que estão protegidas das águas de inundação.

De forma geral, o projeto de uma construção à prova de inundação, como primeiro desafio, deve considerar as forças introduzidas pelo escoamento sobre a edificação, em função de sua profundidade e velocidade, bem como o impacto potencial de detritos. A garantia de integridade estrutural é fundamental. Complementarmente, o projeto deve considerar alternativas de estanqueidade para a construção. Existem vários tipos de técnicas que viabilizam construções à prova de inundação, como mostrado na Figura 10.10, adaptada de Unesco, 1995. Este tipo de alternativa se torna útil nas seguintes condições:

- quando não for economicamente viável a utilização de obras de controle de enchentes;
- quando a proteção oferecida por obras contra enchentes for parcial e menor do que o grau desejado pelo proprietário;
- quando obras viáveis não forem concretizadas por falta de recursos imediatos.

Assim, dentre os ajustes necessários para garantir a construção à prova de inundação, podem ser citados: ancoragem para suportar flotação, movimentos laterais e colapso da estrutura; instalação de comportas estanques para portas e janelas; reforço de paredes; instalação de válvulas de retenção para evitar a entrada de águas pluviais através de ralos de esgoto, caixas de inspeção etc.; localização de equipamentos elétricos, mecânicos e outros, com potencial de dano pelas águas, acima do nível de inundação esperado; muros ou pequenos diques, bermas ou outros tipos de barreiras; entre outras ações possíveis (FEMA, 1993).

Como já mencionado no capítulo anterior (item 9.2), alguns prédios podem ser construídos de tal forma que todo conteúdo importante ou de valor possa ser mantido nos andares superiores. O primeiro andar fica reservado para veículos, que podem ser removidos em caso de enchentes ou para usos resistentes à água.

Edifícios suficientemente resistentes para suportar as forças dinâmicas das inundações são algumas vezes protegidos, construindo-se os andares abaixo da cota máxima da inundação sem janelas e com portas estanques e resistentes a água (Linsley *et al.*, 1992). Nesse caso, mesmo que o edifício seja envolvido pela água, ele está protegido contra a inundação, e grande parte das atividades de rotina pode ser executada

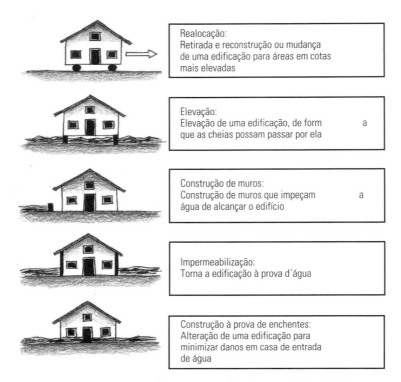

FIGURA 10.10: Exemplos de medidas de viabilização de construções à prova de inundações. Fonte: *Miguez* et al. *(2015).* Adaptado de Unesco (1995).

sem maiores problemas, embora com acesso limitado. A decisão sobre quais medidas utilizar para redução de prejuízos, em virtude de inundações, depende de vários fatores, tais como: níveis d'água previstos, velocidade de escoamento, duração da inundação e disponibilidade de outras medidas alternativas (no espaço coletivo) de redução de prejuízos (Tucci e Lopes, 1985).

Por fim, vale destacar que as adaptações edilícias, para fazer frente ao processo de inundação, porventura autorizadas em áreas onde o zoneamento de inundação indica possibilidade de conviver com dado perigo, devem ser especificadas nos regulamentos urbanos e no código de obras, para orientar novas construções a serem adaptadas desde a fase de projeto.

Limpeza de logradouros e coleta de lixo

A limpeza dos logradouros é rotineiramente feita nas cidades, principalmente para controle do lixo e dos resíduos naturais que se acumulam nas ruas. Essa limpeza, juntamente com a coleta e a destinação final do lixo urbano produzido consiste em uma das atividades componentes do saneamento básico.

A varredura de sólidos grosseiros é de grande importância para se prevenir que, numa tempestade, eles sejam carreados para a rede de micro e macrodrenagem, causando obstrução da entrada e/ou assoreamento da seção de escoamento. A garantia de manutenção do funcionamento da rede de drenagem (um dos aspectos de resiliência de um sistema) diminui a chance de alagamentos e prejuízos decorrente. Por outro lado, a remoção das partículas de menores dimensões é, em geral, de grande importância em termos de melhoria da qualidade de água do escoamento superficial, podendo implicar a redução de riscos para a saúde pública.

A frequência da limpeza varia de uma ou mais vezes por dia, em áreas comerciais, a uma vez ao ano, ou menos, em estradas. Butler e Davies (2000) apresentam uma estimativa da eficiência da limpeza urbana na remoção de material sólido, conforme mostrado na Tabela 10.1.

Tabela 10.1: Eficiência na limpeza de logradouros

Tamanho da partícula (μm)	Eficiência de remoção (%)	
	Varredura manual	Aspiração
> 5600	N/D	90
5600 – 1000	57	91
1000 – 300	46	84
300 – 63	45	77
< 63	25	76
Média	48	84

Fonte: *Butler e Davies (2000)*.

Educação ambiental

A Agenda 21 estabelecida pela ONU (1992) afirma, no seu Capítulo 36.3, que:

(...) A educação é fator crítico na promoção do desenvolvimento sustentável e na capacitação de pessoas para lidarem com as questões de meio ambiente e desenvolvimento. (...) É de fundamental importância na formação de uma consciência, valores e atitudes ecológicos que sejam coerentes com o desenvolvimento sustentável e adequados para a participação efetiva do público na tomada de decisões. Para ser eficaz, (...) a educação (...) deveria tratar da dinâmica do meio ambiente físico / biológico e do meio socioeconômico, assim como do desenvolvimento humano (...).

No contexto da gestão dos riscos hidrológicos, oriundos, portanto, do ambiente natural, e materializados sobre o ambiente construído, a educação ambiental é fundamental. A compreensão da dinâmica do meio físico, a conscientização contra a ocupação de áreas perigosas, a adoção de práticas não agressivas ao ciclo hidrológico, com medidas de conservação da água no ambiente urbano, a consciência ecológica e as relações com os padrões de consumo e a produção e o tratamento do lixo urbano, entre outras, são questões que propiciam uma convivência mais harmônica com o processo de formação e passagem das inundações, em uma integração mais efetiva e harmônica dos ambientes natural e construído.

O desenvolvimento de práticas de educação ambiental, portanto, coloca-se como uma estratégia para a minimização de transtornos decorrentes dos efeitos dos desastres socionaturais e, também, como uma forma de inverter o processo de degradação do espaço coletivo (Souza *et al.*, 1997).

A complexidade deste problema exige das autoridades governamentais e da sociedade esforços para promover e incentivar um processo educacional que permita inverter, no médio prazo, e minimizar, em curto prazo, a situação danosa atual (Souza *et al.*, 1997), reforçando as medidas de mitigação de riscos de inundação.

Um programa de educação ambiental amplo deve estar vinculado às escolas, universidades, centros comunitários, instituições governamentais e meios de comunicação, incluindo noções de preservação dos diversos setores do meio ambiente, conscientização dos efeitos nocivos do destino inadequado do lixo,

10.4 MEDIDAS DE ADAPTAÇÃO URBANA E AUMENTO DA RESILIÊNCIA NA ESCALA DO LOTE/LOTEAMENTO

Medidas capazes de aumentar a resiliência, em geral, são também chamadas medidas de adaptação urbana, uma vez que essa adaptação provê um melhor enfrentamento dos desafios impostos ao longo do tempo, criando condições para reduzir o efeito negativo das inundações. Conforme discutido na introdução das medidas de redução da vulnerabilidade, o foco aqui recairá sobre as medidas capazes de modificar o ambiente urbano para que este gere menos escoamentos, absorvendo de forma mais eficiente o impacto das chuvas intensas, que são as responsáveis pelos alagamentos e inundações. Dessa forma, as medidas destacadas aqui trabalham com a limitação da geração dos escoamentos, reorganizando-os, através do uso de medidas distribuídas de controle de escoamento na própria fonte.

Note-se que, aqui, as medidas de controle de escoamento na fonte aparecem como alternativas de adaptação das edificações e do próprio espaço urbano, buscando recuperar funções perdidas do ciclo hidrológico, adaptar a cidade para gerar menos escoamentos, favorecer a infiltração e a recuperação de oportunidades de retenção. Essas são as mesmas medidas discutidas no Capítulo 9, no contexto da Prevenção do Risco, porém, com a diferença que, aqui, não se está planejando uma expansão da cidade ou um novo loteamento, ou seja, não há antecipação do risco. Ao tratar de mitigação, conforme viés conceitual estabelecido ao longo das discussões propostas, o risco já existe – já há partes da cidade expostas aos perigos de inundação e é necessária a adaptação dessas áreas para reduzir os efeitos deletérios das inundações.

Assim, o uso das técnicas compensatórias destacadas no contexto do desenvolvimento de baixo impacto, conforme discutido no item 9.3 do capítulo anterior, é pertinente, com a diferença que agora as medidas lá propostas para uso em projeto de novos empreendimentos são aqui utilizadas em reformas de edificações e espaços já existentes. São elas:

- pavimentos permeáveis;
- telhados verdes;
- jardins de chuva;
- valas de infiltração;
- trincheiras de infiltração;
- reservatórios de lote; e
- outras medidas de caráter compensatório (como poços de infiltração; planos de infiltração; micro-reservatórios em caixas-ralo; detenção em estacionamentos; bacias de detenção ou retenção em áreas de lazer de condomínios etc.).

A lógica por trás destas técnicas visa exatamente a reversão de impactos adversos da urbanização, no sentido de favorecer oportunidades de infiltração e armazenamento, de forma distribuída na bacia, criando oportunidades de reorganizar escoamentos, recompor parte do ciclo hidrológico natural, criar oportunidades de revitalizar o ambiente construído e melhorar as condições gerais do ambiente natural (Miguez *et al.*, 2015).

Andoh e Declerck (1999) fizeram algumas observações importantes sobre as alternativas de projeto de controle de inundações, no que concerne ao uso de medidas distribuídas. Esses autores destacam que estruturas de menor porte, espalhadas sobre o espaço da bacia, atuando na geração de escoamentos, tendem a ser menos sensíveis a falhas. Esse comportamento se deve ao fato de que, em termos de desempenho global, a falha de uma única medida pode ser parcialmente compensada pelas estruturas restantes, vizinhas a esta. Ou seja, uma pequena estrutura que falha, por qualquer motivo (falta de manutenção, por exemplo), pode ter seu excedente mais facilmente acomodado quando há diversas outras medidas que a circundam, com ampla cobertura espacial, embora todas dispondo de pequenos volumes. Por outro lado, maiores intervenções podem ser efetivas em grande escala, mas suas falhas individuais podem ter consequências muito negativas para a área protegida, uma vez que a perda de uma obra de proteção concentrada não encontra espaço para acomodação e toda a área que depende desta estrutura passa a ficar desprotegida. É certo que muitas obras espalhadas pelo espaço podem ser difíceis de manter e operar. Mais ainda, muitas dessas obras, ao entrar na escala do lote, passam a ter manutenção e operação sob responsabilidade do próprio proprietário do lote, o que pode aumentar o nível de fragilidade do sistema, se esses proprietários não estiverem conscientizados sobre o seu papel e comprometidos com uma estrutura de controle de inundação compartilhada com o Estado. Um efeito positivo desta política, porém, quando adequadamente implantada, é que a responsabilidade compartilhada leva o proprietário do lote a participar do esforço coletivo de controle de inundações, reconhecendo o papel que a urbanização tem na modificação da paisagem natural e na consequente geração de excedentes de escoamento para a composição das próprias inundações e alagamentos da cidade.

Outra questão interessante levantada pelos mesmos autores (*ibid*) é que as medidas de controle distribuído (ou de controle na fonte) apresentam custos menores quando comparados com soluções tradicionais de canalização e descarte rápido dos escoamentos. Esta redução de custo varia de 25% a 80%, e é mais significativa em bacias de relevo mais plano. Portanto, o controle distribuído dos escoamentos gerados pelo processo de urbanização mostra uma possibilidade atraente de aumento de resiliência, tanto pela possibilidade de criar condições de maior elasticidade na resposta do sistema como pelo menor custo de implantação.

É importante destacar, porém, que poucos pequenos reservatórios, em ações isoladas, não serão capazes de regularizar eficientemente os volumes concentrados de chuva, associados aos eventos mais perigosos (de maior recorrência). É preciso uma política de adaptação com vistas a longo prazo, para que uma grande parcela da cidade seja modificada, em um trabalho continuado, com tempo e paciência, para reverter situações de fragilidade já instalada e então contribuir, de fato, para o aumento da resiliência urbana às inundações.

FAQ

1. *As medidas de controle de cheia na escala da bacia, sejam tradicionais, sejam sustentáveis, têm ambas a mesma efetividade?*

    RESPOSTA: Essa é uma pergunta interessante e a resposta, que pode parecer uma surpresa, é sim. Mas cuidado, isso não quer dizer que ambas as abordagens sejam equivalentes.

    Vamos por partes: se um projeto de engenharia é dimensionado corretamente, seja ele do tipo tradicional, como uma canalização, ou do tipo sustentável, com medidas distribuídas de armazenamento e infiltração, ambos deverão funcionar para cumprir seus objetivos e, portanto, terão efetividade semelhante. Porém, como o próprio nome indica, deve haver alguma vantagem na abordagem sustentável... e há.

    A abordagem tradicional pode ser efetiva em um dado local, evitando uma inundação pela canalização de um trecho de rio, aumentando sua condutância, mas há que se ter cuidado para não se transferir o problema para jusante e agravar o risco em outro lugar. Além disso, as medidas tradicionais são mais concentradas e focadas em uma ação local. Desse modo, quando falham, não há qualquer forma de defesa para a população, sendo perdida a capacidade de proteção.

    Medidas sustentáveis tendem a controlar os escoamentos, evitando a sua amplificação e transferência. Além disso, por serem distribuídas no espaço e, usualmente, serem formadas por uma grande quantidade de intervenções, falhas individuais tendem a se acomodar, garantindo ainda alguma proteção, embora com menor efetividade.

Nesse contexto, as medidas de drenagem urbana sustentável trazem maior resiliência para o projeto, o que acrescenta um viés mais positivo a esta abordagem, além de serem medidas mais facilmente combináveis com outros objetivos, como a revitalização ambiental urbana, a valorização do espaço construído, o aumento da biodiversidade, entre outros.

2. *Afinal, o que é o risco residual de uma obra de mitigação?*

RESPOSTA: Sempre que uma obra hidráulica é projetada, ela se refere a um tempo de recorrência (TR). Ou seja, o nível de proteção de uma obra (ou a sua segurança) é definido por um horizonte de tempo de repetição do evento de referência para o projeto, cujo valor, sendo superado, gera falha. Não se usam coeficientes de segurança para vazões de projeto – se se deseja um nível mais alto de segurança, utiliza-se uma vazão associada a um tempo de recorrência maior. Em geral, para obras de macrodrenagem, o Ministério das Cidades recomenda um TR de 25 anos, para fins de financiamento de obras. Assim, se um projetista calcula um canal para fazer passar a vazão relativa ao TR de 25 anos, as áreas marginais a esse canal estarão protegidas para eventos menores ou iguais a este evento de projeto. Para eventos maiores (que um dia ocorrerão), não há proteção e haverá prejuízos. Assim, neste exemplo, o risco residual seria a probabilidade de ocorrência de eventos maiores que aquele de TR 25 anos, multiplicado pelos prejuízos causados por estes eventos.

3. *As construções à prova de inundações parecem muito interessantes – se eu sei que corro risco, posso tomar uma atitude individual de proteção da minha casa. Porém, isso resolve tudo?*

RESPOSTA: Não, não resolve, embora seja uma medida muito interessante para reduzir a susceptibilidade a dano ou a exposição, dependendo da medida considerada. Entretanto, lembre-se que mesmo tendo evitado o contato do conteúdo da casa com a água de inundação, pode ser necessária alguma manutenção na estrutura externa e nos dispositivos de retenção. Mais ainda: sua casa continua em um lugar de perigo. Quando inunda, mesmo sem prejuízos, você pode ficar ilhado, sem conseguir sair ou chegar em casa.

4. *Medidas de prevenção, listadas no Capítulo 9, para o desenvolvimento de baixo impacto, são aqui repetidas como medidas de adaptação... como funciona isso?*

RESPOSTA: Essa resposta é razoavelmente simples de entender. Se estivermos falando de um novo loteamento, as medidas de desenvolvimento de baixo impacto entram no escopo do projeto e o novo desenvolvimento já "nasce" preparado para evitar a ampliação do perigo. Caso já haja um loteamento e já ocorram alagamentos, as mesmas medidas individuais, que foram criadas em um contexto de controle da geração de escoamentos e reordenamento espaço-temporal destes escoamentos, podem ser utilizadas como medidas corretivas, se os lotes se adaptarem, modificando seu projeto original.

REFERÊNCIAS

ANDJELKOVIC, I. (2001) Guidelines on Non-structural Measures in Urban Flood Management. Technical Documents in Hydrology. Paris, Unesco.

ANDOH, R.Y.G.; Declerck, C. (1999) Source control and distributed storage – a cost effective approach to urban drainage for the new millennium? Proceedings of the 8th International Conference on Urban Storm Drainage, 30 August – 3 September, 1997-2005. Australia, Sydney.

BAPTISTA, M.; Nascimento, N.; Barraud, S. (2005) Técnicas compensatórias em drenagem urbana, Porto Alegre: ABRH – Associação Brasileira de Recursos Hídricos.

BUTLER, D.; Davies, J.D. (2000) Urban Drainage. London, E&FN Spon.

CIRIA. (2015) The SuDS Manual. Londres, Publication C753.

FEMA (2013) What is a levee? Risk Map. Increasing Resilience Together 1-877–FEMA MAP. Disponível em: http://www.fema.gov/rm-main. Acesso em: 10 February 2013.

FEMA. (1993) Non-Residential Floodproofing - Requirements and Certification for Buildings Located in Special Flood Hazard Areas in Accordance with the National Flood Insurance Program. Washington D. C., U. S. A, U.S. Federal Emergency Management Agency/Federal Insurance Administration, Technical Bulletin 3-93.

KENNARD, M.F.; Hoskins, C.G.; Fletcher, M. (1996) Small Embankment Reservoirs, R161. London UK, Ciria.

LINSLEY, R.K.; Franzini, J.B.; Tchobanoglous, G.; Freyberg, D. (1992) Water Resources Engineering. McGraw- Hill.

MEKONG RIVER COMMISSIO.N. 2013 Impacts of Water Management: Levees and Polders. Disponível em: http://ns1.mrcmekong.org. Acesso em: 17 February 2013.

MIGUEZ, M.G.; Magalhães, P.C. (2010) Urban Flood Control, Simulation and Management – an Integrated Approach. In: PINA FILHO, A.C.; PINA, A.C. de (orgs.) Methods and Techniques in Urban Engineering. InTech, May 5.

MIGUEZ, M.G.; Veról, A.P.; Rezende, O.M. (2015) Drenagem Urbana: do projeto tradicional à sustentabilidade. Rio de Janeiro, Elsevier.

NARDINI, A.; Pavan, S. (2011) River restoration: Not Only for the Sake of Nature but Also for Saving Money While Addressing Flood Risk. A decision-making framework applied to the Chiese River (Po basin, Italy). J. Flood Risk Manag, v. 5, 111–133.

PLATE, E.J. (2002) Flood Risk and Flood Management. J. Hydrol, v. 267, 2–11.

REMO, J.W.F.; Carlson, M; Pinter, N. (2012) Hydraulic and flood-Loss Modeling of Levee, Floodplain, and River Management Strategies. Middle Mississippi River. USA, Nat. Hazards, 61, 551-75.

RIO DE JANEIRO. (2004) Lei Municipal n. 23.940, de 30 de janeiro de 2004. Torna obrigatório, nos casos previstos, a adoção de reservatórios que permitam o retardo do escoamento das águas pluviais para a rede de drenagem. Diário Oficial Rio, 2 de fevereiro.

RIO DE JANEIRO. (2004) Resolução Conjunta SMG/SMO/SMU nº 001, de 27 de janeiro de 2005. Disciplina os procedimentos a serem observados no âmbito dessas secretarias para o cumprimento do Decreto n. 23.940, de 30 de janeiro.

SÃO PAULO (cidade). (2012) Secretaria Municipal de Desenvolvimento Urbano. Manual de drenagem e manejo de águas pluviais: aspectos tecnológicos; fundamentos. São Paulo, SMDU.

SEED, R.B.; Nicholson, P.G.; Dalrymple, R.A.; Battjes, J.; Bea, R.G.; Boutwell, G.; Bray, J.D.; Collins, B.D.; Harder, L.F.; Headland, J.R.. (2005) Preliminary Report on the Performance of the New Orleans Levee Systems in Hurricane Katrina on 29 August. Disponível em: http://www.ce.berkeley.edu/projects/neworleans/report/PRELIM.pdf. Acesso em: 20 February 2011.

SHEAFER, J.R. (1967) Introduction to Flood Proofing. Illinois, University of Chicago.

SMITH, K. (1996) Environmental Hazards. Assessing Risk and Reducing Disaster. Londres, Routledge.

TUCCI, C.E.M.; Lopes, M.O.S. (1985) Zoneamento das áreas de inundação. Revista Brasileira de Engenharia, Caderno de Recursos Hídricos, v. 3.

UNESCO. (1995) Fighting Floods in Cities. Project: Training Material for Disaster Reduction. Holland, Delft.

WESSELINK, A.; Warner, J.; Kok, M. (2013) You gain some funding, you lose some freedom: The ironies of flood protection in Limburg (The Netherlands). Environ. Sci. Policy, v. 30, 113–125.

CAPÍTULO 11

Preparação e Resposta

Conceitos apresentados neste capítulo

Este capítulo trata dos macroprocessos de Preparação e Resposta a desastres, abordando conceitos, a delimitação de escopo e algumas das principais ferramentas aplicáveis a estes grupos de ações. Optou-se por abordar essas duas áreas da gestão integral de riscos no mesmo capítulo por conta da superposição de seus escopos, ou seja, enquanto a Preparação trata basicamente de estruturar o Sistema de Proteção e Defesa Civil e preparar as operações para a resposta, a Resposta em si trata da aplicação prática do que fora anteriormente planejado e, ainda, de questões administrativas, como a busca por recursos complementares externos à instância afetada.

11.1 INTRODUÇÃO

O macroprocesso de Preparação para emergências e desastres tem por objetivo otimizar o funcionamento do Sistema Nacional de Proteção e Defesa Civil (SINPDEC) e planejar as ações de resposta (e por que não a recuperação?) aos desastres, enquanto o macroprocesso de Resposta compreende a execução das ações práticas em circunstâncias reais de desastres e é baseado no socorro às populações em risco, na assistência às populações afetadas e na reabilitação dos cenários dos desastres.

Para entender as atividades relacionadas com os macroprocessos de Preparação e Resposta, é importante situá-las ao longo de uma linha do tempo na qual o risco se materializa em desastre.

A linha do tempo na gestão de riscos de desastres

Do ponto de vista macroscópico, pode-se desmembrar a linha do tempo em três períodos: pré-desastre (antes da ocorrência dos danos), desastre (durante a ocorrência dos danos) e pós-desastre (após a ocorrência dos danos). É importante entender que os prejuízos econômicos e sociais advêm dos danos e, portanto, sua ocorrência pode facilmente ultrapassar o período de desastre e adentrar no período de recuperação. Internamente a esses períodos, pode-se buscar a delimitação de fases que ajuda a compreender a temporalidade dos macroprocessos de gestão de riscos de desastres, conforme ilustrado na Figura 11.1.

Segundo a doutrina de defesa civil (BRASIL, 1999b), as atividades de resposta ocorrem ao longo de três fases: pré-impacto, impacto e atenuação (também denominada de limitação de danos ou rescaldo). Pode-se observar que o divisor de águas entre as ações de preparação e resposta é o alerta de desastre, a partir do qual é disparado o alarme para início das operações de resposta, ainda na fase pré-impacto.

A duração de cada fase depende tanto da dinâmica de evolução dos eventos deflagradores e dos processos físicos capazes de provocar os desastres quanto da capacidade operacional das equipes de Proteção e Defesa Civil, notadamente as equipes responsáveis pelas atividades de monitoramento/alerta e pelas atividades de resposta.

CAPÍTULO 11: Preparação e Resposta

FIGURA 11.1: Linha do tempo na gestão de riscos de desastres.

Fase pré-impacto

A fase pré-impacto situa-se entre o momento em que se tem conhecimento sobre a possibilidade de ocorrência de um evento capaz de provocar danos e prejuízos vultosos, até o momento em que o processo físico atinge o sistema exposto.

Mediante o conhecimento da dinâmica dos processos físicos e dos eventos deflagradores capazes de provocá-los, deve-se buscar o monitoramento das variáveis que condicionam sua evolução, de modo a tentar prever com o máximo de antecedência possível a ocorrência de um desastre, comunicar aos órgãos competentes e à população (alerta), e iniciar as medidas de resposta (a partir do alarme). Essas medidas iniciais de resposta permitirão minimizar as vulnerabilidades das populações em risco (reduzindo, consequentemente, a possibilidade de ocorrência dos danos e prejuízos) e otimizar as demais ações de resposta aos desastres.

Fase de impacto

A fase de impacto compreende o intervalo de tempo durante o qual o processo físico atinge o sistema exposto numa magnitude capaz de provocar danos e prejuízos significativos.

Nos desastres de evolução súbita (enxurradas e deslizamentos, por exemplo), os marcos de início e fim da fase de impacto são mais fáceis de serem percebidos, porém em desastres de evolução gradual (inundações graduais, estiagens/secas, por exemplo), a delimitação da fase de impacto pode não ser tão clara, fazendo com que esta fase de impacto se confunda com a fase de atenuação.

No caso dos desastres por somatório de efeitos parciais a situação é ainda mais difusa, pois ocorrem numerosas fases de impacto de menor proporção individual, mas que, no conjunto, representam efeitos significativos (por exemplo, inundações frequentes de pequena magnitude individual, mas que, ao serem consideradas ao longo do tempo, causam danos e prejuízos significativos).

Fase de atenuação

A fase de atenuação, também denominada de fase de limitação dos danos ou de rescaldo, corresponde ao período que se segue ao impacto, quando há um arrefecimento gradativo da magnitude dos processos físicos, mas ainda podem ocorrer tanto focos de recrudescimento do desastre primário quanto desastres secundários ao desastre inicial.

Esses efeitos adversos secundários (tais como doenças provocadas pela insalubridade do ambiente afetado, contaminação etc.) podem fazer com que o impacto assuma outra dinâmica e sua duração seja prolongada, motivo pelo qual os dispositivos de resposta devem manter-se prontos para atuar em sua plenitude, caso necessário.

Classificação dos desastres quanto a intensidade e evolução

Ter uma ideia da intensidade dos desastres é fundamental para as ações de preparação, resposta e recuperação, pois a demanda por recursos será proporcional aos danos e prejuízos associados ao desastre em questão.

De forma simplificada, a classificação da intensidade de um desastre pode ser tratada de modo relativo, traduzida a partir da capacidade do município em lidar com os danos e prejuízos provocados pelo impacto do processo físico sobre o sistema vulnerável. O Manual de Planejamento em Defesa Civil (BRASIL, 1999a) sugere essa classificação conforme quatro níveis de desastre, cujas características são descritas no Quadro 11.1.

Quadro 11.1: Classificação dos desastres conforme sua intensidade

NÍVEL	DANOS/PREJUÍZOS RELATIVOS	CAPACIDADE DE SUPORTAÇÃO E SUPERAÇÃO	RECURSOS PARA RESTABELECIMENTO DA NORMALIDADE
I Desastres de pequeno porte	Pouco importantes/ pouco vultosos.	Facilmente suportáveis e superáveis.	Internos ao município afetado.
II Desastres de médio porte	Alguma importância/ embora não sejam vultosos, são significativos.	Suportáveis e superáveis por comunidades bem informadas, preparadas, participativas e facilmente mobilizáveis.	Internos ao município afetado, desde que utilizados racionalmente e administrados com eficiência (limite da capacidade do município).
III Desastres de grande porte	Importantes/vultosos.	Suportáveis e superáveis por comunidades bem informadas, preparadas, participativas e facilmente mobilizáveis.	Recursos mobilizados na área do município afetado, porém com necessidade de complementação de recursos estaduais e federais, já existentes e disponíveis no Sistema Nacional de Proteção e Defesa Civil.
IV Desastres de muito grande porte	Muito importantes/ muito vultosos.	Não são suportáveis e superáveis pelas comunidades afetadas, havendo necessidade de substancial ajuda de fora da área do município afetado.	Recursos e operações articulados entre município, estado e União e até mesmo ajuda internacional, em casos excepcionais.

Fonte: *Adaptado de Brasil (1999a).*

Outro aspecto importante para o planejamento das ações de resposta é o perfil de evolução dos processos capazes de provocar o desastre, que pode ser resumido no Quadro 11.2.

Quadro 11.2: Classificação dos desastres quanto à evolução

CLASIFICAÇÃO QUANTO À EVOLUÇÃO	PERFIL DE EVOLUÇÃO	FREQUÊNCIA	DANOS
Desastres súbitos ou de evolução aguda	Velocidade alta, processos violentos e de curta duração.	Podem ser imprevisíveis ou sazonais (caso de enxurradas).	Diretamente proporcionais à vulnerabilidade do sistema exposto e à magnitude do processo.
Desastres graduais ou de evolução crônica	Velocidade lenta, processos com elevada abrangência espacial e de longa duração.	Normalmente são sazonais (caso de inundações graduais).	Diretamente proporcionais à vulnerabilidade do sistema exposto, à magnitude do processo e sua duração.
Desastres por somatório de efeitos parciais	Velocidade alta ou lenta; os processos são de baixa magnitude e duração, quando analisados isoladamente, mas seus efeitos passam a ser significativos quando analisados num certo intervalo de tempo.	Muito frequentes (caso de alagamentos provocados por manutenção deficiente no sistema de drenagem).	Diretamente proporcionais à vulnerabilidade do sistema exposto e à frequência do processo.

Fonte: *Adaptado de Brasil (1999a).*

CAPÍTULO 11: Preparação e Resposta

A Instrução Normativa 01, de 24 de agosto de 2012 (BRASIL, 2012), por sua vez, simplifica a classificação quanto à intensidade para apenas dois níveis, equivalentes aos antigos níveis III e IV, já que esses níveis seriam os únicos para os quais o município demandaria recursos externos. Essa classificação, baseada em dois níveis, atualmente é utilizada para fins de decretação de Situação de Emergência e de Estado de Calamidade Pública.

11.2 PANORAMA SOBRE AS AÇÕES DE PREPARAÇÃO

A seguir será apresentado um panorama das ações de preparação, porém, sem a pretensão de detalhar ou explorar exaustivamente os procedimentos para realização dessas atividades, mas sim com o propósito de buscar permitir que o leitor componha uma visão geral da abrangência das atribuições dos órgãos de Proteção e Defesa Civil, na etapa de Preparação.

Segundo a doutrina de defesa civil brasileira (BRASIL, 1999c), as ações de preparação a desastres podem ser resumidas nos seguintes grupos e subgrupos de ações:

- **Preparação técnica e institucional (estruturação do sistema).** Consiste na implementação e manutenção das instituições que compõem o SINPDEC, para que possam desempenhar adequadamente a missão de proteção e defesa civil e pode ser desmembrada em:
  - desenvolvimento institucional;
  - desenvolvimento de recursos humanos;
  - desenvolvimento científico e tecnológico;
  - mudança cultural;
  - motivação e articulação empresarial;
  - informações e estudos epidemiológicos sobre desastres;
  - monitoramento, alerta e alarme.
- **Preparação operacional e de modernização do sistema (preparação para a resposta).** Envolve o planejamento, mobilização e operacionalização do SINPDEC para fazer frente às operações de resposta e pode ser desmembrada em:
  - planejamento operacional e de contingência;
  - proteção da população contra riscos de desastres focais;
  - mobilização de recursos;
  - aparelhamento e apoio logístico.

A seguir serão brevemente abordados os subgrupos de ações de preparação, com destaque para as ações de monitoramento e alerta, o planejamento de contingências e a proteção da população contra riscos de desastres focais.

Ações de preparação técnica e institucional

Desenvolvimento institucional

Visa implementar institucionalmente e articular o SINPDEC em todo o território nacional e em todos os níveis federativos, assim como coordenar seu funcionamento.

O desenvolvimento institucional deve se dar tanto no sentido vertical (defesas civis nos níveis federal, estadual e municipal) quanto no horizontal (articulando órgãos setoriais e de apoio em cada nível), podendo-se entender o desenvolvimento das próprias comunidades como parte dessa ação. As articulações com organizações externas (ONGs, instituições de ensino e pesquisa, organizações estrangeiras, empresas, agências de fomento a projetos, dentre outras) também integram o escopo das ações de desenvolvimento institucional, uma vez que permitem formar uma rede cooperativa com potencial de mobilizar esforços e recursos em prol da gestão integral do risco de desastres.

O arranjo institucional e a distribuição de competências do SINPDEC já foram apresentados e discutidos no item 8.4 do Capítulo 8, e agora serão feitas apenas considerações sobre a operacionalização das Coordenadorias Municipais de Proteção e Defesa Civil (COMPDECs) e dos Núcleos Comunitários de Proteção e Defesa Civil (NUPDECs).

Os NUPDECs atuam entre as COMPDECs e as comunidades, contribuindo muito para operacionalização do SINPDEC em nível focal, ou seja, na escala dos bairros e comunidades que compõem o município (nível local).

Coordenadoria Municipal de Proteção e Defesa Civil (COMPDEC)

Segundo a Defesa Civil Nacional (BRASIL, 2007), a principal função da COMPDEC é conhecer e identificar os riscos de desastres no município, e a partir daí preparar-se para enfrentá-los. A existência e o funcionamento da COMPDEC são pré-requisitos para a transferência de recursos federais destinados às ações de proteção e defesa civil e sua formalização se dá por meio dos seguintes atos legais:

- Mensagem à Câmara Municipal;
- Projeto de Lei de criação da COMPDEC;
- Decreto de Regulamentação da Lei que cria a COMPDEC;
- Portaria de nomeação dos membros da COMPDEC;
- Portaria de nomeação dos membros do Conselho Municipal de Defesa Civil.

A estrutura organizacional da COMPDEC deve contemplar cargos e departamentos que permitam desempenhar as atividades relacionadas com a prevenção, a mitigação, a preparação, a resposta e a recuperação em circunstâncias de desastres (além da área administrativa), podendo contar com a participação e cooperação de outros órgãos municipais para isso.

O Conselho Municipal de Proteção e Defesa Civil possui a função de atuar como órgão consultivo e deliberativo e deve ser constituído por membros que atuem de forma não remunerada nessa função e que sejam pertencentes a órgãos da Administração Pública de todos os níveis sediados no município, lideranças comunitárias e empresariais, assim como representantes dos Poderes Judiciário e Legislativo.

Para informações mais detalhadas sobre esse assunto, recomenda-se a leitura da Apostila sobre Implantação e Operacionalização da COMDEC (BRASIL, 2007), na qual poderão ser encontrados modelos de documentos para:

- atos legais necessários para formalização da COMPDEC (mencionados anteriormente); e
- roteiros simplificados para planejamento e execução das principais atividades de competência da COMPDEC.

Núcleos Comunitários de Proteção e Defesa Civil (NUPDECs)

Conforme apontado pela Defesa Civil Nacional (BRASIL, 2007), os NUPDECs podem ser organizados em grupos comunitários que constituem os distritos, vilas, povoados, bairros, quarteirões, edificações de grande porte, escolas e distritos industriais e funcionam como elo entre a comunidade e a COMPDEC. Care Brasil (2012) ressalta que os NUPDECs devem surgir de organizações sociais já existentes nas comunidades (igrejas, associações de moradores etc.), a partir de lideranças já atuantes que passam a pensar também sob a ótica da redução do risco de desastres.

Além de funcionar como estruturas educativas e informativas à população, os NUPDECs podem constituir verdadeiro recurso de apoio operacional à COMPDEC, desde que haja voluntários treinados para esses fins.

Destaca-se a figura dos agentes comunitários de proteção e defesa civil, que normalmente são voluntários e podem ou não receber ajuda de custo por sua contribuição, mas devem ser publicamente reconhecidos por seu trabalho. Possuem o papel de apoiar a defesa civil municipal nas operações da COMPDEC, em nível focal, funcionando como uma extensão desse órgão e suas atribuições podem incluir atividades como manutenção do cadastro de moradores de áreas de risco, registro e conservação de instrumentos de monitoramento (pluviômetros, estações hidrológicas etc.), participação em simulados, mobilização da comunidade, participação em atividades de educação e conscientização, além de funcionar como canal de comunicação direta com a COMPDEC, recebendo alertas e apoiando na desocupação emergencial em direção aos pontos de apoio.

Lucena (2005) defende que, no momento em que a população é envolvida no planejamento e no gerenciamento dos riscos, há naturalmente uma resposta positiva que contribui para todas as fases da gestão de risco. A autora sugere ainda as seguintes temáticas e técnicas a serem desenvolvidas na formação de NUPDECs:

- O papel do NUPDEC;
- O perfil do voluntário;
- Meu bairro e meio ambiente;
- Introdução do estudo de riscos;
- Orientação para uma melhor convivência nos morros;
- Como o voluntário deve atuar diante de problemas de riscos;
- Participação e mobilização no processo de gestão;
- Planejamento de ações dos NUPDECs;
- Simulado;
- Oficina de primeiros socorros.

A Care Brasil (2012) também apresenta um passo a passo de implementação de NUPDECs organizado ao longo de seis oficinas temáticas:

- Construção participativa do NUPDEC – introdução;
- Construção participativa do NUPDEC – da identificação aos mapas de risco locais;
- Construção participativa do NUPDEC – importância da comunicação entre o Nupdec e os atores externos;
- Construção participativa do NUPDEC na percepção de grupo e na importância de cada um que participa – fortalecendo o sentimento de grupo;
- Construção participativa do NUPDEC – revendo suas regras de funcionamento;
- Trabalho de campo.

Desenvolvimento de recursos humanos

Objetiva promover, em todo o SINPDEC, a contratação e qualificação de quadros de pessoal, assim como a difusão de conhecimentos relativos à doutrina de proteção e defesa civil.

É fundamental que o coordenador da COMPDEC seja um profissional competente e experiente em gerenciamento de desastres, com acesso direto ao prefeito e autonomia para conduzir os trabalhos de proteção e defesa civil com isenção e rigor técnico. A equipe técnica deve ser multidisciplinar e composta predominantemente por funcionários efetivos da Administração Pública municipal, com dedicação exclusiva às atividades de defesa civil, podendo contar com quadros complementares formados por cargos comissionados e/ou funcionários compartilhados com outros órgãos e voluntários.

Objetivando difundir informações relevantes para os diversos segmentos que integram o SINPDEC, a Secretaria Nacional de Defesa Civil, em parceria com o Centro Universitário de Estudos e Pesquisas sobre Desastres (Ceped/UFSC, 2014), propõe um Curso de Capacitação Básica em Proteção e Defesa Civil.

Desenvolvimento científico e tecnológico

Visa promover a implementação, desenvolvimento e articulação de instituições, pesquisas, projetos, programas e tecnologias para aplicação na gestão do risco de desastres, incluindo programas de formação e especialização nessa área.

Um importante componente para o desenvolvimento científico e tecnológico é o fomento a projetos de pesquisa, desenvolvimento e inovação, por meio dos quais é possível avançar o estado da arte em campos do conhecimento relacionados com a gestão do risco de desastres, assim como desenvolver produtos e processos novos ou significativamente melhorados para esse sistema. Esse recurso permite que órgãos de proteção e defesa civil estabeleçam parcerias com universidades, centros de pesquisa, inventores independentes, ONGs e até mesmo com empresas privadas para desenvolver projetos que sejam do interesse de todos, em torno dos temas relacionados com a gestão do risco de desastres.

Sabendo se articular com universidades, centros de pesquisa, empresas, inventores independentes e agências de fomento, os órgãos de proteção e defesa civil podem conseguir somar numerosos recursos e esforços no atendimento às mais variadas necessidades e demandas correlatas, tais como:

- elaboração de estudos específicos sobre susceptibilidade, vulnerabilidade e risco nas áreas de atuação da COMPDEC;
- determinação de limiares de parâmetros condicionantes dos processos físicos para fins de monitoramento e alerta;
- desenvolvimento de sistemas informatizados e dispositivos de apoio às operações de proteção e defesa civil;
- análise e padronização de processos operacionais, com foco em gestão da qualidade;
- capacitação de equipes em áreas diversas do conhecimento;
- aquisição de materiais, equipamentos, tecnologias, veículos, máquinas e instalações;
- aquisição de recursos humanos qualificados;
- outros.

Mudança cultural

Objetiva conscientizar e mobilizar a sociedade e as autoridades sobre a importância da redução do risco de desastres e da segurança geral da população, sendo fundamental a participação de todos nesse processo.

A mudança cultural exige esforços contínuos de longo prazo e, portanto, deve ser continuada no decorrer de diferentes gestões municipais. Envolve tanto ações educativas (palestras, cursos, campanhas etc.) quanto articulações políticas que visam conscientizar os gestores públicos e a população da existência dos riscos e da necessidade de um esforço conjunto harmônico, para redução do risco de desastres.

Motivação e articulação empresarial

Visa a aproximação com o empresariado e a articulação de ações conjuntas para prevenção, mitigação, preparação, resposta e recuperação em relação a desastres, uma vez que este público tende a ter maior capacidade de mobilização de recursos materiais, financeiros e até políticos, ao mesmo tempo que é interessado direto na redução de danos ao patrimônio e prejuízos às empresas, em circunstâncias de desastres.

A articulação e o bom relacionamento com os empresários locais podem ajudar de diversas formas, tais como:

- utilização de veículos, máquinas, equipamentos e até parte das instalações das empresas, em caráter emergencial;
- incorporação dos riscos de desastres nos planos de contingência das empresas e integração desses planos com os planos dos órgãos de proteção e defesa civil;
- doações de materiais, móveis e equipamentos usados;
- doações de itens de assistência para as populações afetadas;
- acesso a mão de obra qualificada para constituição de grupos emergenciais de apoio à resposta;
- participação no Conselho Municipal de Proteção e Defesa Civil;
- apoio na absorção/realocação de mão de obra dentre os afetados que perderam seus empregos;
- apoio político junto a prefeito e vereadores para conseguir recursos para os órgãos de proteção e defesa civil;
- parcerias para o desenvolvimento de sistemas, tecnologias e produtos para gestão do risco de desastres;
- outros.

Informações e estudos epidemiológicos sobre desastres

Visa estabelecer procedimentos padronizados para o registro de informações relevantes sobre riscos e desastres, disciplinando o fluxo de informações sobre desastres ocorridos, especialmente no registro de ocorrências e na avaliação de danos e prejuízos. Atualmente predomina a falta de padronização no registro de informações sobre riscos e desastres, o que em parte deve-se à diversidade de procedimentos adotados nos diversos órgãos e instituições pertencentes ao SINDPEC, nas três esferas de governo.

Soler *et al.* (2013) apontam que, dentre os desafios para operação de ecossistemas digitais inovadores sobre desastres socionaturais no Brasil, estão a integração de dados de diferentes fontes e formatos, a escassez de informação disponível em áreas monitoradas, a obtenção de parâmetros deflagradores e sua correlação com os cenários de risco, dentre outros.

Apesar da relativa complexidade, a integração de dados e informações se faz urgente e necessária, tendo em mente que a disponibilidade e o fluxo veloz de dados e informações entre as instituições é fundamental para garantir a eficiência e eficácia das operações de proteção e defesa civil.

Alguns esforços têm sido realizados no sentido de integrações parciais, a exemplo do sistema S2iD da Defesa Civil Nacional (que padronizou o fluxo de solicitações de recursos emergenciais federais) e do sistema de monitoramento e alertas do Centro Nacional de Monitoramento e Alertas de Desastres Naturais (Cemaden). Porém, o verdadeiro desafio ainda está longe de ser vencido, que é a integração do fluxo de operações, dados e informações em todos os níveis e processos da gestão de riscos de desastres.

Nesse sentido, Di Gregorio *et al.* (2013a) lançaram, como um possível caminho, a proposta de um Sistema Informatizado para Gestão Integral de Riscos de Desastres (SIGRID), que seria uma plataforma integradora de diferentes sistemas propostos e/ou construídos por diferentes instituições de proteção e defesa civil, de forma interfederativa e transversal a todos os processos de gestão de risco, com função de atuar como elemento de ligação, acessar dados passíveis de compartilhamento e distribuí-los, dentro de uma estrutura de hardware e software compatível, garantindo assim a interoperabilidade necessária.

Além disso, esta plataforma deveria contemplar uma lógica que eventualmente preenchesse "vazios operacionais" deixados pelos sistemas existentes, evitando a superposição de funções e atribuições, além de garantir a extração de parâmetros que permitiriam criar padrões de interpretação (inteligência) e medir o desempenho do sistema como um todo, de forma transparente, conforme modelo conceitual da Figura 11.2.

FIGURA 11.2: Sigrid como ferramenta de integração entre os atores e sistemas individuais. Fonte: *Adaptado de Di Gregorio et al. (2013a).*

Esse sistema teria os seguintes objetivos:

- Integrar as operações e instituições relacionadas com a prevenção, a preparação, a resposta e a reconstrução.
- Contribuir para padronização e implementação de protocolos interinstitucionais e atribuição clara de responsabilidades entre os atores.
- Otimizar o fluxo de processos e atividades de gestão integral de riscos.
- Permitir o compartilhamento dinâmico de dados e informações.
- Acompanhar em tempo real as ações de prevenção, preparação, resposta e recuperação, em diversos níveis.
- Suprir as carências principais relacionadas com sistemas de informação no âmbito da gestão integral de risco.
- Avaliar o desempenho sob diversos aspectos no âmbito da gestão integral de risco, implementar correções e melhorias.
- Otimizar as comunicações entre os atores envolvidos.
- Contribuir para o desenvolvimento das culturas intra e interorganizacionais baseadas em melhoria contínua.

Essa proposta não é ainda operacional e, eventualmente poderia ser aprimorada e ajustada para implantação pelos órgãos competentes, mas sua concepção vem preencher uma lacuna no processo de integração da gestão de risco.

Monitoramento, alerta e alarme

Esse é um aspecto de transição com a preparação operacional e tem por objetivo implementar instituições e sistemas que realizem o monitoramento contínuo, em tempo real, dos parâmetros deflagradores de desastres, capazes de subsidiar a emissão de alertas antecipados (risco previsível a curto prazo) e alarme (risco iminente na fase pré-impacto) aos órgãos de Defesa Civil, que então passam de uma situação de prontidão para uma situação de início ordenado das operações.

No nível federal, o Cemaden tem a missão de *realizar, em âmbito nacional, o monitoramento contínuo das condições geohidrometeorológicas, objetivando o envio de alertas de riscos de desastres naturais, quando observadas condições que produzam risco iminente de ocorrência de processos geodinâmicos (movimento de massa) e hidrológicos (inundação e/ou enxurrada)* (Cemaden, 2017).

Há também centros de monitoramento e alertas estaduais e até municipais, que deverão trabalhar de forma integrada entre si e com o Cemaden para que os esforços de monitoramento e análise sejam somados e os alertas provenientes dessas diferentes instituições sejam compatíveis e coerentes.

Esse assunto será objeto de destaque na seção 11.3.

Ações de preparação operacional e de modernização do sistema

Planejamento operacional e de contingência

Em se tratando da administração de desastres, seu desempenho está intimamente relacionado com o planejamento prévio, o treinamento e a capacidade operacional das instituições e atores participantes, sendo fundamental que sejam definidos processos, procedimentos, responsabilidades, recursos e papéis de todos os envolvidos. Essas informações devem estar reunidas em um documento, denominado pela Agência Federal de Gerenciamento de Emergências americana (Federal Emergency Management Agency – Fema, 2010) de "Plano de Operações de Emergência", enquanto Araújo (2012) utiliza o termo "Plano de Emergência". A doutrina de defesa civil brasileira denomina esse instrumento de "Plano de Contingência" (adotado ao longo deste texto), diferenciando-o mesmo do "Plano de Operações", que nada mais seria do que o plano elaborado para responder a uma situação real de desastre. Assim, enquanto o Plano de Contingência trabalha com uma variedade de cenários hipotéticos possíveis, o Plano de Operações é desenvolvido a partir de uma adaptação do Plano de Contingência, com base no cenário efetivamente ocorrido, de forma pragmática para o socorro a um desastre específico.

Esse assunto será objeto de destaque na seção 11.3.

Proteção da população contra riscos de desastres focais

Objetiva a preparação da população para enfrentamento aos desastres, especialmente o planejamento e treinamento da desocupação emergencial de áreas de risco e o abrigo temporário em pontos de apoio. Pode ser parte integrante do planejamento operacional e de contingência ou um plano separado, mas compatível com o primeiro.

Esse assunto será objeto de destaque na seção 11.3.

Mobilização de recursos

Visa o planejamento dos recursos humanos, materiais, equipamentos, instalações e recursos financeiros necessários para os cenários de resposta a desastres, assim como a prospecção, articulação, cadastro e trabalho para sua mobilização com parceiros e/ou sua aquisição. Pode ser parte integrante do plano operacional e de contingência ou um plano separado, mas compatível com o primeiro.

O planejamento da mobilização de recursos deve ser realizado a partir de uma comparação entre os recursos necessários para as ações de resposta e os recursos imediatamente disponíveis no município afetado.

Resumidamente, partindo-se dos diferentes cenários de risco abordados no Plano de Contingência e das respectivas ações de resposta (verificar a seção 11.4), a equipe responsável pelo planejamento da mobilização de recursos deverá se perguntar (BRASIL, 1999c):

- Quais os recursos necessários para executar as ações de resposta a cada cenário?
- Quais os órgãos e instituições, públicas e privadas, que dispõem desses recursos dentro da área do município?
- Dentre os órgãos e instituições pré-selecionados no item anterior, quais deles estariam mais aptos para colaborar com esses recursos?
- Como realizar a aproximação e articulação com esses órgãos e instituições, definir suas atribuições, e como coordená-los?
- Como obter os recursos que não estão disponíveis no município?

Em seguida, parte-se para a mobilização de campo, propriamente dita, e a realização de um cadastro dos recursos disponibilizados (contendo nome do recurso, quantidade, local de armazenamento, responsável pelo recurso etc.) por esses órgãos e instituições, além de eventuais recursos suplementares disponibilizados por outros órgãos e instituições interessados em colaborar. É também importante o envolvimento desses atores em treinamentos e simulados preparatórios para a resposta a desastres.

Aparelhamento e apoio logístico

Objetiva planejar e garantir o apoio logístico nas operações de resposta em geral, especialmente nas ações de socorro e de assistência às populações afetadas por desastres. Pode ser parte integrante do plano operacional e de contingência ou um plano separado, mas compatível com o primeiro.

Segundo Castro *et al.* (BRASIL, 1999c), as atividades logísticas se relacionam com o planejamento e execução da administração dos recursos materiais (gêneros alimentícios, vestimentas, material de estacionamento, combustíveis, veículos, equipamentos e máquinas de engenharia, água potável, material de comunicações, material de saúde), além da prestação de serviços necessários ao apoio das operações de resposta (manutenção de material e do equipamento, banho e lavanderia, limpeza, descontaminação, desinfecção e desinfestação dos hábitats humanos, sepultamento de pessoas e de animais, saneamento emergencial, especialmente dos hábitats humanos, apoio de saúde às equipes técnicas e à população assistida). Essas ações serão abordadas de forma um pouco mais ampla na seção 11.4.

11.3 DESTAQUES EM PREPARAÇÃO

Esta seção destina-se a apresentar aspectos mais detalhados sobre algumas ações consideradas merecedoras de destaque, por sua relevância operacional. Serão abordadas, portanto, as ações de monitoramento e alerta, planejamento operacional e de contingências, e planejamento comunitário para enfrentamento a desastres.

Monitoramento, alerta e alarme

Monitoramento

A operação de monitorização ou monitoramento consiste na observação contínua dos parâmetros que funcionam como indicadores dos deflagradores de desastres. Para o caso de processos hidrológicos, os parâmetros que funcionam como indicadores podem ser diretos (cotas do nível d'água dos rios, altura da lâmina d'água), indiretos (medição da chuva) ou uma combinação de ambos, que é o ideal.

O monitoramento é realizado com a finalidade de identificar, com certa antecedência, situações perigosas capazes de provocar desastres; porém, de forma isolada, ele é insuficiente para atingir este objetivo. Para isso, torna-se necessário que ao monitoramento sejam adicionados os seguintes componentes operacionais:

CAPÍTULO 11: Preparação e Resposta

- **O conhecimento dos valores dos parâmetros capazes de provocar os processos (limiares deflagradores).** Em se tratando do parâmetro "cota do nível d'água dos rios", é necessário saber quais os valores de cotas que podem provocar processos hidrológicos (enxurradas e inundações) danosos; já em se tratando da chuva, é necessário conhecer quais os valores e a distribuição espacial de chuva (horária e acumulada) que são capazes de provocar os processos. Isso pode ser feito basicamente de duas formas: analisando o histórico de cada parâmetro e buscando a correlação com desastres anteriores, ou desenvolvendo modelos matemáticos que representem a dinâmica da bacia e assim permitam simular o seu comportamento diante de valores estimados dos parâmetros, até que se chegue a cenários capazes de provocar desastres. No caso desta última opção, porém, o histórico de desastres e seus parâmetros correspondentes também são de fundamental importância para a calibração e validação das modelagens realizadas.

- **A projeção (previsão) da evolução dos parâmetros ao longo do tempo.** A identificação *antecipada* de situações perigosas só pode ser alcançada na medida em que se trabalhe com previsões de evolução dos parâmetros no tempo, a partir de uma situação atual observada. Em se tratando do parâmetro "cota do nível d'água dos rios", pode-se monitorar em um local a montante o valor real da cota observada e a sua taxa de variação temporal e, em seguida, projetar a evolução desse parâmetro para jusante e para um tempo futuro, de modo a saber com certa antecedência o que acontecerá no ponto desejado. Em relação ao parâmetro "chuva", sua projeção se dá na forma de previsão meteorológica, que tende a ser menos precisa na medida em que a antecedência da previsão aumenta. Desta forma, a análise continuada das condições e previsões meteorológicas é vital para a efetividade de sistemas de monitoramento e alerta. Quando a previsão consegue ser feita com certa antecedência, é denominada *forecasting* ou previsão antecipada; por outro lado, se a previsão é realizada apenas a algumas horas da ocorrência, é denominada *nowcasting* ou previsão imediata.

- **Conhecimento do sistema a ser afetado.** É necessário ter uma ideia da potencialidade dos processos monitorados em provocar danos e prejuízos no sistema vulnerável. Isso demanda o conhecimento da vulnerabilidade do sistema em risco, a qual, para fins de monitoramento e alerta, em geral é simplificadamente tratada como a exposição de vidas humanas, ou seja, o número de pessoas que habitam ou se encontram nas áreas de risco.

Para que seja realizado o monitoramento, é necessária uma estrutura adequada de *hardware*, *software* e *peopleware* (recursos humanos capacitados), além de instalações preparadas para esses fins.

- *Hardware*. Pode-se entender por *hardware* tanto o aparato computacional quanto os equipamentos utilizados diretamente no monitoramento dos parâmetros e na transmissão dos dados e informações. Dependendo da escala com que se trabalhe, a capacidade computacional deve ser robusta (podendo demandar até mesmo supercomputação), uma vez que há necessidade de integração e processamento de grande número de dados e imagens (*big data*), especialmente quando se trabalha com modelos de previsão meteorológica. Em relação aos equipamentos, o desejável é que sejam telemétricos, ou seja, enviem seus dados remotamente para o servidor, sem a necessidade de leituras manuais; entretanto, pode ser que haja problemas nessa transmissão em situações meteorológicas adversas, o que deve ser levado em consideração pela equipe de engenharia responsável por dimensionar a quantidade, selecionar os locais e instalar os equipamentos. Também é desejável que possuam fonte autônoma de abastecimento de energia, normalmente um sistema de placas fotovoltaicas com baterias. Para monitoramento do nível d'água dos rios, são utilizadas plataformas de coleta de dados (PCDs) com sensores a laser (estações hidrológicas), que normalmente possuem pluviômetros acoplados. Os pluviômetros são equipamentos que medem a intensidade da chuva (quantidade da chuva em mm que cai em um intervalo de tempo) no local (a qual pode ser extrapolada para seus arredores) e, no caso de monitoramento de processos hidrológicos, eles devem ser distribuídos ao longo de toda a bacia e não apenas nas áreas suscetíveis de alagamento (isso é necessário porque as análises sobre as áreas de alagamento são realizadas tendo em vista o comportamento de bacia). Os radares meteorológicos também são equipamentos importantes para observação da atmosfera, detectando a presença de gotas de chuva e a movimentação de massas de ar, e possuem raios de varredura consideráveis para produtos dessa natureza, normalmente superiores a 100 km. Ressalta-se, no entanto, que o aspecto de manutenção dos equipamentos deve ser objeto de atenção, não somente pela questão da obtenção de dados de qualidade, mas também pela preservação da integridade da rede observacional, mantendo os equipamentos em condições de operação. Recomenda-se uma visita à página eletrônica do Cemaden, na qual poderão ser encontradas imagens dos equipamentos utilizados no monitoramento.

- **Software**. É desejável que haja um sistema informatizado em base SIG (Sistema de Informações Geográficas) com recursos de geoprocessamento, e que seja capaz de integrar dados de pluviômetros, radares, estações hidrológicas, imagens de satélite, saídas de modelos de previsão meteorológica, saídas de modelos de previsão hidrológica, dados de setores censitários do IBGE, mapas de susceptibilidade, vulnerabilidade e risco. Além disso, é desejável que a estrutura de software permita o gerenciamento do fluxo de trabalho das equipes, o gerenciamento dos alertas (emitidos, vigentes, encerrados, renovados), apure parâmetros de desempenho das operações. Um sistema para gerenciamento dos equipamentos e seu desempenho pode ajudar na administração de uma rede numerosa deles.

- **Peopleware**. Como o monitoramento é uma tarefa que demanda continuidade (24 horas por dia, 7 dias por semana) e multidisciplinaridade, é desejável que a equipe de monitoramento seja composta por profissionais de diversas especialidades, trabalhando em regime de escala. Para o monitoramento de desastres hidrológicos, considera-se desejáveis equipes minimamente competentes nas áreas de: hidrologia, meteorologia, geografia (humana e física), engenharia civil. Equipes de apoio administrativo, engenharia mecânica, engenharia de telecomunicações e desenvolvimento de sistemas também serão necessárias, dependendo do porte da organização. A análise meteorológica diária por um meteorologista experiente é fundamental, recomendando-se que haja um *briefing* diário com a equipe, sem prejuízo de análises críticas periódicas sobre o desempenho dos alertas e aprimoramento dos processos de trabalho. Importa ressaltar que o ambiente de trabalho deve ser uma preocupação do gestor, que deve trabalhar para desenvolver e valorizar equipes autônomas, tecnicamente competentes, harmônicas e comprometidas, no qual a cooperação, o respeito mútuo e o serviço ao bem comum sejam valores cultivados.

- **Instalações**. O monitoramento normalmente é realizado em salas especialmente preparadas para essa tarefa, onde diversas estações de trabalho apontam para um conjunto de monitores integrados, que compõem o painel de visualização coletiva. A sala deve possuir climatização com *backup* e contar com instalações de dados e voz seguras e estáveis, além de sistema de energia elétrica redundante, com o apoio de geradores que devem entrar em funcionamento em caso de falha na rede elétrica. O acesso à sala de situação deve ser restrito a pessoas autorizadas, especialmente em momentos de crise. É desejável que haja salas de teleconferência que sejam integradas com salas de situação de outros atores (por exemplo, defesa civil ou outros órgãos de monitoramento).

Alerta e alarme

Se durante o monitoramento é identificada alguma possibilidade de que as condições observadas/projetadas venham a provocar desastres, o próximo passo é o processamento do alerta, que consiste na elaboração, emissão, acompanhamento e atualização do alerta.

A doutrina de defesa civil (BRASIL, 1999c) faz a seguinte distinção acerca dos termos "alerta" e "alarme":

- **Alerta.** Sinal, sistema ou dispositivo de vigilância que tem por finalidade avisar sobre um perigo ou risco previsível a curto prazo. Situação de risco previsível a curto prazo. Nestas circunstâncias, o dispositivo operacional dos órgãos de defesa civil evolui de uma situação de sobreaviso para uma situação de prontidão, em condições de emprego imediato.
- **Alarme.** Sinal, sistema ou dispositivo de vigilância que tem por finalidade avisar sobre um perigo ou risco iminente. Situação de risco iminente, correspondente à fase de pré-impacto. Nestas circunstâncias, o dispositivo operacional dos órgãos de defesa civil evolui de uma situação de prontidão para uma situação de início ordenado das operações.

Segundo as definições da Defesa Civil Nacional, pode-se entender que o alerta seria um aviso sobre um perigo previsível num prazo anterior à fase de pré-impacto, que seria responsável por deixar a Defesa Civil de sobreaviso ou prontidão. Já o alarme seria um aviso de perigo iminente, o qual inicia a fase pré-impacto, quando a Defesa Civil passa da situação de prontidão para o início ordenado das operações de resposta, por exemplo, iniciando a desocupação emergencial das áreas de risco.

É possível perceber que, na prática, a diferenciação entre alerta e alarme, baseada no tempo de aviso, não é tão aplicável, uma vez que o próprio alerta pode ser emitido na iminência do desastre (baseado em *nowcasting*). Talvez a maior diferença esteja na finalidade do aviso, ou seja, enquanto o alerta objetiva avisar sobre a ameaça (de forma iminente ou no curto prazo), o alarme possui o objetivo claro de disparar as ações de resposta (por exemplo, acionamento de sirenes para desocupação dos sítios de risco). Assim, o alarme seria disparado a partir do alerta e acionado pela própria Defesa Civil, mas as duas operações podem até mesmo ser simultâneas, como demonstram as recomendações do Centro Nacional de Gerenciamento de Riscos e Desastres – Cenad/MI (CEMADEN, 2017):

- *Em caso de alerta de risco de nível MODERADO não se descarta a possibilidade do fenômeno alertado e, caso ocorra, espera-se impacto moderado para a população. Recomendam-se ações previstas no plano de contingência, tais como: sobreaviso das equipes municipais etc.*
- *Em caso de alerta de risco de nível ALTO, a probabilidade de ocorrência do desastre é alta, assim como seu impacto potencial para a população. Recomendam-se as ações previstas no Plano de Contingência Municipal e demais ações previstas neste, tais como: verificação in loco nas áreas de risco, acionamento dos órgãos locais de apoio, preparação de abrigos e rotas de fuga etc.*
- *Em caso de* **alerta de risco de nível MUITO ALTO**, *existe probabilidade muito alta de ocorrência do fenômeno alertado e com potencial para causar grande impacto na população. Recomendam-se aos órgãos municipais de proteção e defesa civil as ações previstas no Plano de Contingência Municipal, tais como:* **verificação in loco nas áreas de risco**, **acionamento de sistema de sirenes**, **possibilidade de desocupação das áreas de risco**, **deslocamento das equipes de resposta para as proximidades das áreas de risco** *etc.*

Destaca-se que, nas recomendações do Cenad, não se menciona o termo "alarme", pois foi convencionado que o próprio nível de alerta MUITO ALTO dispara automaticamente as primeiras ações de resposta, na fase pré-impacto. Entretanto, cabe ressaltar que há uma temporalidade implícita no alerta MUITO ALTO, uma vez que o principal condicionante da probabilidade de ocorrência do fenômeno alertado é a previsão meteorológica. Como a probabilidade de acerto da previsão meteorológica aumenta consideravelmente na medida em que o horizonte de previsão é reduzido, a probabilidade muito alta de ocorrência do evento meteorológico deflagrador normalmente está associada a um intervalo de tempo relativamente curto até o impacto.

Dessa forma, percebe-se que alerta e alarme podem ser integrados, acarretando que o próprio alerta no nível MUITO ALTO já teria o poder de alarme. Porém, é importante observar que há ações de defesa civil que vão sendo gradativamente postas em prática mesmo nos níveis de alerta MODERADO e ALTO, conforme demonstrado nas recomendações do Cenad. A partir desse ponto do texto, portanto, trataremos apenas do alerta, partindo do princípio de que é possível utilizá-lo também com a finalidade de alarme, desde que sejam preestabelecidos os protocolos de ações de defesa civil a serem disparados em função dos níveis de alerta recebidos.

Requisitos do alerta

Para que alcance seus objetivos, propõe-se que os seguintes requisitos sejam observados no alerta: foco no público-alvo, informatividade, inteligibilidade, alcance, antecipação, temporalidade, confiabilidade e integração. A abordagem proposta será explorada por meio do detalhamento desses requisitos, segundo a ótica dos autores desse livro, a seguir. Ressalta-se, porém, a necessidade e importância de sua adaptação, experimentação e validação prática pelos órgãos de monitoramento e alerta, segundo suas peculiaridades operacionais a seguir.

■ Definição do público-alvo

A critério das autoridades competentes, a mensagem de alerta pode ser emitida diretamente para a população ou somente para os órgãos de proteção e defesa civil, que então tomam suas providências para avisar e mobilizar as populações em risco. Ambas as situações possuem vantagens e desvantagens, tais como as apresentadas no Quadro 11.3. Como se pode observar neste quadro, a preparação da população é um ponto-chave para uma desocupação bem-sucedida, pois permite reduzir o tempo de mobilização e a probabilidade de ocorrência dos danos humanos. Há também a possibilidade de emissão simultânea do alerta para ambos os atores, Defesa Civil e população, opção esta que possui a vantagem adicional da redundância e talvez seja a melhor alternativa. Porém, essa emissão pode ser feita de forma ligeiramente defasada, de modo que a Defesa Civil possa receber o alerta um pouco antes da população (talvez 30 minutos de defasagem, a depender do tempo previsto até o impacto) e pôr em prática as providências de resposta. Contudo, quando a população também receber os alertas dos órgãos de monitoramento, esta pode, por exemplo, de posse da informação e tendo recebido treinamento, tomar a ação de desocupação, mesmo em caso de atraso dos órgãos de defesa civil.

Quadro 11.3: Comparativo entre as alternativas de público-alvo para emissão de alertas de desastres

DESTINATÁRIO DIRETO DO ALERTA	VANTAGENS	DESVANTAGENS
DEFESA CIVIL	Caso esteja preparada, a Defesa Civil possui mais controle do processo de desocupação das áreas de risco, e há tendência de redução nos danos humanos. É um público mais preparado para compreender o conteúdo técnico do alerta.	Caso não esteja preparada, a Defesa Civil pode não conseguir administrar bem o processo de desocupação de áreas de risco, aumentando a possibilidade de danos humanos. O tempo total de desocupação tende a ser maior.
POPULAÇÃO	Caso a população esteja preparada para compreender e responder adequadamente ao alerta, há tendência de redução nos danos humanos. O tempo total de desocupação tende a ser menor.	Caso a população não esteja adequadamente preparada, pode gerar pânico, dificultar a desocupação e, eventualmente, aumentar os danos humanos.

No arranjo federal brasileiro, há um Protocolo de Ação entre o Centro Nacional de Gerenciamento de Riscos e Desastres (Cenad)/Ministério da Integração (MI) e o Cemaden, o qual regulamenta que todo alerta de risco de desastres socionaturais emitido pelo Cemaden deverá ser enviado ao Cenad, que o repassará aos órgãos de defesa civil estadual e municipal, para se constituir em subsídio fundamental na tomada de ações preventivas de proteção civil, entre outros aspectos legais (Cemaden, 2017). Ressalta-se, no entanto, que as instituições de monitoramento e alertas estaduais e municipais também possuem autonomia para emitir seus alertas de forma independente do nível federal e, nessa situação, o público-alvo acaba sendo definido caso a caso.

CAPÍTULO 11: Preparação e Resposta

É de fundamental importância que as comunicações entre o órgão emissor do alerta e os órgãos de defesa civil destinatários do alerta sejam feitas da forma mais direta possível, de modo a agilizar o entendimento tanto do destinatário (sobre a mensagem do alerta, por exemplo), como do órgão emissor (sobre a evolução da situação em campo). Qualquer tipo de intermediação ou triangulação obrigatória de informações, em que o órgão de monitoramento e alertas fique impedido de emitir o alerta diretamente para seus destinatários e contatá-los de forma livre (e vice-versa), revela-se contraproducente, podendo implicar o aumento de vítimas de desastres.

■ Informatividade

A informatividade se refere à suficiência, relevância e qualidade do conteúdo do alerta, garantindo que todas as informações necessárias ao usuário estejam presentes de forma satisfatória na mensagem, todas as informações fornecidas sejam aplicáveis e importantes ao usuário, e que elas sejam oriundas de fontes confiáveis e da análise competente de profissionais capacitados.

Conforme o público-alvo do alerta, o conteúdo da mensagem pode variar: por exemplo, um alerta destinado à população deve ser direto e breve, sendo que alertas destinados aos órgãos de defesa civil podem ser mais técnicos e conter informações mais amplas.

Considera-se que as seguintes informações devem estar minimamente presentes em um alerta de desastres tendo como público-alvo a população:

- data e hora da emissão do alerta (seja ele novo ou renovado);
- nível do alerta (estado de atenção/observação, moderado, alto, muito alto);
- tipo de processo adverso esperado (inundação, enxurrada etc.);
- região geográfica abrangida pelo alerta;
- ações a serem realizadas pela população;
- órgão emissor.

Além das informações mencionadas anteriormente, considera-se que as seguintes informações complementares devem estar presentes em um alerta de desastres tendo como público-alvo a Defesa Civil:

- magnitude estimada do processo (por exemplo, altura da lâmina d'água, velocidade do fluxo etc.);
- tempo estimado para o impacto da ameaça;
- validade do alerta (período em que o alerta se encontrará ativo ou vigente);
- duração prevista do fenômeno;
- número de pessoas que residem, trabalham e circulam pela região a ser afetada, no horário esperado do impacto;
- número de casas, edifícios residenciais, edifícios comerciais e outros equipamentos de uso público na região (escolas, creches, hospitais, repartições públicas, shoppings, pontes etc.). Nos casos de equipamentos de uso público, o fornecimento de sua localização também é importante;
- nível de confiança da previsão (moderada, alta, muito alta);
- justificativa técnica do alerta;
- ações a serem realizadas pela Defesa Civil;
- equipe responsável pelo alerta e contato.

Mesmo que o período de validade de um alerta já tenha expirado, o órgão de monitoramento poderá considerar útil que, depois de cessado o perigo, seja emitido um comunicado formal a título de encerramento do alerta.

■ Inteligibilidade

A inteligibilidade consiste em garantir a objetividade, adequabilidade e clareza da mensagem, de modo que o destinatário consiga compreendê-la de forma efetiva. É uma qualidade complementar à informatividade – ou seja, além da qualidade e completude da informação, ela precisa ser compreensível. Nesse ponto é necessário que o conteúdo da mensagem seja comunicado numa linguagem acessível ao público-alvo, o qual deve estar familiarizado e identificado com os termos e conceitos utilizados no alerta. Problemas relacionados com a inteligibilidade podem ocorrer tanto com a população leiga (portanto, nesse caso, a linguagem empregada deve ser mais simples) quanto com públicos mais técnicos. Para ilustrar essa situação, tomaremos como exemplo a discussão sobre o significado do nível de alerta.

Como já mencionado, pode haver diferentes instituições com missão de monitoramento e alerta de desastres socionaturais nos três níveis federativos e, portanto, um determinado órgão de defesa civil municipal poderia receber alertas de até três órgãos simultaneamente (federal, estadual e municipal), referentes ao mesmo desastre potencial. Caso não haja uma padronização entre esses órgãos sobre a nomenclatura dos níveis de alerta, o que estes significam e quais os limiares deflagradores desses níveis, é possível que haja confusão na interpretação dessas informações por parte dos órgãos de defesa civil. Nesse caso, a confusão poderia implicar maiores danos e prejuízos no sistema em risco. Dessa forma, o significado do alerta ALTO para um determinado órgão tem que ser o mesmo para outro órgão. Para equacionar essa questão, é necessário entender o que significa cada nível de alerta.

No caso do nível federal, o Cemaden adota uma matriz de alertas (análoga à da Tabela 11.1) baseada em dois parâmetros: possibilidade de ocorrência do evento adverso (que depende majoritariamente do grau de certeza da previsão meteorológica) e impacto potencial (considerado diretamente proporcional ao grau de exposição dos elementos em risco e sua susceptibilidade a sofrer danos). Observa-se, no entanto, que é necessário que o parâmetro "impacto potencial" não contemple apenas a vulnerabilidade dos elementos em risco de forma absoluta, mas sim a vulnerabilidade relativa dos elementos em risco diante de cada cenário de perigo esperado. Nesse caso, dever-se-ia considerar a influência da magnitude do perigo esperado (altura da lâmina de água, velocidade do fluxo e tempo de permanência da inundação) na intensidade dos danos e prejuízos impostos ao sistema sob risco.

Tabela 11.1: Exemplo de matriz de alertas (na realidade a intensidade dos alertas corresponde a uma escala de cores predefinida pelo órgão, diferente da escala de cinza adotada nesta tabela)

MATRIZ DE NÍVEIS DE ALERTAS		IMPACTO POTENCIAL		
		MODERADO	ALTO	MUITO ALTO
POSSIBILIDADE DE OCORRÊNCIA	MODERADA	Observação	Moderado	Moderado
	ALTA	Moderado	Alto	Alto
	MUITO ALTA	Alto	Alto	Muito Alto

Fonte: *Baseado em Cemaden (2017).*

De acordo com a matriz de alertas, um órgão de proteção e defesa civil que receba o alerta do Cemaden, deverá ter em mente que o nível do alerta dessa instituição possui o sentido de "intensidade provável dos danos" (em especial os humanos) e não simplesmente a "intensidade do processo". Ou seja, se uma área com baixa densidade demográfica (portanto, com menor número de elementos em risco) recebe um alerta moderado para inundação, não quer dizer que ela esteja prestes a sofrer uma inundação de magnitude moderada, mas sim que os danos totais esperados são moderados, mesmo que a magnitude da inundação prevista seja alta. **Na prática, isso poderia induzir o órgão de defesa civil a não considerar essa área prioritária para fins de resposta, porém as pessoas localizadas nessa região poderiam enfrentar maior perigo de vida do que aquelas localizadas em áreas densamente povoadas, mas sujeitas a uma inundação de magnitude moderada.**

Percebe-se, portanto, que o parâmetro "nível de alerta" por si só não é suficiente para transmitir ao órgão de defesa civil toda a informação que ele precisa saber para tomar as providências necessárias nas áreas sob risco iminente.

Dessa forma, defende-se que junto com o "**nível de alerta**" sejam também informados ao órgão de defesa civil os parâmetros primários que deram origem à classificação do nível de alerta, ou seja, a "**magnitude do processo**", o "**nível de exposição e a vulnerabilidade das áreas sob risco**" e a "**confiabilidade da previsão**". Isso permitiria ao profissional de defesa civil entender o perfil de variáveis que compõem o nível de alerta informado, e adotar as providências mais adequadas para cada caso.

- **Alcance**

Os meios pelos quais a mensagem de alerta atinge seu destinatário podem ser diversos, tais como e-mail, contato telefônico, mensagem por SMS, avisos por carro de som, sirenes, TV, rádio, website etc. Cada um desses meios possui um raio de alcance e uma capacidade de difusão da informação; porém, é importante que a mensagem do alerta seja entregue ao maior número possível de destinatários, de forma eficaz.

O ideal é que sejam utilizados mais de um meio de comunicação de forma redundante, ressaltando a importância de ao menos um deles constituir um **canal ativo**, ou seja, que a mensagem encontre diretamente o destinatário (SMS, contato telefônico, sirenes, carro de som) e não que dependa do destinatário encontrar a mensagem (e-mail, website, TV, rádio).

Também é importante levar em consideração que, em condições meteorológicas adversas, o funcionamento dos meios de comunicação pode não se mostrar totalmente confiável, constituindo uma razão adicional para se buscar a antecedência no alerta.

- **Antecipação**

A antecipação é aqui definida como a capacidade de o alerta encontrar seu público-alvo com antecedência suficiente para permitir que sejam tomadas as medidas de proteção e defesa civil necessárias, antes do impacto.

Depende das condições e recursos disponíveis no monitoramento, do estado da arte do conhecimento sobre a previsibilidade dos tipos de processos monitorados e sua dinâmica na bacia, da experiência da equipe de monitoramento, das condições e recursos de transmissão da mensagem de alerta até o destinatário final, da capilaridade e capacidade de mobilização da Defesa Civil e da comunidade, da preparação das comunidades para responder aos alertas, dentre outros fatores.

O estudo dos tempos é uma ferramenta importante para definir o **Tempo de Antecipação do Alerta (TAA)**, isto é, o tempo suficiente para alerta e evacuação das comunidades sob risco, antes do impacto. O TAA é composto de duas parcelas, o **Tempo do Processo de Alerta (TPA)** e o **Tempo de Proteção da População (TPP)**.

$$TAA = TPA + TPP$$

O TPA é o tempo total destinado ao processo de alerta de uma situação potencialmente perigosa e pode ser escrito como:

$$TPA = TRD + TID + TAN + TEA + TEN$$

Em que:

- **Tempo de Recebimento dos Dados (TRD).** Tempo para transmissão das informações do local de observação (por exemplo, dados de instrumentação telemétrica ou de leitura manual) até a sala de situação de monitoramento.
- **Tempo de Identificação (TID).** Tempo decorrido desde que os dados da instrumentação entram no sistema de monitoramento até a identificação de uma situação potencialmente problemática.

- **Tempo de Análise (TAN).** Tempo decorrido desde a identificação de uma situação potencialmente problemática até que a análise técnica sobre sua periculosidade seja concluída. Inclui o tempo para deliberação da equipe/chefia, até que seja tomada a decisão final sobre o envio ou não do alerta, seu nível, a área a ser alertada etc.
- **Tempo de Elaboração do Alerta (TEA).** Tempo para confeccionar o conteúdo da mensagem que será enviada como alerta e sua fundamentação. Nos casos em que o alerta vai sendo elaborado concomitantemente com a análise, o TEA é o tempo residual para finalizar a elaboração do alerta, uma vez que a análise já esteja concluída.
- **Tempo de Entrega (TEN).** Tempo compreendido desde a finalização do relatório de alerta até o recebimento da mensagem pelo público-alvo (os órgãos municipais de defesa civil, ou a população, se for o caso). Ressalta-se que, em se tratando de alerta, é importante que o órgão se certifique que o usuário recebeu a mensagem, e não apenas que ela foi enviada. Caso haja algum tipo de intermediação ou triangulação no processo de entrega dos alertas aos órgãos de defesa civil municipais, o tempo de entrega acaba sendo superior ao necessário, aumentando o tempo do processo de alerta.

O **Tempo de Proteção da População (TPP)** é o tempo total destinado ao processo de evacuação da comunidade sob risco, e pode ser escrito como:

$$TPP = TAL + TIM + TMR + TES$$

Em que:

- **Tempo de Alarme (TAL).** Tempo decorrido desde o momento do recebimento do alerta pelo órgão de proteção e defesa civil municipal até o efetivo acionamento das operações de defesa civil. Quando o alerta é emitido diretamente à população e está vinculado a instruções de ação da comunidade, então ele acaba cumprindo a função de alarme e TAL = 0.
- **Tempo de Início de Mobilização (TIM).** Tempo decorrido desde o acionamento das operações de defesa civil até o momento em que tenha sido realizado o aviso de mobilização para a comunidade (considerando aqui que toda a comunidade seja avisada simultaneamente), visando iniciar as ações de desocupação emergencial. Quando o alerta é emitido diretamente à população e está vinculado a instruções de ação da comunidade, pode-se considerar que TIM = 0.
- **Tempo Médio de Reação (TMR).** Tempo médio decorrido desde o instante em que a comunidade recebeu o aviso de mobilização até o momento em que tem início efetivamente a desocupação. Após o recebimento do aviso de mobilização, o ideal é que as pessoas tenham alguns instantes para tomar algumas providências emergenciais, tais como separar os principais documentos, algum dinheiro, desligar eletrodomésticos, desligar o gás, mobilizar crianças e outros familiares próximos, trocar de roupa etc., para então iniciar o processo de desocupação emergencial.
- **Tempo de Escape (TES).** Corresponde ao tempo de deslocamento das pessoas dos locais onde se encontram até um local seguro, idealmente um ponto de apoio previamente estabelecido em conjunto com a Defesa Civil municipal. Como os tempos de deslocamento são diferentes de pessoa para pessoa, esse tempo é aquele decorrido desde o fim do tempo médio de reação até o momento em que é completada a desocupação do local e todos os indivíduos (ou próximo disso) estejam abrigados no ponto de apoio. Entretanto, pode haver casos pontuais nos quais os ocupantes se recusem a sair de suas residências e, portanto, tenham que ser retirados; nesse caso, sugere-se que esse tempo extra não seja incluído no tempo de escape.

Para que a população esteja em segurança no momento do impacto, é necessário que a seguinte condição seja obedecida:

$$TAA < TTI$$

Em que **TTI é o Tempo Total até o Impacto**, calculado a partir do instante que se iniciou o processo de alerta do evento perigoso, ou seja, TTI é o intervalo de tempo compreendido entre o início do TRD e o instante estimado para o impacto da ameaça sobre o sistema. **É importante que o órgão de monitoramento arbitre o que será adotado como o instante do impacto da ameaça sobre o sistema em risco. Por exemplo, no caso de uma inundação, o instante do impacto não deve ser entendido como aquele em que as lâminas d'água críticas atingirão o sistema, mas sim o momento a partir do qual se considera que não é possível mais efetuar o escape em segurança dos locais em risco.** Nesse caso, talvez o instante do impacto seja o início da formação de lâminas d'água no sistema exposto, ou o momento em que as lâminas d'água interrompem o tráfego (mas ainda não chegando ao seu valor máximo).

Também é possível trabalhar com o parâmetro **Tempo Restante até o Impacto (TRI)**, que pode ser definido como o intervalo de tempo compreendido entre o fim do TPA (ou seja, o fim do TEM ou o instante em que o alerta foi entregue) até o instante estimado para o impacto da ameaça sobre o sistema. Nesse caso, a segurança da população será garantida se:

$$TPP < TRI$$

Observe-se que a vantagem de se trabalhar com TAA e TTI é que há uma integração entre o processo de alerta e o processo de proteção da população, ou seja, o que importa é o tempo total operacional, de modo que tanto os órgãos de monitoramento e alerta quanto os órgãos de proteção e defesa civil devem trabalhar de forma integrada para a redução do TAA.

Outro parâmetro que pode ser útil é a **Folga Operacional (FO)**, que simboliza o tempo extra que se dispõe entre o momento em que a comunidade está protegida até o instante do impacto. A folga também pode ser entendida como uma margem de segurança operacional, mas é interessante que não seja muito longa, de modo a não impor às pessoas um tempo de permanência nos pontos de apoio muito além do necessário. A folga operacional pode ser definida como:

$$FO = TTI - TAA$$

ou,

$$FO = TRI - TPP$$

Para fins operacionais, sugere-se que sejam adotados valores de referência para o Tempo de Antecipação do Alerta (TAA*) e para o Tempo de Proteção da População (TPP*), de modo que seja possível acompanhar o desempenho dessas operações. Outra prática útil pode ser estipular uma folga operacional de referência (FO*) como uma margem de segurança absoluta (ou percentual, eventualmente) mínima a ser adicionado ao tempo de impacto, resultando em valores-meta para o TAA (TAA*) e o TPP (TPP*).

Exemplo: supondo que numa previsão *nowcasting* o tempo total estimado para o impacto de uma enxurrada seja de 2,5h, que o tempo de proteção das comunidades seja em torno de 1,5h e a folga operacional desejada seja de 30 minutos, então o tempo do processo de alerta deverá ser de, no máximo:

$$TAA^* = TTI - FO$$

$$TPA^* + TPP^* = TTI - FO$$

$$TPA^* = TTI - FO - TPP^*$$

$$TPA^* = 150min - 30min - 90min = 30min$$

Percebe-se, dessa forma, que todo o tempo que puder ser economizado no processo de alerta, assim como os esforços que forem direcionados para preparação e treinamento das comunidades, resultam em aumento das chances de sucesso na proteção da população.

- **Temporalidade**

É preciso ter em mente que o alerta representa um aviso baseado em uma previsão que envolve um horizonte de tempo para acontecer. É uma janela temporal de observação para os fenômenos capazes de provocar desastres e, portanto, é necessário estabelecer o tempo pelo qual se considera que as previsões do alerta emitido são válidas, ou seja, é preciso estabelecer um período de vigência ou validade para o alerta.

Findo o período de validade, pode ser que o alerta seja renovado (com ou sem alteração de seu nível) ou encerrado, o que normalmente é feito por meio da emissão de um novo comunicado ao público-alvo.

- **Confiabilidade**

Há incertezas diversas inerentes ao processo de alerta, sejam elas relativas à instrumentação, ao conhecimento físico dos fenômenos, às limitações dos modelos aplicados na análise, ao julgamento dos analistas, às condições de campo particulares que não se fazem visíveis no monitoramento, à dinâmica dos fenômenos observados, ao (des)conhecimento do sistema exposto e sua vulnerabilidade, entre outras. Dentre todas as variáveis, entretanto, o grau de incerteza da previsão meteorológica se destaca das demais e depende, principalmente, do tipo de chuva e do sistema meteorológico que a causa.

A análise das incertezas pode ser feita de forma quantitativa ou qualitativa, mas é importante que seja avaliada e mencionada no relatório de alerta, pois ajuda o destinatário a compreender as limitações e possibilidades de falha no sistema e a conscientizar os usuários finais sobre a importância de continuar obedecendo aos avisos de alerta e às ações subsequentes, independente do acerto das previsões.

Todo sistema de alerta está basicamente sujeito a dois tipos de erros:

- **Falso-positivo.** Esse é o tipo de erro mais comum e consiste na emissão de alertas sem a subsequente ocorrência de desastres. Ao mesmo tempo que esta situação é fruto de um maior conservadorismo nas análises e, portanto, leva a uma tendência de redução de erros do tipo falso-negativo, o erro falso-positivo pode levar a um descrédito do sistema de alertas ao longo do tempo, reduzindo a percepção de risco da população e fazendo com que ela não obedeça a futuros avisos de alerta, potencializando os danos quando da efetiva ocorrência do desastre.
- **Falso-negativo.** É um tipo de erro de consequências mais graves, pois consiste na ocorrência de desastres sem a emissão de alertas.

Uma necessidade de todo sistema de alertas é a melhoria progressiva com o tempo, que pode ser entendida tanto do ponto de vista do aumento da confiabilidade do alerta quanto do aumento da antecipação e da melhoria da qualidade das informações fornecidas no relatório. Um fator que é determinante para esse aprimoramento é o *feedback* de campo, que permite o aprendizado ao longo do tempo.

O *feedback* de campo consiste no retorno à equipe de monitoramento sobre os eventos e as condições ocorridas em campo, após os alertas que foram emitidos. O *feedback* permite uma análise reversa sobre o processo de alerta e as falhas eventualmente cometidas, a realização de ajustes na calibração de modelos e a atualização de informações de campo vitais para o monitoramento.

Para o fornecimento de um *feedback* de qualidade, é necessário que as defesas civis municipais estejam preparadas para colher e informar ao órgão de monitoramento uma série de informações de campo, dentre elas:

- a ocorrência ou não do processo adverso previsto;
- a delimitação das áreas afetadas;

CAPÍTULO 11: Preparação e Resposta

- as características do processo ocorrido (no caso de inundações, principalmente as alturas das lâminas d'água);
- a evolução da magnitude do processo no tempo, inclusive seu horário de pico;
- o número de pessoas e de moradias realmente afetados;
- o comportamento das pessoas em face das respostas (efetividade do treinamento)
- os danos humanos, materiais, ambientais e seus prejuízos econômicos e sociais.

Esse conjunto de informações pode ser entendido como parte de um pacote denominado "registro de ocorrências". É de vital importância a **padronização do registro de ocorrências** de desastres, sendo desejável que haja um sistema informatizado que reúna essas informações, de modo a constituir um banco de dados valioso contendo as informações de desastres.

Outro aspecto relevante a ser abordado em estudos futuros é a avaliação da possibilidade do emprego de dados de telefonia celular para avaliar a mobilidade humana de forma *quasi*-instantânea, em situações de risco de desastres socionaturais. Acredita-se que isto seja possível por meio do processamento dos registros CDR (Call Detail Record), os quais documentam detalhes (quem originou/recebeu, onde, quando, por quanto tempo etc.) de uma chamada telefônica ou outra operação de comunicação, como mensagem de texto. Assim, em situações críticas, chamadas ou mensagens de texto direcionadas à população em risco poderiam ser provocadas por órgãos do sistema de proteção e defesa civil, com o objetivo de identificar a posição das pessoas cadastradas no sistema de monitoramento, o que aumentaria a precisão das informações do alerta. Uma questão a ser levada em conta, no entanto, é a privacidade dos dados das chamadas, que está sujeita a cláusulas contratuais de sigilo com as operadoras de telefonia celular. Dessa forma, o mais provável é que o usuário teria que autorizar o acesso e uso desses dados para fins de monitoramento em situações de risco de desastres, visando à preservação de sua segurança e de seus familiares.

■ Integração

Como já mencionado, é possível que haja órgãos de monitoramento e alertas autônomos nas três esferas federativas. Isso implica que uma determinada defesa civil municipal poderia receber até três alertas de desastres sobre um mesmo fenômeno adverso identificado.

Para que não haja confusão no recebimento desses diferentes alertas e, sobretudo, para que não haja discrepância nas análises e conclusões desses documentos, é necessário que os órgãos de monitoramento e alertas conversem entre si e busquem um alinhamento sobre a situação adversa observada, num trabalho de comunicação e análise integrado. Entretanto, para que essas análises sejam feitas sobre as mesmas bases conceituais, é preciso que haja uma aproximação prévia entre os órgãos, de modo que procedimentos, protocolos e parâmetros que serão os balizadores do monitoramento integrado sejam construídos de forma conjunta.

Além da integração entre órgãos de monitoramento e alertas dos três níveis federativos, há necessidade de uma ampla integração interinstitucional com as defesas civis federal, estaduais e municipais, assim como o estabelecimento de acordos de cooperação com outras instituições (e até mesmo pessoas físicas) que possuam instrumentações aplicáveis ao monitoramento. Isso é útil para que se possa ampliar a rede de equipamentos de monitoramento e construir uma base de dados sólida para alimentar o sistema.

Planejamento operacional e de contingência

Segundo Castro *et al.* (BRASIL, 1999b), o Plano de Contingência (PC) é o planejamento tático (ou seja, reflete a ótica do administrador do desastre) que é elaborado a partir de uma determinada hipótese de desastre, com a finalidade de:

- facilitar as atividades de preparação para emergências e desastres;
- otimizar as atividades de resposta aos desastres.

Dessa forma, o Plano de Contingência é um instrumento que deve ser elaborado imaginando-se que possam ocorrer diversos cenários de desastres, seja a partir de diferentes intensidades de uma mesma ameaça ou mesmo uma combinação de diferentes ameaças ou cenários de perigo. Verifica-se, nesse ponto, um importante elo entre os cenários a serem utilizados no Plano de Contingências e aqueles estudados no Plano Municipal de Redução de Risco (PMRR), pois ambos têm como princípio a identificação e análise dos riscos aos quais o sistema exposto está submetido.

Araújo (2012) defende que um Plano de Contingência tenha as seguintes características:

- **Simplicidade.** Deve ser elaborado de forma simples e objetiva, de modo a ser entendido com clareza e rapidez por seus usuários.
- **Flexibilidade.** Na medida em que o PC é elaborado para cenários de desastre, é importante que seja flexível o suficiente para que possa ser adaptado com facilidade e agilidade numa situação real.
- **Dinamismo.** O PC não é uma ferramenta estática no tempo, mas deve ser atualizado periodicamente (anualmente, de preferência) de modo a contemplar novos riscos e cenários que porventura tenham surgido, ou mesmo aprofundar as análises dos cenários já existentes.
- **Adequação.** O PC deve ser adequado às possibilidades e necessidades das instituições e recursos existentes, de forma a definir atividades e responsabilidades que consigam ser realizadas de forma efetiva numa situação real.
- **Precisão.** O plano deve ser preciso na definição dos cenários (considerando todos os perigos e ameaças), das atividades e da atribuição de responsabilidades, de modo a evitar ambiguidades na fase operacional.

Algumas características complementares de um Plano de Contingência são ainda estabelecidas pela Agência Federal de Gerenciamento de Emergências americana (FEMA, 2010):

- **Organização.** O PC deve ser organizado de forma lógica e sequencial, com títulos das seções e subseções que permitam ao usuário encontrar facilmente a informação desejada.
- **Compatibilidade.** O plano deve ser compatível com as rotinas operacionais e responsabilidades das instituições envolvidas, promovendo e facilitando a articulação e a integração entre elas.
- **Inclusividade.** O plano deve considerar apropriadamente as necessidades da população afetada, especialmente dos grupos mais vulneráveis.

Por mais que se tente fazer um plano com essas características, é necessária uma validação prática de todos os atores e instituições envolvidos, o que pode ser facilitado por meio dos seguintes mecanismos:

- **Planejamento participativo.** O processo de elaboração do Plano de Contingência deve ser inclusivo e participativo, ou seja, todas as instituições e atores envolvidos devem contribuir para sua elaboração, dentro de suas capacidades e responsabilidades.
- **Adaptação intra e interinstitucional.** Assim como o plano deve ser compatível com as realidades e capacidades das instituições envolvidas, cada instituição deve promover a adaptação de seus processos internos para melhor se alinhar com o plano e com as rotinas operacionais dos demais atores.
- **Realização de simulados.** Os simulados possuem uma função muito importante e complementar ao Plano de Contingência, pois permitem testar e aprimorar na prática os procedimentos estabelecidos no plano. Pode ser que, após os simulados, seja verificada a necessidade de fazer ajustes no plano para obter melhores resultados práticos.

O processo de planejamento de contingências

De acordo com a Defesa Civil Nacional, as etapas que constituem o processo de planejamento de contingência são:

- **Designação de um grupo de trabalho colaborativo.** É necessária a constituição de um grupo de trabalho interdisciplinar e interinstitucional (inclusive com envolvimento da comunidade afetada e do setor privado) para elaboração do plano de contingências; entretanto, é importante que a coordenação desse grupo seja exercida por um profissional experiente de defesa civil, com vivência em administração de desastres.
- **Conhecimento dos riscos e entendimento da situação atual.** A compreensão da situação envolve a pesquisa e a análise de ameaças, perigos, das características dos elementos em risco, instituições envolvidas, capacidades e recursos disponíveis. A caracterização dos riscos pode ser obtida a partir dos cenários estabelecidos no Plano Municipal de Redução de Risco, mas deve ser analisada criticamente e atualizada, se necessário. Cada cenário escolhido representa uma hipótese firme de planejamento e, portanto, um planejamento completo deve ser desenvolvido para cada cenário.
- **Interpretação da missão e definição de objetivos e metas.** Tendo como base o conhecimento da situação atual, torna-se necessário definir a missão do Plano de Contingência, os objetivos gerais do planejamento, assim como seu desmembramento em objetivos específicos e metas a serem alcançadas, determinando os resultados a serem alcançados durante o planejamento e os prazos.
- **Necessidades de monitoramento.** A partir do conhecimento dos riscos, deve ser definida a necessidade de monitoramento dos fenômenos e eventos adversos associados aos processos capazes de provocar os cenários de desastre, assim como os parâmetros que devem ser monitorados e os valores de referência para fins de emissão de alerta e alarme.
- **Definição das ações a realizar.** Consiste na listagem (sem detalhamento) das ações de resposta que deverão ser contempladas para cada cenário. Nesse ponto do trabalho, a experiência dos profissionais de defesa civil envolvidos no planejamento é determinante para que sejam escolhidas coerentemente as atividades compreendidas nos seguintes grupos de ações: controle de sinistros e socorro às populações em risco, assistência às populações afetadas e reabilitação dos cenários dos desastres.
- **Atribuição de missões aos órgãos do SINPDEC.** Com base na definição de ações realizada anteriormente, são selecionados preliminarmente os órgãos locais de Proteção e Defesa Civil (setoriais ou de apoio), em condições de desempenhar funções específicas no plano e se responsabilizar pelas atividades que estão sendo planejadas.
- **Estabelecimento dos mecanismos de coordenação.** Nesse ponto do planejamento, pode ser necessário desmembrar a equipe de trabalho, criando em cada instituição envolvida um subgrupo que pense de forma mais detalhada no planejamento das atividades que estiverem sob responsabilidade da instituição. Se for esse o caso, mesmo criando subgrupos de trabalho, é necessário manter a coesão do grupo de trabalho principal, que continua responsável por coordenar todo o processo do planejamento de contingências.
- **Detalhamento do planejamento.** Consiste em desenvolver todos os aspectos do planejamento para as atividades de resposta e cenários anteriormente definidos, podendo-se empregar a técnica 5W + 3H, da seguinte forma:
  - *What*: quais são as atividades que estão sendo planejadas?
  - *Why*: qual(is) o(s) motivo(s)/justificativa(s) para o planejamento dessas atividades (ajuda a compreender as atividades que devem ser consideradas prioritárias)?
  - *Who*: quem são os órgãos/instituições e as pessoas responsáveis por cada atividade?
  - *When*: em que momento as atividades devem ser realizadas?
  - *Where*: onde as atividades de resposta devem ser executadas?
  - *How*: quais os procedimentos para execução das atividades de resposta?
  - *How many*: quais e quantos são os recursos necessários para a realização das atividades de resposta (humanos, materiais, equipamentos, conhecimento, infraestrutura etc.)?
  - *How much*: qual o investimento necessário para viabilizar a execução das atividades de resposta?

- **Compatibilização, revisão e aprovação do plano.** O grupo de trabalho principal responsável pela coordenação do planejamento deverá analisar o material obtido até esse momento, garantindo que não haja inconsistências ou incompatibilidades no planejamento detalhado, de modo que as atividades possam transcorrer de forma harmônica e encadeada entre as instituições envolvidas. Após revisão do documento, até que seu conteúdo esteja finalizado de forma satisfatória, os participantes devem aprovar formalmente a versão em questão, registrando as datas e os responsáveis pela aprovação. É importante ter em mente que um bom plano não necessariamente contém um grau elevado de detalhamento, mas deve fornecer as informações certas na quantidade suficiente e necessária para cumprir sua função.

- **Implementação e aperfeiçoamento contínuo do plano.** Finalizado o plano em si, parte-se para sua implementação, na qual tanto a realização de simulados quanto a formalização de protocolos de atuação interinstitucional representam ferramentas de grande utilidade. De nada adianta um "plano perfeito" que não consegue ser posto em prática, e para isso é necessário dedicar muita atenção e energia ao processo de implementação, não subestimando as possibilidades de problemas. Com o tempo, é necessário realizar análises críticas periódicas do plano (anualmente, após desastres ou sempre que necessário), corrigindo eventuais falhas e fazendo ajustes com fins a melhorá-lo continuamente.

Ressalta-se que, em caso de ocorrência de um desastre, o desejado é que o Plano de Operações seja uma adaptação do Plano de Contingência, adicionando-se, porém, o item "Avaliação de Danos", abordado no item 11.5.

Integração entre planos locais, estaduais, regionais e federais

Além da integração horizontal entre as instituições envolvidas, é necessário garantir a integração vertical entre Planos de Emergência de diferentes níveis, tais como o local (municipal), estadual, regional e federal, de modo que não haja superposição de atribuições nem de comando durante a administração de um desastre.

Entretanto, a simples compatibilidade entre planos não é suficiente para garantir, na prática, uma operação harmônica e integrada entre os diferentes níveis de instituições do sistema de proteção e defesa civil. Para que seja possível uma ação interinstitucional efetiva, é necessário que sejam dedicados tempo e energia para a construção de relacionamentos entre técnicos e gestores de diferentes instituições, assim como a formalização de protocolos interinstitucionais que deverão ser difundidos, praticados (em simulados), operados e analisados criticamente de forma periódica, visando à correção de falhas e ao aprimoramento contínuo.

Como visto no Capítulo 8, no Brasil, o Projeto Gides (Fortalecimento da Estratégia Nacional de Gestão Integrada de Riscos em Desastres Naturais) desenvolve diversas ações para a integração interinstitucional. O Departamento de Segurança Interna dos Estados Unidos (USA, 2008), por sua vez, estabeleceu o Sistema Nacional de Gerenciamento de Incidentes (*National Incident Management System – NIMS*), padronizando protocolos e procedimentos de resposta a emergências ocorridas naquele país, em diferentes níveis. O *NIMS* determina que, como parte do desenvolvimento dos Planos de Operações de Emergência, seja também realizada a institucionalização do Sistema Nacional de Gerenciamento de Incidentes, o que significa que as instituições governamentais:

- Adotem o *NIMS* por meio de ordem executiva, proclamação, ou legislação como o sistema de resposta a incidentes oficial da jurisdição.
- Direcionem todos os gerentes de incidentes e organizações de resposta em suas jurisdições para treinar, simular e utilizar o *NIMS* em suas operações de resposta.
- Integrem o *NIMS* às suas estruturas funcionais e políticas, e aos planos e procedimentos operacionais emergenciais.

CAPÍTULO 11: Preparação e Resposta

- Proporcionem treinamento sobre Sistema de Comando de Incidentes – SCI (*Incident Command System – ICS*) a profissionais de resposta, supervisores e oficiais de comando.
- Conduzam simulados para profissionais de resposta em todos os níveis, de todas as disciplinas e jurisdições.

Planejamento comunitário para enfrentamento aos desastres

A presente seção traz uma proposta adaptada, baseada na metodologia sistematizada descrita por Corrêa e Gregorio (2016), a qual retrata a experiência da construção participativa do Plano de Ação Comunitário de Enfrentamento aos Desastres (PLACED), coordenada pelo Ten. Cel. BM Marcelo Júlio Bodart Corrêa, em comunidades de três regiões do distrito de Itaipava, Petrópolis, RJ, no âmbito do Programa Mãos à Obra. Proposto pela Superintendência de Educação Ambiental (SEAM), da Secretaria de Estado do Ambiente (SEA), do Rio de Janeiro, em parceria com a Diretoria de Recuperação Ambiental (DIRAM), do Instituto Estadual do Ambiente (INEA), sendo executado pela Universidade do Estado do Rio de Janeiro (UERJ) com recursos do Fundo Estadual de Conservação Ambiental e Desenvolvimento Urbano (FECAM), o Programa Mãos à Obra procurou promover, desde agosto de 2012, uma gestão participativa voltada para educação ambiental, proteção civil e promoção da saúde nos municípios de Petrópolis, Teresópolis e Nova Friburgo (SANTIAGO e BODART, 2013).

O processo de construção do PLACED, por definição, deve mostrar-se participativo em todas as etapas, desde as reuniões de capacitação até a elaboração de elementos técnicos mais sofisticados, tais como a definição das manchas e níveis de risco, a delimitação das sub-regiões de trabalho, a definição dos pontos de apoio, de equipes e das rotas de escape. Durante esse processo de troca de saberes, técnicos e populares, é possível também desenvolver o senso de pertencimento e promover o estreitamento de laços e relações de confiança entre moradores das comunidades beneficiadas, característica fundamental para o fortalecimento do capital social e da resiliência do grupo frente às situações abordadas.

O trabalho de construção do PLACED está intimamente relacionado com a criação e estruturação de NUPDECs, e pode ser desenvolvido por meio do seguinte roteiro:

- delimitação do escopo das atividades do plano;
- definição da estrutura organizacional do NUPDEC;
- definição de procedimentos e atribuição de responsabilidades;
- delimitação das regiões e sub-regiões de trabalho;
- identificação de recursos e seleção das equipes;
- determinação dos pontos de apoio e rotas de escape;
- resumo dos recursos disponíveis.

A seguir, serão brevemente descritos os itens para construção do PLACED.

Delimitação do escopo das atividades do plano

O objetivo central do plano é definir ações e requisitos para as fases de preparação, alerta/alarme antecipado e mitigação de desastres, em especial os provocados por enxurradas, deslizamentos e inundações. Portanto, o foco na sua abordagem são as medidas necessárias para a operacionalização de um sistema de desocupação emergencial dos moradores de áreas de risco, em alinhamento com as diretrizes da Defesa Civil Municipal, que representa um dos muitos passos importantes para a redução da morbimortalidade nessas comunidades, bem como o aumento de suas resiliências (CORRÊA *et al.*, 2014). Os autores mencionam ainda como objetivos específicos do plano:

- Alinhar as estratégias da comunidade com as diretrizes da Defesa Civil Municipal nas ações de preparação e resposta às diversas situações de desastres.
- Registrar os recursos materiais e humanos da comunidade para uso em tempos de desastre.

- Organizar o Núcleo Comunitário de Proteção e Defesa Civil – NUPDEC – para entender e responder, quando necessário, aos sistemas de alerta e alarme oficiais.
- Sistematizar as ações de desocupação da comunidade na iminência da ocorrência de um desastre.
- Orientar as ações de assistência do NUPDEC nos Pontos de Apoio.
- Organizar as ações de retorno da comunidade as suas residências, por ocasião da desmobilização do processo de desocupação.
- Sistematizar o registro e a comunicação dos danos aos órgãos oficiais.

Com base nos objetivos específicos expostos, foram identificadas as seguintes situações nas quais o NUPDEC deveria atuar de forma cooperativa com os órgãos de Proteção e Defesa Civil durante a preparação e resposta a emergências:

- conhecimento dos riscos;
- monitoramento, alerta e alarme;
- desocupação de áreas de risco;
- operacionalização de pontos de apoio;
- operacionalização do regresso;
- avaliação de danos.

Definição da estrutura organizacional do NUPDEC

A estrutura organizacional funcional do NUPDEC deve ser projetada de modo a atuar em dois modos de operação: normalidade (situação de monitoramento) e anormalidade (quando um evento adverso se aproxima ou logo após a ocorrência de um desastre). O organograma funcional para a situação de normalidade é representado na Figura 11.3.

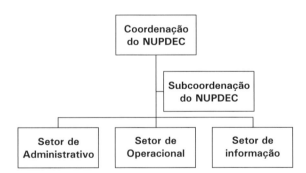

FIGURA 11.3: Organograma funcional do Nupdec para o modo de operação na normalidade. Fonte: *Corrêa e Gregorio (2016). Adaptado de Corrêa et al. (2014).*

O coordenador do NUPDEC é quem deve ficar em contato direto com a Defesa Civil Municipal e, na sua ausência, o subcoordenador. Cada setor possui um responsável subordinado diretamente ao coordenador e uma equipe de voluntários que trabalha para realizar as tarefas do setor, quais sejam:

- O **setor administrativo** deve providenciar, organizar e gerenciar os recursos solicitados pelo setor operacional, sendo responsável inclusive pela logística desses recursos. A manutenção de instalações e equipamentos em condições adequadas, a organização/controle de documentos diversos e o gerenciamento de recursos financeiros/tesouraria (se houver) também são atividades de competência do setor administrativo.

- O **setor operacional** possui a função de apoiar o planejamento, capacitação, treinamentos e execução das operações de preparação e resposta, determinando as necessidades e solicitando os recursos humanos, materiais, equipamentos e articulações que se façam necessários.
- O **setor de informação** atua no levantamento, registro e manutenção de informações relevantes sobre as áreas de risco (dados das pessoas, edificações), nos processos ocorridos (tipo, local, data, hora e alcance), nos recursos disponíveis (humanos, materiais e equipamentos), assim como no subsídio de informações ao coordenador para fins de comunicação e tomada de decisão, sempre que necessário.

Já no modo de anormalidade, os setores administrativo e de informação são fundidos com o setor operacional, pois nessa ocasião o esforço de trabalho necessário para lidar com as atividades operacionais é bastante elevado.

Foram definidos apenas três níveis hierárquicos para as funções operacionais do NUPDEC, no modo de anormalidade:

- NÍVEL 1: Coordenador Regional. O coordenador regional é o próprio coordenador do NUPDEC, e é responsável pela região em que mora, a qual, por sua vez, possui abrangência de bairro ou distrito.
- NÍVEL 2: Sublíderes. Em virtude da abrangência geográfica e também das peculiaridades de suas áreas de risco, cada região pode ser dividida em um determinado número de sub-regiões, que funcionam como unidades operacionais durante o escape. Cada sublíder pode ser entendido como o responsável por uma sub-região, porém suas ações devem estar subordinadas harmonicamente às diretrizes do coordenador regional, que é o responsável pela região como um todo.
- NÍVEL 3: Voluntários e colaboradores funcionários (agentes comunitários de saúde). Os voluntários e demais colaboradores representam efetivamente a força de trabalho que irá atuar em situações de preparação e resposta, e suas ações devem estar subordinadas às determinações de seus superiores diretos, sejam os sublíderes ou o próprio coordenador.

Definição de procedimentos e atribuição de responsabilidades

- Conhecimento dos riscos

O ponto de partida para a delimitação das manchas de risco devem ser os mapas dos órgãos oficiais, mas considera-se importante realizar uma validação/complementação desses mapas levando em conta o conhecimento popular pertencente às comunidades em risco. Dessa forma, é necessário realizar atividades de campo em conjunto com os moradores das comunidades em risco, durante as quais deve ser possível percorrer a pé as ruas e pontos das comunidades com histórico de ocorrências de desastres, ouvindo o relato dos moradores.

Outro ponto importante é que as manchas de risco devem ser consideradas de forma superposta em relação a diferentes processos recorrentes no local, ou seja, devem ser considerados cenários onde há simultaneidade de processos adversos, tais como deslizamentos, fluxo de detritos e enxurradas. Isso é necessário porque um plano comunitário não pode conter um grande número de informações e variáveis de difícil assimilação por não especialistas, mas sim orientar ações simples e práticas com o mínimo de variabilidade possível. Esta prática pode se mostrar conservadora no longo prazo, porém poderá proporcionar maior nível de segurança aos beneficiários.

A partir dessas observações e da participação popular, procede-se à complementação das manchas de risco onde se considere necessário, de modo a obter um material mais amplo para as análises necessárias ao PLACED. Deve-se buscar a simplicidade ao longo da elaboração do plano, podendo-se construir os mapas diretamente no software *Google Earth*, sem a necessidade de sistemas de geoprocessamento que seriam de difícil acesso para as comunidades em risco.

- Monitoramento e alerta comunitário

O monitoramento consiste no acompanhamento da evolução de parâmetros indicadores da ocorrência dos processos físicos capazes de provocar desastres. No caso de inundações, enxurradas e deslizamentos, é importante o monitoramento da precipitação horária e acumulada (por meio de pluviômetros), e, no caso de inundações, também devem ser monitoradas as cotas de rios (por meio de estações hidrológicas ou réguas de medição).

Na medida em que os valores dos parâmetros monitorados se aproximam de limiares críticos de referência capazes de deflagrar os processos mencionados, os órgãos responsáveis emitem um boletim/ aviso de alerta antecipado para o sistema de Defesa Civil e/ou para as comunidades, a partir do qual são disparadas ações de desocupação emergencial, dentre outras. Para que isso seja possível, é recomendado que todos os membros do NUPDEC e voluntários estejam cadastrados no Sistema de Alerta dos órgãos de monitoramento (no caso da Região Serrana do Estado do Rio de Janeiro, por exemplo, o Sistema de Alerta de Cheias do INEA). A própria comunidade também pode realizar seu monitoramento local, seja consultando dados de instrumentos instalados na região ou ainda fazendo leituras a partir de seus próprios equipamentos caseiros (tais como pluviômetros caseiros feitos com garrafas pet e graduados com adesivos distribuídos pela Defesa Civil).

A ferramenta de monitoramento é a base que deflagra o processo ordenado de desocupação das áreas de risco que trata o PLACED. A partir do recebimento do alerta, pode-se orientar essas pessoas a divulgar as informações sobre a iminência de chuvas fortes no seu bairro (via SMS, *WhatsApp* ou outro mecanismo de comunicação). Caso não seja possível que os membros do NUPDEC recebam o aviso diretamente do sistema de alerta, outra opção é buscar informações via contato telefônico com a Defesa Civil Municipal e até Estadual.

Quadro 11.4: Procedimentos e responsabilidades para monitoramento, alerta e alarme, no PLACED

MONITORAMENTO, ALERTA E ALARME	
COORDENADOR REGIONAL	**SUBLÍDERES**
Informar-se sobre a natureza e a magnitude do evento com o plantonista da Defesa Civil. Informar-se sobre o tempo de chegada da ameaça. Estabelecer contato com os sublíderes e repassar as informações relevantes da Defesa Civil.	Informar-se sobre a natureza e a magnitude do evento com o coordenador. Informar-se sobre o tempo de chegada da ameaça. Solicitar ao coordenador o material para seu uso (caso ainda não esteja de posse dele).

Fonte: *Corrêa e Gregorio (2016). Adaptado de Corrêa et al. (2014).*

- Desocupação das áreas de risco

A desocupação de áreas de risco tem início a partir do acionamento do alarme, e consiste na saída/ retirada das pessoas de suas residências, com o máximo de antecipação possível, e seu encaminhamento para os pontos de apoio predefinidos. Durante a desocupação, é necessário que as rotas de escape tenham sido também predefinidas e estudadas, de modo a garantir que as pessoas percorram o trajeto em segurança, e que aqueles que necessitam de cuidados especiais sejam assistidos durante seu deslocamento.

Observa-se que, de forma geral, cada sublíder e/ou voluntário tem a responsabilidade de, na iminência de um desastre, respeitando os alertas oficiais, orientar a desocupação das edificações em áreas de risco.

Quadro 11.5: Procedimentos e responsabilidades para desocupação das áreas de risco, no PLACED

DESOCUPAÇÃO DAS ÁREAS DE RISCO		
COORDENADOR REGIONAL	SUBLÍDERES	VOLUNTÁRIOS
Distribuir aos sublíderes os materiais do NUPDEC, caso ainda não o tenha feito. Comunicar-se com todos os responsáveis em abrir os Pontos de Apoio para que os abram, ou proceder à abertura.	Comunicar a toda sub-região sob sua responsabilidade o acionamento do alarme (usar apito). Acionar os voluntários de controle (testa de fila; central e cerra fila) e solicitar que organizem as pessoas que deverão deixar a área. Conferir se todas as residências foram desocupadas. Dirigir-se com a equipe e os moradores da sua sub-região para o ponto de apoio. Abrir o ponto de apoio ou acionar a pessoa responsável por abri-lo.	Atender a convocação do sublíder e aguardar instruções. Portar o material do NUPDEC ou solicitá-lo ao sublíder. Tomar a posição treinada para evacuação, obedecendo ao comando do sublíder. Colocar em prática as habilidades da sua função ao longo do deslocamento para o ponto de apoio. Auxiliar o coordenador e o sublíder no ponto de apoio.

Fonte: *Corrêa e Gregorio (2016) Adaptado de Corrêa et al. (2014).*

- Operacionalização de Pontos de Apoio

Para que a desocupação tenha sucesso, é necessário que os Pontos de Apoio predefinidos estejam em locais seguros, ofereçam proteção contra as intempéries e possuam capacidade para receber os moradores das áreas de risco em situações críticas. Esses locais precisam estar preparados e em condições adequadas para que sejam possíveis as seguintes funções emergenciais, por um período de tempo mínimo de três dias (tempo estimado segundo o entendimento dos autores): uso de sanitários e higiene pessoal, socorros básicos, cocção de alimentos, pernoite e comunicação.

Quadro 11.6: Procedimentos e responsabilidades para a operacionalização dos Pontos de Apoio, no PLACED

OPERACIONALIZAÇÃO DOS PONTOS DE APOIO			
COORDENADOR REGIONAL	SUBLÍDERES	VOLUNTÁRIOS	AGENTES DE SAÚDE
Observar o comportamento das pessoas, principalmente no que diz respeito a distúrbios emocionais. Identificar o agente comunitário de saúde e acioná-lo, se necessário, para atuar em casos de acidentes e/ ou traumas. Reunir-se com os sublíderes, contabilizar as faltas e informar-se acerca da localização dos faltosos. Informar toda situação anormal ao agente da Defesa Civil. Dirigir-se aos outros Pontos de Apoio, se possível, ou estabelecer contato com os sublíderes para avaliar a situação das sub-regiões. Solicitar alimentação, água e remédios, se necessário. Caso não tenha condições de se deslocar para os demais pontos ou não consiga contato, comunicar o fato ao agente da Defesa Civil e solicitar apoio. Solicitar socorro para atender possíveis vítimas. Preencher os formulários do NUPDEC.	Solicitar alimentação, água e remédios, se necessário, ao coordenador ou ao trilheiro. Observar o comportamento das pessoas, principalmente no que diz respeito à ocorrência de distúrbios emocionais. Identificar o agente Comunitário de Saúde e acioná-lo para atuar em casos de traumas e/ou similares. Contabilizar as ausências, checar a localização dos ausentes e informar tais faltas ao coordenador, ao trilheiro ou ao agente da Defesa Civil. Fazer as funções do coordenador na impossibilidade de ele estar presente em seu ponto de apoio. Informar toda situação anormal ao coordenador, ao trilheiro ou ao agente da Defesa Civil. Solicitar ao coordenador, ao trilheiro ou ao agente da Defesa Civil o acionamento de socorro para atender possíveis vítimas. Preencher os formulários do NUPDEC.	Atender a convocação do sublíder e aguardar instruções. Portar o material do NUPDEC ou solicitá-lo ao sublíder. Tomar a posição treinada para evacuação, obedecendo ao comando do sublíder. Colocar em prática as habilidades da sua função ao longo do deslocamento para o ponto de apoio. Auxiliar o coordenador e o sublíder no ponto de apoio.	Prestar os primeiros socorros às pessoas acidentadas que estiverem no ponto de apoio. Observar a evolução de traumas psicológicos e tratá-los. Monitorar os casos de medicamentos especiais. Atender as demandas da Defesa Civil, dos coordenadores e dos sublíderes relacionadas com as emergências pré-hospitalares. Somente deslocar-se para outros Pontos de Apoio quando for solicitado por profissional da Defesa Civil ou da Secretaria Municipal de Saúde, para proceder avaliações ou primeiros socorros.

Fonte: *Corrêa e Di Gregorio (2016). Adaptado de Corrêa et al. (2014).*

- Operacionalização do regresso

Cessando o alerta, a Defesa Civil pode autorizar a desocupação do ponto de apoio e o regresso dos moradores às suas residências (caso possível), ou seu encaminhamento à casa de parentes/amigos (situação em que se configura o desalojamento), ou seu encaminhamento a abrigos temporários (situação em que fica configurado o desabrigamento), onde ficarão abrigados até que sejam contemplados com o aluguel social ou com outra medida de provisão habitacional temporária ou permanente.

Quadro 11.7: Procedimentos e responsabilidades para a operacionalização do regresso, no PLACED

OPERACIONALIZAÇÃO DO REGRESSO	
COORDENADOR REGIONAL	**SUBLÍDERES**
Aguardar a comunicação da Defesa Civil para desmobilizar o ponto de apoio. Solicitar aos sublíderes que procedam à desmobilização. Informar ao agente da Defesa Civil quando o ponto de apoio estiver totalmente desocupado. Marcar um lugar de reunião com os sublíderes ou visitar cada sub-região do seu bairro. Receber o relatório de cada sub-região. Comunicar as emergências imediatamente à Defesa Civil. Solicitar apoio logístico para as demandas apresentadas.	Reunir sua equipe de apoio para iniciar o processo de regresso. Organizar, com a equipe de apoio, a comunidade para o regresso. Retornar ordenadamente a sua sub-região.

Fonte: *Corrêa e Di Gregorio (2016). Adaptado de Corrêa* et al. *(2014).*

- Avaliação de danos

A avaliação de danos descrita nesta seção possui o foco nas pessoas e suas moradias, visando ao endereçamento de questões emergenciais a este público e possui espectro mais limitado quando comparada com a avaliação de danos e prejuízos após desastres, que deve ser feita pelos profissionais de defesa civil quando da solicitação de recursos financeiros a outros entes federativos.

A avaliação de danos humanos é feita em termos da quantificação e identificação dos mortos, feridos graves, feridos leves, desabrigados e desalojados. Os danos materiais a serem avaliados nesse momento consistem na quantificação de casas totalmente destruídas, parcialmente destruídas (suscetíveis de reparos), casas que necessitam interdição (risco iminente de desabamento) e até mesmo danos no mobiliário e utensílios domésticos.

Quadro 11.8: Procedimentos e responsabilidades para avaliação de danos, no PLACED

AVALIAÇÃO DE DANOS	
COORDENADOR REGIONAL	**SUBLÍDERES**
Informar à Defesa Civil os casos de riscos iminentes de desabamentos, escorregamentos, alagamentos etc. Comunicar à Defesa Civil a necessidade de socorro. Reunir os dados dos relatórios dos sublíderes e preencher o próprio relatório. Ficar à disposição da Defesa Civil para atuar em Ações de Resposta.	Observar se existem vítimas no local e comunicar imediatamente ao coordenador, ao trilheiro ou ao agente de Defesa Civil. Avaliar os riscos (escorregamento, desabamento, alagamento etc.) e, em caso de iminência de desastre, comunicar imediatamente ao coordenador, ao trilheiro ou ao agente da Defesa Civil. Confeccionar o Relatório de Avaliação de Danos da sua sub-região e entregá-lo ao coordenador ou ao trilheiro.

Fonte: *Corrêa e Di Gregorio (2016). Adaptado de Corrêa* et al. *(2014).*

Delimitação das regiões e sub-regiões de trabalho

Cada sublíder e/ou voluntário tem responsabilidade de, na iminência de um desastre socionatural, respeitando os alertas oficiais, orientar a desocupação das edificações em áreas de risco, dentro da sub-região em que estiver atuando.

Observe-se que existe uma redundância nas ações de desocupação, visando contornar situações em que o líder e/ou algum voluntário não esteja disponível para realizar a desocupação, ou ainda minimizar situações em que algum morador não tenha atendido o aviso de desocupação (alarme) por qualquer motivo.

Os principais critérios para delimitação de uma região são:

- A identidade de bairro ou distrito, o que facilita a identificação dos moradores com as regiões afetadas, a relativa integração da malha viária, infraestrutura e serviços, a disponibilidade de equipamentos comunitários para Pontos de Apoio, o conhecimento dos moradores em relação aos riscos presentes na região delimitada, dentre outros facilitadores.
- A disponibilidade potencial de recursos humanos para atuação nas atividades do NUPDEC.
- A representatividade da região em relação às áreas de risco definidas no mapa de risco, ou seja, cada região deve englobar um número significativo de áreas de risco.

É importante ressaltar a importância do mapa de risco para a definição das regiões e sub-regiões de trabalho no âmbito do PLACED. A partir da localização das manchas de risco na região delimitada em etapa anterior, pode-se partir para a definição das sub-regiões internas à região do NUPDEC, as quais deverão funcionar como unidades operacionais de desocupação, com base nos seguintes condicionantes:

- Número de moradias, o qual não deve ser nem muito elevado (de forma a dificultar a mobilização de todos os moradores) nem baixo demais (de modo a subutilizar os recursos humanos da equipe de apoio).
- Tamanho da área, ou seja, a área não deve ser grande demais (a ponto de demandar excessivos esforços de deslocamento da equipe de apoio) nem pequena demais (de modo a criar um grande número de áreas muito próximas e com possibilidade de interferência nas ações de seus respectivos sublíderes).
- Dificuldade de acesso, ou seja, áreas remotas sugerem a necessidade de uma sub-região específica para atender às suas necessidades.
- Disponibilidade de opções de pontos de apoio e rotas de fuga seguros nas proximidades da área.
- Disponibilidade de recursos humanos potenciais para apoiar a desocupação, na sub-região em questão.

Considera-se, para fins de administração de emergências, que o número de sub-regiões seja de, no máximo, sete, porém pode ser necessário aumentar esse número.

Identificação de recursos e seleção das equipes

O passo seguinte é definir e localizar no mapa os sublíderes e os voluntários de cada sub-região, assim como localizar as pessoas que necessitam cuidados especiais durante o processo de desocupação.

A representação no mapa permite ter uma ideia geral das necessidades e disponibilidades da região, para fins de desocupação. Observe-se que, em geral, o sublíder mora no local ou próximo à sub-região sob sua responsabilidade, o que é necessário para fins de melhor operacionalizar o escape em caso de alarme.

O processo de seleção dos sublíderes deve levar em consideração as seguintes características desejáveis a pessoas que ocuparão esta função:

- capacidade de liderança e comunicação;
- comportamento ético e responsável;

- capacidade de manter a calma em situações críticas;
- conhecimento da área e das pessoas;
- aptidão física para a tarefa;
- idade dentro de limites mínimo e máximo (entre 18 e 64 anos);
- reconhecimento (aquiescência) do grupo.

Destaca-se que os sublíderes devem conhecer bem o local sob sua responsabilidade e as pessoas que habitam nele. O contrário também é verdadeiro, ou seja, o sublíder deve ser conhecido e reconhecido pelos moradores dessas áreas, de modo que sua autoridade e suas orientações não sejam questionadas arbitrariamente em momentos críticos de fuga. O processo de seleção dos sublíderes pode ser realizado por meio das seguintes etapas:

- esclarecimento ao grupo do papel do sublíder;
- identificação de interessados na função;
- análise da adequação do perfil;
- validação da pessoa escolhida com o grupo.

Ressalta-se que o ideal é que, para cada sublíder, haja um suplente (voluntário), de modo a evitar situações de lacunas operacionais em caso da ausência do titular numa emergência, por qualquer motivo. É necessário que tanto o sublíder titular como o suplente participem do processo de capacitação e treinamento para liderar a desocupação de forma integrada com o coordenador do NUPDEC (coordenador regional).

Já os voluntários diferem dos sublíderes em relação às responsabilidades no processo, de modo que a seleção é mais flexível que a de sublíderes. Apesar de todos os voluntários possuírem habilidades de contribuição em alguma parte do processo de preparação e resposta a emergências, deve-se buscar as seguintes características nos voluntários:

- aptidão física para as atividades a serem desempenhadas;
- capacidade de manter a calma em situações críticas;
- comportamento ético e responsável.

Determinação dos pontos de apoio e rotas de escape

Definidos os polígonos das sub-regiões e seus respectivos líderes, torna-se necessário definir os pontos de apoio, que são os locais para onde as pessoas em fuga deverão se dirigir a partir do momento que o alarme seja disparado.

Os locais com potencial de serem utilizados como pontos de apoio devem ser selecionados com base nas seguintes diretrizes:

- oferecer segurança para diferentes cenários de ameaças (localizados fora das áreas de risco);
- possibilitar utilização como abrigo emergencial pelo menos até o momento de regresso ou de transferência dos desabrigados para abrigos temporários;
- possuir estrutura suficiente para atender as necessidades numa emergência (cozinha, sanitários, comunicações, socorros emergenciais, abrigo das intempéries, espaço para dormitórios etc.);
- permitir acesso relativamente facilitado em situações de sinistro, tanto para os moradores quanto para as equipes de socorro e assistência;
- possuir condições adequadas de salubridade em suas instalações;
- possuir disponibilidade para utilização em situações de emergência.

Uma vez definidos os locais dos pontos de apoio, o próximo passo é determinar as rotas de fuga (ou rotas de escape), de forma participativa, com os sublíderes.

As rotas de escape podem ser entendidas como sendo os caminhos principais que os moradores devem percorrer até chegar ao ponto de apoio a partir do acionamento do alarme, e cada sub-região deverá ter sua rota de escape. Isso não quer dizer que determinados trechos de uma rota não possam ser compartilhados entre sub-regiões diferentes, o que ocorre, por exemplo, quando há sub-regiões contíguas em que, para se desocupar uma delas, acaba-se tendo que passar por dentro de outra.

Ressalta-se, no entanto, que uma determinada rota deve convergir para apenas um ponto de apoio, pois todo o planejamento logístico para administração do ponto de apoio em uma emergência é dimensionado para um determinado cenário de pessoas e recursos. Assim, caso a rota aponte para mais de um ponto de apoio, pode haver confusão por parte da população e sobrecarga de demanda em um deles, o que deve ser evitado. Isso não quer dizer que um determinado ponto de apoio não possa atender a mais de uma sub-região.

Num primeiro momento, podem ser selecionadas mais de uma alternativa para rotas de escape da mesma sub-região, porém, deve-se optar preferencialmente por apenas uma ou duas delas (uma principal e uma alternativa) para fins de treinamento e simulação, de modo a que o trajeto de fuga fique bem definido. Para optar pela melhor rota, as opções de trajetos devem ser testadas na prática pelo sublíder, que deverá cronometrar o tempo de percurso, os eventuais obstáculos à rota, o nível de segurança oferecido pela rota e a acessibilidade da rota aos moradores que efetivamente estarão em fuga, especialmente aqueles com necessidades especiais.

Após levar em consideração os fatores mencionados e determinar a rota mais favorável, sobretudo no aspecto da segurança, as demais rotas não devem ser descartadas, mas sim memorizadas pelo sublíder, a fim de funcionar como alternativas em caso de obstrução da rota preferencial predefinida.

Também deve ser definido no mapa um local para potencial utilização como heliponto, de modo a permitir o acesso a equipes aéreas de socorro e resgate. O heliponto deve estar localizado num local relativamente próximo às sub-regiões atendidas, desde que permita a segurança na espera das pessoas a serem resgatadas, no pouso e na decolagem das aeronaves.

É necessário também designar responsáveis pela abertura dos pontos de apoio, ressaltando-se a necessidade de haver mais de um voluntário com esta atribuição (os sublíderes e o coordenador também devem ter uma cópia das chaves), de modo a evitar situações em que o ponto de apoio fique fechado por conta de algum imprevisto com o responsável pelas chaves.

Outra questão importante é identificar e mapear os recursos materiais e de equipamentos existentes na sub-região, o que pode ser útil tanto durante a fase de monitoramento quanto nas fases de preparação e resposta a emergências.

Resumo dos recursos disponíveis

É importante que todas as informações disponíveis na forma de mapa também sejam fornecidas em tabelas e/ou texto, que permitem um grau de detalhamento maior e podem ser compreendidos de forma mais imediata pelos usuários, sem exigir capacidade de visualização espacial. Por exemplo, cada sub-região pode trazer as informações resumidas nos moldes do Quadro 11.9.

Comentários gerais

O desenvolvimento, a implementação e a operação do PLACED não representam apenas medidas consistentes de mobilização e "empoderamento" das comunidades em risco, mas devem ser entendidos como ferramentas essenciais para a capilaridade, efetividade e confiabilidade das operações do Sistema de Proteção e Defesa Civil, em todos os seus níveis. Isto se dá porque, em última instância, o conceito de "proteção e defesa civil" remete à preparação e à ação da população para atuar em favor de sua própria proteção, de forma que a viabilidade e os resultados dessas operações estão diretamente relacionados com o comprometimento das comunidades em risco no processo.

Entretanto, é necessário distinguir a participação das comunidades no processo da responsabilização destas pela governança das operações de proteção e defesa civil. Esta última não cabe às comunidades, mas sim aos órgãos de Proteção e Defesa Civil. Desta forma, os NUPDECS devem ser encarados como estrutura de apoio composta por voluntários, sobre os quais deve-se compreender as necessidades, possibilidades,

Quadro 11.9: Resumo dos recursos para sub-região, no PLACED

RESUMO DE RECURSOS SUB-REGIÃO 1	
Dados do sublíder responsável	Nome completo: Codinome (ou apelido): Endereço: Telefones fixo/celular: E-mail:
Trajeto de desocupação	Sai de sua residência na Rua XXX, n° XX, segue até o fim dessa rua, retorna até seu início, segue pela YYY e se encaminha para o ponto de apoio ZZZ.
Dados dos moradores que exigem cuidados especiais	MORADOR 1 Nome: Codinome (ou apelido): Endereço: Telefones: MORADOR ... Nome: Codinome (ou apelido): Endereço: Telefones:
Dados do responsável pela abertura do ponto de apoio	Nome completo: Codinome (ou apelido): Endereço: Telefones fixo/celular: E-mail:
Dados dos voluntários	VOLUNTÁRIO 1 (SUPLENTE DO SUB-LÍDER) Nome: Codinome (ou apelido): Habilidades: Endereço: Telefones: VOLUNTÁRIO ... Nome: Codinome (ou apelido): Habilidades: Endereço: Telefones:
Recursos materiais/equipamentos disponíveis	RECURSO 1 Nome: Descrição: Local em que se encontra: Responsável: Telefones: RECURSO ... Nome: Descrição: Local em que se encontra: Responsável: Telefones:

Fonte: *Adaptado de Corrêa* et al. *(2014)*.

limitações e reações, nem sempre confiáveis, se comparadas com as de um desempenho profissional. A pressão e a responsabilização sobre os integrantes do NUPDEC pode ter o efeito desmotivador, provocando medos e receios dos voluntários de participar do processo. Quando a situação é de emergência, a necessidade e o senso de urgência favorecem a atuação de voluntários, porém a grande questão é conseguir "conquistar" o NUPDEC para operar de forma permanente, inclusive nas situações de normalidade, quando os apelos não são tão evidentes e o Poder Público nem sempre se faz presente.

11.4 PANORAMA SOBRE AS AÇÕES DE RESPOSTA

Para planejar e desenvolver as atividades de preparação para a resposta, tanto no âmbito do Plano de Contingência e dos simulados quanto na efetivação da resposta a um desastre real, torna-se necessário compreender o escopo das atividades que integram o macroprocesso de Resposta.

A seguir, será apresentado um panorama das ações de resposta a desastres, que não tem o objetivo de detalhar ou explorar os procedimentos para realização dessas atividades em detalhes, mas sim o de permitir ao leitor compor uma visão geral da abrangência das atribuições dos órgãos de Proteção e Defesa Civil na fase de Resposta.

Segundo a doutrina de Defesa Civil brasileira (BRASIL, 1999b), as ações de resposta a desastres podem ser resumidas nos seguintes grupos de ações:

- **Controle de sinistros e socorro às populações em risco.** Nesse grupo encontram-se atividades que objetivam limitar e controlar danos e prejuízos provocados por desastres, assim como socorrer as populações afetadas ou em situação de risco iminente.
- **Assistência às populações afetadas.** Ações desse grupo possuem foco em garantir as condições básicas de sobrevivência das pessoas e seu bem-estar, contemplando atividades logísticas, de assistência e promoção social, e de promoção, proteção e recuperação da saúde.
- **Reabilitação dos cenários de desastres.** Ações desse grupo possuem como objetivo iniciar o processo de restauração das áreas afetadas, restabelecendo as condições mínimas de segurança e habitabilidade, de modo a proporcionar o retorno das populações desalojadas, se for o caso. Contempla ações de vigilância das condições de segurança global da população, atividades de reabilitação dos serviços essenciais e reabilitação das áreas deterioradas e das habitações danificadas.

Quadro 11.10: Ações de controle de sinistros e socorro às populações em risco

CONTROLE DE SINISTROS E SOCORRO ÀS POPULAÇÕES EM RISCO	
Combate aos sinistros	Isolamento das áreas de risco ou áreas críticas.
	Evacuação das populações em risco.
	Combate direto aos sinistros.
	Controle de trânsito.
	Segurança da área sinistrada.
Socorro	Busca, salvamento e resgate de feridos.
	Primeiros socorros.
	Atendimento pré-hospitalar.
	Atendimento médico-cirúrgico de urgência.

Fonte: *Adaptado de Brasil (1999b).*

Quadro 11.11: Ações de assistência às populações afetadas

ASSISTÊNCIA ÀS POPULAÇÕES AFETADAS	
Logística	Suprimento de água potável.
	Provisão de alimentos.
	Suprimento de material de estacionamento.
	Suprimento de vestimentas.
	Suprimento de material de limpeza e higienização.
	Prestação de serviços gerais.
	Administração geral de acampamentos e abrigos provisórios.
	Apoio logístico às equipes técnicas empenhadas nas operações.
Assistência e promoção social	Triagem socioeconômica e cadastramento das famílias afetadas.
	Entrevistas com as famílias e pessoas assistidas.
	Ações com o objetivo de reforçar os laços de coesão familiar e as relações de vizinhança.
	Fortalecimento da cidadania responsável e participativa.
	Comunicação social com o público interno e com as famílias afetadas.
	Comunicação com a mídia.
	Mobilização das comunidades.
	Liderança de mutirões de reabilitação e reconstrução.
	Preservação da ordem nos abrigos.
Promoção, proteção e recuperação da saúde	Saneamento básico de caráter emergencial.
	Ações integradas de saúde e assistência médica primária.
	Vigilância epidemiológica.
	Vigilância sanitária.
	Educação para a saúde.
	Proteção da saúde mental.
	Higiene das habitações, higiene pessoal e asseio corporal.
	Higiene da alimentação.
	Proteção de grupos populacionais vulneráveis.
	Prevenção e tratamento das intoxicações exógenas.
	Transferência de hospitalização, referenciação e contrarreferenciação.

Fonte: *Adaptado de Brasil (1999b).*

Cada grupo de ações, portanto, é composto por uma série de atividades afins, enumeradas nos Quadros 11.10, 11.11 e 11.12. Uma breve descrição sobre cada atividade será realizada nas próximas seções.

Ações de controle de sinistros e socorro às populações em risco

Combate aos sinistros

O combate aos sinistros visa limitar e controlar os danos e prejuízos provocados por desastres, e as atividades que integram esse subgrupo são descritas a seguir:

- **Isolamento das áreas de riscos intensificados ou áreas críticas.** É necessário isolar as áreas onde há grande probabilidade de ocorrência de desastres (áreas de riscos intensificados), assim

Quadro 11.12: Ações de reabilitação de cenários

REABILITAÇÃO DE CENÁRIOS	
Vigilância das condições de segurança global da população	Avaliação de danos e prejuízos.
	Vistorias técnicas de caráter estrutural;
	Emissão de laudos técnicos de caráter estrutural.
	Desmontagem de estruturas comprometidas.
	(Re)definição de áreas *non-aedificandi*.
	Propostas de desapropriações.
Reabilitação dos serviços essenciais	Suprimento e distribuição de energia elétrica.
	Abastecimento de água potável.
	Esgoto sanitário.
	Limpeza urbana, recolhimento e destinação do lixo.
	Saneamento e drenagem das águas pluviais.
	Transportes coletivos.
	Comunicações.
Reabilitação das áreas deterioradas e das habitações danificadas	Desobstrução e remoção de escombros.
	Sepultamento das pessoas e dos animais.
	Limpeza, descontaminação, desinfecção e desinfestação dos cenários dos desastres e das habitações danificadas.
	Mutirão de recuperação das unidades habitacionais.

Fonte: *Adaptado de Brasil (1999b).*

como as áreas onde o desastre já esteja ocorrendo ou pode reincidir (áreas críticas). Esses locais compõem a "zona quente" ou "zona vermelha", a qual somente deve ser acessada por profissionais de Proteção e Defesa Civil. Também deve ser delimitada a área de segurança a partir da qual se considera que há riscos mínimos para as pessoas e seus bens, denominada "zona fria" ou "zona verde", que é a última zona de acesso ao público em geral. Entre a zona quente e a zona fria deve estar localizada a "zona morna" ou "zona amarela", onde podem ser realizados os primeiros atendimentos às vítimas, com acesso facilitado a veículos de socorro e de apoio às operações de defesa civil.

- **Evacuação das populações em risco.** A desocupação das áreas de risco deve ser realizada preferencialmente no período pré-impacto, mas também se aplica aos períodos posteriores. O trabalho de desocupação é facilitado na medida em que se tenha um planejamento prévio de situações desse tipo, em que a própria comunidade deve participar ativamente tanto do planejamento e simulados quanto da evacuação real. A elaboração desse plano, denominado "Plano de Evacuação", "Plano de Desocupação Emergencial", "Plano de Escape", ou "Plano de Fuga", foi detalhada na seção 11.3.

- **Combate direto aos sinistros.** São atividades de ação direta sobre os fatores capazes de provocar ou agravar os desastres primários, desastres secundários ou focos de recrudescimento dos desastres primários e secundários, tais como o combate a focos de incêndio, explosões, desmoronamentos etc.

- **Controle de trânsito.** Consiste em orientar os motoristas e o tráfego local para que não interfiram nas operações de resposta a desastres.
- **Segurança da área sinistrada.** Nas áreas afetadas por desastres, essa atividade visa garantir a segurança das pessoas e seus bens, coibindo furtos, saques, depredações e outras ações delituosas.

Socorro

O socorro às populações em risco ou afetadas por desastres visa preservar a vida das pessoas, desde a busca até o atendimento médico, e as atividades que integram esse subgrupo são descritas a seguir:

- **Busca, salvamento e resgate de feridos.** A busca visa encontrar pessoas desaparecidas, assim como animais, embarcações, aeronaves e outros elementos de paradeiro ignorado, enquanto o salvamento contempla as atividades de retirada de pessoas ou animais de situações de perigo em que se encontram. O resgate de feridos consiste no atendimento e evacuação de pacientes traumatizados, por meio de unidades capacitadas em suporte vital, até uma unidade de emergência hospitalar. Pessoas não localizadas e de destino ignorado (desaparecidos), em situações de desastres, são consideradas vivas porém em situação de risco de morte iminente, em que suas possibilidades de sobrevivência dependem diretamente da prontidão com que as operações de busca e salvamento são desencadeadas.
- **Primeiros socorros.** São cuidados imediatos a serem prestados a vítimas de desastres enquanto se aguarda a chegada da equipe especializada que fará a remoção até o hospital, tais como: estancamento de hemorragias, proteção de ferimentos, prevenção do estado de choque, reanimação cardiorrespiratória básica, imobilização temporária de fraturas e luxações, procedimentos especiais para lesões traumáticas, tratamento de queimados, alterações dos estados de consciência, corpos estranhos, intoxicações, dentre outras. Sabe-se que as duas primeiras horas após o acidente são fundamentais para a recuperação dos feridos.
- **Atendimento pré-hospitalar (APH).** Consiste no atendimento de emergência nos locais do desastre e no transporte dos feridos em veículos equipados para manter as condições de viabilidade dos pacientes (ambulâncias) até que cheguem a uma unidade de emergência hospitalar de apoio.
- **Atendimento médico-cirúrgico de urgência.** Esse atendimento é realizado somente em unidades hospitalares, devido à necessidade de pessoal especializado e instalações apropriadas. É desejável que haja um Plano de Mobilização Hospitalar, pois a dinâmica de atendimento a feridos em circunstâncias de desastres pode ser bem mais desafiadora que o atendimento de rotina; dessa forma, o atendimento hospitalar poderá ser otimizado, sendo importante o trabalho em rede com outros hospitais de apoio.

Assistência às populações afetadas

Logística

As ações de logística visam a provisão e a organização do fluxo de itens de primeira necessidade às populações afetadas, assim como o apoio às equipes técnicas especializadas, e as atividades que integram esse subgrupo são descritas a seguir:

- **Suprimento de água potável.** É necessário garantir o suprimento de água potável para bebida, higiene pessoal e preparação de alimentos, especialmente em hospitais, centros de alimentação e em acampamentos e abrigos; entretanto, essa necessidade pode ser bem maior, caso as linhas de abastecimento da cidade tenham sido afetadas ou contaminadas. Dessa forma, se os sistemas públicos tiverem sido danificados, a primeira providência deve ser recuperá-los e, em caso de inundações, a pressão na rede deve ser aumentada, de modo a evitar infiltrações (e contaminações) por refluxo. A concentração de cloro também deve ser aumentada e os sistemas particulares também podem ser usados para abastecimento da população, desde que garantida a potabilidade da água. Carros-pipa também podem compor alternativas provisórias de abastecimento.

- **Provisão de alimentos.** A provisão de alimentos aos afetados também precisa ser garantida, seja na forma da distribuição de mantimentos ou de refeições preparadas. É necessário ter em mente que não são apenas os desabrigados que necessitam de provisão de alimentos; os desalojados também devem ser contemplados com esse tipo de assistência, pois assim terão como contribuir de forma ativa nos núcleos que os estão acolhendo provisoriamente.

- **Suprimento de material de estacionamento.** O material de estacionamento é aquele necessário para auxílio no abrigo temporário, tais como barracas e toldos de lona, colchonetes e redes de dormir, travesseiros e roupas de cama, utensílios de copa e cozinha. O material de estacionamento deve ser distribuído de forma controlada para as famílias mais necessitadas (desabrigados principalmente, mas também para desalojados) e, quando do retorno da normalidade, devem ser recolhidos, limpos, recuperados e armazenados até nova oportunidade de utilização.

- **Suprimento de vestimentas.** Consiste no fornecimento de roupas, agasalhos e calçados para a população afetada, especialmente para os mais vulneráveis, de modo que é recomendada uma triagem socioeconômica entre os beneficiários. As vestimentas normalmente são objeto de doações, de forma que devem ser recebidas, limpas, organizadas, armazenadas e distribuídas conforme a demanda da população afetada. Em caso se sobras, pode-se proceder: o armazenamento para distribuição em outras ocasiões; a distribuição gratuita para o restante da população de baixa renda (mesmo os não afetados); tentar o remanejamento das doações para instituições sem fins lucrativos ou para outros municípios, sendo proibida a venda de itens de doação (a qualquer preço).

- **Suprimento de material de limpeza e higienização.** É necessário prover o fornecimento de material de limpeza, de higienização e asseio corporal, de saneamento e até de desinfestação, pois podem surgir surtos de infestação como sarna e piolhos. É preciso garantir a limpeza e a higienização dos abrigos, contando com a participação das famílias abrigadas, em sistema de mutirão.

- **Prestação de serviços gerais.** Dentre os serviços que necessitam ser supridos, em abrigos provisórios, estão os de preparação, conservação e distribuição de alimentos, lavanderia e banho, controle de insetos, roedores e outros animais, além da coleta e disposição do lixo. Alguns dos serviços podem ser realizados em regime de mutirão com os desabrigados, porém outros deverão contar com o apoio de profissionais especializados, sejam funcionários da Prefeitura ou empresas contratadas.

- **Administração geral de acampamentos e abrigos provisórios.** É recomendado que a administração dos abrigos provisórios seja feita de forma compartilhada entre a Prefeitura (Defesa Civil com a participação de outros órgãos de ação social) e a comunidade abrigada, sendo desejável que se construa de forma participativa um "regulamento" para utilização do abrigo, no qual comportamentos indesejáveis sejam coibidos em benefício do bem-estar coletivo. A segurança e as condições de salubridade devem ser garantidas, atentando para a privacidade dos abrigados e preservando a proximidade de grupos familiares e de vizinhança, dentro do possível. Áreas e grupos de trabalho com a função de cuidados com crianças, recreação e manutenção do local também são bem-vindos.

- **Apoio logístico às equipes técnicas empenhadas nas operações.** As equipes envolvidas nas operações de resposta também necessitam de suporte logístico, seja para atividades de suprimento (material e equipamentos de engenharia, máquinas pesadas, material de saúde e saneamento, material de transporte, combustíveis e materiais para manutenção de veículos), ou atividades de prestação de serviço (por exemplo, a manutenção de equipamentos e prestação de serviços gerais).

Assistência e promoção social

As ações de assistência e promoção social em circunstâncias de desastres visam estabelecer acompanhamento e apoio profissional às populações afetadas com a finalidade de desenvolver e fortalecer as capacidades individuais e coletivas, a cidadania participativa, as comunicações, assim como inserir as famílias em programas sociais para redução de suas vulnerabilidades. As atividades que integram esse subgrupo são descritas a seguir:

- **Triagem socioeconômica e cadastramento das famílias afetadas.** Visa identificar as pessoas afetadas pelo desastre, seus núcleos familiares uniloculares (que vivem sob o mesmo teto) e de vizinhança, assim como suas condições socioeconômicas, para fins de priorização das ações de assistência. É desejável que o cadastro pós-desastre seja baseado num cadastro preexistente dos moradores das áreas de risco, o que também pode contribuir para evitar fraudes. Características do local de moradia, tais como o endereço antigo, a descrição do imóvel e dos bens afetados, também devem ser apuradas, além daquelas relacionadas com as habilidades profissionais e a situação de trabalho e renda do grupo.
- **Entrevistas com as famílias e pessoas assistidas.** Essa entrevista possui como objetivo conscientizar as famílias da necessidade de atuação participativa nas atividades coletivas em prol de seu próprio benefício, informar com clareza as regras de convivência, além de entender qual o potencial de contribuição de cada um para a formação de grupos de trabalho. A entrevista também contribui para reduzir o clima de incertezas, e deve ser o início de um processo de comunicação permanente de mão dupla com o Poder Público, por meio do qual as famílias poderão exercer o direito de apresentar questionamentos (que devem ser esclarecidos) e demandas para melhoria de suas condições de vida. Aos profissionais de proteção e defesa civil cabe somar esforços ativos e persistentes no sentido de buscar e acompanhar soluções para os problemas da população afetada, principalmente em questões que envolvam apoio técnico e articulação política com os gestores públicos.
- **Ações com o objetivo de reforçar os laços de coesão familiar e as relações de vizinhança.** O fortalecimento dos laços de coesão familiar e das boas relações de vizinhança é importante tanto para a recuperação psicossocial quanto material dos grupos afetados, uma vez que aumenta o nível de segurança e confiança dos indivíduos no enfrentamento das adversidades, assim como aumenta a rede de cooperação nos trabalhos. Também contribui para mecanismos de manutenção dos valores e comportamentos, fazendo com que a identidade e a cultura do grupo sejam preservadas.
- **Fortalecimento da cidadania responsável e participativa.** Consiste em desenvolver nas comunidades (preferencialmente desde a fase pré-desastre) o senso de protagonismo e participação ativa na resolução de seus problemas, em especial nas questões que envolvem a redução do risco de desastres. A formação de Núcleos Comunitários de Proteção e Defesa Civil (NUPDECS) pode ser uma boa oportunidade de introduzir de forma sistemática práticas de cidadania responsável e participativa no grupo, considerando de maneira prioritária o senso de percepção de riscos e o nível de riscos aceitável pelos grupos comunitários.
- **Comunicação social com o público interno e com as famílias afetadas.** A comunicação com a população afetada deve ser feita com o objetivo de esclarecimento e melhoria das condições de vida desse grupo, sendo as atividades educativas uma boa ferramenta de trabalho. A partir das necessidades e potencialidades identificadas no público-alvo, pode-se desenvolver atividades

de ensino de ofícios, reforço escolar, educação de jovens e adultos, introduzindo não somente assuntos curriculares, mas também aqueles relacionados com prevenção de desastres, prevenção de doenças, nutrição, cuidados com crianças, direitos e deveres do cidadão, dentre outros. O respeito às diferenças e a tolerância religiosa são temas que também podem ser abordados, garantindo, entretanto, que não haja doutrinação ideológica sobre essa população vulnerável, seja ela de ordem política, religiosa, de gênero etc.

- **Comunicação com a mídia.** A comunicação com a mídia também é um ponto importante, pois pode ser um canal de grande utilidade para comunicar as demandas de proteção e defesa civil à sociedade e ao próprio Poder Público, quando há dificuldade dos gestores em compreenderem a gravidade e a urgência de certas situações. A comunicação deve ser realizada de forma objetiva e esclarecedora, buscando-se sempre uma abordagem construtiva dos assuntos que estão sendo tratados. Dessa forma, há necessidade do monitoramento permanente do andamento das ações de proteção e defesa civil, assim como da manutenção de uma sistemática de registro e organização de informações relevantes. O ideal é que o profissional esteja pronto para realizar as comunicações com a imprensa a qualquer instante.

- **Mobilização das comunidades.** Consiste na articulação de redes e do chamamento público à sociedade (inclusive à própria comunidade afetada) com fins de cooperação em prol dos afetados por desastres, em conjunto com o Poder Público. Essa mobilização normalmente é feita para angariar doações aos atingidos, mas também pode ser utilizada de forma mais ampla em situações como a prestação de serviços voluntários, a reposição de móveis e objetos pessoais dos afetados, a recuperação/reconstrução de residências danificadas, a alocação de desempregados em vagas de trabalho, dentre outras.

- **Liderança de mutirões de reabilitação e reconstrução.** Sob liderança dos órgãos de proteção e defesa civil, e com o apoio das lideranças comunitárias, pode-se constituir uma força de trabalho poderosa para recuperação do ambiente afetado e reconstrução das habitações. A alternativa de organização de mutirões para essas tarefas pode agilizar o processo de restabelecimento das condições de normalidade e aliviar a angústia das populações afetadas em relação às incertezas sobre seu futuro.

- **Preservação da ordem nos abrigos.** É fundamental que a ordem nos abrigos temporários seja garantida, pois a estabilidade coletiva depende de condições harmônicas de convivência. Devem ser coibidas condutas impróprias socialmente ou de caráter ilegal. O engajamento de todos no trabalho também é importante, evitando-se a desocupação de adultos em idade laboral e garantindo a manutenção e limpeza das instalações, o asseio corporal e a devolução do material recebido como cautela ao término das operações de abrigo.

Promoção, proteção e recuperação da saúde

As ações de promoção, proteção e recuperação da saúde em circunstâncias de desastres visam garantir as boas condições de saúde da população afetada, e as atividades que integram esse subgrupo são descritas a seguir:

- **Saneamento básico de caráter emergencial.** Consiste na reabilitação e recuperação das instalações e do funcionamento dos serviços de saneamento básicos municipais após desastres, além do saneamento básico dos abrigos provisórios. Essas providências demandam mais urgência, especialmente nos casos de epidemias de doenças veiculadas pelas águas e pelos alimentos, inundações, secas e estiagens, outros desastres que alteram as condições ambientais, além de surtos de enfermidades e agravos à saúde causados pela convivência forçada com pragas, hospedeiros, vetores e animais peçonhentos.

- **Ações integradas de saúde e assistência médica primária.** As ações integradas de saúde, em nível de atenção primária (APS), constituem uma estratégia de organização da atenção à saúde voltada para responder de forma regionalizada, contínua e sistematizada à maior parte das necessidades de saúde de uma população, integrando ações preventivas e curativas, bem como a atenção a indivíduos e comunidades (MATTA e MOROSINI, 2016). São descentralizadas e ocorrem tanto nos postos de saúde quanto em hospitais e no próprio domicílio do paciente, sendo a equipe responsável constituída pelo médico generalista (ou de família), enfermeira (com amplos conhecimentos de prevenção de doenças, promoção da saúde e saúde pública) e profissionais de nível médio (auxiliares de enfermagem, técnicos e auxiliares de saneamento, agentes de saúde e educadores de saúde).
- **Vigilância epidemiológica.** Consiste no estudo e monitoramento epidemiológico das enfermidades transmissíveis em circunstâncias de desastres e seus parâmetros relacionados com a ecologia dos agentes infecciosos, das fontes de infecção, dos hospedeiros, dos reservatórios e dos vetores, os mecanismos de transmissão e propagação das enfermidades, além da dinâmica de evolução dos surtos e dos casos clínicos.
- **Vigilância sanitária.** Em situações de desastres, as ações de vigilância sanitária sobre o controle e a fiscalização da qualidade da água potável e dos alimentos são especialmente importantes.
- **Educação para a saúde.** Por meio de atividades educativas que visam provocar mudanças culturais, estruturais e comportamentais, busca-se conscientizar a população do papel de cada um na promoção, manutenção e recuperação da saúde individual e coletiva, em temas relacionados com planejamento familiar, proteção a grupos vulneráveis, higiene das habitações e asseio corporal, higiene da água e dos alimentos, proteção contra doenças e agravos à saúde de maior prevalência na região, e proteção contra surtos de doenças em circunstâncias de desastres (como a leptospirose).
- **Proteção da saúde mental.** Em circunstâncias de desastres, a saúde mental das pessoas atingidas pode ser perturbada por uma série de fatores, sendo fundamental que seja feito um trabalho especializado de identificação, diagnóstico, monitoramento e tratamento dos problemas biopsicossociais desses indivíduos.
- **Higiene das habitações, higiene pessoal e asseio corporal.** Além dos cuidados preventivos com a conservação e limpeza do corpo, a higiene individual compreende a prática de exercícios físicos e do lazer, a higiene da alimentação, a prevenção de doenças infecciosas ou sexualmente transmissíveis, o combate às drogas lícitas ou ilícitas. A higiene nas habitações visa garantir as condições de salubridade dos ambientes habitados pelo homem e pode ser alcançada por meio do dimensionamento adequado de compartimentos, da ventilação e insolação adequadas, da limpeza e arejamento, desinfecção e desinfestação dos ambientes.
- **Higiene da alimentação.** Visa garantir a qualidade, quantidade e diversidade dos alimentos a serem consumidos, por meio do monitoramento e controle das condições de processamento, preparação, estocagem, conservação, distribuição e consumo desses alimentos.
- **Proteção de grupos populacionais vulneráveis.** Os grupos fisicamente vulneráveis (grávidas, crianças, idosos, deficientes físicos e mentais, enfermos e desnutridos) demandam mais atenção e cuidados em circunstâncias de desastres, sendo importantes os esforços de vacinação, nutrição, proteção contra frio e calor, administração de medicamentos, acompanhamento das enfermidades crônicas, adaptação dos ambientes para acessibilidade, dentre outros.
- **Prevenção e tratamento das intoxicações exógenas.** Esse item está mais relacionado com desastres tecnológicos provocados por produtos químicos, e não será abordado.
- **Transferência de hospitalização, referenciação e contrarreferenciação.** Consiste na dinâmica integrada entre hospitais que permite a transferência de pacientes de um determinado hospital de

origem para um hospital de destino de maior complexidade (referenciação), e seu posterior retorno ao estabelecimento de saúde de origem (contrarreferenciação), após a solução do caso que foi objeto de referência.

Reabilitação de cenários

Vigilância das condições de segurança global da população

As ações de vigilância das condições de segurança global da população, em circunstâncias de desastres, visam garantir a segurança física da população afetada.

As atividades que integram esse subgrupo são descritas a seguir:

- **Avaliação de danos e prejuízos.** Consiste na identificação, quantificação e avaliação de danos humanos, materiais e ambientais e seus consequentes prejuízos econômicos e sociais. Esse item será objeto de destaque na seção 11.5.
- **Vistorias e emissão de laudos técnicos de caráter estrutural.** As vistorias e seus respectivos laudos técnicos estruturais são instrumentos essenciais para fundamentar a interdição temporária, liberação e demolição de edificações e outras estruturas, e devem conter registros fotográficos claros da situação encontrada, além das avaliações técnicas pertinentes.
- **Desmontagem de estruturas comprometidas.** As demolições devem ser precedidas por laudos técnicos que atestem a inviabilidade técnico-econômica do reforço da estrutura, sendo preferível sua demolição, e sempre que possível deve ser referendado por autoridade competente do Poder Judiciário, de modo a minimizar o risco de contestações posteriores. Quando autorizada, a demolição deve ser feita por especialistas, uma vez que o risco para as equipes que realizam esse trabalho pode ser elevado. Caso a demolição seja feita de forma gradual, deve-se atentar para o fato da mudança nas condições de equilíbrio das estruturas, na medida em que estas vão sendo gradativamente demolidas.
- **(Re)definição de áreas *non-aedificandi*.** Após desastres, é necessário avaliar se houve mudança nas configurações de risco inicialmente previstas nos mapas. Com base nessa avaliação crítica, pode ser verificada a necessidade de definir ou redefinir as permissões para edificação nas áreas estudadas, visando reduzir o risco de desastres. Dessa forma, o mais provável é que sejam ampliadas as áreas *non-aedificandi* (nas quais a edificação é proibida por não apresentar condições de segurança satisfatórias) ou as áreas *aedificandi*, com restrições (nas quais a edificação é permitida, desde que condicionada ao cumprimento de certas exigências de segurança).
- **Propostas de desapropriações.** A desapropriação de áreas de risco intensificado por meio de declaração de utilidade pública é um recurso que pode ser usado para redução do risco de desastres e para redução da demanda por socorro público.

Reabilitação dos serviços essenciais

As ações de reabilitação dos serviços essenciais visam retomar o nível de atendimento dos serviços públicos essenciais afetados pelo desastre, especialmente os de energia elétrica, já que a maior parte dos demais sistemas também depende desse serviço. As atividades que integram esse subgrupo devem ser realizadas por técnicos especializados, e são exemplificadas a seguir:

- **Suprimento e distribuição de energia elétrica.** Consertos rápidos de tubulações e fiações, recuperação de redes elétricas etc.
- **Abastecimento de água potável.** Drenagem e limpeza de estações de tratamento e bombeamento, construção de instalações temporárias, instalação de equipamentos portáteis, para substituir temporariamente estações de tratamento, e bombeamento de água potável etc.

- **Limpeza urbana, recolhimento e destinação do lixo.**
- **Esgoto sanitário, saneamento e drenagem das águas pluviais.** Desentupimento de galerias, obras de macrodrenagem, limpeza e recuperação de canais, macrossaneamento ambiental, cloração e desinfecção de efluentes.
- **Transportes coletivos.** Desobstrução e recuperação de estradas, montagem de pontes portáveis de campanha etc.
- **Comunicações.** Recuperação de estações e redes de telefonia e internet etc.

Reabilitação das áreas deterioradas e das habitações danificadas

As ações de reabilitação das áreas deterioradas e das habitações danificadas por desastres visam limpar e organizar o ambiente afetado pelo desastre, garantindo a salubridade e as condições para retomada de seu uso, dentro do possível. As atividades que integram esse subgrupo são descritas a seguir:

- **Desobstrução e remoção de escombros.** Essa atividade costuma preceder as demais, uma vez que é necessária para viabilizar o fluxo de pessoas, materiais e veículos de socorro e assistência. Entretanto, em circunstâncias de suspeita de vítimas soterradas, essa atividade é conjugada com as operações de busca e salvamento, e deve ser realizada de forma cuidadosa, por equipes experientes, de forma a maximizar as chances de sobrevivência das pessoas que se localizam sob escombros.
- **Sepultamento das pessoas e dos animais.** O sepultamento de cadáveres e restos mortais humanos compreende a busca, a identificação dos corpos, a evacuação, a inumação (enterro propriamente dito, de forma temporária ou definitiva), a coleta e a identificação do espólio (pertences) encontrado com os corpos, a guarda ou entrega do espólio aos familiares e a identificação das sepulturas. Em caso de dificuldade de identificação do cadáver, antes da inumação este deve ser fotografado, as impressões digitais colhidas, preenchida a ficha descritiva (contendo informações como peso, altura, sexo, cor e textura dos cabelos, local em que foi encontrado e causa da morte). O sepultamento de pessoas e animais é uma atividade prioritária, pois, além do aspecto chocante e do odor pútrido dos corpos, pode haver atração de animais, insetos e outros organismos que podem disseminar epidemias e epizootias no caso em que os cadáveres estiverem infectados com enfermidades transmissíveis por meio de seus restos mortais.
- **Limpeza, descontaminação, desinfecção e desinfestação dos cenários dos desastres e das habitações danificadas.** No caso de inundações, todos os componentes que estiveram em contato com a água devem ser limpos, descontaminados e desinfectados, uma vez que a água da chuva se mistura com efluentes de esgoto e outras fontes contaminantes. A desinfestação de residências e seus perímetros também é importante, uma vez que animais e insetos que habitam as galerias inundadas (ratos, baratas etc.) são obrigados a buscar outros abrigos no ambiente habitado pelo homem. É essencial a limpeza, descontaminação e desinfecção de cisternas e outros reservatórios de água que porventura tenham entrado em contato com as águas da inundação, devendo-se descartar o volume de água residual porventura existente nesses locais.
- **Mutirão de recuperação das unidades habitacionais.** A recuperação das unidades habitacionais pode ser realizada em regime de mutirão ou não, e consiste na reparação dos danos causados a essas edificações, desde que localizadas em áreas que não sejam classificadas como *non-aedificandi*. A reconstrução de edificações que foram ao colapso ou que foram demolidas somente deve ser realizada em áreas *aedificandi* ou *aedificandi* com restrições, desde que o projeto atenda aos requisitos de segurança. A liderança da defesa civil nessa atividade pode abreviar significativamente o sofrimento das famílias abrigadas e desalojadas, uma vez que a adesão da população a esse tipo de iniciativa tende a ser alta.

11.5 DESTAQUES EM RESPOSTA

Essa seção destina-se a apresentar assuntos considerados merecedores de destaque, por sua relevância operacional. Serão abordados, portanto, os temas sistema de comando de incidentes, avaliação de danos e decretação de Situação de Emergência e Estado de Calamidade Pública.

Sistema de comando de incidentes

Apesar da recomendação do desenvolvimento e treinamento de um Plano de Contingência completo e compatível com os de todos os atores envolvidos, nem sempre na prática se consegue que as coisas funcionem tão bem como planejado, podendo implicar resposta desordenada, dispendiosa e ineficaz. Belém (2010) aponta alguns fatores que podem levar a esse quadro, aos quais adicionam-se outros, conforme lista a seguir:

- participação de diferentes instituições ou órgãos de resposta;
- terminologias diferentes utilizadas por cada um desses órgãos;
- planos de ação distintos e, normalmente, não consolidados;
- dispersão nas comunicações;
- falta de adaptabilidade das estruturas e situações variantes;
- ausência de instalações com localização e denominação precisas;
- complexidade e urgência das ações envolvidas;
- grau de stress e emotividade típico desse tipo de circunstância;
- pressões por respostas (familiares, mídia, superiores hierárquicos etc.).

Segundo Di Gregorio (2013b), o Sistema de Comando de Incidentes – SCI (*Incident Command System – ICS*), adaptado em sua versão brasileira para Sistema de Comando de Operações (SCO), consiste em uma metodologia prática para administração de incidentes, baseada em uma estrutura objetiva, ágil e retrátil de processos de resposta. Essa estrutura operacional pode ser utilizada na resposta a desastres, sendo calcada nos princípios básicos de:

- **Comando unificado:** cada instituição deve manter sua autoridade e responsabilidade, porém, em alinhamento com as determinações do Comandante-Geral.
- **Unidade de comando:** cada pessoa responde e informa somente a uma pessoa hierarquicamente superior.
- **Alcance do controle:** o número de subordinados de cada indivíduo deve ser entre três e sete, preferencialmente.
- **Organização modular:** expansão/retração da estrutura operacional de acordo com as necessidades.
- **Comunicação integrada:** canais, redes e linguagem preestabelecidos e comuns a todos os envolvidos.
- **Terminologia comum:** mesmas terminologias devem ser conhecidas e utilizadas por todos.
- **Instalações conhecidas:** localização determinada, denominação precisa e bem sinalizadas.
- **Integração:** planos de ação de incidentes das diversas instituições integrados.
- **Manejo integral dos recursos:** otimização no uso e controle dos recursos.

O SCI contempla as funções de comando, de segurança, de informação pública, de ligação, planejamento, operações, logística, administração e finanças, dentre as quais as principais estão detalhadas a seguir.

- **Estabelecimento do posto de comando da Resposta.** Consiste na implementação de uma central de gerenciamento e comando das operações de resposta, para onde as informações devem convergir e de onde normalmente são deliberadas as decisões que envolvem a coordenação, direção e controle das atividades de resposta ao desastre.

- **Ligações e comunicações para Resposta.** As funções de ligação ajudam nas articulações necessárias para administração do desastre, enquanto as funções de comunicação contribuem para organizar o fluxo de informações interno e externo à equipe de resposta.
- **Operações de Resposta.** As operações de resposta consistem nas atividades-fim do SCI, basicamente relacionadas com combate a sinistros, socorro às populações em risco, assistência às populações afetadas e restabelecimento da situação de normalidade.
- **Logística de Resposta.** As atividades de logística de resposta são responsáveis por proporcionar instalações, serviços, transporte, suprimentos e materiais para apoio às operações de resposta.
- **Monitoramento, controle e administração da Resposta.** A administração bem-sucedida das operações de resposta depende fortemente do monitoramento contínuo do andamento das atividades e do controle de seu desempenho, havendo necessidade de agir de forma corretiva e/ou preventiva sempre que detectadas não conformidades reais ou potenciais.
- **Replanejamento ágil e contínuo da Resposta.** Com base nos resultados do monitoramento e controle dos parâmetros-chave das operações de resposta, podem ser necessárias (re)formulações de roteiros, atividades e responsabilidades de forma dinâmica, o que exige capacidade de adaptação e de replanejamento ágil e contínuo.

Avaliação de danos, decretação de Situação de Emergência (SE) e Estado de Calamidade Pública (ECP)

Segundo o Manual de Capacitação Básica em Defesa Civil (CEPED UFSC, 2014), em desastres de níveis I e II (conforme classificação mais recente fornecida pela Instrução Normativa 1, de 24 de agosto de 2012), a equipe de Proteção e Defesa Civil do município, do estado ou do Distrito Federal deverá fazer uma avaliação dos danos e prejuízos com fins a subsidiar uma eventual decretação de Situação de Emergência ou Estado de Calamidade Pública, respectivamente.

A avaliação de danos e prejuízos é formalizada mediante o preenchimento do Formulário de Informações do Desastre (FIDE), disponível no site da Secretaria Nacional de Proteção e Defesa Civil, que basicamente consiste na quantificação dos seguintes parâmetros:

- **Danos humanos.** Número de pessoas:
  - mortos;
  - feridos;
  - enfermos;
  - desabrigados;
  - desalojados;
  - desaparecidos;
  - outros afetados;
  - total de afetados.

- **Danos materiais.** Quantidade de edificações e obras destruídas, danificadas e a estimativa de recursos financeiros para reconstrução/recuperação, referentes a:
  - unidades habitacionais;
  - instalações públicas de saúde;
  - instalações públicas de ensino;
  - instalações públicas prestadoras de outros serviços;
  - instalações públicas de uso comunitário;
  - obras de infraestrutura pública.

CAPÍTULO 11: Preparação e Resposta

- **Danos ambientais.** Percentual da área do município atingida com:
  - contaminação do ar;
  - contaminação da água;
  - contaminação do solo;
  - diminuição ou exaurimento hídrico;
  - incêndio em parques, APAs ou APPs.
- **Prejuízos econômicos públicos.** Estimativa de recursos financeiros para o restabelecimento dos seguintes serviços essenciais eventualmente prejudicados:
  - assistência médica, saúde pública e atendimento de emergências médicas;
  - abastecimento de água potável;
  - esgoto de águas pluviais e sistema de esgotos sanitários;
  - sistema de limpeza urbana e de recolhimento e destinação do lixo;
  - sistema de desinfestação/desinfecção do hábitat/controle de pragas e vetores;
  - geração e distribuição de energia elétrica;
  - telecomunicações;
  - transportes locais, regionais e de longo curso;
  - distribuição de combustíveis, especialmente os de uso doméstico;
  - segurança pública;
  - ensino.
- **Prejuízos econômicos privados.** Estimativa de prejuízos econômicos nos seguintes setores da economia:
  - agricultura;
  - pecuária;
  - indústria;
  - comércio;
  - serviços.

Segundo a Instrução Normativa 1, de 24 de agosto de 2012 (BRASIL, 2012), a Situação de Emergência e o Estado de Calamidade Pública podem ser definidos como:

- *Situação de emergência: situação de alteração intensa e grave das condições de normalidade em um determinado município, estado ou região, decretada em razão de desastre, comprometendo parcialmente sua capacidade de resposta;*
- *Estado de calamidade pública: situação de alteração intensa e grave das condições de normalidade em um determinado município, estado ou região, decretada em razão de desastre, comprometendo substancialmente sua capacidade de resposta.*

O mesmo documento aponta que a decretação de Situação de Emergência ou de Estado de Calamidade Pública deve estar condicionada ao atendimento dos requisitos mencionados no Quadro 11.13, mas para o recebimento de recursos externos ao município, este também deverá comprovar a existência e o funcionamento do órgão municipal de Proteção e Defesa Civil.

A Situação de Emergência ou o Estado de Calamidade Pública só podem ser declarados mediante decreto do prefeito municipal, do governador do estado (caso em que mais de um município seja afetado pelo desastre) ou do governador do Distrito Federal. O reconhecimento da Situação de Emergência ou do Estado de Calamidade Pública pelo Poder Executivo Federal se dará por meio de portaria, mediante requerimento do Poder Executivo do município, do estado ou do Distrito Federal afetado pelo desastre, sendo que nos casos de desastres graduais, a data do desastre corresponde à data do decreto que declara a situação anormal (BRASIL, 2012).

Quadro 11.13: Caracterização dos desastres de nível I e nível II quanto aos danos e aos prejuízos

Intensidade	Nível I – Desastres de média intensidade	Nível II – Desastres de grande intensidade
Características	Danos e prejuízos são suportáveis e superáveis pelos governos locais e a situação de normalidade pode ser restabelecida com os recursos mobilizados em nível local ou complementados com o aporte de recursos estaduais e federais.	Danos e prejuízos não são suportáveis e superáveis pelos governos locais, mesmo quando bem preparados, e o restabelecimento da situação de normalidade depende da mobilização e da ação coordenada dos três níveis do SINPDEC e, em alguns casos, de ajuda internacional.
Decretação	Situação de Emergência (SE).	Estado de Calamidade Pública (ECP).
Danos	Ocorrência de pelo menos dois dentre o total de danos humanos, materiais e ambientais citados neste quadro que, no seu conjunto, importem o prejuízo econômico público ou o prejuízo econômico privado estabelecidos a seguir, e comprovadamente **afetem** a capacidade do Poder Público local de responder e gerenciar a crise instalada.	Ocorrência de pelo menos dois dentre o total de danos humanos, materiais e ambientais citados neste quadro que, no seu conjunto, importem o prejuízo econômico público ou o prejuízo econômico privado estabelecidos a seguir, e comprovadamente **excedam** a capacidade do Poder Público local de responder e gerenciar a crise instalada.
Humanos	• De um a nove mortos; ou • Até 99 afetados.	• Acima de nove mortos; ou • Acima de 99 afetados.
Materiais	De uma a nove das seguintes instalações danificadas ou destruídas: • Públicas de saúde, de ensino ou prestadoras de outros serviços; ou • Unidades habitacionais; ou • Obras de infraestrutura; ou • Públicas de uso comunitário.	Acima de nove das seguintes instalações danificadas ou destruídas: • Públicas de saúde, de ensino ou prestadoras de outros serviços; ou • Unidades habitacionais; ou • Obras de infraestrutura; ou • Públicas de uso comunitário.
Ambientais	• Poluição ou contaminação, recuperável em curto prazo, do ar, da água ou do solo, prejudicando a saúde e o abastecimento de 10% a 20% da população de municípios com até 10.000 habitantes e de 5% a 10% da população de municípios com mais 10.000 habitantes; ou • Diminuição ou exaurimento sazonal e temporário da água, prejudicando o abastecimento de 10% a 20% da população de municípios com até 10.000 habitantes e de 5% a 10% da população de municípios com mais de 10.000 habitantes; ou • Destruição de até 40% de parques, áreas de proteção ambiental e áreas de preservação permanente nacionais, estaduais ou municipais.	• Poluição e contaminação, recuperável em médio e longo prazo, do ar, da água ou do solo, prejudicando a saúde e o abastecimento de mais de 20% da população de municípios com até 10.000 habitantes e de mais de 10% da população de municípios com mais de 10.000 habitantes; ou • Diminuição ou exaurimento a longo prazo da água, prejudicando o abastecimento de mais de 20% da população de municípios com até 10.000 habitantes e de mais de 10% da população de municípios com mais de 10.000 habitantes; ou • Destruição de mais de 40% de parques, áreas de proteção ambiental e áreas de preservação permanente nacionais, estaduais ou municipais.
Prejuízos Econômicos Públicos	Ultrapassem 2,77% da receita corrente líquida anual do município, do Distrito Federal ou do estado atingido, relacionados com o colapso dos serviços essenciais mencionados anteriormente.	Ultrapassem 8,33% da receita corrente líquida anual do município, do Distrito Federal ou do estado atingido, relacionados com o colapso dos serviços essenciais mencionados anteriormente.
Prejuízos Econômicos Privados	Ultrapassem 8,33% da receita corrente líquida anual do município, do Distrito Federal ou do estado atingido.	Ultrapassem 24,93% da receita corrente líquida anual do município, do Distrito Federal ou do estado atingido.

Fonte: *Adaptado de Brasil (2012).*

FAQ

1. *Como envolver a população no processo de preparação e resposta?*

RESPOSTA:O envolvimento da população na fase de preparação depende de fatores peculiares de cada comunidade, tais como a percepção de risco das pessoas, o grau de conscientização sobre a importância do problema, o capital social da própria comunidade (especialmente da coesão das relações entre seus membros), a capacidade de mobilização das lideranças locais, a credibilidade em relação aos órgãos de proteção e defesa civil e, principalmente, da disposição e engajamento do grupo em construir soluções para os próprios problemas. Na prática, encontrar comunidades com o grau de amadurecimento necessário nem sempre é fácil, demandando dos profissionais de proteção e defesa civil um trabalho gradativo de aproximação, conscientização, educação e até mesmo uma estratégia de "marketing" para atrair a população, envolvendo atividades lúdicas, almoços comunitários, participação em eventos da comunidade, dentre outros. O ideal é que os profissionais de proteção e defesa civil conheçam as pessoas da comunidade, estabeleçam relações de confiança e até mesmo frequentem a comunidade com certa regularidade, se fazendo presentes na rotina dos moradores. A aproximação com lideranças (via associação de moradores, templos religiosos, escolas, veículos de comunicação local etc.) é um ponto significativo, pois essas pessoas e locais acabam sendo canais importantes para acessar a comunidade. A Defesa Civil pode também buscar colaboradores para servir como apoio para suas atividades na comunidade (agentes comunitários de proteção e defesa civil), e congregá-los na formação de um NUPDEC, com outros interessados. A valorização desses colaboradores por parte da Defesa Civil perante a comunidade pode funcionar como forma de elevar o *status* desses indivíduos no meio em que vivem, o que tende a fortalecer o resultado do trabalho e ao mesmo tempo despertar o interesse de outras pessoas para participação nas atividades. A criação de um canal de comunicação por meio de aplicativos de celular também pode ser muito útil.

Já na fase de resposta, a mobilização costuma ser mais prática, uma vez que durante o desastre o senso de urgência e de solidariedade tende a aflorar nos indivíduos, fazendo com que haja um número maior de voluntários. Ressalta-se, no entanto, que o desempenho dos voluntários nas atividades de resposta pode ser melhorado a partir do treinamento adequado na fase de preparação.

2. *Como treinar efetivamente a população, quando, muitas vezes, falta educação ambiental e até mesmo educação básica para a população em áreas de risco?*

RESPOSTA:O treinamento da população deve ser precedido de um trabalho de conscientização e até mesmo educacional, que prepare minimamente os indivíduos para o treinamento que será realizado. Deve-se buscar trabalhar da forma mais concreta e simples possível, evitando procedimentos que seriam complexos de executar por parte da população. A linguagem utilizada também deve ser direta, evitando o emprego de termos muito técnicos; a sinalização visual também pode ajudar na compreensão do que deve ser feito em situações emergenciais. Cartazes e cartilhas com ilustrações em quadrinhos podem ajudar a atingir adultos e crianças, assim como maquetes da comunidade podem auxiliar na visualização e memorização de rotas, pontos de apoio e pontos críticos que devem ser evitados. Uma prática muito importante é a realização de simulados, nos quais as pessoas têm condições de colocar em prática os procedimentos definidos durante o treinamento. Os agentes comunitários de Proteção e Defesa Civil devem atuar como protagonistas nas atividades do simulado, orientando a comunidade e fazendo a ponte com os profissionais de Defesa Civil, já que numa situação real eles terão um papel relevante a desempenhar. É desejável que os simulados sejam realizados periodicamente, em intervalos de tempo que permitam manter vivos os conhecimentos na população, mas que não sejam tão frequentes a ponto de desmotivá-la (a frequência mensal talvez seja uma boa escolha). O agendamento do simulado também é importante, de modo a tentar reunir o maior número de participantes.

3. *Como evitar que alarmes falsos positivos desacreditem o sistema de alarme?*

RESPOSTA:O erro do tipo falso-positivo consiste no acionamento do alarme sem a posterior concretização dos processos capazes de provocar o desastre. Em sistemas de alerta de todo o mundo, o índice de erros do tipo falso-positivo é bem maior do que os erros do tipo falso-negativo (no qual ocorre o evento danoso sem que o alarme tenha sido acionado), o que em parte se deve a um conservadorismo na análise dos condicionantes do desastre, diante das incertezas diversas envolvidas no monitoramento e no conhecimento dos mecanismos dos processos. Além do trabalho de conscientização da população sobre essa realidade (o que deve reduzir a expectativa pelo acerto dos alertas e a frustração quando há erros do tipo falso-positivo), é necessário investir de forma permanente no aumento da precisão do sistema de monitoramento e alerta. Isso basicamente é possível por meio de:

- aumento da quantidade e da qualidade (precisão, confiabilidade, durabilidade) dos instrumentos que compõem a rede de monitoramento;
- melhoria do conhecimento dos mecanismos dos processos que provocam os desastres;
- melhoria do grau de conhecimento sobre os condicionantes locais para o processo;
- investimento na equipe de analistas, sistemas de informação e na infraestrutura de trabalho.

4. *Qual o caminho para financiar e implantar sistemas de alerta?*

RESPOSTA: Pode não ser tão simples obter recursos do Governo Federal para implantar um sistema de alerta, pois atualmente o Centro Nacional de Monitoramento e Alertas de Desastres Naturais (Cemaden) já cumpre essa missão. Mesmo assim, pode-se tentar obter recursos com a Secretaria Nacional de Proteção e Defesa Civil, a título desta atividade servir como parte da estruturação da Defesa Civil e, portanto, contribuir para a melhoria das atividades de resposta. O mais interessante para o município, no entanto, talvez seja buscar uma cooperação com os atuais órgãos de monitoramento (federal e estadual, se for o caso) no sentido de aprimorar o monitoramento já praticado sobre seu município, e isso pode contemplar a ampliação da rede de instrumentos, a contratação de estudos detalhados sobre os condicionantes do meio físico local para os processos, a disponibilização de informações sobre a população que vive em áreas de risco, o estabelecimento de uma comunicação direta com esses órgãos, dentre outras possibilidades. O Cemaden também disponibiliza em sua página na internet um mapa interativo com os dados de pluviômetros, estações hidrológicas, radares e imagens de satélite, que podem ajudar o município a acompanhar o próprio monitoramento. Entretanto, caso o município considere que mesmo assim necessita de um órgão de monitoramento próprio e não disponha de recursos para montá-lo, acredita-se que um dos caminhos seja o de buscar recursos com agências de fomento à inovação tecnológica, além de buscar parcerias com o setor privado, que também é interessado na redução do risco de desastres (porém não se deve perder de vista que haverá custos de manutenção e operação do sistema, além dos custos de implantação). Enfim, caso seja montada uma estrutura de monitoramento própria do município, é imprescindível que haja uma atuação integrada desse novo órgão com os outros órgãos de monitoramento existentes (estadual e federal), de modo que não haja discrepância ou conflito de informações que resultem em confusão ou inação da população.

REFERÊNCIAS

ARAÚJO, S.B. (2012) Administração de Desastres – Conceitos e Tecnologias (3ª ed.). Rio de Janeiro, SYGMA SMS.

BELÉM, R.C. (2010) Planejamento e gerenciamento de emergências e desastres – ICS. Apostila da Pós-Graduação à Distância da Posead/FGF. Brasília, Posead.

BRASIL. (1999a) Ministério da Integração Nacional, Secretaria Nacional de Defesa Civil. Manual de Planejamento em Defesa Civil, v 1. Brasília, Ministério da Integração Nacional.

BRASIL. (1999b) Ministério da Integração Nacional, Secretaria Nacional de Defesa Civil. Manual de Planejamento em Defesa Civil, v 2. Brasília, Ministério da Integração Nacional.

BRASI.L. (1999c) Ministério da Integração Nacional, Secretaria Nacional de Defesa Civil. Manual de Planejamento em Defesa Civil, v 3. Brasília, Ministério da Integração Nacional.

BRASIL. (2007) Ministério da Integração Nacional, Secretaria Nacional de Defesa Civil. In: L.B. Calheiros, A.L.C. Castro, & M.C. Dantas (eds.) Apostila sobre Implantação e Operacionalização de COMDEC (4ª ed.). Brasília, Ministério da Integração Nacional, 2007.

BRASIL. (2012) Ministério da Integração Nacional. Instrução Normativa n. 01, de 24 de agosto de 2012. Estabelece procedimentos e critérios para a decretação de situação de emergência ou estado de calamidade pública pelos municípios, estados e pelo Distrito Federal, e para o reconhecimento federal das situações. Brasília: Diário Oficial da União, 24 de agosto 2012.

CARE BRASIL. (2012) Manual para Formação de Núcleos Comunitários de Defesa Civil (NUDECS). SORENSEN, D.S.L.; DUTRA, R.O. São Paulo: Care Brasil.

CEMADEN – Centro Nacional de Monitoramento e Alertas de Desastres Naturais, (2017) Site institucional. Disponível em: <http://www.CEMADEN.gov.br/> Acesso em: jan. 2017.

CEPED UFSC – CENTRO UNIVERSITÁRIO DE PESQUISA E ESTUDOS SOBRE DESASTRES DA UNIVERSIDADE FEDERAL DE SANTA CATARINA. (2014) Capacitação básica em Defesa Civil / [Textos: Janaína Furtado; Marcos de Oliveira; Maria Cristina Dantas; Pedro Paulo Souza; Regina Panceri] (5ª. ed.). Florianópolis, Ceped UFSC.

CORRÊA, M.J.B.; et al. (2014) PLACED – Plano de Ação Comunitário de Prevenção e Enfrentamento a Desastres. Petrópolis, 10ª revisão.

CORRÊA, M.J.B.; Di Gregorio, L.T. (2016) Metodologia para construção de Planos de Ação Comunitários de Enfrentamento aos Desastres. In: Anais do III Congresso da Sociedade de Análise de Risco Latino-Americana. São Paulo, Instituto de Pesquisas Tecnológicas.

DI GREGORIO, .L.T.; Soares, C.A.P.; Saito, S.M.; Soriano, E.; Londe, L.R.; Coutinho, M.P. (2013a) Proposta para a construção um Sistema Informatizado para Gestão Integral de Riscos de Desastres Naturais (SIGRID) no cenário brasileiro. Revista do Departamento de Geografia da USP, v. 26, 95–117.

DI GREGORIO, L.T. (2013b) Proposta de ferramentas para gestão da recuperação habitacional pós-desastre no Brasil com foco na população atingida. Tese (Doutorado em Engenharia Civil). Niterói, RJ, UFF, Universidade Federal Fluminense.

FEMA – FEDERAL EMERGENCY MANAGEMENT AGENCY. (2010) Developing and Maintaining Emergency Operations Plans - Comprehensive Preparedness Guide (CPG) 101. Washington, D.C, FEMA, Version 2.0.

LUCENA, R. (2005) Manual de Formação de NUDEC's. Jaboatão dos Guararapes.

MATTA, G.C.; Morosini, M.V.G. (2016) Atenção primária à saúde. Site do Dicionário da Educação Profissional em Saúde da Fundação Oswaldo Cruz – Escola Politécnica de Saúde Joaquim Venâncio. Disponível em: <http://www.sites.epsjv.fiocruz.br/dicionario/verbetes/ateprisau.html> Acesso em: jan. 2017.

SANTIAGO, A.M.; Bodart, M. (2013) Curso de Formação de Monitores Socioambientais para Prevenção e Enfrentamento de Acidentes e Desastres Naturais na Região Serrana. Florianópolis, 3° Workshop Internacional de História do Ambiente.

SOLER, L.S.; Gregorio, L.T.D.; Leal, P.; Gonçalves, D; Londe, L; Soriano, E; Cardoso, J; Coutinho, M; Santos, L.B.L.; Saito, S. (2013) Challenges and Perspectives of Innovative Digital Ecosystems Designed to Monitor and Warn Natural Disasters in Brazil. In: Special Track of the International ACM Conference on Management of Emergent Digital Ecosystems (Medeś13). Luxemburg, Neumünster Abbey, Proceedings of Medeś13.

USA – UNITED STATES OF AMERICA. (2008) Department of Homeland Security. National Incident Management System. Washington, DC, Homeland Security.

CAPÍTULO 12

Recuperação

Conceitos apresentados neste capítulo

Este capítulo trata de conceitos, objetivos, escopo, planejamento e gestão da recuperação em circunstâncias de desastres. Dada a relevância do tema, são também discutidos aspectos técnicos específicos da recuperação habitacional, além de ser apresentada uma proposta de roteiro para a recuperação, na forma de processos e atividades com foco em habitação e nos meios de subsistência.

12.1 INTRODUÇÃO

Segundo Castro *et al.* (BRASIL, 1999), a reconstrução tem por finalidade restabelecer em sua plenitude: os serviços públicos essenciais; a economia da área; o bem-estar da população; o moral social. Ressalta-se que a terminologia empregada pelos autores apresenta como *reconstrução* um conjunto de atividades cujo escopo vai além das obras de reconstrução civil propriamente dita, avançando para o restabelecimento da economia, do bem-estar da população e do moral social. Os autores sustentam ainda que, de certa forma, a recuperação se confunde com a prevenção, e mesmo com a mitigação, e procura: *"recuperar os ecossistemas; reduzir as vulnerabilidades dos cenários e das comunidades a futuros desastres, racionalizar o uso do solo e do espaço geográfico, relocar populações em áreas de menor risco, modernizar as instalações e reforçar as estruturas e as fundações e recuperar a infraestrutura urbana e rural"*. Pode-se dizer que a fase de Reconstrução se inicia a partir das necessidades geradas com o desastre, mas evolui e termina formando um ciclo, em que se superpõe com as fases de Prevenção e Mitigação, reiniciando o processo de gestão de risco.

O termo *recovery* (ou "recuperação") é definido pela Estratégia Internacional das Nações Unidas para Redução dos Desastres como *"decisões e ações tomadas após o desastre com uma visão de restaurar e aprimorar as condições de vida da comunidade afetada em relação à fase anterior ao pré-desastre, encorajando e facilitando os ajustes necessários para reduzir o risco"* (UN-ISDR, 2009). Ou seja, a recuperação muda o foco de "salvar vidas" para "restaurar meios de vida", efetivamente prevenindo a recorrência dos desastres e das condições perigosas e deve ser entendida como uma parte integral do processo de desenvolvimento nos níveis: nacional, regional e local (UNDP, 2011). De acordo com o United Nations Development Programme (UNDP) e a International Recovery Platform (IRP) (UNDP e IRP, 2012), a recuperação é frequentemente entendida, na visão do público em geral, como consistindo principalmente em reconstrução física de instalações e de serviços básicos.

O Ato de Reconstrução da Califórnia, de 1986 (USA, 1994, p. 10), define o termo "recuperação" como a *restauração geral de atividades sociais, econômicas e institucionais a níveis comparáveis ou superiores àqueles existentes antes do desastre*, e aponta que o termo "reconstrução" é geralmente entendido como a realocação ou reconstrução de facilidades físicas danificadas ou destruídas. De forma simples, pode-se dizer que o termo "recuperação" (adotado ao longo do presente texto) remete a fazer com que o sistema afetado volte a funcionar e se torne melhor do que era antes do evento, em diversos aspectos.

Abrigo / Habitação

Neste trabalho, considera-se *provisão de abrigo* o processo de abrigar os indivíduos e famílias afetados pelo desastre até o momento em que seja fornecida uma estrutura habitacional mais consistente e individualizada para as famílias, ainda que transitória. A provisão de abrigo é uma das necessidades básicas do pós-desastre e deve ser considerada já na fase de emergência, da forma mais estruturada possível. Ou seja, o processo de abrigamento faz sentido até que os beneficiários tenham acesso a uma residência propriamente dita, sobre a qual tenham relativa autonomia de uso (mas não necessariamente a posse) e individualidade, seja ela provisória ou permanente.

Grande parte da literatura internacional apresenta o termo *recovery shelter* com um sentido amplo, englobando a provisão de abrigos e a provisão habitacional em si, diferenciação que será mantida ao longo deste trabalho, uma vez que diz respeito a processos com entregas bem distintas. O UNDP e a IRP (2010b) apontam quatro fases dos processos de provisão de abrigo/habitação no pós-desastre, às quais se adicionou a categoria "abrigamento temporário". Essas fases são apresentadas a seguir, onde é possível perceber claramente as características de utilização coletiva (ainda que com espaços individualizados) e a falta de autonomia de uso do abrigo diante das estruturas habitacionais.

- **Abrigamento espontâneo.** Nas primeiras 72 horas, consiste no fornecimento de abrigo imediato provisório, enquanto a situação se estabiliza (por exemplo, ginásios, quadras etc.).
- **Abrigamento de emergência.** Nos primeiros 60 dias, representa o fornecimento de abrigos emergenciais e alimentação para população deslocada necessitada de abrigo (por exemplo, escolas, prédios públicos etc.).
- **Abrigamento temporário (opcional).** Dada a eventual necessidade de desmobilização dos abrigos emergenciais, nos primeiros meses até o primeiro ano, contempla o fornecimento de abrigos mais estruturados, até que as casas permanentes sejam reparadas, ou nos casos em que a habitação provisória não consiga ser providenciada em curto espaço de tempo. Basicamente, estão ainda presentes as características de abrigamento coletivo e/ou a falta de autonomia de uso do imóvel (por exemplo, abrigos temporários no próprio local, abrigos temporários congregados – campos, conversão de prédios de ocupação não residencial em módulos de abrigo, abrigamento com parentes e amigos, aluguel de hotéis/motéis etc.).
- **Habitação provisória ou transitória.** Nos primeiros meses e até a provisão da habitação permanente, consiste no fornecimento de casas temporárias (seguras e protegidas, com acesso a água, luz, individualidade e relativa autonomia de uso) aos desabrigados e desalojados, enquanto esforços são dedicados para provisão de habitação permanente. Ressalta-se que a habitação provisória possui um caráter de transitoriedade, sendo utilizada normalmente num período de até dois ou três anos, podendo envolver a construção de habitações provisórias ou a concessão de aluguel social (no qual as famílias recebem uma ajuda de custo do governo a título de aluguel de uma residência provisória).
- **Habitação permanente.** Consiste no fornecimento de soluções habitacionais de longo prazo, permanentes, para as vítimas de desastres.

A IMPORTÂNCIA DA RECUPERAÇÃO

O apoio às famílias afetadas por desastres requer ações imediatas, amplas e colaborativas e a visão realista de que, após as organizações humanitárias terem completado seu trabalho de assistência e a mídia ter se retirado, as necessidades para abrigo e habitação de qualidade permanecem por meses e anos (HABITAT FOR HUMANITY GREAT BRITAIN, 2013).

A atenção dos serviços de emergência raramente se estende aos compromissos de longo prazo da recuperação, e o trabalho mais longo e custoso dificilmente conta com o mesmo grau de assistência e de suporte, ainda que possa determinar o bem-estar da comunidade por anos no futuro (UNDP e IRP, 2007). Os autores apontam que, para além da reconstrução física, as demandas mais desafiadoras para a verdadeira recuperação (por exemplo, a restauração dos meios de subsistência dos grupos afetados) são frequentemente deixadas aos interesses de funcionários de governos locais e da sofrida, mas determinada, população.

Aspectos psicossociais da recuperação

Para as vítimas de desastres, em especial aquelas que sofreram perdas humanas e materiais em seu círculo de convivência, a recuperação representa um processo de mudança intenso, que precisa ser administrado. O Project Management Institute (PMI) (2012) cita as fases e respostas necessárias a um processo de gestão de mudanças (Quadro 12.1).

Quadro 12.1: Fases e respostas necessárias a um processo de gestão de mudanças

FASES	RESPOSTAS
Negação	Forneça informações com frequência, em várias formas.
Resistência	Ouça, permita às pessoas expressarem seus medos e raivas.
Exploração	Dê mais informações para responder às perguntas exploratórias.
Aceitação	Reconheça o movimento para a mudança.
Suporte	Celebre e premie.

Fonte: *PMI (2012).*

Segundo Torlai (2010), todos nós vivemos e planejamos nossas ações com base no que acreditamos que o mundo é e, com isso, construímos internamente um modelo de mundo. Ao citar Parkes (2009), Torlai (2010, p. 25) denomina esse sistema de "Mundo Presumido", que é uma parte valiosa do nosso equipamento mental, sem a qual nos sentimos perdidos, pois construímos o mundo à nossa volta para sentirmos confiança e segurança.

Torlai (2010, p. 39) baseia-se em Smith (1983) para afirmar que, diante desses aspectos e de acordo com a abordagem processual de entendimento do enfrentamento, podem ser descritas quatro etapas referentes à adaptação e às estratégias de enfrentamento empregadas em situações de trauma. O autor sustenta que essas descrições obviamente devem ser relativizadas, respeitando as particularidades individuais, assim como sua verificação e interpretação, considerando as diferenças de contexto em que ocorrem os desastres socionaturais, bem como sua magnitude. Essas etapas, ratificadas por Jarero (2010), são:

- O primeiro momento, denominado **heroico**, aparece logo após a ocorrência do evento e, geralmente, é caracterizado pelo comportamento de altruísmo, coesão e otimismo da comunidade.
- A segunda fase, chamada **lua de mel**, consiste na solidariedade social e nos esforços para a organização do local atingido.
- No terceiro estágio, a **desilusão** pode-se estabelecer, pois algumas pessoas tendem a se retirar das organizações comunitárias, expressando sentimentos negativos em relação às ações governamentais, principalmente quando se mostram aquém do esperado e do necessitado. É normalmente quando os sobreviventes enfrentam a mais dura e cruel realidade.
- Na etapa de **reconstrução**, os indivíduos assumem a responsabilidade pela própria recuperação e restauração de sua comunidade. É um processo de retorno à normalidade, buscando o desenvolvimento.

A relevância da provisão habitacional

Dentre os maiores desafios da recuperação pós-desastre (seja de curto, médio ou longo prazos), está a questão da provisão habitacional adequada e tempestiva. Barakat (2003) destaca que a perda de uma casa constitui não só uma privação física, mas também uma perda de dignidade, identidade e privacidade. Esse tipo de sinistro pode causar trauma psicológico, desafiar percepções de identidades culturais, romper estruturas sociais e comportamentos socialmente aceitos, representar uma ameaça à segurança e ter um impacto econômico negativo significante.

De acordo com UNDP e IRP (2010b), cada casa construída representa um projeto individual, e agrupar centenas, milhares e até milhões de residências constitui programas de reconstrução muito mais amplos. Sob essa ótica, deve-se considerar que a recuperação precisa ser abordada sob dois aspectos: soluções coletivas e soluções individuais, que reflitam as necessidades de cada família e forneçam roteiros de recuperação específicos que considerem as peculiaridades de cada núcleo. Os mesmos autores apontam ainda alguns obstáculos para uma recuperação habitacional consistente:

- pressões para reconstruir rápido ou substituir as casas;
- negação do risco futuro a unidades habitacionais semelhantes;
- pobreza, que oferece mais dificuldades de recuperação por parte dos indivíduos e famílias;
- desigualdades no processo de reconstrução habitacional, pois certos indivíduos e grupos buscam meios de se privilegiar;
- (in)disponibilidade e custo dos materiais de construção e mão de obra;
- perda ou falta de terras apropriadas para construção;
- falta de consenso na comunidade;
- dependência de infraestrutura e facilidades que podem inclusive não existir mais, mas que devem ser pensadas para uma implementação futura, o que aumenta a complexidade da implementação.

Outro ponto fundamental que muitas vezes é negligenciado é o envolvimento da população atingida no processo de recuperação, que não apenas confere legitimidade às soluções a serem empregadas, mas também pode incrementar o grau de organização e conscientização dessa população.

12.2 PLANEJAMENTO DA RECUPERAÇÃO

O planejamento da recuperação do sistema em circunstâncias de desastres pode ser dividido em dois: o planejamento pré-desastre e o pós-desastre. Para a elaboração realista e consistente de ambos, entretanto, é necessário ter clareza sobre os objetivos da recuperação e seu escopo, assuntos que serão abordados ao longo desta seção.

Objetivos da recuperação

Em praticamente todos os desastres socionaturais, a recuperação começa quase que imediatamente. As primeiras ações de recuperação, tais como a remoção de entulhos, o restabelecimento do fornecimento de água etc., estão muito ligadas aos processos de resposta na emergência, e são descritas como atividades de "reabilitação" (BRASIL, 1999). Na sequência da reabilitação, surgem as atividades que buscam a restauração dos níveis de normalidade econômica, social e de serviços, podendo fazer uso de facilidades temporárias ou reparadas.

De forma resumida, UNDP e IRP (2012) destacam alguns principais objetivos de uma recuperação:

- Restauração da base econômica das áreas e de empregos afetados pelo desastre.
- Reestabelecimento do fornecimento adequado de habitação permanente para repor o que foi destruído e oferecimento de oportunidades seguras de habitação transitória.
- Restauração de longo prazo da infraestrutura pública, serviços sociais e bens ambientais danificados pelo desastre.

ELSEVIER   Gestão de Riscos e Desastres Hidrológicos   305

- Redesenvolvimento sadio e sustentável, utilizando padrões de uso do solo resilientes a desastres.

Nesta mesma linha, UNDP (2011) apresenta a recuperação como uma oportunidade de reduzir a vulnerabilidade de certos grupos sociais e incrementar a equidade de gênero, assim como Nakagawa (2004) afirma que os processos de recuperação pós-desastre devem ser considerados oportunidades para desenvolvimento pela revitalização da economia local e melhoria de meios de subsistência e condições de vida e, também, que o capital social da recuperação será facilitado e/ou reforçado pela confiança em líderes comunitários e pela maturidade política da comunidade. Segundo o autor, a maturidade política significa que a comunidade está acostumada à construção de consenso por meio de reuniões e discussões entre os seus membros.

Escopo da recuperação

Conforme a declaração assinada pela Comissão Europeia, as Nações Unidas e o Banco Mundial sobre pós-crise (EUROPEAN COMMISSION, UNITED NATIONS DEVELOPMENT GROUP e WORLD BANK, 2008), o escopo e a abordagem do programa de recuperação dependerão não somente das perdas quantificadas, danos e necessidades, mas dos recursos mobilizados e das prioridades nacionais definidas numa estratégia de recuperação que pode incluir uma decisão explícita de "reconstruir melhor".

O escopo da recuperação reflete-se na abrangência do processo, ou seja, onde começa e termina o processo de recuperação em seus diversos aspectos, o que pode ser visualizado no Quadro 12.2.

Quadro 12.2: Dimensões da recuperação

DIMENSÕES	DESCRIÇÃO
Preparação	Responsável pelo aspecto de construção da capacidade de recuperação e planejamento de todo o processo, com envolvimento da comunidade. Neste ponto, destaca-se o planejamento da recuperação no pré-desastre, que contribui fortemente para a rapidez e precisão das ações a serem implementadas no pós-desastre. Entretanto, este não exime a necessidade de um Planejamento de Recuperação Pós-Desastre, em que o planejamento pré-desastre será adaptado às demandas geradas pelo desastre ocorrido.
Econômica	Diretamente relacionada com a retomada da capacidade produtiva das empresas locais, à provisão de empregos e meios de subsistência para a população afetada (a reconstrução de casas empregando tecnologias locais, materiais de construção e *know-how* local podem ter um impacto positivo direto na economia local).
Saúde e serviços sociais	Com foco em infraestrutura primária (abrigo, água, esgoto, coleta de lixo, ainda que temporária), apoio psicossocial e facilidades (saúde, educação, entre outras).
Habitação	Provisão de habitação provisória e permanente, com ou sem o reassentamento de famílias, buscando a recuperação resiliente com agregação de valor.
Sistemas de infraestrutura	Reabilitação/recuperação do ambiente construído e infraestrutura física local, dentro da filosofia de "recuperar para melhor".
Recursos naturais e culturais	Contêm medidas para reabilitação dos recursos naturais afetados pelo desastre e do fortalecimento da cultura local nas comunidades afetadas, buscando a preservação da identidade cultural do grupo.

Fonte: *United States of America (2011) e UNDP (2011).*

Planejamento pré-desastre

UNDP e IRP (2012) demonstram que o Planejamento de Recuperação Pré-Desastre (PRPD) é uma tentativa de fortalecer o planejamento da recuperação, suas iniciativas e resultados, antes que o desastre aconteça. Esse conceito é construído com base no reconhecimento de que muito pode ser feito antes da ocorrência do desastre, para facilitar o planejamento da recuperação após o desastre e melhorar os resultados da recuperação.

UNDP e IRP (2007) apontam que as sementes do fracasso de uma recuperação podem ter origem nas fraquezas negligenciadas no pré-desastre, tais como governo fraco, códigos de construção insuficientes, falta de planejamento, prestação de contas e transparência limitadas, corrupção em várias áreas etc. Os autores ressaltam que a única solução para reduzir esses problemas é incluir medidas mitigadoras no planejamento pré-desastre.

Em relação ao processo de Planejamento da Recuperação Pré-Desastre, UNDP e IRP (2012) recomendam o seguinte roteiro:

- Início do pré-planejamento
  - construir suporte político;
  - assegurar ampla representação das partes interessadas;
  - criar e organizar uma equipe de planejamento com forte participação da /do comunidade/público.
- Coleta de informações preliminares
  - criar cenários de desastre a partir de dados disponíveis sobre todos os perigos relevantes e vulnerabilidades potenciais;
  - analisar planos existentes que levem em consideração questões relacionadas com a recuperação;
  - determinar as áreas-chave de intervenção.
- Estabelecer a organização da recuperação pós-desastre
- Formular princípios e metas de recuperação
  - construir uma visão compartilhada do futuro no pós-desastre;
  - identificar princípios para guiar a recuperação.
- Definir estratégias e ações
  - identificar questões da recuperação e priorizá-las, trabalhando em subgrupos;
  - planejar estratégias e ações.
- Avaliação e manutenção do plano
  - exercitar o plano;
  - revisar e atualizar o plano.

O Project Management Institute (PMI, 2012) aponta ainda a necessidade de identificar as restrições ou limitações em termos de tempo, recursos e o impacto na forma como os objetivos do projeto devem ser atingidos. Também destaca a importância da avaliação dos riscos, cujo tratamento e medidas preventivas/corretivas devem ser considerados por meio de plano de contingência.

A questão da capacidade de implementação também é apontada pelo UNDP (2011) como um item a ser considerado quando do planejamento da recuperação. Os níveis de capacidade atuais, as necessidades de aumento dessa capacidade e as fontes potenciais devem ser definidos o quanto antes no processo.

Planejamento pós-desastre

O planejamento pré-desastre não substitui o planejamento pós-desastre, mas o fortalece. Sobre os desafios do planejamento de recuperação pós-desastre, UNDP e IRP (2007, p. 20) citam Spangle (1991):

Você será lançado num mundo de decisões instantâneas sobre vida e morte, montes de aplicações sobre permissões construtivas, contato diário com uma nova burocracia com inacreditáveis exigências de papelada, e pressões incessantes para retornar as coisas à normalidade. Todos irão querer um plano, mas poucos irão querer dedicar o tempo para planejar. Você será exigido a ter respostas para problemas que você sequer pensou antes.

Você estará lidando com novos experts – geólogos, engenheiros estruturais, e sismologistas com informações que você não entenderá. Inadequações em planos existentes e aplicações ficarão evidentes. Nada em sua educação de planejamento terá preparado você adequadamente para lidar com os problemas e responsabilidades na sua mesa.

Sobre as diferenças entre o planejamento da recuperação pré e pós-desastre, UNDP e IRP (2010a, p. 13-14) apontam lições que gerentes de desastres nos Estados Unidos descreveram:

Após um desastre, o planejamento para reconstrução é uma versão rápida do planejamento normal, num processo dinâmico cíclico. Comunidades locais que enfrentam recuperação de desastres não terão o luxo de seguir procedimentos normais para revisão no desenvolvimento e aprovação.

Após um desastre, o planejamento para reconstrução é mais focado. Esta não é a hora de iniciar um processo de planejamento regional.

Após um desastre, o planejamento para reconstrução é mais realista. Planejadores devem evitar levantar falsas expectativas em esquemas de planejamento não realistas e, ao invés disso, lutar para um consenso público por trás de uma abordagem apropriada de redesenvolvimento, sendo que a avaliação clara de fontes de financiamento para implementação é essencial.

UN-HABITAT (2012a) alerta que a reconstrução leva um tempo considerável, até mesmo com recursos maciços, e que a capacidade de absorção e de entrega de qualquer país é limitada e geralmente muito reduzida em tempos de grandes desastres. O planejamento realístico pode ajudar a acelerar a reconstrução e também destacar a necessidade de recursos, de capacidade construtiva e habilidades específicas de programas de treinamentos que podem ser requeridos.

A questão da priorização da recuperação também deve ser considerada. O Banco Mundial e as Nações Unidas (WORLD BANK e UNITED NATIONS, 2010) ressaltam que laços comerciais entre indivíduos e empresas ajudam na recuperação mas, negócios e indivíduos também dependem da infraestrutura pública (estradas, pontes, ferrovias). O governo deve, portanto, rapidamente decidir a sequência dos reparos e se deve mudar ou não a localização e resiliência de estruturas. Ao determinar os impactos de curto e longos prazos do programa de recuperação nos meios de subsistência, IFRC e RCS (2010) recomendam considerar que:

- A pobreza aumenta a vulnerabilidade e reduz a capacidade de os familiares se protegerem dos perigos e se recuperarem dos desastres.
- As famílias participantes podem ter suas atividades de geração de renda interrompidas durante o ciclo de construção. Nesse caso, os recursos financeiros distribuídos, destinados à reconstrução, provavelmente serão utilizados para as necessidades diárias da família, o que deve ser evitado a todo custo.
- Alguns indivíduos podem não estar aptos a retornar às suas atividades de subsistência anteriores à construção, uma vez interrompidas. Essas pessoas devem ser alvo nas atividades de reconstrução e outras atividades de geração de renda oferecidas. Também deve-se considerar a provisão de treinamento para aqueles que necessitem.
- O tempo do ciclo de construção no programa deve levar em consideração oportunidades de trabalho sazonal e migração. Os membros provedores de renda poderão estar ausentes (migração de trabalho).
- Há possibilidade de crianças estarem envolvidas na geração de renda ou atividades de subsistência, o que deve ser verificado. É necessário assegurar que elas estejam frequentando escolas e que não tenham de assumir responsabilidades familiares no processo de reconstrução. De outro modo, elas não poderão completar a escola e isso as afetará para o resto de suas vidas.

- Algumas famílias retornarão às suas atividades pré-desastre; outras necessitarão iniciar novas atividades. É preciso fornecer especial atenção a mães solteiras, crianças chefes de família e mulheres.
- Algumas atividades de subsistência praticadas hoje pela comunidade podem ser potencialmente danosas (perigosas) e/ou ilegais. É desejável oferecer alternativas de atividades para subsistência, assim como capacitar/treinar estes grupos para essas atividades.

12.3 RECUPERAÇÃO HABITACIONAL

Esta seção não visa detalhar os numerosos aspectos técnicos necessários a uma recuperação habitacional bem-sucedida, mas sim apresentar sucintamente as principais questões técnicas envolvidas com potencial de impacto direto sobre a gestão da recuperação habitacional como um todo.

Aspectos técnicos específicos

UNDP e IRP (2010b) destacam que o mais importante é que a solução habitacional seja sustentável, e apresenta cinco princípios-chave para que isso aconteça:

- **Sustentabilidade ambiental.** A abordagem escolhida deve evitar a depredação de recursos naturais e a contaminação do meio ambiente.
- **Sustentabilidade técnica.** As habilidades requeridas podem ser introduzidas e ensinadas a outros, e as ferramentas necessárias devem estar disponíveis.
- **Sustentabilidade financeira.** Dinheiro ou troca de serviços podem ser utilizados para remunerar o serviço que precisa ser realizado.
- **Sustentabilidade organizacional.** Deve haver uma estrutura para agregar os diferentes atores sem necessidade de envolver *experts* externos em cada situação.
- **Sustentabilidade social.** O processo e o produto finais devem se enquadrar nas expectativas e necessidades da sociedade.

Os aspectos técnicos da recuperação habitacional foram desmembrados em: projeto, tecnologia e materiais de construção, qualidade, meio ambiente, questões relacionadas com a redução do risco de desastres e questões relacionadas com a propriedade da terra, os quais serão brevemente abordados adiante.

Redução do risco de desastres

Segundo UNDP e IRP (2007), frequentemente a recuperação é conduzida com pressa, o que pode resultar em uma falsa eficiência, caso as mesmas condições de risco sejam recriadas para os moradores que retornam para suas casas ou para as futuras gerações. Existe um reconhecimento amplo de que a recuperação de desastres oferece oportunidades únicas para introduzir ou fortalecer a redução do risco. Os autores sustentam que é pouco provável que medidas de redução de riscos efetivas sejam concebidas, entendidas e estejam prontamente disponíveis para amplo uso ao tempo da recuperação, a menos que já tenham sido trabalhadas por meio de um programa de gestão de risco, antes da ocorrência do desastre. Isso ocorre porque a urgência e o número de questões a serem resolvidas dificultam a inserção de novos procedimentos que ainda não possuem as bases para serem assimilados com rapidez. Mesmo com essas dificuldades, UNDP e IRP (2007) apontam que um dos objetivos fundamentais da recuperação é que o risco seja reduzido, de modo a evitar a repetição do desastre.

Seleção de beneficiários

A seleção dos beneficiários é uma questão delicada em qualquer reconstrução. Barakat (2003) afirma que aplicar critérios de seleção pode ser tão difícil quanto obter um consenso sobre eles. Por exemplo, usar a renda para determinar quando uma família deve estar entre os beneficiários pode ser problemático: é normalmente difícil estabelecer quando a renda é adequada para suprir as necessidades; os membros da família podem estar empregados em trabalhos sazonais ou casuais e, portanto, torna-se difícil estimar a renda; a renda total da família pode ainda ser inadequada para sustentar parentes dependentes, mas a presença de assalariados pode fazer uma família inelegível para assistência, ainda que essa família contenha membros vulneráveis.

IFRC e RCS (2010) apontam que, para assegurar que o programa de recuperação habitacional atinja os mais vulneráveis, este pode visar grupos específicos, que estejam dentro dos beneficiários identificados e elegíveis para receber uma casa permanente:

- famílias sem posse registrada da terra;
- famílias de mães solteiras ou lideradas por crianças;
- famílias que necessitam de relocação para áreas seguras;
- famílias que perderam o provedor principal e bens de geração de renda;
- famílias com membros portadores de deficiência;
- famílias que adotaram crianças órfãs de parentes;
- famílias cujas casas eram usadas como meio de geração de renda (pequenos negócios acoplados, mas não renda advinda de aluguel nem uso para fins comerciais somente);
- casas totalmente destruídas a serem reconstruídas ou parcialmente danificadas para serem consertadas ou reformadas;
- uma casa para cada família afetada.

Ocupação e propriedade da terra

Segundo UNDP e IRP (2010b), a questão da comprovação da posse da casa destruída e da terra é desejável, mas pode não ser tão simples de ser conseguida, por motivos como:

- o dono pode ter perdido ou nunca recebido registros de posse;
- os registros de posse podem ter sido destruídos no evento;
- os registros municipais de posse podem ter sido destruídos no desastre;
- o dono pode ter morado em um assentamento informal e nunca ter tido direitos de posse;
- os registros podem existir, mas não refletir a realidade;
- a terra pode ter sido ocupada de forma conjunta;
- o dono pode ter falecido e não está claro que parentes sobreviventes terão direito de posse;
- a terra possuída não existe mais, por conta da destruição provocada pelo desastre.

Para considerar questões sobre direitos e posse da terra, UNDP e IRP (2010b) apontam três opções básicas que podem ser adotadas:

- Conselhos comunitários baseados na memória coletiva dos membros da comunidade e em sua liderança, para determinar quem possuía quais propriedades, onde e o quão grande era o lote, até onde se estendiam suas fronteiras e a área física do lote (adjudicação dirigida pela comunidade). Nesse caso, com o endosso da comunidade e de mecanismos legais existentes no país, novos mapas e escrituras tornam-se legalmente válidos, e a posse da terra é reestabelecida.
- Localizar e reimprimir ações e outros registros legais, caso esses tenham sido guardados de uma maneira redundante pelo governo local ou outros governos.
- Fazer lotes padronizados de terra independente das reclamações de posse, de modo a estabelecer elegibilidade.

Os mesmos autores ressaltam que a certificação legal da posse da terra constitua um pré-requisito para o início da reconstrução, seja ela feita no local ou por meio de realocação, ainda que o sistema de certificação pré-desastre apresente falhas. UNDP e IRP (2010b) afirmam ainda que, na reconstrução do local, é importante que não haja questionamentos sobre direitos da terra, para se evitar disputas sobre quem possui a nova casa após esta ser construída. Já no caso da realocação, os autores apontam que os beneficiários normalmente demandarão serem compensados com um lote, no novo local, que seja proporcional ao que eles possuíam anteriormente. Mencionam ainda a importância de considerar os casos específicos de inquilinos ou moradores informais que não eram propriamente os donos das casas, ainda que não seja na forma de provisão habitacional permanente.

Decisão de realocação

Sobre a decisão pelo reassentamento em outro local, recomenda-se que os seguintes itens sejam levados em consideração:

- A escolha da localização, seleção do sítio e plano de assentamento (BARAKAT, 2003).
- Escassez de terrenos (e altos preços) provavelmente reduzirá(ão) as chances de encontrar locais adequados (IFRC e RCS, 2010).
- Se o terreno está longe de centros comerciais, o custo da construção tende a ser mais alto. Aquisição de materiais é pouco provável de ser feita a granel; apesar de aquisições compartilhadas serem encorajadas, as famílias podem preferir trabalhar individualmente (IFRC e RCS, 2010).
- Se a necessidade de infraestrutura não for considerada, as taxas de ocupação e a satisfação geral tendem a ser reduzidas. Recomenda-se clareza sobre a capacidade de fornecer infraestrutura e as limitações existentes (IFRC e RCS, 2010).
- Considerar infraestrutura social, meios de vida e atividades econômicas (UNDP, 2011).
- Redução de riscos baseada numa análise prévia de riscos para diversas ameaças, em relação ao novo sítio (UNDP, 2011).
- A escolha adequada do projeto (BARAKAT, 2003). As decisões sobre relocação devem envolver a participação da comunidade, de modo que ela seja aceita de forma voluntária (UNDP, 2011).
- Quando as famílias são relocadas, elas podem cruzar fronteiras administrativas. A autoridade responsável anteriormente pode estar ansiosa por se desligar das famílias, e a nova autoridade local pode não ser receptiva a assumir responsabilidades adicionais, as quais incluem fornecimento de serviços às famílias novas (IFRC e RCS, 2010).
- Aplicar mecanismos para assegurar a posse da casa e da terra (UNDP, 2011).
- A escolha dos materiais e métodos de construção (BARAKAT, 2003).

Escolha da localização e seleção do terreno

Autores apontam os fatores do Quadro 12.3 como os que influenciam a seleção dos locais para construção, assim como as principais questões a serem observadas.

Quadro 12.3: Fatores impactantes e questões a serem observados na seleção dos locais para construção

FATOR	QUESTÕES
Acesso	A localização é próxima ao local da residência anterior ou dentro das fronteiras socioculturais? (IFRC e RCS, 2010) Quão perto é o sítio de centros econômicos e de serviço estabelecidos? (BARAKAT, 2003) Disponibilidade e qualidade de acesso a estradas e ligações com transporte. (BARAKAT, 2003; IFRC e RCS, 2010) A acessibilidade varia em diferentes épocas do ano? (BARAKAT, 2003)
Segurança	Quais são os riscos de segurança? (BARAKAT, 2003) Quão perto está o novo assentamento da fronteira de alguma área perigosa em potencial? (BARAKAT, 2003; IFRC e RCS, 2010)

Quadro 12.3: Fatores impactantes e questões a serem observados na seleção dos locais para construção

FATOR	QUESTÕES
Topografia e clima	O sítio é propenso a perigos naturais: inundações, ventos fortes, atividade sísmica? (BARAKAT, 2003; SILVA, 2010) É propenso à erosão? (BARAKAT, 2003) O sítio tem um contorno pesado? (BARAKAT, 2003) Qual a direção prevalente do vento? (BARAKAT, 2003) A cota do lençol é muito alta? Menor que 3 m abaixo da terra? (BARAKAT, 2003)
Infraestrutura	Qual infraestrutura atende ao local? (BARAKAT, 2003) Potencial de infraestrutura comunitária para acomodar novas famílias: facilidades educacionais, de saúde, locais para cultos etc. (IFRC e RCS, 2010) Que capacidade extra a infraestrutura pode comportar antes de requerer ampliação? (BARAKAT, 2003; IFRC e RCS, 2010) Quem é responsável pelo gerenciamento e manutenção da infraestrutura? (BARAKAT, 2003) Os locais possuem acesso adequado a meios de subsistência e serviços públicos? (IFRC e RCS, 2010; SILVA, 2010)
Propriedade da terra	Quem possui a terra? Propriedade individual ou coletiva? Em que base: comunitária, governo? (BARAKAT, 2003) Como o terreno para realocação será fornecido? Por quem e em que prazo? (SILVA, 2010)
Aceitação	Que nível de aceitação os planos e terrenos possuem entre os grupos-alvo, as comunidades anfitriãs e as autoridades locais? (BARAKAT, 2003; IFRC e RCS, 2010) Há algum tabu religioso ou cultural associado ao uso do terreno em particular? Por exemplo, é considerado cemitério? (BARAKAT, 2003) Como o reassentamento impactará nas redes sociais e oportunidades de subsistência das comunidades afetadas? (IFRC e RCS, 2010; SILVA, 2010)
Espaço	Há suficiente espaço para uma densidade desejável de casas? (BARAKAT, 2003) Há espaço para fornecer meios de subsistência e oportunidades de emprego? Negócios? Agricultura? (BARAKAT, 2003; SILVA, 2010) Há espaço para ampliações futuras? (BARAKAT, 2003)
Meio ambiente	Como a terra é usada no momento? (BARAKAT, 2003) Quais materiais de construção estão disponíveis? Eles podem ser usados sem ameaçar o meio ambiente? (BARAKAT, 2003) O meio ambiente do entorno é particularmente valioso ou vulnerável? (BARAKAT, 2003) Quais são os impactos prováveis do aumento de população no assentamento na agricultura e pecuária? (BARAKAT, 2003) O impacto ambiental é apropriado ao uso da terra? (IFRC e RCS, 2010) O local é afetado por poluição ambiental? (BARAKAT, 2003) Foram realizadas pesquisas suficientes para identificar requisitos para fornecimento de proteção ambiental em nível regional ou de vila, viabilidade de obras ou infraestrutura para tornar um local adequado para reconstrução? (SILVA, 2010)

Fonte: *Di Gregorio (2013)*.

Projetos de engenharia, arquitetura e urbanismo

O projeto das casas é um item que merece especial atenção, uma vez que está intimamente relacionado com as necessidades do público-alvo da reconstrução e tem forte impacto na aceitação da solução proposta por parte dos beneficiários. Autores apresentam as seguintes questões balizadoras para o projeto de casas sustentáveis:

- O projeto da casa atende aos requisitos de padrões locais, nacionais e internacionais, inclusive de proteção a perigos naturais, arrombamentos e pestes? (HAUSLER, 2010; SILVA, 2010; UN-HABITAT, 2012c)
- Arquitetos e engenheiros foram envolvidos no projeto e detalhamento das casas? Quem é responsável pelo projeto? Eles possuem suficiente qualificação e experiência? O projeto é seguro e adequado? (SILVA, 2010)

- São economicamente viáveis para todas as faixas de renda? (UN-HABITAT, 2012c)
- Utilizam tecnologias e materiais de construção de baixa energia e economicamente viáveis? (UN-HABITAT, 2012c)
- São resilientes para resistir a impactos potenciais de desastres naturais e climáticos? (UN-HABITAT, 2012c)
- Como os beneficiários são envolvidos no projeto? (HAUSLER, 2010; SILVA, 2010)
- O tamanho e o arranjo espacial da casa são cultural e climaticamente apropriados? Eles incorporam facilidades adequadas para lavanderia, cocção e atividades de sobrevivência (meio de vida)? (HAUSLER, 2010; SILVA, 2010; UN-HABITAT, 2012c)
- As casas são facilmente acessíveis? (SILVA, 2010)
- São conectadas a sistemas confiáveis de abastecimento de energia, seguras e economicamente viáveis, bem como a facilidades de água, esgoto e reciclagem? (UN-HABITAT, 2012c)
- Utilizam energia e água de forma mais eficiente e são equipadas com dispositivos de geração de energia e reciclagem da água? (UN-HABITAT, 2012c)
- Não são poluentes ao meio ambiente e são protegidas de poluição externa? (UN-HABITAT, 2012c)
- Possuem boa conexão com o mercado de trabalho, comércio, atendimento pediátrico e de saúde, educação e outros serviços? (UN-HABITAT, 2012c)
- Como o design pode ser desenvolvido para otimizar a performance e minimização dos custos? Qual o potencial para padronização? (HAUSLER, 2010; SILVA, 2010)
- Como a padronização pode ser balanceada com os requisitos de adaptação para atender às necessidades individuais ou mesmo lotes não padronizados? (SILVA, 2010)
- É permitido que as famílias usem os próprios fundos para adaptar ou ampliar suas casas durante o projeto e construção? As adaptações individuais trazem implicações nos custos ou no programa? (HAUSLER, 2010; SILVA, 2010)
- As casas finalizadas serão duráveis e de fácil manutenção? Elas permitem adaptações futuras e ampliações? (HAUSLER, 2010; SILVA, 2010; UN-HABITAT, 2012c)
- O projeto é confiável do ponto de vista dos moradores, que precisam acreditar que a casa deles sobreviverá a um desastre? (HAUSLER, 2010)

Outro requisito básico é a eficaz coordenação dos projetos entre si e com as exigências dos demais órgãos de aprovação, como prefeitura, corpo de bombeiros, agências ambientais e concessionárias de serviços urbanos. É necessário que se estabeleça claramente para quais agentes cabem as tarefas de elaboração e aprovação de projetos das diferentes áreas envolvidas, seus cronogramas e interdependências, e que essa divisão de tarefas seja compatível com a responsabilidade técnica de cada membro (ABIKO e COELHO, 2006).

Tecnologias e materiais de construção

Autores apresentam as seguintes questões balizadoras para avaliação das tipologias e tecnologias construtivas no processo de recuperação habitacional:

- Qual é o tipo tradicional de construção de casas? Este é apropriado para reconstrução ou há alternativas? (SILVA, 2010)
- Existem suficientes fornecimento de material e mão de obra qualificada disponível localmente para este tipo de construção? Ou eles teriam que ser obtidos em outro local? Como isso impactará na condução dos prazos e relacionamento com a comunidade? (HAUSLER, 2010; SILVA, 2010)
- Os padrões nacionais e internacionais especificam o tipo de construção a ser usado? (SILVA, 2010)
- Há potencial para usar pré-fabricação de componentes construtivos para acelerar a construção? Ou para estabelecer produção de componentes construtivos que podem ser relacionados com o programa de subsistência? (SILVA, 2010)

- A tecnologia permite que a construção seja resistente a perigos naturais, assumindo-se que será construída com mão de obra qualificada? (HAUSLER, 2010)
- A tecnologia apresenta durabilidade adequada a uma habitação de caráter permanente? (HAUSLER, 2010)
- O projeto é ambientalmente responsável, sem empregar materiais ilegais e com respeito ao meio ambiente?
- Os beneficiários terão as habilidades necessárias para manter, adaptar ou expandir suas casas? (HAUSLER, 2010; SILVA, 2010)

Qualidade e meio ambiente

A questão da qualidade também é fundamental para o sucesso do programa de recuperação habitacional. Situações nas quais a qualidade foi negligenciada, ou percebida de forma negativa pelos beneficiários, podem levar a não ocupação dos imóveis construídos.

A provisão habitacional deve endereçar questões de redução do impacto ambiental, numa perspectiva mais ampla de redesenvolvimento, seja no processo de construção, utilização ou desmobilização de edificações.

No contexto de desastres e conflitos, a demolição criteriosa de edificações antigas, com reciclagem de seus componentes, pode reduzir significativamente a demanda por novos materiais de construção. O UN-HABITAT (2012b) alerta que reciclar os materiais é de alta importância, considerando a crise ambiental global, e que uma quantidade vasta de materiais diferentes, provenientes de perdas industriais, perdas domésticas e perdas na construção, pode ser reutilizada.

Planejamento das obras

O planejamento da implementação da reconstrução do ponto de vista de obras de engenharia é fundamental para o sucesso do programa. No caso do sistema RDD (Recuperação Dirigida pelo Dono), especialmente quando a comunidade participa como mão de obra, há de se considerar um planejamento mais estruturado e adequado ao ritmo e à capacidade dos beneficiários. Silva (2010) apresenta algumas questões balizadoras para o planejamento da obra e seu gerenciamento:

- Há um conjunto compreensivo de desenhos e especificações que descrevem as edificações em detalhes suficientes para que as obras sejam conduzidas e construídas?
- Que experiência na entrega de programas de construção a agência possui? Há necessidade de contratação externa? Foram consideradas parcerias com o setor privado ou agências especializadas?
- Algum programa de implementação preliminar foi desenvolvido? Esse identifica marcos e inter-relacionamentos entre as atividades? Eles consistem em estágios da construção monitorados conforme as metas de trabalho acordadas?
- O escopo do trabalho foi utilizado como base para estimar os recursos humanos essenciais? Há necessidade de recrutamento adicional?
- Há um entendimento comum dos papéis, responsabilidades e canais de comunicação?
- Quem é responsável por construir e manter o relacionamento com a comunidade e as autoridades locais? O responsável é reconhecido como parte integral da equipe de construção?
- Foi feito um programa detalhado que identifica dependências-chave e o caminho crítico? O planejamento de cenários foi utilizado e a programação geral é realista?
- Há uma planilha de quantitativos e custos baseada no escopo do trabalho? Ela inclui inflação e verbas para contingência?
- Quem é responsável pelo gerenciamento de custos? Existem sistemas para o processamento de pagamentos? Como os requisitos dos doadores e prazos para liberação de verbas foram considerados?

- Foi realizada uma verificação de análise de valor que garanta que os fundos estão sendo bem empregados?
- Foram identificados riscos residuais no programa que podem comprometer o sucesso deste, e como eles podem ser gerenciados?
- Medidas de mitigação foram identificadas de forma que minimizem implicações sobre a programação e os custos?
- Foram realizadas avaliações de saúde e segurança no trabalho, e as providências foram tomadas para gerenciar os riscos?
- Há uma estratégia comum de monitoramento e avaliação entre as partes? Há algum processo para incorporar melhorias?

Entrega e questões pós-ocupação

A entrega dos imóveis e outras questões pós-ocupação (tais como garantia dos serviços e satisfação dos beneficiários) precisam ser cuidadosamente avaliadas, sob pena de comprometer o trabalho realizado ao longo do processo de reconstrução.

Modos de provisão habitacional

A provisão de habitação deve ser entendida como um processo e não meramente como a provisão de um produto, que deve envolver as pessoas afetadas pelo desastre e as comunidades atingidas direta ou indiretamente pela situação (IFRC e RCS, 2010). A consulta a diferentes referências disponíveis levou a identificar cinco dimensões do processo de provisão habitacional, apontadas no Quadro 12.4.

Essas dimensões podem ser combinadas de diversas maneiras, constituindo assim um portfólio de soluções para recuperação habitacional a ser definido em função de vários fatores condicionantes: capacidade institucional; entraves políticos; extensão dos danos; capacidade e interesse da comunidade em participar do processo; capacidade do mercado local no fornecimento de materiais e mão de obra qualificada; aspectos culturais; tecnologias construtivas disponíveis e com boa aceitação; disponibilidade financeira; disponibilidade de terrenos; disponibilidade e capacidade dos doadores; capital social da comunidade afetada etc.

Ferramentas de apoio à decisão na recuperação

Di Gregorio (2013) desenvolveu quatro ferramentas de apoio à decisão, com o objetivo de subsidiar os gestores da recuperação na escolha rápida e consistente do portfólio de soluções mais adequado para a situação enfrentada, a saber:

- Matriz Decisória I: Roteiro de ações para recuperação do ambiente e seus imóveis, localizados em área de risco, supondo recursos disponíveis.
- Matriz Decisória II: Análise de restrições de recursos na determinação do portfólio de recuperação.
- Matriz Decisória III: Análise da governança no processo de recuperação, com base nas limitações apresentadas pelos atores.
- Matriz Decisória IV: Análise de valor das modalidades de recuperação remanescentes, sob a ótica do beneficiário.

Por meio dessas ferramentas de aplicação sequencial acredita-se ser possível incorporar no processo decisório, de forma sistemática e coerente, as questões técnicas, econômicas, as restrições de recursos, as competências e limitações dos atores envolvidos, além de aspectos subjetivos que reflitam a percepção de valor por parte dos beneficiários, dentre outros.

O detalhamento dessas ferramentas demanda aprofundamento em aspectos que fogem ao escopo deste texto, mas podem ser encontrados na consulta direta à fonte referenciada anteriormente.

Quadro 12.4: Dimensões e opções para o processo de provisão habitacional

DIMENSÕES	OPÇÕES	DETALHAMENTO
Tipo de solução	Provisória	Construção de habitação provisória.
		Aluguel social.
	Permanente	Reparos em residências danificadas.
		Construção de novas residências.
		Indenização pelo imóvel ocupado.
		Compra assistida de imóveis.
Localização	No próprio local (*in situ*).	
	Em outro local.	
Modalidade de operação	Dirigido pelo dono/pela comunidade.	
	Dirigido pela agência/doador (normalmente via ONGs).	
	Dirigido pelo governo.	
Formas de apoio (parcial ou integral)	Financiamento ao beneficiário.	
	Subsídio financeiro ao beneficiário.	
	Participação financeira do beneficiário.	
	Fornecimento de terreno.	
	Fornecimento de infraestrutura.	
	Subsídio na forma de materiais de construção.	
	Fornecimento de mão de obra própria para construção.	
	Contratação de mão de obra de terceiros para construção.	
	Contratação integral de terceiros para construção (mão de obra e/ou materiais).	
	Fornecimento de assistência técnica.	
	Outros.	
Fontes dos recursos	Governo.	
	Doadores.	
	Beneficiários.	

Fonte: *Di Gregorio (2013)*.

12.4 MACROPROCESSO DE RECUPERAÇÃO

Esta seção objetiva apresentar uma proposta de roteiro para a recuperação, na forma de uma estrutura encadeada de processos e atividades. O foco em abrigo/habitação e meios de subsistência justifica-se pela grande influência que esses aspectos da recuperação exercem sobre a estabilidade da vida dos atingidos. Há também muito potencial de sinergia entre essas duas áreas de atuação, havendo necessidade de uma abordagem integrada.

Na presente proposta, sugere-se que sejam incorporados, na gestão de risco, ao macroprocesso de Preparação, atividades e processos que visem estruturar o SINPDEC e prepará-lo para as operações de recuperação, nos moldes do que se pratica hoje em relação às operações de resposta. Da mesma forma, sugere-se que algumas áreas atualmente contempladas dentro do macroprocesso de Resposta sejam tratadas dentro de uma estrutura organizacional já desenhada para a Recuperação (no caso, recuperação de curto prazo), fazendo com que haja uma zona de superposição entre esses dois macroprocessos. Dessa forma, a equipe de recuperação começaria a atuar emergencialmente, apoiando as operações de resposta em assuntos correlatos com a recuperação, mas assume o protagonismo após a fase de rescaldo, ingressando com as ações de recuperação estruturada (ainda que mantendo o vínculo com a Defesa Civil Municipal).

Assim, de forma simplificada, sugere-se que as atividades relacionadas com a recuperação de desastres sejam alocadas em três grupos de ações:

- **Preparação para recuperação.** Inclui atividades que visam estruturar o SINPDEC e as operações de recuperação, no período pré-desastre, tais como: planejamento da recuperação pré-desastre, estruturação de parcerias e protocolos interinstitucionais, estruturação institucional, estruturação para participação pública no planejamento e implementação, estruturação de instrumentos de apoio, estruturação do monitoramento e controle, constituição da equipe e atribuição prévia de responsabilidades de recuperação, capacitação e treinamento.
- **Recuperação de curto prazo (semanas/meses).** Iniciando-se no período de rescaldo e podendo se estender até meses após a ocorrência do desastre, contempla atividades que visam apoiar ações de resposta, tais como: estabelecimento do Sistema de Comando da Recuperação – SCR, ações de estruturação de abrigos/habitação provisória, ações de restabelecimento, diagnóstico da recuperação, elaboração do Plano de Recuperação Pós-desastre.
- **Recuperação estruturada (meses/anos).** Podendo estender-se por meses ou anos após a ocorrência do desastre, contempla ações de recuperação estruturada propriamente ditas, segundo os aspectos de meios de subsistência, recursos naturais e culturais, saúde e serviços sociais, recuperação econômica, habitação permanente e infraestrutura.

A seguir, serão brevemente descritos os processos e as atividades que compõem os grupos de ação mencionados.

Preparação para recuperação

Consiste no planejamento, provisão de recursos (humanos, materiais, equipamentos, instalações, conhecimento, treinamento etc.), distribuição de responsabilidades e realização de articulações, de modo a constituir uma estrutura funcional eficaz de recuperação antes que o desastre aconteça, maximizando os esforços no pós-desastre e evitando superposição de ações e/ou vácuos operacionais.

Planejamento da recuperação pré-desastre

O planejamento da recuperação pré-desastre consiste na definição de questões-chave para a recuperação antes da ocorrência do desastre, em função dos diversos cenários de risco possíveis, das capacidades locais e da rede de parceiros que podem ser mobilizados, a saber: identificação e envolvimento das partes interessadas, compreensão dos diversos contextos, avaliação dos recursos disponíveis, determinação das áreas críticas para intervenção, formulação de princípios e metas da recuperação, definição de estratégias, planejamento das ações de recuperação, definição da estrutura organizacional da recuperação e das responsabilidades envolvidas. O Plano de Recuperação Pré-Desastre pode seguir o roteiro mais detalhado, já abordado na seção 12.2.

Estruturação de parcerias e protocolos interinstitucionais

Consiste na articulação de parcerias com atores-chave no processo de recuperação, acompanhadas da definição e implementação de protocolos interinstitucionais, visando à complementaridade de ações, à minimização de esforços superpostos e de vazios operacionais, bem como à eficiência do processo mediante a consistente atribuição de responsabilidades de cada parceiro.

Estruturação institucional

A estruturação institucional consiste no fortalecimento das instituições participantes do processo de recuperação, de modo que tenham condições de responder aos desafios de recuperação, uma vez que se apresentem.

Essa estruturação institucional consiste especialmente na provisão de recursos (financeiros, humanos, materiais, equipamentos, instalações, conhecimento, treinamento etc.), no apoio político, na administração competente e em um canal de comunicação livre com o gestor principal do processo.

Estruturação para participação pública no planejamento e implementação

Sendo fundamental a participação pública ao longo de todo o processo de planejamento e implementação da recuperação, especialmente das comunidades afetadas, torna-se necessário criar e estabelecer mecanismos para que essa participação ocorra de forma efetiva e não sofra interferências/manipulações por parte de forças com interesses divergentes do interesse público.

Estruturação de instrumentos de apoio

Consiste na criação/fortalecimento de instrumentos que visem apoiar as medidas de recuperação, uma vez que se façam necessárias. Pode-se considerar exemplos de instrumentos de apoio: legislações adequadas para ocupação e uso do solo que mitiguem o risco de desastres, códigos de construção resilientes, mapas de risco e cartas geotécnicas, Planos Municipais de Redução de Riscos, Planos de Contingência, instrumentos de apoio financeiro aos atingidos por desastres, estoque de terrenos, estoque de imóveis para locação e para venda, fortalecimento do setor da construção civil local, preparação de abrigos emergenciais, dentre outros.

Estruturação do monitoramento e controle

É necessário definir, planejar e implementar processos de monitoramento permanente das ações de recuperação, bem como ações de controle baseadas em parâmetros-chave, que permitam aferir o desempenho da recuperação em relação a alguns aspectos principais predefinidos em termos de metas de custo, tempo, satisfação dos beneficiários e qualidade, entre outros.

Constituição da equipe e atribuição prévia de responsabilidades de recuperação

Uma vez definidas as ações e responsabilidades, mobilizados os recursos e consolidadas as capacidades institucionais, torna-se necessário constituir a equipe de recuperação e atribuir as responsabilidades, antes da ocorrência do desastre. As ações de recuperação seguem basicamente os seguintes eixos:

- Estruturação de abrigos/habitação provisória.
- Ações de restabelecimento.
- Recuperação estruturada.

Entende-se que a equipe de recuperação deva ser composta por técnicos da Prefeitura (das secretarias de Obras, de Ação Social, de Saúde, de Urbanismo, de Meio Ambiente, da Fazenda e do gabinete do prefeito), de entidades de representatividade empresarial e da sociedade civil – especialmente membros das comunidades atingida – além de representantes do governo do estado e do Ministério Público, dependendo do porte do desastre.

Capacitação e treinamento

A capacitação e treinamento com foco na recuperação são necessários tanto do ponto de vista intrainstitucional (dentro do âmbito de cada instituição) como do ponto de vista interinstitucional (entre as instituições participantes), incluindo-se as comunidades, os empresários e os demais atores da sociedade civil com interesse na recuperação. Uma boa opção pode ser integrar os simulados de recuperação com os simulados de defesa civil.

Recuperação de curto prazo

Sistema de Comando da Recuperação (SCR)

Entende-se que a estrutura funcional aplicada ao Sistema de Comando de Incidentes (SCI, conforme mencionado no Capítulo 11) possa ser adaptada para o comando da recuperação, tornando possível um gerenciamento ágil, retrátil e focado em resultados.

A proposta é que o Sistema de Comando da Recuperação atue de forma paralela ao Sistema de Comando de Incidentes, porém subordinado a este último durante a fase de resposta/recuperação emergencial. Isto é necessário, pois, apesar de possuírem missões relativamente distintas (um voltado para ações de resposta e o outro para ações de recuperação), na fase de Resposta há forte interface entre os dois sistemas, havendo necessidade de se definir o sistema prevalente.

Sendo baseado num modelo de gestão comprovadamente eficaz em situações críticas, acredita-se que a constituição de um Sistema de Comando da Recuperação poderá agregar valor à recuperação, facilitar a divisão do trabalho e tornar mais eficiente o processo como um todo, contribuindo para a otimização dos esforços e recursos de recuperação. Propõe-se que o SCR seja constituído com base nos seguintes princípios, análogos ao SCI:

- **Estabelecimento do posto de comando da recuperação.** Consiste na implementação de uma central de gerenciamento e comando das operações de recuperação, para onde as informações devem convergir e de onde normalmente são deliberadas as decisões que precisam ser tomadas para coordenação, direção e controle da recuperação do desastre.
- **Ligações e comunicação para recuperação.** As funções de ligação ajudam nas articulações necessárias para recuperação, enquanto as funções de comunicação contribuem para organizar o fluxo de informações interno e externo à equipe de recuperação.
- **Operações de recuperação.** As operações de recuperação consistem nas atividades-fim do SCR, basicamente relacionadas com estruturação de abrigos/habitação provisória, ações de restabelecimento, ações de diagnóstico, planejamento e implementação da recuperação estruturada propriamente dita.
- **Logística de recuperação.** As atividades de logística de recuperação são responsáveis por proporcionar instalações, serviços, transporte, suprimentos e materiais para apoio às operações de recuperação.
- **Monitoramento, controle e administração da recuperação.** A administração bem-sucedida das operações de recuperação depende fortemente do monitoramento contínuo do andamento das atividades e do controle de seu desempenho, havendo necessidade de agir de forma corretiva e/ou preventiva sempre que detectadas não conformidades reais ou potenciais.
- **Replanejamento ágil e contínuo da recuperação.** Com base nos resultados do monitoramento e controle dos parâmetros-chave das operações de recuperação, podem ser necessárias (re)formulações de roteiros, atividades e responsabilidades de forma dinâmica, o que exige capacidade de adaptação e de replanejamento ágil e contínuo.

Ações de estruturação de abrigos/habitação provisória

As ações de estruturação de abrigos consistem nos subprocessos de preparação (fase pré-desastre) e mobilização dos abrigos emergenciais (a partir da ocorrência do desastre) e preparação de abrigos provisórios. Já as ações de estruturação de habitação provisória incluem os subprocessos de preparação e transferência para habitação provisória.

As ações de preparação de abrigos/habitação provisória podem ser entendidas como as atividades de planejamento, mobilização dos recursos necessários, adaptações, aparelhamento, solução da burocracia, enfim, a efetivação de todas as providências necessárias para tornar aptos e desembaraçados para ocupação imediata os abrigos emergenciais, os abrigos temporários e/ou as habitações provisórias.

- **Mobilização de abrigos emergenciais.** Assumindo-se que os abrigos emergenciais encontram-se devidamente preparados para ocupação, a mobilização dos abrigos consiste no acionamento dessas estruturas para inicialização da ocupação, podendo haver necessidade de paralisação da modalidade de ocupação atual para reversão de funcionalidades de uso.
- **Salvaguarda dos bens dos beneficiários.** A salvaguarda dos bens dos beneficiários durante o período de abrigamento visa proteger e preservar a segurança dos bens dos beneficiários. A salvaguarda

dos bens pode ser feita por meio de transferência destes para um local seguro (por exemplo, galpão com vigia 24h) ou por meio de segurança na própria comunidade, visando impedir saques às residências desocupadas que contenham os bens dos beneficiários. A salvaguarda dos bens dos beneficiários é fundamental para proporcionar segurança psicológica e efetividade no processo de desocupação, uma vez que os próprios beneficiários relatam que muitas vezes não desocupam os imóveis por medo de saques.

- **Preparação de abrigos temporários.** Consiste na efetivação de todas as providências necessárias para tornar os abrigos temporários aptos e desembaraçados para ocupação imediata, exceto pequenas operações de reversão de funcionalidades de uso.
- **Preparação para habitação provisória.** Consiste na efetivação de todas as providências necessárias para tornar as edificações que servirão como habitações provisórias aptas e desembaraçadas para transferência imediata dos beneficiários.
- **Transferência para habitação provisória.** Efetivação da transferência dos beneficiários dos abrigos para a habitação provisória.

Ações de restabelecimento

As ações de restabelecimento da normalidade consistem em buscar restituir as condições básicas de ordem e de funcionamento do ambiente afetado pelo desastre. As principais ações de restabelecimento são a desobstrução de vias e a abertura de acessos provisórios, a reabilitação de serviços essenciais, a avaliação estrutural quanto ao risco iminente, a demolição e a remoção de escombros, a avaliação e a triagem baseadas no risco remanescente.

- **Desobstrução de vias e abertura de acessos provisórios.** A desobstrução de vias e abertura de acessos provisórios visa restabelecer as condições de tráfego nas áreas afetadas, de modo a permitir o acesso de veículos prioritários (Defesa Civil, ambulâncias, veículos de segurança pública e de remoção de cadáveres), o transporte de suprimentos e itens de primeira necessidade e, finalmente, a circulação de veículos convencionais.
- **Reabilitação de serviços essenciais.** Consiste na restituição dos serviços básicos de energia elétrica, coleta de lixo, água potável, telefonia/internet e gás de cozinha.
- **Avaliação de risco iminente.** Costuma ser relativamente rápida e objetiva a identificação dos elementos em situação de exposição ao risco iminente (risco pontual e risco do ambiente), para que sejam tomadas medidas de remoção imediata e as respectivas providências de apoio aos moradores afetados.
- **Demolição e remoção de escombros.** Consistem na demolição e remoção de estruturas e edificações afetadas que se apresentam em condição de risco iminente e sem possibilidade de recuperação, bem como de escombros que impeçam a livre circulação de vias e acessos.
- **Avaliação e triagem do risco remanescente.** Esta avaliação nem sempre consegue ser feita de forma tão rápida quanto a avaliação do risco iminente, sendo necessárias análises mais detalhadas sobre as edificações de forma individualizada e sobre o ambiente no qual estão inseridas. A avaliação pontual do risco remanescente (aplicada às edificações de maneira individualizada) e a triagem de edificações, segundo as condições de risco, visam agrupar os imóveis em três categorias: resilientes (sem risco ou risco baixo), recuperáveis (ou com risco tolerável) e irrecuperáveis (ou com risco iminente). Também deve ser analisado o risco remanescente do ambiente, classificando-se a área em recuperável (recuperação/adaptação considerada viável para fins de ocupação habitacional) ou irrecuperável.

Diagnóstico da recuperação

O diagnóstico da recuperação visa identificar parâmetros que permitam traçar um perfil da recuperação, com base nos danos, nas necessidades e nas capacidades do sistema afetado.

- **Avaliação e quantificação de danos e prejuízos.** A identificação, a avaliação e a quantificação dos danos (humanos, materiais, ambientais) e prejuízos (sociais e econômicos) têm o objetivo de estabelecer o dimensionamento do problema, o entendimento de suas causas e as bases necessárias para constituir um melhor perfil da recuperação (recuperação resiliente com agregação de valor).
- **Identificação da população atingida e seu perfil.** Consiste em identificar a população atingida, bem como os perfis socioeconômicos dos grupos que a compõem. Essas informações devem integrar o quadro de análise do perfil de recuperação, uma vez que fatores culturais, sociais e econômicos podem ter significativa influência na aceitação e no desempenho da modalidade de recuperação a ser implementada.
- **Levantamento das necessidades de recuperação.** O levantamento das necessidades de recuperação é realizado a partir de duas fontes: as necessidades para recuperação resiliente após os danos/prejuízos provocados pelo desastre ocorrido e a necessidade de mitigação de riscos para futuros desastres, mesmo em elementos não afetados pelo desastre em questão. Neste ponto, os processos de Prevenção possuem novamente forte interface com os processos de Recuperação resiliente.
- **Levantamento de recursos e capacidades atuais e potenciais.** Os recursos e as capacidades disponíveis devem ser identificados e quantificados para que possam ser analisadas as possíveis restrições às modalidades de recuperação e as medidas de mitigação dessas restrições. Além disso, o conhecimento dos recursos e das capacidades atuais e potenciais permite que o gestor da recuperação planeje as operações de recuperação como mecanismo propulsor do desenvolvimento local, por meio da geração de empregos diretos e indiretos, qualificação da mão de obra, estruturação de fornecedores locais, fomento ao empreendedorismo e associativismo etc.
- **Análises de planos existentes.** A análise de planos de recuperação existentes é de grande importância para o diagnóstico da recuperação, seja no caso do Plano de Recuperação Pré-Desastre (que aborda um universo mais amplo da recuperação), seja no caso de planos de recuperação específicos, de órgãos ou instituições que fazem parte do processo de recuperação. Essa análise proporciona um melhor entendimento do posicionamento e a extensão do envolvimento dos atores perante os desafios da recuperação, além de permitir a sinergia entre os esforços e o uso dos recursos disponíveis.
- **Levantamento de restrições e instrumentos legais.** Esta atividade visa compreender as restrições normativas ou legais que possam afetar o processo de recuperação (por exemplo, restrições quanto à remoção de famílias de suas casas, limitações quanto ao tamanho mínimo de lotes residenciais, limitações de códigos de construção etc.). Há também necessidade de identificar os instrumentos legais disponíveis para facilitar/agilizar a recuperação, funcionando como catalisadores do processo.

Plano de recuperação pós-desastre

Assim como o planejamento da recuperação pré-desastre, o planejamento pós-desastre consiste na definição de questões-chave para a recuperação; porém, agora com base no cenário real, configurado após a ocorrência do desastre, sendo por isso um instrumento mais realista. A elaboração do Plano de Recuperação Pós-Desastre deve levar em consideração os diversos planos existentes, em especial o Plano de Recuperação Pré-Desastre, aproveitando, dentro do possível, a lógica de recuperação pré-diagnosticada para a situação em questão.

O Plano de Recuperação Pós-Desastre deve ser elaborado com a participação da comunidade, e segue basicamente o mesmo roteiro do Plano Pré-Desastre, a saber: definição da estratégia de recuperação e do portfólio de soluções que serão oferecidas, definição de políticas, diretrizes, objetivos e metas, definição e planejamento das ações, identificação dos recursos e suas fontes, definição da estrutura de monitoramento, controle e administração, definição da estrutura de participação pública e controle social, definição das ligações e do processo de comunicação. A seguir, é apresentado um resumo dos itens a serem contemplados no Plano de Recuperação Pós-Desastre.

- **Mobilização da comunidade e seleção dos beneficiários.** A mobilização da comunidade para participação no planejamento pós-desastre é fundamental, uma vez que o posicionamento dos beneficiários diante das opções de recuperação pode levar ao seu sucesso ou fracasso. É preciso entender até que ponto a população está disposta a se envolver no processo e como as modalidades de recuperação do portfólio agregam (ou subtraem) valor à situação atual.
- **Endereçamento das questões relacionadas com o uso e propriedade da terra.** Consiste em apurar as questões relacionadas com o uso e a propriedade da terra em relação à situação anterior à recuperação, não se restringindo a títulos formais de propriedade e considerando a própria comunidade como elemento de arbitragem nas questões controversas.
- **Definição da estratégia da recuperação e do portfólio de soluções.** A definição da estratégia de recuperação e do portfólio de soluções está intimamente relacionada com aspectos técnicos de segurança (baseados nas análises de risco iminente e risco remanescente), nas restrições de recursos, nas limitações apresentadas pelos atores envolvidos no processo (governo, doadores e comunidade) e no juízo de valor que as comunidades fazem das modalidades de operação disponíveis. A escolha da estratégia e do portfólio de recuperação revela-se um item-chave para todo o processo. Desta etapa depende o sucesso e a eficiência da recuperação propriamente dita, uma vez que direciona a aplicação dos recursos existentes (alguns deles escassos) e os esforços das instituições participantes, além de possuir potencial de influenciar o desenvolvimento local.
- **Definição de políticas, diretrizes, objetivos e metas da recuperação.** Está intimamente relacionada com a definição da estratégia e das modalidades de recuperação mencionadas no item anterior. As metas devem ser definidas de forma quantitativa e mensurável, visando alcançar os objetivos preestabelecidos em alinhamento com as diretrizes e políticas.
- **Definição de ações e seus respectivos planos.** A partir das metas definidas no item anterior, devem ser estabelecidas as ações de recuperação e seus respectivos planos.
- **Identificação de recursos necessários e suas fontes.** Para a realização das ações de recuperação, devem ser identificados os recursos (humanos, materiais, equipamentos, financeiros etc.) e suas respectivas fontes. A partir da mobilização desses recursos humanos, procede-se à atribuição de responsabilidades, situação que é favorecida caso haja o Plano de Recuperação Pré-Desastre, documento no qual se espera que as responsabilidades gerais tenham sido previamente definidas.
- **Definição das ligações necessárias e da comunicação para Recuperação.** De forma alinhada com o Sistema de Comando da Recuperação (SCR), devem ser identificadas as articulações interinstitucionais necessárias e os mecanismos de comunicação adequados para implementação das modalidades de recuperação adotadas.
- **Definição da estrutura de participação pública e controle social.** A participação pública (especialmente da comunidade afetada) em todas as fases do processo de recuperação é extremamente desejável do ponto de vista de transparência e de redução das tensões relacionadas com a falta de moradia. Entende-se ser fundamental a criação de uma estrutura de controle social, na qual a comunidade poderá acompanhar o andamento de todo o processo, possuindo voz ativa para fins de proposição, cobrança de resultados e tomada de decisões até certo nível.
- **Definição da estrutura de monitoramento, controle e administração da recuperação.** De forma alinhada com o Sistema de Comando da Recuperação (SCR), devem ser definidos e operacionalizados os mecanismos de administração, o monitoramento permanente e o controle a partir de parâmetros-chave, adequados para implementação das modalidades de recuperação adotadas.

Recuperação estruturada

A recuperação estruturada corresponde a uma recuperação mais consistente para além do período de curto prazo, na qual são tomadas medidas que ultrapassam o caráter emergencial e do restabelecimento da normalidade. O horizonte de tempo correspondente à recuperação estruturada é variável, sendo função dos danos e das necessidades identificados, bem como da modalidade de recuperação escolhida. Considera-se que a recuperação estruturada se processe dentro dos seguintes eixos temáticos principais: meios de subsistência, recursos naturais e culturais, saúde e serviços sociais, economia, habitação permanente e infraestrutura, os quais serão apresentados ao longo dessa seção. Neste texto, optou-se pela ênfase nos temas "meios de subsistência" e "habitação permanente", uma vez que esses dois temas impactam mais diretamente a população atingida.

Meios de subsistência

A recuperação dos meios de subsistência consiste na restituição (ou criação) e no fortalecimento das condições de subsistência da população afetada, ou seja, o objetivo é proporcionar aos beneficiários as condições necessárias para que organizem o próprio sustento, reduzindo a dependência externa e a vulnerabilidade socioeconômica do grupo. Portanto, o objeto do tema "meios de subsistência" não é o fornecimento de medidas de assistência nos moldes praticados no período emergencial, mas sim a ampliação das oportunidades para atividades de trabalho remunerado, seja na forma de empregos (formais ou informais), seja na de atividades empreendedoras (formais ou informais, individuais ou coletivas).

Dentro da equipe de recuperação, recomenda-se que haja um time responsável por cuidar das questões de recuperação dos meios de subsistência, constituído por membros da Secretaria de Ação Social, da própria comunidade, de órgãos representativos do setor empresarial, voluntários e doadores.

- **Portfólio de soluções para recuperação dos meios de subsistência**

  Propõem-se três soluções fundamentais para a recuperação para melhoria (recuperação com valor agregado) dos meios de subsistência: alocação direta no mercado de trabalho, fomento ao empreendedorismo/associativismo e potencialização de mercados locais/regionais. Essas soluções podem ser aplicadas de forma isolada ou em conjunto, dependendo das necessidades de recuperação, e serão abordadas a seguir:

  - **Alocação direta no mercado de trabalho**

    A alocação direta no mercado de trabalho inicia-se por meio da mobilização da rede de parceiros para identificação de oportunidades profissionais no mercado de trabalho formal ou informal. A partir da disponibilidade de vagas e das qualificações exigidas, busca-se a alocação imediata dos beneficiários aptos para assumir os postos de trabalho, assim como a capacitação profissional daqueles que carecem de qualificação.

    É importante ressaltar que a capacitação profissional por si só pode não ser suficiente para preencher as qualificações necessárias, podendo haver necessidade de agregar formação educacional básica no processo. Muitos cursos do Serviço de Aprendizagem da Indústria (SENAI) e do Serviço de Aprendizagem do Comércio (SENAC) necessitam de requisitos mínimos na base curricular do indivíduo.

  - **Fomento ao empreendedorismo/associativismo**

    Dentre os integrantes da população afetada, haverá pessoas com histórico de atuação profissional como autônomos ou empresários (em geral, microempreendedores), acostumados a ganhar a vida com atividades de prestação de serviços/comércio/produção de bens de consumo de forma individual ou por meio de pequenos grupos de trabalho. Entende-se que a melhor opção para esses beneficiários é retomar as atividades que já exerciam antes, lançando mão dos recursos de apoio disponíveis.

Em geral, após o desastre há perdas relacionadas com os meios de produção/comercialização, tais como ferramentas, máquinas, matéria-prima, instalações, estoques de mercadorias, meios de comunicação, dentre outros. Ações que proporcionem os meios de produção/comercialização necessários para retomada das atividades podem se mostrar bastante efetivas na recuperação dos meios de subsistência desses indivíduos.

Baseado na filosofia de uso compartilhado dos bens de produção, o fomento ao associativismo é uma opção, uma vez que atua no sentido de organizar indivíduos ou grupos que trabalham em torno de uma mesma atividade, buscando fortalecer os laços entre os integrantes, organizar os interesses coletivos e aprimorar a capacidade de autogestão do grupo.

O cooperativismo é um tipo particular de associativismo, porém mais voltado para a produção coletiva de bens, serviços ou comércio. O sistema de cooperativas baseia-se na divisão do trabalho, na remuneração proporcional à produção individual, na profissionalização, na autogestão. Opcionalmente, pode-se criar uma estrutura de produção compartilhada, em que os meios de produção/comercialização sejam utilizados pelos beneficiários de forma não exclusiva, sem que estes sejam proprietários de tais meios. Como exemplo, cita-se a utilização de estoques de apoio em consignação, compostos de mercadorias que podem ser utilizadas pelos beneficiários comerciantes para girar o estoque e obter o lucro com a venda, com o compromisso de restituir ou pagar o estoque originalmente "emprestado". Outro exemplo seria a criação de uma estrutura de produção coletiva de corte e costura, na qual cada beneficiário/grupo atende suas "encomendas" com direito de utilizar as máquinas e ferramentas de uso coletivo.

Seja qual for o caso de empreendedorismo/associativismo, não se recomenda que a formalização do empreendimento seja realizada durante o período de Recuperação, uma vez que exigirá despesas periódicas dos envolvidos e, no caso do associativismo, será necessário certo nível de maturidade na dinâmica do trabalho coletivo, que demanda tempo. Como exceções a essa recomendação, citam-se os casos nos quais a formalização contribuirá para o aumento ou regularização da demanda de trabalho, os casos de grupos que já possuem histórico bem-sucedido de trabalho coletivo e o caso do Microempreendedor Individual (MEI), cujas taxas a serem pagas pelo empreendedor são significativamente baixas.

Os arranjos produtivos locais são uma forma de associativismo mais amplo, em que grupos com vínculos de produção, interação, cooperação e aprendizagem se associam, mantendo sua individualidade organizacional, visando usufruir dos benefícios da sinergia do grupo e ganhar competitividade. Como medidas de fomento ao empreendedorismo/associativismo, podem ser citadas: capacitação profissional técnica, capacitação em empreendedorismo e autogestão, criação de incubadoras de pequenos negócios, investimento em bens de produção (matéria-prima, máquinas, equipamentos, instalações etc.), investimento em meios de comercialização e escoamento da produção (meios e canais de comunicação, meios de transporte, divulgação etc.), estímulo à demanda local (redução de impostos, disponibilização/facilitação de crédito etc.), criação de demanda externa (criação de novos canais de comércio, integração regional etc.), organização de arranjos produtivos locais, dentre outras.

- **Potencialização de mercados locais/regionais**

A potencialização de mercados locais visa afetar positivamente o ambiente de geração de trabalho e renda como um todo, por meio de diversas medidas que contribuam para o seu aquecimento. O aquecimento dos mercados regionais também pode surtir efeitos na geração de trabalho e renda locais.

O ideal é que a potencialização seja direcionada para setores de mercado com poder de absorver a mão de obra das comunidades afetadas, que devem possuir prioridade de alocação. Para isso, é fundamental conhecer o perfil socioeconômico da população atingida (especialmente o aspecto de capacidades e habilidades), o que permitirá fomentar os setores de mercado mais sensíveis à resposta que se deseja.

Como medidas de potencialização de mercados, podem-se citar: investimentos diretos em empresas e/ou empreendimentos locais, estímulo à demanda local (redução de impostos, disponibilização/facilitação de crédito etc.), criação de demanda externa (criação de novos canais de comércio, integração regional etc.), estímulo ao aumento na capacidade produtiva (financiamentos especiais com baixas taxas de juros, arranjos produtivos locais etc.), dentre outras.

- **Modalidades de operação para recuperação dos meios de subsistência**

  As modalidades de operação constituem as opções de arranjo funcional entre os atores principais (governo, doadores e comunidade), perante os papéis de coordenação, direção, execução ou simples apoio na recuperação (no caso, dos meios de subsistência), no todo ou em parte.

  A função de coordenação consiste no gerenciamento dos atores envolvidos na direção de diversas partes do processo de recuperação, ou seja, o coordenador da recuperação atua num nível mais amplo, mas não atuando diretamente na direção dos trabalhos de execução, e sim na coordenação de diretores desses trabalhos. Como exemplo, cita-se o caso de uma recuperação dividida por microrregiões ou setores, onde as atividades de cada setor são dirigidas por organizações doadoras e a coordenação-geral é feita pelo governo local.

  A função de direção consiste na realização de atividades de gerenciamento dos trabalhos de execução, ou seja, o diretor da recuperação se responsabiliza pelo planejamento, organização, monitoramento e controle da execução dos trabalhos. Para exemplificar, menciona-se o caso de uma recuperação dirigida pelo governo local, que é responsável por exercer o planejamento, controle e fiscalização da obra sobre empresas contratadas para a execução dos serviços.

  A função de execução contempla atividades de cunho prático, fornecendo recursos humanos (próprios ou contratados), que são aplicados como mão de obra direta nos processos de realização dos produtos da recuperação. É o caso, por exemplo, de uma organização doadora que contrate prestadores de serviço para executar a parte do empreendimento pela qual ela é responsável.

  A função de simples apoio normalmente consiste na provisão de algum tipo de recurso ao processo de recuperação, sem necessariamente haver envolvimento na coordenação, direção ou execução das atividades. O apoio pode ser concretizado na forma de provisão de terrenos, infraestrutura, recursos financeiros, mão de obra direta, assistência técnica, materiais de construção etc.

  A escolha da modalidade de operação dependerá de uma série de fatores, tais como o interesse e a vontade de cada ator, a capacidade e expertise do ator em relação aos trabalhos que precisam ser realizados, a disponibilidade de pessoal para atuar nas atividades de recuperação e a disponibilidade de recursos materiais e financeiros para agregar ao processo. A seguir serão exploradas algumas peculiaridades das principais modalidades de operação.

  - **Dirigida pelo governo**

    Nesta modalidade, a recuperação dos meios de subsistência é dirigida pelo governo, sendo ele responsável pelo planejamento, organização, monitoramento e controle das atividades relacionadas com a recuperação.

    Na modalidade dirigida pelo governo, ele pode contar com o apoio de outros participantes, seja no papel de codirigentes, (co)executores, seja no de simples doadores no processo. Em se tratando da recuperação dos meios de subsistência, é usual que o governo local também seja o executor principal das atividades de recuperação.

  - **Dirigida pelo doador**

    Entende-se como doadora qualquer organização que contribui diretamente com recursos próprios para o processo de recuperação. Na recuperação dos meios de subsistência dirigida pelo doador, este é responsável pelo planejamento, a organização, o monitoramento e o controle das atividades relacionados com a recuperação, podendo contar com o apoio de outros participantes, normalmente no papel de (co)executores ou doadores no processo.

A recuperação dirigida pelo doador pode ser realizada de forma independente do governo, especialmente quando os recursos são exclusivos do doador, entretanto, é recomendável que haja harmonia com o nível de coordenação do governo, para que o processo dirigido pelo doador não se mostre desalinhado com as diretrizes e políticas estabelecidas para a recuperação como um todo.

- **Dirigida pelo dono/pela comunidade**

A recuperação dirigida pelo dono/pela comunidade conta com o dono ou a comunidade como líderes do processo, sendo responsáveis por planejar, organizar, monitorar e controlar as atividades. É comum que o dono ou a comunidade contem com o apoio de outros atores, especialmente na codireção e como doadores do processo de recuperação.

A recuperação dirigida pelo dono/pela comunidade é baseada no princípio da descentralização e da autonomia para que os próprios donos/comunidades assumam o protagonismo no processo de recuperação. Como dificilmente essa modalidade conseguirá ser implementada sem a participação de outros atores, especialmente do governo, recomenda-se que este atue na função de codiretor e coordenador de uma rede de núcleos de recuperação dirigidos pelos respectivos donos/comunidades.

- **Mecanismos de implementação para recuperação dos meios de subsistência**

Os mecanismos de implementação constituem eixos de ação que podem ser empregados para atingir os objetivos da modalidade de recuperação escolhida. Em se tratando da recuperação dos meios de subsistência, estão entre os principais mecanismos de implementação:

- **Qualificação e assistência profissional**

Consiste na capacitação/treinamento técnico e comportamental (podendo incluir educação empreendedora), conjugada com a assistência profissional. Entende-se por assistência profissional o processo de identificação e monitoramento do perfil de conhecimentos, habilidades e aptidões dos indivíduos, acompanhado de ações diretas de melhoria e inserção profissionais no mercado, mediante definição de estratégias individuais e de grupo. A qualificação e a assistência profissional atuam diretamente na multiplicação das oportunidades profissionais do grupo.

- **Aporte direto de recursos**

É a transferência direta de recursos (humanos, materiais, financeiros, equipamentos, conhecimento etc.) para (grupos de) beneficiários, com a finalidade de potencializar as condições de trabalho e a (re)organização de (grupos de) indivíduos nas atividades de prestação de serviços, comércio e/ou produção de bens.

- **Articulação de redes de produção e consumo**

Consiste na identificação, articulação e mobilização de redes de produção e consumo que possam contribuir para a geração de trabalho e renda no grupo afetado. As redes de produção podem atuar na absorção de grupos produtivos locais em sua cadeia de fornecedores, enquanto as redes de consumo fomentam a demanda por bens e serviços locais, por meio da criação de canais alternativos para comércio e escoamento da produção.

Recursos naturais e culturais

A recuperação dos recursos naturais e culturais consiste na reabilitação dos recursos naturais afetados pelo desastre e no fortalecimento da cultura nas comunidades atingidas, buscando a preservação da identidade cultural dos grupos atingidos. Baseia-se no planejamento e implementação de soluções corretivas e preventivas acerca dos recursos naturais e culturais.

Saúde e serviços sociais

A recuperação sob o aspecto de saúde e serviços sociais está intimamente relacionada com as atividades já abordadas de reabilitação das condições de normalidade, especialmente nas questões que implicam diretamente a saúde e o bem-estar social da população afetada, tais como abrigo adequado, água, esgoto, coleta de lixo, além de apoio psicossocial, atendimento médico, inclusão educacional, dentre outras. Baseia-se no planejamento e implementação de soluções corretivas e preventivas acerca das questões de saúde e serviços sociais.

Economia

A recuperação econômica está diretamente vinculada à retomada da capacidade de produção de bens e serviços e relações de comércio das empresas locais, com impacto direto na provisão de empregos e meios de subsistência para a população afetada. Como a recuperação econômica tem foco nas empresas e no mercado, optou-se por tratar em separado a recuperação dos meios de subsistência, uma vez que esta última possui impacto mais direto sobre o grupo atingido. De qualquer forma, é importante ressaltar que a recuperação econômica e a dos meios de subsistência estão intimamente relacionadas.

Habitação permanente

A recuperação estruturada do ponto de vista da habitação permanente deve necessariamente ocorrer na sequência da provisão de abrigos/habitação provisória, perseguindo o objetivo último de fornecer aos beneficiários que perderam suas casas uma solução para habitação própria, resiliente e com valor agregado (recuperação habitacional para melhor).

Considera-se que a infraestrutura de serviços urbanos essenciais (fornecimento de energia elétrica, água, esgoto, gás, drenagem e pavimentações de vias internas) faça parte do âmbito dessa recuperação. Entretanto, as questões de recuperação da infraestrutura específica de mitigação de riscos (obras estruturais de contenção, macrodrenagem etc.) estão sendo tratadas no âmbito da recuperação de infraestrutura.

- **Escolha do projeto/materiais/tecnologia de construção**

  A escolha do projeto, dos materiais e da tecnologia de construção a serem empregados possui grande impacto no que se refere à recuperação habitacional sob diversos aspectos, tais como prazo, custo, impacto ambiental e satisfação do cliente final.

  A adaptabilidade do projeto às necessidades e expectativas dos beneficiários contribui fortemente para o sucesso da recuperação, assim como o emprego de materiais e tecnologias de construção ambientalmente amigáveis e culturalmente aceitáveis podem proporcionar uma recuperação sustentável com aumento das possibilidades de subsistência da população afetada.

- **Portfólio de soluções para recuperação habitacional**

  O portfólio de recuperação habitacional deve ser baseado nas avaliações de risco iminente e risco remanescente, que permitem uma triagem das edificações para aplicação das soluções de recuperação. O portfólio de soluções para recuperação habitacional permanente consiste basicamente nas opções:
  - Adaptação/reconstrução habitacional resiliente.
  - Remoção via realocação com construção em outro local.
  - Remoção com indenização.
  - Remoção via realocação com compra assistida.

- **Modalidades de operação para recuperação habitacional**

  As modalidades de operação são basicamente as mesmas já descritas na recuperação dos meios de subsistência, sem prejuízo do exercício das funções de coordenação, direção, execução ou simples doação que cada ator venha a exercer no processo de recuperação habitacional:
  - Dirigida pelo governo.
  - Dirigida pelo doador.
  - Dirigida pelo dono/comunidade.

Ressalta-se, no entanto, que, no âmbito do portfólio de recuperação, as opções de remoção com indenização e remoção com compra assistida (medidas permanentes e não estruturais de resultado rápido) tendem a ser coordenadas e/ou dirigidas pelo governo, pois pressupõem certa disponibilidade de recursos financeiros públicos prontos a serem empregados, além de certa estrutura do mercado imobiliário na faixa de renda correspondente à população atingida.

Em situações críticas com escassez generalizada de recursos, as quais costumam atrair de forma mais efetiva a atenção de doadores, as opções de adaptação/reconstrução resiliente e construção em outro local costumam ser as soluções mais aplicadas. Além de permitirem a participação e o envolvimento da comunidade de forma mais ativa e de fornecerem certa flexibilidade na aplicação de diferentes tipos de recursos (materiais, mão de obra, tecnologia, conhecimento, recursos financeiros etc.), essas opções também oferecem boas oportunidades de visibilidade para a atuação de doadores. Desta forma, tanto os doadores quanto as comunidades possuem mais possibilidade de atuar na (co)direção do processo dessas opções de recuperação.

- **Mecanismos de implementação para recuperação habitacional**

Os mecanismos de implementação constituem eixos de ação que podem ser empregados para atingir os objetivos da modalidade de recuperação escolhida. Em se tratando da recuperação habitacional permanente, por meio de medidas estruturais, estão entre os principais mecanismos de implementação: contratação de varejo + assistência técnica, mão de obra dos beneficiários + assistência técnica, contratação por atacado.

  - **Contratação de varejo + assistência técnica**

Consiste na contratação de prestadores de serviço para reparar/adaptar/(re)construir as residências afetadas, porém de forma descentralizada, ou seja, envolvendo vários fornecedores. Este mecanismo propicia o envolvimento de empresas de micro e pequeno portes, além de empreiteiros e profissionais locais da construção civil, que buscam no mercado de varejo seus meios de subsistência. Como nem sempre há uniformidade de qualificação profissional na mão de obra e também para garantir o bom gerenciamento dos recursos financeiros, há necessidade de conjugar a contratação de varejo com a assistência técnica, o que proporcionará o acompanhamento físico-financeiro dos trabalhos de obra, reduzindo as incertezas no processo.

O mecanismo de contratação de varejo também pode contemplar a contratação remunerada de profissionais da própria comunidade, recomendando-se, porém, que essas contratações não impactem a oferta de serviços essenciais no âmbito da comunidade. Mais especificamente, deve-se tomar cuidado para que as contratações de profissionais da comunidade não ofereçam uma remuneração mais atrativa que a remuneração pelo exercício de atividades consideradas vitais para a sustentabilidade da comunidade. Como exemplo, cita-se o caso de pescadores que contribuem para o abastecimento do mercado local, que, mediante remuneração atraente, podem acabar migrando para a construção civil, provocando um problema no abastecimento de pescado. É desejável que a contratação de varejo também venha acompanhada da oferta de capacitação nas áreas de interesse, contribuindo para a profissionalização da comunidade e para a criação de novas oportunidades de trabalho no longo prazo.

  - **Mão de obra dos beneficiários + assistência técnica**

O mecanismo de implementação que utiliza mão de obra dos beneficiários de forma voluntária depende basicamente da complexidade do projeto, da disponibilidade de recursos humanos para estes fins e da disposição destes em participar com a "mão na massa". Estão enquadrados neste mecanismo os sistemas conhecidos no Brasil como autoconstrução (ou autoajuda, em que cada um constrói sua casa) e mutirão (ou ajuda mútua, em que todos trabalham para construir as casas de todos de forma cooperativa).

Mesmo valendo-se de capacitação e treinamento, é desejável que não haja exclusivamente a participação de trabalhadores voluntários na obra, uma vez que há funções que exigem habilidades que somente os profissionais mais experientes estarão aptos a fornecer. Desta forma, há necessidade de combinar o mecanismo de implementação com a contratação remunerada de profissionais, bem como o emprego de assistência técnica conjugada, que visa garantir a conformidade técnica e a estrutura adequada de controle do projeto.

Este mecanismo deve ser empregado em projetos de baixa complexidade, em geral residências de até dois pavimentos. Tal precaução é fundamental, uma vez que o nível necessário de controle de empreendimentos mais complexos nem sempre é compatível com a capacidade e os recursos disponíveis para assistência técnica, o que pode comprometer a confiabilidade do processo.

- **Contratação por atacado**

A contratação por atacado é baseada na centralização das contratações em um único (ou em poucos) fornecedor(es) com capacidade considerável de execução. Neste mecanismo, empresas construtoras são contratadas para construir um número significativo de unidades residenciais, sendo também adequado para projetos que envolvem edificações multifamiliares (prédios residenciais). A contratação por atacado tende a simplificar o gerenciamento/direção do processo de recuperação, sendo necessário que a capacidade técnica da construtora seja comprovada e que exista algum tipo de certificação de qualidade da empresa. A contratação por atacado depende da capacidade do setor de construção civil local/regional, sendo fundamental que haja a estruturação de longo prazo dos atores deste setor, para que tenham condições de prestar um fornecimento de qualidade e competitivo em termos de custo e prazo.

Outro ponto importante é o aproveitamento do "empreendimento da recuperação" para geração de empregos locais, sendo necessárias medidas de qualificação profissional da população local, para que parte da população afetada possa ser absorvida pelas oportunidades de trabalho que serão ofertadas. É preciso atentar para que a população não fique à margem do processo, devendo-se garantir uma estrutura de participação da comunidade e controle social sobre todas as etapas da recuperação.

- **Atividades pós-ocupação**

O trabalho pós-ocupação é fundamental na realocação de populações provenientes de áreas de risco, devendo ser avaliadas questões como: o grau de adaptação e satisfação dos beneficiários aos imóveis ocupados; como o reassentamento impactou nas relações da comunidade, nas questões culturais e nos meios de subsistência; a efetividade da recuperação em relação à redução do risco; o desempenho das edificações nas questões de qualidade e resiliência, dentre outras.

Infraestrutura

A recuperação da infraestrutura visa não apenas restituir a segurança dos ambientes por meio da execução de obras estruturais corretivas (reconstrução de pontes e estradas, retaludamento de encostas, obras de contenções, de macrodrenagem etc.), mas também incluir obras preventivas que efetivamente mitiguem o risco dos processos físicos com potencial de provocar desastres (deslizamentos, inundações etc.) presentes na comunidade. Este tipo de recuperação também necessita de um setor de construção civil bem estruturado, valendo as mesmas observações da recuperação habitacional via contratação por atacado.

12.5 EVOLUÇÃO DA GESTÃO DE RISCO – A RECUPERAÇÃO E O INÍCIO DE UM NOVO CICLO

Por fim, como consideração final deste capítulo e de encerramento do próprio livro, é necessário destacar o caráter cíclico (porém com necessário aumento da resiliência) do processo de gestão de risco, conforme discutido inicialmente na introdução do livro, já destacado na Figura 1.10 e reproduzida na Figura 12.1.

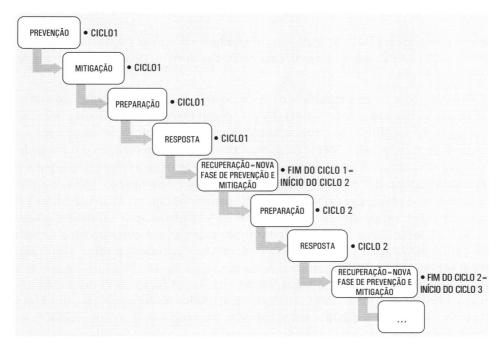

FIGURA 12.1: Etapas da gestão de risco e sua sucessão temporal em ciclos.

A fase de Recuperação tem, certamente, identidade própria e parte de suas atividades são específicas, em especial no curto prazo, visando a segurança de pessoas, bens e infraestruturas, assim como a reabilitação de sistemas e serviços básicos, em resposta ao desastre. Entretanto, em um horizonte mais longo, no qual se materializa a recuperação estruturada e definitiva, com a efetiva reconstrução associada ao sistema de habitação, às redes de infraestrutura e aos espaços livres urbanos, as etapas de prevenção e mitigação voltam à tona, se superpondo ao processo.

Assim, áreas identificadas mais claramente como áreas perigosas devem ter a reocupação evitada. Comunidades realocadas não podem ocupar áreas de perigo, cujo mapeamento e planejamento de uso devem estar claros na etapa da prevenção. Eventualmente, a observação de um desastre e o aumento da sua compreensão, bem como da quantidade de informações disponíveis para sua avaliação, podem levar a uma revisão dos mapeamentos de perigo realizados na fase de prevenção, criando novas áreas de restrição e orientando o foco para medidas de mitigação, onde áreas ocupadas passem a fazer parte das novas áreas de perigo mapeadas.

O reconhecimento da materialização do risco pode também orientar novas medidas de mitigação, para evitar a repetição do desastre. Tanto as obras de engenharia, buscando minimizar o processo de transformação de chuva em vazão, controlar escoamentos na origem e reorganizar e ordenar os escoamentos da rede de drenagem e rios associados a esta rede, quanto medidas para diminuição da vulnerabilidade das comunidades e aumento da resiliência do sistema podem (e devem) ser aqui introduzidas, proporcionando que o resultado da recuperação diminua o risco para os próximos ciclos vindouros.

A sequência de ciclos de gestão de risco, com a contínua reavaliação e reaplicação das suas fases constitutivas, leva a um aprimoramento do processo, com resultados esperados de redução do risco e das perdas e prejuízos associados a este processo ao longo do tempo.

FAQ

1. *Os recursos, de forma geral, são escassos e o montante desejável para o processo de recuperação dificilmente é disponibilizado na íntegra. Quais critérios objetivos devem ser utilizados na priorização da recuperação?*

RESPOSTA: Para fins de priorização dos recursos da recuperação física do sistema afetado, podem-se utilizar três balizadores para decisão: o suprimento das necessidades básicas dos grupos mais vulneráveis, a disponibilidade de recursos existentes e a geração de valor para a sociedade a partir do processo de recuperação. Na escala dos grupos mais vulneráveis, os desabrigados aparecem em primeiro lugar, seguidos dos desalojados, de modo que a provisão habitacional para esses grupos deve ser priorizada e utilizada como alavancagem na geração de emprego, renda e aquecimento da cadeia de fornecedores locais. A recuperação de equipamentos comunitários afetados pelo desastre, tais como escolas públicas, postos de saúde e hospitais também aparece na lista de prioridades, uma vez que seu impacto sobre a sociedade também é elevado. Equipamentos de infraestrutura relacionados com a circulação de mercadorias e serviços, tais como pontes, rodovias e ferrovias também devem ser considerados prioritários, uma vez que a função econômica que desempenham possui forte impacto na geração de empregos, renda e na arrecadação do Poder Público. Inicialmente, no entanto, deve-se fazer uma avaliação das necessidades de recuperação, das restrições e dos recursos disponíveis, pois as modalidades escolhidas no processo de recuperação (especialmente a recuperação habitacional) podem influenciar no seu custo e, consequentemente, na abrangência e na quantidade dos elementos que podem ser alcançados pelo programa de recuperação. Por outro lado, se existir uma função ambiental afetada que impacte muito no sistema em questão, sua recuperação pode assumir a prioridade (por exemplo, em se tratando do abastecimento de água para a cidade).

> É importante ressaltar, no entanto, que há medidas não estruturais de recuperação (ou seja, que não envolvem obras propriamente ditas), as quais possuem custo significativamente reduzido (e também elevados impactos positivos) quando comparado com as primeiras, de forma que outras áreas da recuperação podem avançar sem necessariamente depender da mobilização de recursos extensos. É o caso, por exemplo, da recuperação dos meios de subsistência e da recuperação psicossocial, as quais podem ser conduzidas com recursos humanos internos da Prefeitura e potencializadas mediante parcerias com o setor privado (empresas) e com o terceiro setor (ONGs e afins).

2. *Como é possível garantir a qualidade das soluções adotadas no processo de recuperação, em uma situação que demanda decisões rápidas e que coloca a continuidade de muitas vidas na balança?*

RESPOSTA: A qualidade e a adequação das soluções a serem adotadas em todas as áreas do processo de recuperação podem ser significativamente melhoradas, assim como as incertezas envolvidas serem reduzidas, por meio do planejamento da recuperação realizado na fase pré-desastre. Assim como o Plano de Contingências, esse plano deve ser construído com base nos cenários de desastre esperados, de modo que as necessidades, os recursos disponíveis e a dinâmica de recuperação já tenham sido em boa parte definidos quando algum cenário de desastre ocorrer de fato. Nesse caso, deve ser feita uma adaptação do plano pré-desastre para a situação encontrada na realidade, porém essa operação tende a ser mais prática, rápida e completa do que um planejamento da recuperação que começa a ser feito após a fase de resposta. Além do Plano de Recuperação Pré-Desastre, também é necessário que sejam consolidadas previamente ao desastre as articulações, as ligações, as equipes, as responsabilidades, as capacitações, os treinamentos, enfim, todas as condições para que a recuperação se inicie o quanto antes, caso o desastre ocorra.

3. *Como é possível conduzir um processo de realocação sem criar outros problemas sociais?*

RESPOSTA: A realocação, ou seja, o remanejamento dos moradores de áreas de risco para locais seguros na forma de provisão habitacional permanente, deve ser conduzida do modo menos traumático possível, transparente e com o envolvimento da comunidade afetada em todo o processo. Pode ser realizada basicamente de duas maneiras: construção em outro local ou compra assistida, sendo que em qualquer uma delas é preciso ter em mente que, se o beneficiário tiver a percepção que irá para uma situação melhor do que aquela que se encontrava, a aceitação da realocação será mais fácil. Questões que auxiliam nessa percepção são a manutenção dos laços familiares e de vizinhança, a existência de infraestrutura adequada no sítio de destino, a tempestividade (rapidez) na realocação, a disponibilidade de serviços e facilidades, o acesso a transportes, a garantia de posse do imóvel de destino, a redução do risco, as características construtivas do imóvel, dentre outras.

4. *Quais os cuidados para uma realocação não levar a população realocada para áreas onde novos riscos podem ocorrer?*

RESPOSTA: O processo de recuperação encerra um ciclo da gestão de risco e se sobrepõe ao início de um novo ciclo, no qual a prevenção e a mitigação são os aspectos mais presentes. Dessa forma, ao conduzir um processo de realocação, o gestor público deve certificar-se de que os riscos no local de destino foram identificados, analisados, avaliados e que o resultado dessa avaliação apontou a viabilidade de moradia naquele local.

REFERÊNCIAS

ABIKO, A.K.; Coelho, L.O. (2006). Mutirão habitacional: Procedimentos de Gestão. Coletânea Habitare/Finep (2). Porto Alegre, Antac.

BARAKAT, S. (2003) Housing Reconstruction After Conflict and Disaster. Humanitarian Practice Network, n. 43.

BRASIL. (1999) Ministério da Integração Nacional. Secretaria Nacional de Defesa Civil. Manual de Planejamento em Defesa Civil (1). Brasília, Ministério da Integração Nacional.

DI GREGORIO, L.T. (2013) Proposta de ferramentas para gestão da recuperação habitacional pós-desastre no Brasil com foco na população atingida. Tese de Doutorado em Engenharia Civil. Niterói, RJ, Universidade Federal Fluminense.

HABITAT FOR HUMANITY GREAT BRITAIN. (2013) Disaster Reconstruction. Site institucional., Disponível em: <http://www.habitatforhumanity.org.uk/page.aspx?pid=371> Acesso em: jan. 2017.

JARERO, I. (2010) O desastre depois do desastre: o pior já passou?. Disponível em: <http://revibapst.com/DESAS-TRE%20PORTUGUES.pdf>. Acesso em: fev. 2012.

HAUSLER, E. (2010) Building Earthquake-Resistant Houses in Haiti. Innovations, v. 5, n. 4.

INTERNATIONAL FEDERATION OF RED CROSS (IFRC) and Red Crescent Societies (RCS). (2010). Owner-Driven Housing Reconstruction, Geneva.

EUROPEAN COMMISSION; UNITED NATIONS DEVELOPMENT GROUP; WORLD BANK. Joint Declaration on Post-Crisis Assessments and Recovery Planning (2008).

NAKAGA, Y.; Shaw, R. (2004) Social Capital: A Missing Link to Disaster Recovery. International Journal of Mass Emergencies and Disasters, v. 22, n. 1, p. 5–34.

PROJECT MANAGEMENT INSTITUTE – PMI. (2012) Metodologia de gerenciamento de projetos para reconstrução pós-desastres. CD. Internation Recovery Platform.

SILVA, J. (2010) Lessons from Aceh: Key Considerations in Post-Disaster Reconstruction. Practical Action Publishing.

TORLAI, V.C. (2010) A vivência do luto em situações de desastres naturais. 130 f. Dissertação de Mestrado em Psicologia Clínica. São Paulo, PUC/SP.

UN-HABITAT. (2012a) Shelter Projects 2010. Shelter Projects Series. United Nations Human Settlements Programme.

UN-HABITAT. (2012b) Going Green: A Handbook of Sustainable Housing Practices. United Nations Human Settlements Programme.

UN-HABITAT. (2012c) Sustainable Housing for Sustainable Cities: A Policy Framework for Developing Countries. United Nations Human Settlements Programme.

UN-ISDR. (2009) Recovery. Site institucional UN/ISDR – UN Office for DRR. Disponível em: <https://www.unisdr.org/we/inform/terminology#letter-r> Acesso em: jan. 2017.

UNITED NATIONS DEVELOPMENT PROGRAMME (UNDP). (2011) Post-Disaster Recovery Guideline.

UNITED NATIONS DEVELOPMENT PROGRAMME (UNDP); INTERNATION RECOVERY PLATAFORM (IRP). (2007) Learning from Disaster Recovery: Guidance for Decision Makers.

UNITED NATIONS DEVELOPMENT PROGRAMME (UNDP); INTERNATION RECOVERY PLATAFORM (IRP). (2010a) Guidance Note on Recovery: Infraestructure.

UNITED NATIONS DEVELOPMENT PROGRAMME (UNDP); INTERNATION RECOVERY PLATAFORM (IRP). (2010b) Guidance Note Recovery: Shelter.

UNITED NATIONS DEVELOPMENT PROGRAMME (UNDP); INTERNATION RECOVERY PLATAFORM (IRP). (2012) Guidance Note on Recovery: Pre-Disaster Recovery Planning.

UNITED STATES OF AMERICA (USA). (1994) City of Los Angeles. Emergency Operations Organization. Recovery and Reconstructions Plan. As Approved by the Emerg. Ops. Bd, 19 de setembro de 1994. Disponível em: <http://eird.org/cd/recovery-planning/docs/2-planning-process-scenario/Los-angles-recovery-and-reconstruction-plan.pdf> Acesso em: jan. 2017.

UNITED STATES OF AMERICA (USA). (2011) Department of Homeland Security. Federal Emergency Management Agency. National Disaster Recovery Framework: Strengthening Disaster Recovery for the Nation. U.S. Department of Homeland Security, Federal Emergency Management Agency.

WORLD BANK; UNITED NATIONS. (2010) Natural Hazards, Unnatural Disasters: The Economics of Effective Prevention. World Bank Publications.

Índice

A

Abastecimento de água potável, 292
Abertura de acessos provisórios, 319
Abrigamento
    de emergência, 302
    espontâneo, 302
    temporário, 302
Abrigo(s), 302, 318
    emergenciais, 318
    provisórios, 288
    temporários, 318
Acampamentos, 288
Aceitação, 311
Acesso, 311
Ações
    de preparação, 252
        operacional e de modernização do sistema, 258
        técnica e institucional, 252
    de resposta, 284
    integradas de saúde e assistência médica primária, 290
Adaptação
    intra e interinstitucional, 271
    urbana, 244
Adequação, 216, 271
Administração geral de acampamentos e abrigos
        provisórios, 288
Agência Nacional de Águas (ANA), 102
Agente deflagrador, 1, 27
Água precipitada, 44
Alagamentos, 31, 32, 33, 42, 43
Alarme, 258, 261, 262
Alcance, 266
    do controle, 294
Alerta(s), 161, 172, 173, 258, 261, 262
    precoces, 238
Alocação direta no mercado de trabalho, 322
Ameaça, 27
Análise(s)
    de planos existentes, 320
    de risco e plano de intervenções, 173
Analistas, 20
Antecipação, 266
Aparelhamento, 259

B

Apoio logístico, 259, 288
Aporte direto de recursos, 325
Área(s)
    críticas, 51, 285
    de drenagem, 35, 62
    de risco, 13-18, 278
    deterioradas, 292
    non-aedificandi, 292
Armazenamento, 201, 234
Arranjos, 169
Arrecadação aos cofres públicos, 151
Articulação
    de redes de produção e consumo, 325
    empresarial, 255
Asseio corporal, 291
Assistência, 14
    às populações afetadas, 284, 287
    e promoção social, 288
    profissional, 325
Associativismo, 322
Atendimento
    médico-cirúrgico de urgência, 287
    pré-hospitalar, 287
Atlas de vulnerabilidade a inundações, 102, 103
Avaliação
    de danos, 279, 291, 295
        e prejuízos, 291
    de risco(s)
        de desastres, 13
        iminente, 319
        remanescente, 319

B

Bacia
    de detenção, 234
    de retenção, 234
    do rio Dona Eugênia, 62
    hidrográfica, 114
Barragem de amortecimento de cheias, 120
Biocenose, 152
Biótopo, 152
Bombeamento, 61
Busca, 287

C

Cadastramento
    das famílias afetadas, 289
    de risco, 134
Calha secundária, 45, 74
Calibração, 71
Canais extravasores, 233
Canalização, 229
Capacidade(s)
    atuais e potenciais, 320
    do sistema, 28
    econômica das famílias, 149
Capacitação(ões), 317
    de agentes, 174
Capital
    humano, 145
    social, 145
Captação de microdrenagem, 61
Caráter estrutural, 292
Carta
    de aptidão à urbanização, 180
    geotécnica de aptidão, 173
Cartão de pagamento da Defesa Civil, 173
Cenário(s)
    básico de modelagem, 120
    dos desastres, 13, 14, 293
Cheia(s), 32, 33, 52
    urbanas, 2, 18, 201
Chuva(s), 34
    convectivas, 35
    crítica, 43
    de projeto, 32, 49, 66
    frontais, 34
    intensidade da, 35
    orográficas, 35
Ciclo
    da gestão de risco, 328
    hidrológico, 2, 5, 26, 42
        urbano, 42, 114
    PDCA, 163
Cidadania responsável e participativa, 289
Cidade(s)
    resiliente, 112
        a cheias, 113
    sustentáveis, 17, 24
Clareza, 91
Coeficiente
    de escoamento superficial, 203, 205
    de Manning, 54
    de *runoff*, 49, 61, 67
Coesão familiar, 289
Coleta de lixo, 242
Comando unificado, 294
Combate aos sinistros, 285, 286
Compatibilidade, 271

Competências, 169
Comporta flap, 61
Comunicação
    com a mídia, 289
    integrada, 294
    social, 289
Confiabilidade, 91, 269
Consequências, 29
Constituição, 89
Construções à prova de inundações, 241
Contrarreferenciação, 291
Controle, 317
    de sinistros, 284
    de trânsito, 286
    no lote, 115
Coordenadoria Municipal de Proteção e Defesa Civil
        (Compdec), 253
Crescimento das cidades, 45
Criação, 216
Curva cota x descarga, 61
Custo-benefício, 91

D

Danos, 319
    ambientais, 295
    diretos, 30
    humanos, 295
    indiretos, 30
    intangíveis, 29, 30
    materiais, 295
    tangíveis, 29, 30
Decisão de realocação, 310
Declividade, 52, 53, 54
Defesa Civil, 7, 27
Delimitação, 138
Demolição, 319
Densidade de domicílios, 96, 117
Desapropriações, 292
Desastre(s), 7
    classificação conforme sua intensidade, 251
    classificação quanto à evolução, 251
    da Região Serrana do Rio de Janeiro, 2011, 166
    das inundações em Pernambuco, 2010, 165
    de evolução
        aguda, 8, 250
        crônica, 8, 250
        por somatório de efeitos parciais, 250
    de grande porte, 251
    de médio porte, 251
    de muito grande porte, 251
    de pequeno porte, 251
    do Vale do Itajaí, Santa Catarina, 2008, 164
    graduais, 8
    informações e estudos epidemiológicos sobre, 256
    naturais, 7

Desastre(s) *(cont.)*
    no Brasil, 10
    no mundo, 8
  por somação de efeitos parciais, 8
  socionaturais, 20, 265, 270, 303, 304
  súbitos, 8
Descarga de galeria em rio, 61
Descontaminação, 293
Desenvolvimento
  científico e tecnológico, 255
  de baixo impacto (LID), 190, 191
  de recursos humanos, 254
  institucional, 252
  urbano de baixo impacto, 192
Desinfecção, 293
Desinfestação, 293
Desmontagem de estruturas comprometidas, 292
Desobstrução
  de vias, 319
  e remoção de escombros, 292
Desocupação das áreas de risco, 277
Detenção, 234
Determinação, 138
Dinamismo, 271
Diques marginais, 230
Distribuição
  de competências, 168
  de Poisson, 36, 37, 38
Domínio, 89
Drenagem
  das águas pluviais, 292
  urbana, 114
    sustentável, 122
Duração, 127

E

Economia, 325
Edificações
  privadas, 148
  públicas, 148
  residenciais, 149
Educação
  ambiental, 243
  para a saúde, 291
  pública, 150
Elementos vulneráveis, 137, 138, 160
Empreendedorismo, 322
Empregos, 151
Empresas, 141
Enchente, 32, 33
Entes
  federativos, 168, 169
  vulneráveis, 140, 141, 146
Entrada de galeria, 61
Entrega dos imóveis, 314

Entrevistas, 289
Enxurradas, 11, 33
Equação
  da continuidade, 54, 57, 58, 203-205
  de Saint-Venant, 47, 56, 59
  dinâmica, 48, 53, 54, 55, 56
  IDF, 66
Equacionamento do risco, 23, 85
Equipamentos geotécnicos, 173
Equipes técnicas empenhadas nas operações, 288
ER (Escala de Resiliência), 117
  aplicação da, 120
Erro(s), 269
  falso-positivo, 269
  falso-negativo, 269
Escala, 89
  de resiliência (ER), 117
    aplicação da, 120
Escape, 267
Escoamento, 50
  superficial, 2, 48, 49, 61, 67
Escopo da recuperação, 305
Esgoto sanitário, 189, 292
Espaço, 311
Especificidade, 91
Estações hidrológicas, 173
Estado de calamidade pública, 295
Estratégia da recuperação e do portfólio de soluções, 320
Estruturação institucional, 316
Estudos epidemiológicos sobre desastres, 256
Evacuação das populações em risco, 286
Evento
  adverso, 7
  deflagrador, 43
  perigoso, 27
Exposição, 23, 28, 77, 125
Extravasamento, 33

F

Famílias, 289
Fase
  de atenuação, 250
  de impacto, 250
  pré-impacto, 250
Fator
  de permanência, 95, 117
  de velocidade (FV), 79
Faturamento das empresas
  do setor primário, 150
  do setor secundário, 151
  do setor terciário, 151
Feedback dos alertas, 269
Fenômeno hidráulico, 51
Ferramenta, 5W +, 3H, 140, 272
Flexibilidade, 271

336 Índice

Folga operacional, 268
Força nacional
    de emergência, 174
    do SUS, 174
Forecasting, 260
Formulação, 89
Fortalecimento
    das defesas civis, 174
    das forças armadas, 174

G

Galeria, 60, 61
Gestão, 157
    da ocupação urbana, 171
    de risco, 157
        como ferramenta de desenvolvimento municipal, 175
        de desastres, 157
            linha do tempo na, 249
        integrada, 158
        integral de risco, 13
            de desastres, 158
Grupo(s)
    de trabalho colaborativo, 272
    populacionais vulneráveis, 291

H

Habitação(ões), 302
    danificadas, 292
    permanente, 302, 326
    provisória, 302, 318, 319
    transitória, 302
Hábitat, 145
Hardware, 260
Hidrograma, 33, 48, 49, 229
Hidrologia, 48
Higiene
    da alimentação, 291
    das habitações, 291
    pessoal, 291

I

Impermeabilização, 2, 7, 18, 33, 45, 74, 118
Incentivo, 138
Incident Command System (ICS), 274, 294
Inclusividade, 271
Indicadores, 88
Índice(s), 88
    de desenvolvimento humano (IDH), 88
    de qualidade da água (IQA), 89
    de resiliência (IRES), 123
    de risco de cheia (IRC), 89, 92, 99
    de vulnerabilidade ambiental (IVA), 88
Infiltração, 204
Informatividade, 264

Infraestrutura, 311
Instalações, 261
    conhecidas, 294
Instrumentos de apoio, 317
Integração, 270, 273, 294
Integridade física da população, 149
Inteligibilidade, 264
Intoxicações exógenas, 291
Inundação(ões), 11, 32, 33, 42, 43, 52
    bruscas, 31
    graduais, 31
    previsão de, 240
Isolamento, 231, 285

J

Jardins
    de chuva, 198, 204
    rebaixados, 203

K

Kits
    de assistência humanitária, 174
    de medicamentos, 174

L

Laços de coesão familiar, 289
Lâmina de alagamento, 94, 117
Laudos técnicos, 292
Levantamento
    das necessidades de recuperação, 319
    de recursos, 320
    de restrições e instrumentos legais, 320
LID, 190, 191
Liderança de mutirões de reabilitação e
        reconstrução, 290
Ligações e comunicação para recuperação, 318
Limiares deflagradores, 260
Limpeza
    de logradouros, 242
    urbana, recolhimento e destinação do lixo, 292
Logística, 287
    de recuperação, 318
    de resposta, 294

M

Macrodrenagem, 59, 87, 104, 228
Macroprocesso(s)
    da gestão de riscos de desastres, 160
    de recuperação, 315
Magnitude, 44, 78
Mancha
    de alagamento, 71, 88, 134
    de inundação, 105
Manejo integral dos recursos, 294

Gestão de Riscos e Desastres Hidrológicos

Mapa (s)
    de perigo, 88, 134
        aplicabilidade dos, 135
    de resiliência, 127
    de risco, 88, 134
        aplicabilidade dos, 147
    de vulnerabilidade, 88, 134, 146
        aplicabilidade dos, 139
Mapeamento, 172
    de perigo, 62
    de risco, 86
Material(is)
    de construção, 312
    de estacionamento, 288
    de limpeza e higienização, 288
Mecanismos de implementação para recuperação dos meios de subsistência, 325
Medidas
    de adaptação urbana, 244
    de controle de cheia na escala da bacia, 228
    de previsão de inundações, 238
    estruturais de mitigação do perigo, 138
    não estruturais, 14, 39, 239, 330
Meio(s)
    ambiente, 141, 311, 313
    de subsistência, 321
    físico, 42
Melhoria, 216
Mensurabilidade, 91
Mercados locais/regionais, 323
Mesquita, 63
Método racional, 49
Microdrenagem, 45, 61, 68
Mitigação, 87, 134, 137, 145, 160, 187, 216, 227
Mobilização
    da comunidade, 290, 320
    de recursos, 258
Modalidades de operação para recuperação dos meios de subsistência, 323
Modelagem
    de processos físicos, 46
    hidrodinâmica, 68
    hidrológica, 48, 66
Modelo(s)
    bidimensionais, 55
        de células – Quasi-2D, 56
    conceituais chuva-vazão, 48
    de analogia à difusão, 55
    de armazenamento, 55
    hidrodinâmico completo, 55
    hidrológicos, 49
    matemáticos de escoamento, 50
    MODCEL, 59
    onda cinemática, 55
    unidimensionais, 53, 55

Monitoramento, 161, 172, 173, 258, 259, 272, 317, 318
Monitorização (monitoramento), 259
Motivação, 255
Mudança cultural, 255
Multicritério, 92
Município, 141
Mutirão(ões)
    de reabilitação e reconstrução, 290
    de recuperação das unidades habitacionais, 293

N
Níveis de alerta, 181, 262
Novos loteamentos, 205
Nowcasting, 260, 262
Núcleo Comunitários de Proteção e Defesa Civil (Nupdec), 246, 253

O
Objetos vulneráveis, 143
Obras
    de barragem, 172
    de contenção de encostas, 172
    de desvio, 233
    de drenagem, 172
Ocupação
    condicionada, 138
    e propriedade da terra, 309
    induzida, 138
    urbana, 45
Operacionalização
    de pontos de apoio, 278
    do regresso, 279
Operações
    de recuperação, 318
    de resposta, 294
Organização, 271
    modular, 294
Orifício, 61

P
Pacto federativo, 168
Paisagem multifuncional, 209
Parâmetros urbanísticos e edilícios, 138
Parcerias, 316
Parque urbano, 120
Participação pública no planejamento e implementação, 316
Patrimônio pessoal, 149
Pavimentos permeáveis, 194, 203
Peopleware, 261
Perfil longitudinal, 71
Perigo, 23, 27, 31, 61, 125
    mapas de, 88, 134
Pessoas, 141

Planejamento
  comunitário para enfrentamento aos desastres, 274
  da recuperação, 304
    pré-desastre, 316
  das obras, 313
  operacional e de contingência, 258, 270
  participativo, 271
  pós-desastre, 306
  pré-desastre, 305
Planície
  natural, 60
  urbanizada, 60
Plano
  de Ação Comunitário de Enfrentamento
        aos Desastres (Placed), 274, 276, 277, 280
  de contingência (PC), 270
    de proteção e Defesa Civil, 180
  de desocupação emergencial, 286
  de escape, 286
  de fuga, 286
  de manejo de águas pluviais, 192
  de recuperação, 181
    pós-desastre, 320
    pré-desastre, 316
  diretor de drenagem urbana, 189
  municipal de redução de risco, 179
  operacional, 258, 259
Pluviômetros
  automáticos, 173
  nas comunidades, 173
Poder público, 141
Pôlderes, 230, 231
Política Nacional de Proteção e Defesa Civil (Pnpdc), 16,
        104, 141, 169
Pontos de apoio, 281
Posto de comando da recuperação, 317
Precipitação, 34, 61
Precisão, 271
Prejuízo(s), 319
  econômicos
    privados, 296
    públicos, 295
  esperado, 39
  evitado, 39
Preparação, 14, 88, 134, 139, 146, 161
  para recuperação, 315, 316
Preservação, 216
  da ordem nos abrigos, 290
Prestação de serviços gerais, 288
Prevenção, 13, 87, 133, 135, 145, 160, 172, 187, 216
  e tratamento das intoxicações exógenas, 291
Primeiros socorros, 287
Processo(s)
  de apoio, 162
  de planejamento de contingências, 271
  físicos, 46

Projeto(s)
  de engenharia, arquitetura e urbanismo, 310
  GIDES, 174
Promoção, proteção e recuperação da saúde, 290
Propostas de desapropriações, 292
Propriedade da terra, 311
Proteção
  da população contra riscos de desastres focais, 258
  da saúde mental, 291
  de grupos populacionais vulneráveis, 291
  e defesa civil, 133, 134, 289, 290
  objetos de, 143
  social, 145
Protocolos interinstitucionais, 316
Provisão
  de alimentos, 287
  habitacional, 303, 314
Punição, 138

Q
Qualidade, 313
Qualificação e assistência profissional, 325
Questões pós-ocupação, 314

R
Radares, 173
Raio hidráulico, 54, 56
Reabilitação, 14, 215
  das áreas deterioradas e das habitações danificadas, 292
  de cenários, 291
    de desastres, 284
  de serviços essenciais, 292, 319
Realização de simulados, 271
Realocação, 330, 331
Reconstrução, 15, 301
Recovery, 301
Recuperação, 15, 88, 134, 139, 146, 162, 215, 301
  aspectos psicossociais da, 303
  da economia, 15, 301
  da infraestrutura, 326, 328
  da saúde e serviços sociais, 305, 325
  de curto prazo, 316, 317
  diagnóstico da, 319
  dirigida pelo doador, 324
  dirigida pelo dono / pela comunidade, 324
  dirigida pelo governo, 324
  dos meios de subsistência, 322
  dos recursos naturais e culturais, 325
  estruturada, 316, 321
  ferramentas de apoio à decisão na, 315
  habitacional, 308, 326, 327
  levantamento das necessidades de, 319
  ligações e comunicação para, 318
  material, 126
  monitoramento, controle e administração da, 318

Recuperação *(cont.)*
   objetivos da, 304
   para melhor, 305
Recursos
   naturais e culturais, 325
   para resposta a desastres, 173
Rede(s)
   de drenagem, 50, 60
   de infraestrutura urbana, 148
Redefinição de áreas *non-aedificandi*, 292
Redução
   da vulnerabilidade do sistema socioeconômico, 237
   de riscos de desastres, 13, 308
Referenciação, 291
Região Serrana do Estado do Rio de Janeiro, 104
Regime de escoamento, 216
Relações de vizinhança, 289
Remediação, 215
Remoção de escombros, 319
Renaturalização, 214
Renda, 96
   per capita, 117
Reorganização das águas, 115
Replanejamento ágil e contínuo da recuperação, 318
Requalificação fluvial, 115, 120, 209, 210, 211, 213
   urbana, 217, 218
Rescaldo, 250, 315, 316
Reservação, 59
Reservatório(s), 61
   de detenção e retenção, 234
   de lote, 201, 205
Resgate de feridos, 287
Resiliência, 28, 78, 82, 109, 110, 111, 187
   a cheias, 112
   aumento na escala do lote/loteamento, 244
   ferramentas para medir a, 115
   mapas de, 127
   urbana, 111
      econômico, 111
      infraestrutural, 111
      institucional, 111
      social, 111
Responsabilidades de recuperação, 317
Resposta, 14, 88, 134, 139, 146, 162, 173
   a desastres, 172
Restauração, 214
Retenção, 234
Revitalização, 215
Rio, 60
Risco
   conceito de, 25, 26
   de cheias, 92
   geológico, 172
   hidráulico, 115, 216, 219
   hidrológicos, 17, 19, 31, 172

Risco *(cont.)*
   mapas de, 88, 134
   médio para uma bacia, 86
   residual de uma obra de mitigação, 246
   simples, 137, 138
   sobre a administração pública, 151
   sobre a economia, 150
   sobre a população, 149
   sobre o meio ambiente, 152
   sobre o patrimônio, 148
   temático, 139, 146
   total para uma bacia, 86
Rotas
   de escape, 281, 282
   de fuga, 139, 262, 280
Rugosidade, 43, 229

S

Saída de galeria, 61
Salas de situação, 173
Salvaguarda dos bens dos beneficiários, 318
Salvamento, 287
Saneamento
   básico de caráter emergencial, 290
   inadequado, 98
Saúde, 325
   e segurança públicas, 150
Seção transversal, 52, 53, 54
Secas, 10
Segurança, 311
   da área sinistrada, 286
Seguros, 240
Seleção de beneficiários, 308, 320
Sensibilidade, 91
Sensores, 20
Sepultamento das pessoas e dos animais, 293
Serviços
   essenciais, 319
   sociais, 325
Simplicidade, 271
Simulados, 271
Sistema(s), 20
   de alerta, 238
   de Comando da Recuperação (SCR), 316, 317
   de comando de incidentes, 293
   de drenagem urbana, 45
   de previsão e alerta, 240
   Nacional de Proteção e Defesa Civil
      (Sinpdec), 13, 14, 252
Situação de emergência, 295
Smart cities, 19
Socorro, 14, 287
   às populações em risco, 284
Software, 261
Soluções de projeto para cidades resilientes a cheias, 114

Sombra pluviométrica, 35
Subíndice
consequências, 96
propriedades de inundação (PI), 94
Suprimento
de água potável, 287
de material de estacionamento, 288
de material de limpeza e higienização, 288
de vestimentas, 288
e distribuição de energia elétrica, 292
Susceptibilidade, 27, 43, 78, 126, 173
do elemento exposto, 28
do meio físico, 42, 187
Sustentabilidade, 17
ambiental, 308
financeira, 308
organizacional, 308
social, 308
técnica, 308

T

Técnica(s)
5W +, 3H, 140, 272
compensatórias, 244
Tecnologias de construção, 312
Telhado verde, 196, 203
Tempo
de alarme (TAL), 267
de análise (TAN), 267
de concentração, 35, 43, 66
de elaboração do alerta (TRE), 267
de entrega (TEN), 267
de escape (TES), 267
de identificação (TID), 266
de início de mobilização (TIM), 267
de proteção da população (TPP), 266
de recebimento dos dados (TRD), 266
de recorrência, 32, 246
do processo de alerta (tpa), 266
médio de reação (TMR), 267
restante até o impacto, 268
total até o impacto, 268
Temporalidade, 269
Terminologia comum, 294
Topografia e clima, 311
Transferência de hospitalização, 291

Transformação de chuva em vazão, 44, 46
Transportes coletivos, 292
Treinamento, 317
Triagem socioeconômica, 289
Trincheiras de infiltração, 200, 204

U

Unesco, 28
União, 16, 141
Unidade de comando, 294
UNISDR, 28
Urbanização, 45, 190
Uso do solo, 138

V

Vala de infiltração, 198, 204
Validade, 91
Valor, 78
do elemento exposto, 28
Varredura de sólidos grosseiros, 243
Vazão, 44, 46
de pico, 49, 193, 229
Vertedouro de soleira espessa, 61
Vestimentas, 288
Vias e equipamentos de transporte, 148
Vigilância
das condições de segurança global da população, 291
epidemiológica, 290
sanitária, 291
Vistorias e emissão de laudos técnicos, 292
Vizinhança, 289
Vulnerabilidade, 23, 28, 29, 78, 80, 187, 237
do sistema socioeconômico, 237
específica, 80
estimada, 147
geral, 80
mapa de, 88, 134, 146
real, 147
temática, 139, 143, 145

Z

Zonas de ocupação proibida, 138
Zoneamento
de inundações, 188
de risco, 134

e-volution
Sua biblioteca conectada com o futuro

A Biblioteca do futuro chegou!

Conheça o e-volution: a biblioteca virtual multimídia da Elsevier para o aprendizado inteligente, que oferece uma experiência completa de ensino e aprendizagem a todos os usuários.

Conteúdo Confiável
Consagrados títulos Elsevier nas áreas de humanas, exatas e saúde.

Uma experiência muito além do e-book
Amplo conteúdo multimídia que inclui vídeos, animações, banco de imagens para download, testes com perguntas e respostas e muito mais.

Interativo
Realce o conteúdo, faça anotações virtuais e marcações de página. Compartilhe informações por e-mail e redes sociais.

Prático
Aplicativo para acesso mobile e download ilimitado de e-books, que permite acesso a qualquer hora e em qualquer lugar.

www.elsevier.com.br/evolution

Para mais informações consulte o(a) bibliotecário(a) de sua instituição.

Empowering Knowledge   ELSEVIER

Este livro foi impresso nas oficinas gráficas da Editora Vozes Ltda.,
Rua Frei Luís, 100 – Petrópolis, RJ.